民用航空器维修基础系列教材

涡轮发动机飞机结构与系统 （上）（第2版）

Turbine Aeroplane Structures and Systems

(ME-TA)

张铁纯　主编

清华大学出版社
北京

内 容 简 介

本书为民用航空器维修系列教材(第2版)之一,主要内容为涡轮发动机飞机结构和机械系统,包括:飞机结构、液压系统、燃油系统、起落架系统、飞行操纵系统、空调系统和设备/设施与水系统。

本书可作为CCAR-147部维修培训机构的培训教材或参考教材,也适合于具有一定基础的航空机械专业维修人员自学。

图书在版编目(CIP)数据

涡轮发动机飞机结构与系统:ME-TA. 上/张铁纯主编. —2版. —北京:清华大学出版社,2017
(2025.6重印)
(民用航空器维修基础系列教材)
ISBN 978-7-302-46155-5

Ⅰ. ①涡… Ⅱ. ①张… Ⅲ. ①涡轮喷气发动机－民用飞机－飞机构件－教材 ②涡轮喷气发动机－民用飞机－飞机系统－教材 Ⅳ. ①V222

中国版本图书馆CIP数据核字(2017)第013758号

责任编辑:赵 斌 赵从棉
封面设计:李星辰
责任校对:刘玉霞
责任印制:丛怀宇

出版发行:清华大学出版社
   网   址:https://www.tup.com.cn,https://www.wqxuetang.com
   地   址:北京清华大学学研大厦A座   邮 编:100084
   社 总 机:010-83470000   邮 购:010-62786544
   投稿与读者服务:010-62776969,c-service@tup.tsinghua.edu.cn
   质量反馈:010-62772015,zhiliang@tup.tsinghua.edu.cn
印 装 者:天津安泰印刷有限公司
经 销:全国新华书店
开 本:185mm×260mm   印 张:24.5   字 数:592千字
版 次:2006年11月第1版 2017年3月第2版   印 次:2025年6月第27次印刷
定 价:72.00元

产品编号:072698-02

民用航空器维修基础系列教材
编写委员会

主任委员：任仁良

编　　委：刘　燕　陈　康　付尧明　郝　瑞
　　　　　　蒋陵平　李幼兰　刘　峰　刘建英
　　　　　　刘　珂　吕新明　任仁良　王会来
　　　　　　张　鹏　邹　蓬　张铁纯

序 言

PREFACE

2005 年 8 月，中国民航规章 CCAR-66R1《民用航空器维修人员执照管理规则》考试大纲正式发布执行，该大纲规定了民用航空器维修持照人员必须掌握的基本知识。随着中国民用航空业的飞速发展，业内迫切需要大批高素质的民用航空器维修人员。为适应民航的发展，提高机务维修人员的素质和航空器的维修水平，满足广大机务维修人员学习业务的需求，中国民航总局飞行标准司组织成立了"民用航空器维修基础系列教材"编写委员会，其任务是组织编写一套满足中国民航维修要求、实用性强、高质量的培训和自学教材。

为方便机务维修人员通过培训或自学参加维修执照基础部分考试，本套教材根据民航局颁发的 AC-66R1-02 维修执照基础部分考试大纲编写，同时满足 AC-147-02 维修基础培训大纲。本套教材共 14 本，内容覆盖了大纲的所有模块，具体每一本教材的适用专业和对应的考试大纲模块见本书封底。

本套教材力求通俗易懂，紧密联系民航实际，强调航空器维修的基础理论和维修基本技能的培训，注重教材的实用性。本套教材可作为民航机务维修人员或有志于进入民航维修业的人员的培训或自学用书，也可作为 CCAR-147 维修培训机构的基础培训教材或参考教材。

"民用航空器维修基础系列教材"第 1 版在 CCAR-66 执照基础部分考试和 CCAR-147 维修基础培训中得到了非常广泛的应用。通过 10 年多的使用，在第 1 版教材中发现了不少问题；同时 10 年来，大量高新技术应用到新一代飞机上（如 B787、A380 等），维修理念和技术也有了很大的发展，与之相对应的基础知识必须得到加强和补充。因此，维修基础培训教材急需进行修订。

"民用航空器维修基础系列教材"的再版是在民航局飞行标准司的直接领导下进行修订编写的。这套教材的编写得到了民航安全能力基金的资助，同时得到了中国民航总局飞行标准司、中国民航大学、广州民航职业技术学院、中国民用航空飞行学院、民航管理干部学院、上海民航职业技术学院、北京飞机维修工程有限公司（Ameco）、广州飞机维修工程有限公司（Gameco）、中信海洋直升机公司、深圳航空有限责任公司等单位以及航空器维修领域专家的大力支持，在此一并表示感谢！

由于编写时间仓促和我们的水平有限，书中难免存在许多错误和不足，请各位专家和读者及时指出，以便再版时加以纠正。我们相信，经过不断的修订和完善，这套教材一定能成为飞机维修基础培训的经典教材，为提高机务人员的素质和飞机维修质量作出更大的贡献。读者如有任何意见和建议请发至：skyexam2015@163.com。

"民用航空器维修基础系列教材"编委会

2016 年 4 月

前 言

FOREWORD

《涡轮发动机飞机结构与系统(ME-TA)》分上下两册，上册为涡轮发动机飞机结构和机械系统，下册为飞机电气电子系统。本教材是按照中国民航规章 CCAR-66R2《民用航空器维修人员执照管理规则》航空机电专业(ME-TA)考试大纲 M11 编写的。本书的编写内容是飞机维修人员必须要掌握的基础知识，在编写过程中，力求做到通俗易懂，注重知识的实用性，贯彻了理论与实际密切结合的思想，基本上不涉及复杂的数学公式和推导，强调定性描述大纲中要求掌握的基本知识。本书可以作为 CCAR-147 部维修基础培训机构的培训教材或参考教材，也适用于具有一定基础的航空机电专业人员自学。

上册由张铁纯副教授主编和统稿，内容包括飞机结构、液压系统、燃油系统、起落架系统、飞行操纵系统、空调系统和设备/设施与水系统。其中，1.1 节由李幼兰编写，1.2 节由虞浩清、刘峰编写；第 2～5 章由张铁纯编写；第 6 章由胡静编写；7.1 节由邢忠庆编写，7.2 节由庞大海编写。孙斌、项伟、张宏伟、钱若力等也参与了编写工作。

第 2 版是在第 1 版的基础上进行修订的，修订的重点一是对原版各章的文字和内容进行了重新梳理，对一些不清楚的或不对的地方进行了修改和完善，更换或增加了部分配图，更加贴近民航飞机的实际情况，力求把飞机结构和飞机机械系统的基本原理讲解更直接、更透彻，方便机械专业机务人员学习。二是第 1 版教材使用 10 年多的过程中，随着新一代飞机 B787 和 A380 等多电飞机投入运行，机身复合材料应用比例增加，飞机液压、飞行操纵、起落架、空调等系统采用了很多新技术，急需增加相应的基础知识。

在飞机结构部分增加对飞机复合材料结构件描述；在飞机液压系统部分增加飞机液压系统引入的新技术(如电静液作动)；在燃油系统部分增加燃油箱功能分类、干舱设置、燃油箱布局描述、增加燃油箱抑爆系统、增加配平传输系统、增加超声波式油量指示系统；在起落架系统部分修订起落架配置型式描述、增加双气室油气减震器、增加近零膨胀(NZG)子午线轮胎介绍、引入电刹车概念；在飞行操纵系统部分增加电传操纵系统手操纵机构对比、增加电传飞行控制法则概念并引入机型案例、增加 EHA、EMA 等新型舵面驱动方案；在空调系统部分增加波音 787 飞机的电动离心增压器引气技术方案、增加双涡轮式空气循环制冷技术案例、增加侧壁低位供气系统技术方案描述。

许峻、宋静波、蒋陵平、龙江、李安、许少伟、万晓云、郝瑞、杨晓龙等民航专家对全书进行了审校，提出了许多修改意见，在此谨表深深的感谢。本书第 1 次印刷完成后，苏致国老先生和成都航空有限公司罗玉工程师提出了宝贵修订意见和建议,编者在此深表感谢。

我国民航所使用的飞机大都是欧美制造,为了便于学生对照机型资料学习,书中的部分电路符号采用了欧美国家的符号,学习时应予注意。

由于编写时间仓促和我们的水平有限,教材中可能存在着许多错误和不足,请各位专家和读者指出,以便再版时加以纠正。

编　者

2016 年 11 月

目 录

CONTENTS

第1章

飞机结构

1.1 飞机结构的基本概念

1.1.1 飞机外载荷及飞机结构承载能力

飞机在飞行或起飞、着陆、地面运动时,其他物体对飞机的作用力和力矩称为飞机外载荷。如飞机重力、气动载荷、发动机推力、地面作用力等。飞机外载荷是对飞机结构进行受力分析的重要依据,对使用中飞机所承受外载荷的种种限制,表征了飞机结构的承载能力。

1. 飞机外载荷

1)飞机外载荷分类

飞机外载荷按其作用形式可分为集中载荷和分布载荷。

(1)集中载荷:载荷集中作用在结构上的某一部位。比如,通过接头作用在机翼结构上的发动机载荷、起落架载荷等。

(2)分布载荷:载荷分布作用在结构的某一区域内。比如,作用在机体表面的气动载荷等。

飞机外载荷按其作用性质可分为静载荷和动载荷。

(1)静载荷:载荷逐渐加到飞机结构上,或者载荷加到结构上以后,它的大小和方向不变或变化很小,这种载荷叫静载荷。比如,飞机停放时起落架承受的载荷。

(2)动载荷:载荷突然加到飞机结构上,或者载荷加到结构上以后,它的大小或方向有着明显变化,这种载荷叫动载荷。比如,飞机着陆时起落架受到的地面撞击力;飞机飞行中突风造成机翼受到变化的升力等。

飞机外载荷按飞机所处状态又可分为飞行载荷和地面载荷。

(1)飞行载荷:飞行时,作用在飞机上的外载荷。

(2)地面载荷:起飞、着陆、地面运动时,作用在飞机上的外载荷。

2)飞行中飞机的外载荷及过载

(1)飞行中飞机的外载荷

研究飞机承受载荷情况选取的机体坐标 $OX_tY_tZ_t$ 是与机体固连并与机体一起运动的坐标系。它的原点 O 位于全机重心处,OX_t 轴称为纵轴,在机身对称面内,平行机身轴线,指向机头;OY_t 轴称为立轴(竖轴),在机身对称面内,垂直 OX_t 轴,指向座舱上方;OZ_t 轴称为横轴,垂直 OX_tY_t 平面(机体对称面),指向右机翼,见图 1.1-1。

　　飞行中,作用在飞机上的外载荷有飞机重力、空气动力和发动机推力以及由此产生的力矩。飞机重力 W 作用在机体重心 O 上,铅垂向下;发动机推力沿飞行方向纵轴 OX_t,向前;空气动力有气动升力 L、气动阻力 D 和侧向力 Z。升力 L 垂直飞行方向 OX_t 轴,沿立轴 OY_t 方向,向上;阻力 D 沿飞行方向 OX_t 轴,向后;侧向力 Z 沿横轴 OZ_t 方向,指向右。将作用在机体上的外载荷向机体坐标系原点 O 简化,得到作用在原点 O 处的共点力系,并得到绕三个坐标轴的力矩 M_X、M_Y 和 M_Z,如图 1.1-1 所示。

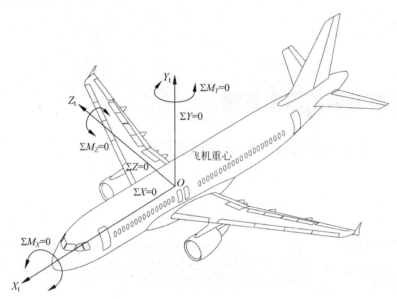

图 1.1-1　飞机机体坐标系和外载荷向机体坐标系原点简化

　　当外载荷形成平衡力系时,满足平衡方程组(1.1-1),飞机进行的是匀速直线运动,也就是定常飞行;当外载荷不能形成平衡力系时,飞机进行的是变速运动,也就是非定常飞行。

$$\begin{cases} \sum X = 0, & \sum M_X = 0 \\ \sum Y = 0, & \sum M_Y = 0 \\ \sum Z = 0, & \sum M_Z = 0 \end{cases} \qquad (1.1\text{-}1)$$

（2）过载（载荷系数）

① 过载的定义和物理意义

　　过载用于表征飞行中作用在机体上外载荷的大小和方向。作用在飞机上的外载荷可分为质量力和表面力两大类。质量力是由飞机质量引起的惯性力（如重力）；表面力包括作用在机体表面的气动力、发动机推力。

　　过载的定义：作用在机体坐标系某方向表面力的合力与飞机重量之比称为飞机在该方向的过载（也称为载荷系数）。飞机的过载用字母 n 表示,按照图 1.1-1 给出的机体坐标系,过载分为沿纵轴过载 n_x、沿立轴过载 n_y 和沿横轴过载 n_z,由此可得

$$\begin{cases} n_x = (P - D)/W \\ n_y = L/W \\ n_z = Z/W \end{cases} \qquad (1.1\text{-}2)$$

在飞行中变化比较大,对飞机结构强度影响最大的过载是 n_y。在 X 方向除了飞机加速或制动减速瞬时过载较大外,其他情况 n_x 都比较小。在 Z 方向除了飞机侧滑受侧风影响外,其他情况很少产生侧向过载 n_z。所以一般说"飞机过载"就是指 n_y。

飞机过载是代数值,不但有大小而且有正负。过载 n_y 的大小表示升力是飞机重量的几倍;正负表示升力的方向。比如, $n_y=3$,表示飞机升力是飞机重量的 3 倍,正号表示升力指向 Y 轴的正方向; $n_y=-0.5$,表示飞机升力是飞机重量的 0.5 倍,负号表示升力指向 Y 轴的负方向。

飞机过载按其产生的原因可分为机动过载和突风过载。随着飞机机动飞行而产生的过载称为机动过载;由于突风作用,飞机气动力大小变化而产生的过载称为突风过载。

② 飞机水平匀速飞行时的过载

如图 1.1-2 所示,当飞机在某一高度上作水平匀速直线飞行时,作用在飞机上的外载荷有飞机重力 W、气动升力 L_0、气动阻力 D_0 和发动机推力 P_0。将外载荷向机体坐标系 $(OX_tY_tZ_t)$ 原点(全机重心)简化,得到作用在重心处的共点力系和抬头力矩 M_A、低头力矩 M_B。因为作用在飞机上的载荷左右对称,所以侧向力 Z、力矩 M_y 和 M_z 为零。

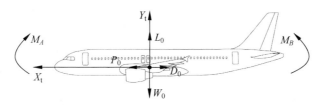

图 1.1-2　飞机水平匀速飞行时的外载荷

飞机进行的水平匀速直线飞行就是一种定常飞行状态,这些外载荷必须满足平衡方程(1.1-1)。因为侧向力 Z、力矩 M_y 和 M_z 自然为零,所以

$$\begin{cases} \sum X = 0, & P_0 = D_0 \\ \sum Y = 0, & L_0 = W \\ \sum M_Z = 0, & M_A = M_B \end{cases} \qquad (1.1\text{-}3)$$

在此飞行状态下,飞机的过载为: $n_x = P_0 - D_0 = 0, n_y = L_0/W = 1, n_z = Z/W = 0$。

如果外载荷不满足平衡方程组(1.1-3),飞机就会做变速运动,速度的大小或方向会发生变化,改变原来的飞行状态。比如: $P > D$,飞机会加速飞行; $L > W$,飞机会产生向上的曲线飞行; $M_A \neq M_B$,飞机会抬头或低头,产生绕机体横轴 Z_t 转动的角加速度等。

③ 机动过载

飞机作机动飞行时, n_y 会发生较大的变化。机动过载可分解为垂直方向机动过载和水平方向机动过载。垂直机动过载出现在以下情况:当驾驶员猛推杆使飞机以较大速度、较小的半径进入俯冲时, n_y 可能为较大的负值;当将飞机从俯冲状态拉起时, n_y 为较大的正值。

水平机动过载出现在飞机水平盘旋情况,如图 1.1-3 所示。当飞机以滚转角 β 水平盘旋时,升力在水平方向的分力

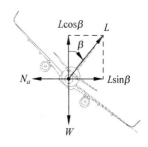

图 1.1-3　水平盘旋机动过载

为飞机转弯提供向心力，N_a 为惯性力；而在垂直方向的分力与飞机重量平衡，$L \times \cos\beta = W$。所以 $n_y = L/W = 1/\cos\beta$。滚转角越大，过载值越大，当 $\beta = 30°$ 时，$n_y = 1.15$；$\beta = 60°$ 时，$n_y = 2$。

④ 突风过载

大气中，空气对流造成的不稳定气流称为突风。从飞机前方或后方吹来，与飞机飞行方向平行的突风叫水平突风；从飞机上方或下方吹来，与飞机飞行方向垂直的突风叫垂直突风。突风会改变气流相对飞机运动速度的大小和方向，从而改变飞机升力的大小。由于突风作用，飞机升力大小的变化用突风过载来表示。

对飞机结构受力影响比较大的是垂直突风。垂直突风主要是改变气流相对飞机运动速度的方向(图 1.1-4)，从而产生较大的突风过载 n_y。飞行中，遇到较强烈的垂直向上的突风，会产生较大的正过载增量；遇到较强烈的垂直向下的突风，会产生较大的负过载增量。

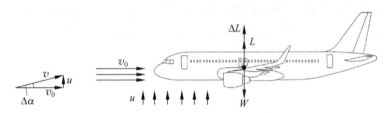

图 1.1-4　垂直突风造成的突风过载

⑤ 部件过载

前面在研究飞机过载时，根据作用在飞机重心处升力 L 和飞机飞行重量 W 之比得出过载 n_y 值。这个过载被称为飞机重心过载，也就是全机过载。知道了全机过载 n_y，就可以知道全机升力的大小和方向。有时为了研究飞机结构的受力，只知道全机过载是不够的，还应该了解部件过载。部件过载等于全机过载和附加过载的代数和。

$$n_{y部件} = n_y \pm \Delta n_y \tag{1.1-4}$$

当飞机作平直飞行或水平上升、下降时，飞机各部位的加速度与飞机重心处的加速度相同，此时，附加过载 $\Delta n_y = 0$，部件过载等于全机过载。当飞机运动有绕重心转动的角加速度时，飞机各部位运动的加速度与飞机重心处运动的加速度不同，此时，附加过载 $\Delta n_y \neq 0$，部件过载也就和全机过载不相同。

图 1.1-5 所示为飞机以角加速度 ε_z 抬头转动时，沿机体纵轴部件过载的分布图。抬头角加速度 ε_z 导致飞机重心以外各部件相对重心有附加的加速度 $\varepsilon_z \times X_{部件}$，产生附加过载 $\Delta n_y = \varepsilon_z \times X_{部件}/g$，这时部件的过载就等于

$$n_{y部件} = n_y + \Delta n_y = n_y + \varepsilon_z \times X_{部件}/g \tag{1.1-5}$$

式中，ε_z——飞机绕机体横轴转动的角加速度；

$X_{部件}$——部件沿机体纵轴部件到飞机重心的距离；

g——重力加速度。

部件的附加过载和飞机转动角加速度及部件沿纵向到飞机重心的距离成正比。对同一架飞机来说，飞机各部位的转动角加速度是相同的，所以，距离飞机重心越远，附加过载就越大，附加过载沿机体纵轴呈线性分布(见图 1.1-5(b))。当飞机抬头转动时，重心前各部件的附加加速度向上，产生的附加过载 Δn_y 为正值；重心后各部件的附加加速度向下，产生的

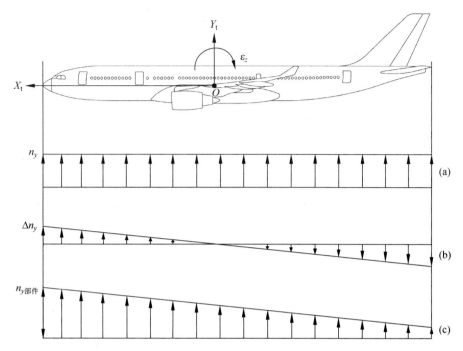

图 1.1-5　部件过载沿飞机纵轴的变化规律
（a）全机过载；（b）附加过载；（c）部件过载

附加过载 Δn_y 为负值，最后，全机过载与部件附加过载代数相加得到部件过载，如图 1.1-5(c)
所示。

当飞机以角加速度 ε_x 绕机体纵轴向右转动时，得出飞机部件过载分布如图 1.1-6
所示。

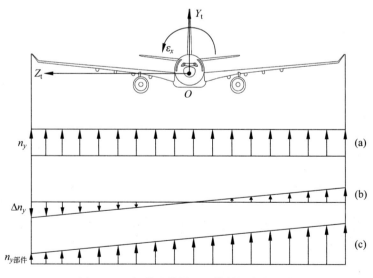

图 1.1-6　部件过载沿飞机横轴的变化规律
（a）全机过载；（b）附加过载；（c）部件过载

　　知道了飞机的部件过载就可以得出整个机体上质量力的分布情况和飞机上各部件(起落架、发动机等)的安装吊架、接头、紧固件等承受的载荷,以便对它们进行受力分析。当飞机转动角加速度过大时,距离飞机重心比较远的部件承受的过载要比全机过载大很多,往往会造成这些部件安装接头、紧固件的损坏。

　　3) 起飞、着陆、地面运动时,作用在飞机上的外载荷和起落架载荷系数

　　起飞、着陆、地面运动时,作用在飞机上的外载荷除了空气动力、飞机重力、发动机推力外,还有地面对飞机的作用力,即地面载荷。

　　地面对飞机的作用力通过地面与起落架机轮接触点作用在起落架上,然后通过起落架结构件和起落架与机体结构连接接头传递到机体结构上。这是飞机在地面上承受的主要载荷。为了便于研究,将地面作用在起落架上的外载荷分为垂直载荷、水平载荷和侧向载荷,如图 1.1-7 所示。

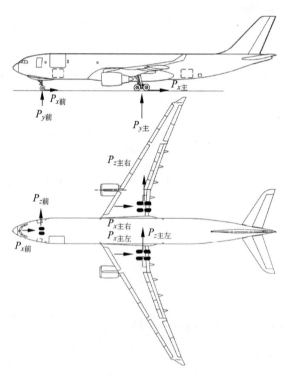

图 1.1-7　作用在飞机上的地面载荷

P_y—垂直于地面的载荷；P_x—平行地面并垂直轮轴的载荷；P_z—平行地面并垂直机轮平面的载荷

　　(1) 垂直载荷

　　飞机着陆时,运动速度的垂直分量 $V_{下沉}$ 受到地面约束后在很短的时间内减小为零,起落架将承受较大的垂直载荷的作用。此时,飞机承受到前、主起落架传来的垂直载荷 $P_{y前}$、$P_{y主}$,其大小取决于飞机着陆重量、接地时 $V_{下沉}$ 数值和起落架减震器对地面撞击能的吸收特性。$V_{下沉}$ 又和飞机着陆时的飞行速度及飞机下滑轨迹与地面的夹角(接地角)有关。

　　为了保证飞机着陆安全,中国民用航空规章第 25 部《运输类飞机适航标准》(以下简称 CCAR-25 部)规定了飞机着陆接地时速度水平分量、垂直分量、着陆重量的范围。如果飞机着陆时的着陆重量、飞行速度或接地角超出允许范围,都会使起落架承受过大的垂直载荷

（重着陆），从而损伤起落架和机体结构。遭遇重着陆后，应对起落架和相关机体结构进行检查。

如果起落架油-气式减震支柱内充气压力或油液灌充量不正确，会使起落架减震性能过软或过硬，也会造成飞机着陆时，起落架承受过大的垂直载荷，从而损伤起落架和机体结构。

（2）水平载荷

飞机着陆瞬间，由于机轮惯性造成机轮静止触地，机轮与地面之间产生摩擦力使机轮开始转动并逐渐加速。这种使机轮由静止开始转动并加速到规定地面速度所需要的水平载荷叫机轮起旋载荷，是起落架受到的一种较大的水平载荷。飞机实施刹车时，机轮与跑道之间的摩擦滚动阻力接近轮胎与跑道的结合力，也是起落架受到的一种较大的水平载荷。

（3）侧向载荷

当飞机着陆接地或在地面滑行运动时，如果相对地面有侧向运动趋势，在机轮和地面之间必然会产生摩擦力，这个摩擦力平行地面并垂直于机轮平面，是起落架承受的侧向载荷。比如，当飞机带侧滑着陆时，飞机侧面迎风面积上产生的侧向气动载荷，使飞机相对地面产生与侧滑方向相反的侧向运动趋势。飞机着陆瞬间，此运动趋势被机轮与地面之间产生的摩擦力制止，这个摩擦力就是飞机在带侧滑着陆时起落架承受的侧向载荷。

当起落架受到比较大的侧向载荷作用时，侧向载荷会对机体重心产生横滚力矩，从而使左右主起落架受力不平衡。侧滑外侧或滑行转弯外侧的主起落架比内侧主起落架承受的垂直载荷和水平载荷大。图1.1-8所示为飞机带右侧滑着陆或大速度滑行右转弯时，作用在飞机上的地面载荷。

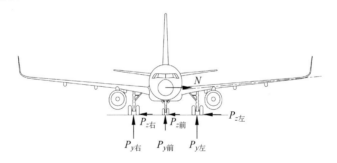

图1.1-8　飞机带右侧滑着陆或大速度滑行向右转弯
N—惯性力

从图中可以看到，地面作用在前起落架和主起落架上的侧向载荷指向机体的右侧，作用在机体重心的惯性力指向机体的左侧，两者形成使机体向左横滚的力矩，从而使左主起落架（外侧）承载情况比右主起落架（内侧）严重。

2. 飞机结构的承载能力

飞机结构的承载能力表现在对飞机的使用限制、飞机结构承载余量和对飞机结构的刚度要求。

1）飞机的使用限制

（1）限制过载——结构总体受力限制

为保证飞机飞行安全，首先要保证在飞行中飞机承受的过载应在 $n_{y使用最大}$（正限制过载）

和 $n_{y使用最小}$（负限制过载）之间，即

$$n_{y使用最小} \leqslant n_y \leqslant n_{y使用最大} \tag{1.1-6}$$

$n_{y使用最大}$、$n_{y使用最小}$ 分别是飞机飞行中预期出现的最大过载和最小过载，也称为限制过载。

　　限制了最大使用过载和最小使用过载，也就是限制了飞机在飞行中承受的正升力的最大值和负升力的最大值，保证了飞机的总体载荷不会超过飞机结构的承载能力，从而保证了飞机的总体强度。飞机在飞行中的升力主要是由机翼产生，升力在机翼横截面上产生弯矩、剪力和扭矩，并通过机翼结构件承受拉、压和剪切的形式传递到机翼和机身接头处，与通过机身结构受力传递过来的质量力取得平衡。如果飞行中 n_y 超过限制过载，机翼上的升力值过大，在总体传力过程中就会使机翼和机身截面上的总体内力弯矩、剪力和扭矩超过结构的承载能力，造成结构弯曲、剪切或扭转的总体破坏。

　　CCAR-25 部规定：正限制机动过载不得小于 2.5，不必大于 3.8；负限制机动过载不得小于 −1.0。

　　(2) 限制速压——气动载荷受力限制

　　只限制飞机的过载对于保证飞机结构的强度来说还是不够的，还要限制飞机飞行时的最大速压。由升力的公式（$L = C_L \times (1/2)\rho V^2 \times S$）可得，要达到同样升力 L 值，可以采取不同的飞行姿态，比如大速度、小迎角飞行，或小速度、大迎角飞行。虽然达到同样的升力，但机翼表面气动力分布却不相同。从图 1.1-9 中可以看到，当以大速度、小迎角飞行时，机翼上、下表面吸力都很大（图 1.1-9(b)）。如果飞行速度过大，机翼蒙皮在局部气动力的作用下会产生明显的鼓胀，甚至会使蒙皮与骨架连接铆钉拉坏，蒙皮撕裂，造成飞行事故。从作用在机体表面上的气动载荷，通过蒙皮、蒙皮与机体骨架之间的紧固件、机身隔框和机翼翼肋等构件受力，最后形成机身机翼横截面上总体剪力、弯矩和扭矩的过程，称为局部传力的过程。在局部传力过程中发生的结构件破坏称为局部破坏。所以，只限制飞机的过载并不能将作用在机体表面的局部气动力限制在允许范围内。因此，为了保证机翼的局部强度（主要是蒙皮的强度），还必须限制飞机的最大飞行速度，使飞行速压小于最大允许速压（定义为 $q_{最大最大}$）。

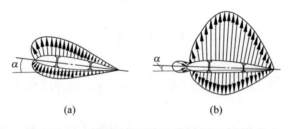

图 1.1-9　不同飞行姿态下机翼表面气动力分布

(a) 低速大迎角飞行；(b) 高速小迎角飞行

　　飞机的最大允许速压 $q_{最大最大}$ 主要根据飞机完成飞行任务中必须具有的飞行性能来确定。在飞机平飞加速高度上（高度为 H_0），飞行需要的推力和发动机可用推力之间的关系确定的最大平飞速度对应的速压为使用限制速压（$q_{最大}$）。考虑到飞机进行俯冲时，可获得比最大平飞速度更高的速度，所以飞机在俯冲终了容许获得的速度对应的速压叫最大允许速压，即 $q_{最大最大}$，一般飞机的最大允许速压为使用限制速压的 1.2 倍。最大允许速压是飞机局部结构强度进行设计的依据，并成为飞机飞行中的使用限制。

　　为了保证飞机的局部结构强度，飞行中的飞机的速压不能超过 $q_{最大}$，俯冲时的速压不能

超过 $q_{最大最大}$。为了直观体现飞机飞行速度限制值,引入当量速度概念。当量速度是指飞机飞行速压等效为海平面飞行时的速压所对应的速度,即

$$V_d = \sqrt{\frac{2q}{\rho_0}} \tag{1.1-7}$$

式中,ρ_0——海平面的空气密度。

最大允许速压 $q_{最大最大}$ 对应的当量速度称为最大当量速度,$V_d = \sqrt{\frac{2q_{最大最大}}{\rho_0}}$,是飞机飞行气动载荷的最大限制速度。

(3) 机动包线——飞行使用限制

根据飞机在飞行中的使用限制条件,可以将飞行中可能出现的空速和过载系数的各种组合情况用速度-过载飞行包线表示出来。所谓速度-过载飞行包线就是分别以当量空速和过载系数为横坐标和纵坐标,根据飞行使用限制条件(最大正过载、最大负过载、最大当量速度、最小当量速度等)画出的一条封闭的曲线,形成飞机飞行的限制范围。载荷系数取机动过载的飞行包线就是机动包线。飞行包线范围内的任何一点所代表的空速和载荷系数的组合情况都允许在飞行中出现。

CCAR-25 部适航标准中给出运输类飞机的机动包线(见图 1.1-10),并规定:飞机设计制造商必须保证在给出的包线边界上和边界内的空速和过载系数的任意组合,飞机均必须满足强度要求。所以,飞机在飞行包线规定的范围内运营飞行,才能保证飞机的安全。

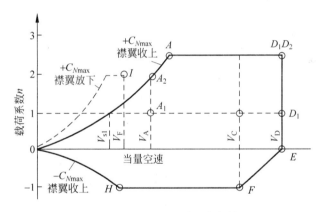

图 1.1-10　飞机机动飞行包线

如果飞机在飞行中承受的过载值 n_y 超过了限制过载,也就是飞机的过载值 n_y 达到了飞行包线上限以上或下限以下,或者是飞机的飞行速度过快,使速压 q 超过了最大允许速压,也就是飞机的飞行空速超过了飞行包线右边界,这时都会使飞机结构承受超过预期的最大使用载荷(限制载荷),使飞机结构的受力构件受到损伤。所以在出现了这些情况之后必须对飞机结构进行检查,以保证飞机的飞行安全。

(4) 飞机在地面上的使用限制

飞机起飞、着陆或在地面运动时,要承受地面的垂直载荷、水平载荷和侧向载荷。但在实际情况中,飞机起飞、着陆或在地面运动时承受的地面载荷很少是单一的某种载荷,大多是几种载荷的组合。比如,飞机着陆触地的瞬间既要承受较大的垂直载荷,又要承受较大的水平载荷;如果飞机带侧滑着陆,除了垂直载荷和水平载荷外,还要承受侧向载荷;飞机在

不平坦地面上滑跑时,也要同时承受较大的垂直载荷和较大的水平载荷等。

CCAR-25 部对飞机地面载荷的各种组合情况以及各种载荷的最大使用载荷系数做了具体的规定,形成了飞机地面载荷的严重受载情况。CCAR-25 部要求在这些严重受载情况下,起落架以及和起落架相连的机体结构不能破坏,也不能产生有害的永久变形。但如果由于使用或维护不当,使飞机承受的地面载荷超出了 CCAR-25 部所规定的严重受载情况的范围,将会使起落架和机体结构受到损伤。发生这种情况后必须按要求对涉及的结构进行检查。

2) 飞机结构承载余量——安全系数和剩余强度系数值

(1) 安全系数

使用载荷(限制载荷)是飞机在使用过程中预期的最大载荷。飞机结构必须能够承受使用载荷而且不会产生有害的永久变形,弹性变形也要在一定的限定范围内。在设计飞机时,通常采用一个比使用载荷大适当倍数的载荷来进行强度计算,这个用来进行强度计算的载荷叫设计载荷(极限载荷)。设计载荷是飞机结构能够承受而不破坏的最大载荷。设计载荷与使用载荷之比叫做安全系数,即

$$f = P_{设计}/P_{使用} \tag{1.1-8}$$

很明显,安全系数就是保证飞机在承受使用载荷时,其结构不会破坏又有一定的强度裕度的系数。安全系数的数值既要保证结构有足够的强度、刚度,又不能使结构过重。CCAR-25 部规定:除非另有规定,以使用载荷作为结构的外载荷时,必须采用安全系数 1.5。

(2) 剩余强度系数

在各种受载情况的设计载荷作用下,飞机结构主要受力构件的计算应力(正应力 $\sigma_{设计}$、剪应力 $\tau_{设计}$)与该构件破坏应力之间会有一定的差别,为表示这个差别,并使飞机结构有一定的剩余强度,引入剩余强度系数这一概念。在飞机强度计算中,把构件的破坏应力(正应力 $\sigma_{破坏}$、剪应力 $\tau_{破坏}$)与它在某受载情况设计载荷作用下的计算应力之比称为在此受载情况下该构件的剩余强度系数,即

$$\eta = \sigma_{破坏}/\sigma_{设计}, \quad \eta = \tau_{破坏}/\tau_{设计} \tag{1.1-9}$$

一般剩余强度系数 η 应大于 1,它表示了飞机结构强度的实际富裕程度。对于按照某种受载情况设计的主要受力构件,在该受载情况下的剩余强度系数应该略微大于 1,说明该构件重量既轻又符合安全要求。

1.1.2 飞机结构适航性要求和结构分类

1. 飞机结构的适航性要求

在服役过程中,飞机结构要承受各种各样的载荷,为了使飞机能安全地完成飞行任务,在承受和传递载荷的过程中,飞机结构绝不能发生影响飞行性能、飞行安全的损坏和变形,飞机结构必须具有足够的强度、刚度和稳定性,并且要满足疲劳性能和损伤容限要求,这样的飞机结构才是适航的。

1) 结构的强度

结构受力时抵抗破坏的能力叫结构的强度。结构的强度越大,表示它开始破坏时所承受的载荷越大。

CCAR-25 部要求飞机结构的强度要用限制载荷(服役中预期的最大载荷)和极限载荷

(限制载荷乘以规定的安全系数)来确定。必须研究机动包线上足够数量的点,以保证获得飞机结构每一部分的最大载荷,并且保证在每一种最大载荷作用下飞机结构都符合CCAR-25部对强度的要求。用真实载荷情况对飞机结构进行静力试验以确定飞机结构强度时,飞机结构必须能够承受极限载荷至少3s且不发生破坏。

2) 结构的刚度

结构受力时抵抗变形的能力叫结构的刚度。结构的刚度越大,在一定的载荷作用下产生的变形量越小。

飞机结构在各种载荷作用下产生的变形对飞机的飞行性能和飞行安全有着至关重要的影响。变形过大会改变飞机的气动外形,使飞机的气动性能下降,还可能引起机体颤振、操纵面反效、操纵系统卡滞等现象,给飞行安全带来隐患。

CCAR-25部规定飞机结构必须能够承受限制载荷而无有害的永久变形,在直到限制载荷的任何载荷作用下,变形不得妨害安全飞行。

3) 结构的稳定性

结构在载荷作用下保持原平衡状态的能力叫做结构的稳定性。如果在载荷作用下,尽管此载荷在结构中引起的应力远小于破坏应力,结构已不能保持原平衡姿态与载荷抗衡,就认为结构失去了稳定性,简称为失稳。

飞机结构中的细长杆件(起落架撑杆、襟翼滑轨撑杆等)和薄壁杆件(桁条、梁缘条等)受压时,当压应力大于受压失稳临界应力时,构件就会发生受压失稳现象,如图 1.1-11 所示。杆件受压失稳有两种破坏形式:一种是杆件轴线变弯,杆件不能保持直杆形状与载荷平衡,这种失稳称为总体失稳;另一种是杆件轴线保持直线,组成杆件的薄壁产生了局部皱褶,这种失稳称为局部失稳。无论发生了哪种形式的失稳,杆件都不能继续承载。

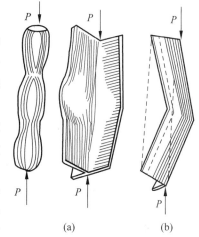

图 1.1-11　受压杆件失稳形式
(a) 局部失稳;(b) 总体失稳

机体蒙皮或大梁腹板承受剪切载荷时,剪应力大于临界应力也会使蒙皮或大梁腹板发生剪切失稳,产生方向大约与框架成45°的皱褶,如图 1.1-12 所示。由蒙皮和桁条组成的壁板受压时,压应力大于临界应力也会造成壁板受压失稳,使壁板沿与载荷垂直方向形成皱褶而损坏。

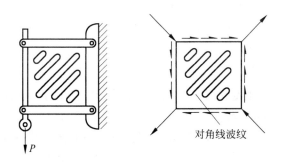

图 1.1-12　蒙皮剪切失稳

结构一旦失去稳定性,承受的载荷不能再增加,此时结构的刚度降低,结构在载荷作用下变形加大,所以对于主要受力结构是不允许出现失稳现象的。

4)结构的疲劳性能

结构在疲劳载荷作用下抵抗破坏的能力叫做结构的疲劳性能。飞机结构在使用过程中承受的载荷不仅有静载荷,还有随时间变化的疲劳载荷。长期疲劳载荷的作用会使结构受到疲劳损伤,产生疲劳裂纹,最后导致裂纹的失稳扩展和结构灾难性破坏。另外飞机在使用过程中还会受到环境腐蚀和一些意外损伤,这些都会对飞机的安全带来隐患。

CCAR-25部规定必须表明飞机结构符合"结构的损伤容限和疲劳评定的要求"。该规定要求飞机在整个使用寿命期间应避免由于疲劳、腐蚀或意外损伤引起的灾难性破坏。

(1)损伤容限评定

对可能引起灾难性破坏的每一部分结构(机翼、尾翼、操纵面及其系统、机身、发动机架、起落架以及上述各部分有关的主要连接)必须进行损伤容限(破损安全)评定和离散源评定。损伤容限(破损安全)评定包括确定因疲劳、腐蚀或意外损伤引起的预期的损伤部位和形式,和结构受到损伤后剩余强度的评定。离散源评定是要求结构在受到意外损伤时,必须能够安全完成该次飞行。所谓离散源就是在飞行中会对飞机结构造成较大损伤的意外事件,比如:比较大的鸟撞击、风扇叶片非包容性的撞击、发动机非包容性破坏等。当飞机结构受到这些意外事件中任何一种造成的损伤后,必须能够承受飞行中预期出现的静载荷,保证飞机安全完成该次飞行任务。

(2)安全寿命评定

对于损伤容限不适用的某些特定结构必须进行疲劳(安全寿命)评定。必须用试验依据表明这些进行安全寿命评定的结构在安全寿命内,承受预期的疲劳载荷作用不会产生宏观和细观的裂纹,并且对试验结果必须采用合适的安全寿命分散系数进行处理。

(3)声疲劳强度评定

对于涡轮喷气飞机,可能引起灾难性破坏的部分还要进行声疲劳强度评定。声疲劳强度评定要求表明:受到声波震荡影响的飞机结构的任何部分不会产生声疲劳裂纹,或产生声疲劳裂纹的部件在规定载荷作用下,疲劳裂纹不会引起灾难性破坏。

飞机结构是否符合适航性要求不仅和飞机的设计制造有关,也和飞机的使用维护有关。一架符合适航性要求的飞机投入使用后,飞机的使用维护条件就对飞机结构的适航性起到了决定性的作用。按照CCAR-25部结构的损伤容限和疲劳评定规定,必须制定预防灾难性破坏的检查工作或其他步骤,并将其载入持续适航文件中。在飞机的使用维护过程中,应严格遵循生产厂家提供的各种技术资料和要求,避免由于对飞机操纵不当使飞机结构受到意外的损伤,避免在维护中造成机械损伤(碰伤、擦伤、划伤),避免使用环境造成的腐蚀等,以保证飞机结构的持续适航性。

2. 飞机结构件的分类

根据结构件失效后对飞机安全性造成的后果,结构件可划分为重要结构项目(structural significant item,SSI)和一般结构项目(或其他结构项目)。

重要结构项目是指承受飞行、地面、增压或操纵载荷的任何部件或组件,一旦损坏,会破坏飞机结构的完整性,而且会危及飞机的安全性,例如,机身蒙皮、机翼翼梁、机翼和机身内的加强隔框、发动机吊架以及飞行操纵面与飞机结构的连接结构等。

一般结构项目是指不包括在重要结构项目内的部件或组件,例如机身与机翼连接部位的整流蒙皮等。

1.1.3 飞机结构受力分析的基本概念

1. 载荷作用下的变形

结构件在载荷作用下,其尺寸和形状的改变称为变形。变形形式基本有五种:拉伸、压缩、剪切、扭转和弯曲,如图 1.1-13 所示。

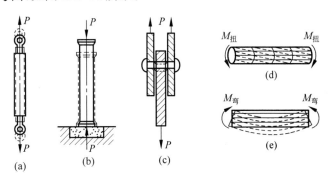

图 1.1-13　五种基本变形

(a)拉伸变形;(b)压缩变形;(c)剪切变形;(d)扭转变形;(e)弯曲变形

1) 拉伸/压缩变形

当沿杆件轴线方向施加一对方向相反的力时,杆件将发生拉伸或压缩变形。垂直杆件轴线的截面沿杆件轴线产生线位移,两相邻截面之间的距离变长,是拉伸变形;两相邻截面之间的距离变短,是压缩变形。

2) 剪切变形

当在两个相距很近的截面内相对作用两个力,这两个力之间相互错动并保持之间的距离不变,就会引起两截面发生平移错动的变形,这就是剪切变形。

3) 扭转变形

当作用在杆件上的力组成对杆件轴线的力偶时,垂直杆件轴线的两个截面发生绕轴线的相对转动错动,这就是扭转变形。

4) 弯曲变形

当作用在杆件上的力形成一对弯矩时,平行杆件轴线的材料纤维部分发生拉伸变形,部分发生压缩变形,结果使杆件轴线的曲率发生变化,这就是弯曲变形。

在实际承受载荷和传递载荷的过程中,结构发生的变形是一些更复杂的变形,这些复杂的变形都是以上几种基本变形的组合结果。

结构件在载荷作用下产生的变形又分为弹性变形和塑性变形。在卸掉载荷后,随之消失的变形称为弹性变形;在卸掉载荷后,不能消失的变形称为塑性变形或残余变形。

2. 内力

当构件在载荷作用下发生变形时,构件材料分子之间会产生反抗变形,力图使其恢复原形的力,这就是内力。内力与引起内力的外载荷大小相等、方向相反(和内力相对应,载荷也称为外力)。对应变形的五种形式,内力的基本形式有:拉力、压力、剪力、扭矩和弯矩。为了求得结构件在外载荷作用下的内力,可以用截面法取出构件的一部分,并通过取出部分的平衡状态求出内力。

3. 应力和应变

在载荷作用下,结构件截面单位面积上的内力叫做应力。如果内力是均匀分布的,则应力等于截面上的内力除以截面面积。应力的基本形式有拉应力、压应力和剪应力。

1) 正应力和正应变

正应力是拉应力和压应力的统称。正应力是垂直于所取截面的应力,即应力矢量沿截面的法向方向,用符号 σ 表示,如图 1.1-14(b)所示。正应力矢量方向由截面向外指,代表的是拉应力,一般用 $+\sigma$ 表示,是构件材料分子之间反抗被拉伸而产生的应力。正应力矢量方向由外指向截面,代表的是压应力,一般用 $-\sigma$ 表示,是构件材料分子之间反抗被压缩而产生的应力。应力的单位是 $Pa(N/m^2)$。

对应正应力的应变称为正应变,用字母 ε 来表示。正应变是结构件在拉伸(或压缩)变形中产生的伸长量 ΔL(或压缩量)和结构件的原来长度 L 之比: $\varepsilon = \Delta L / L$,也就是单位长度的伸长(或压缩)量。

2) 剪应力和剪应变

剪应力是平行于所取截面的应力,即应力的矢量沿截面的切向方向,用符号 τ 表示,如图 1.1-14(b)所示。剪应力是构件材料分子之间反抗被剪切错动而产生的应力,它的单位也是 Pa。

对应剪应力的应变称为剪应变,用字母 γ 来表示。剪应变是两个剪切面在剪切变形中产生的错动量 ΔS 和两剪切面之间距离 h 之比: $\gamma = \Delta S / h$,也就是两个剪切面互相错动的角度,如图 1.1-15 所示。

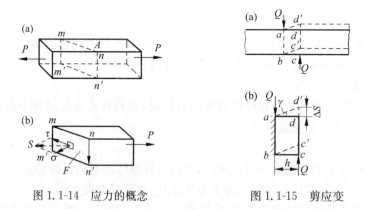

图 1.1-14　应力的概念　　　　　图 1.1-15　剪应变

4. 剪力和弯矩

在载荷作用下,结构件发生剪切变形时,结构件截面上产生的反抗剪切变形的内力叫剪力,用字母 Q 来表示;在载荷作用下,结构件发生弯曲变形时,结构件截面上产生的反抗弯曲变形的内力叫弯矩,用字母 M 来表示,如图 1.1-16 所示。

1) 剪力

在剪力作用下,梁的截面上要产生剪应力。从图 1.1-17 可以看到,剪应力在弹性梁的中性轴处最大,在梁的上、下表面为零。图 1.1-17(b)所示的是由上下缘条和腹板组成的工字梁,腹板反抗剪切变形能力最强,所以,腹板上的剪应力很大,而且比较均匀。所以,在受力结构中的工字梁或由上下缘条和腹板铆接形成的机翼大梁,承受剪力作用时,认为剪力由腹板来承担,而且假设剪力在梁腹板上均匀分布。这样,剪力在腹板中产生的剪应力近似等于剪力除以腹板截面面积。

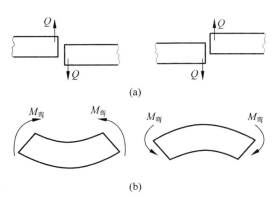

图 1.1-16　剪力和弯矩

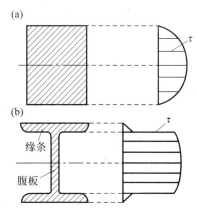

图 1.1-17　梁截面上的剪应力分布

飞机结构在承受载荷的过程中发生剪切变形,承受剪力的部件很多。比如,图 1.1-18 显示飞机结构中紧固件螺栓、铆钉和焊缝在载荷作用下发生剪切变形,承受剪力的作用。在工程计算中对于螺栓、铆钉和焊接的受力分析和强度计算,也采用剪力在横截面上均匀分布的假设。

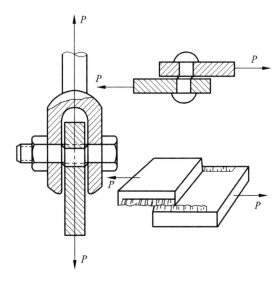

图 1.1-18　紧固件和焊缝在载荷作用下承受剪切

2) 弯矩

在弯矩作用下,梁的截面上要产生拉、压正应力。在图 1.1-19 中的弯矩作用下,梁构件上部的材料被压缩,产生压应力;下部的材料被拉伸,产生拉应力。在被拉伸和被压缩的材料之间,必定有一层既不缩短也不伸长的材料,这一层就叫做中性层,中性层与梁横截面的交线叫中性轴。从图 1.1-19(c)中梁截面上正应力的分布情况可以看到:离中性轴越远的地方,正应力越大,中性层的正应力等于零。由此可知,承受弯矩作用时,结构件中离中性层越远的材料起的作用越大,中性层的材料不起作用。

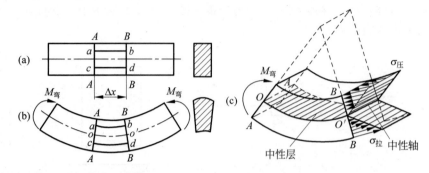

图 1.1-19　梁截面上正应力的分布

在受力结构中的工字梁或由上下缘条和腹板铆接形成的机翼大梁承受弯矩作用时,主要承受拉压应力传递弯矩的构件是大梁的上下缘条,中间腹板几乎不起作用。

飞机结构在承受载荷的过程中,发生弯曲变形,承受弯矩的部件很多。图 1.1-20 表示机翼在气动载荷作用下发生的弯曲变形,在图中所示的弯矩作用下,机翼的上壁板受压,承受压应力;机翼的下壁板受拉,承受拉应力。

图 1.1-20　机翼承受空气动力作用产生的弯矩

5. 扭矩

1) 扭矩的传递

当结构件在载荷作用下发生扭转变形时,结构件中产生的反抗扭转变形的内力叫扭矩,用字母 $M_{扭}$ 来表示。从图 1.1-21 可以看到,当圆轴发生扭转变形时,由于轴各截面之间的相对转动,使相邻截面之间错动而产生剪切变形,轴的横截面上产生剪应力。由扭转引起的剪应力叫做扭转剪应力,用 $\tau_{扭}$ 表示。

扭转变形时,距离扭转中心越远的材料发生的剪切变形越大,所以,扭转剪应力在截面边缘处达到最大(图 1.1-22)。由此可知,承受扭矩作用时,截面边缘处的材料起的作用最大。

从图 1.1-21 和图 1.1-22 中可以看到,当长圆柱体(无论是实心长圆柱体还是空心长圆柱体)承受外力扭矩作用时,轴截面之间发生以截面形心为中心的相对转动,轴的长度不会发生变化,横截面保持平面。在扭转变形过程中,截面形心的位置保持不变。截面形心也被称为截面的扭心。

2) 刚心和刚轴

飞机结构在承受载荷的过程中,发生扭转变形,承受扭矩作用的部件很多,其中承受扭

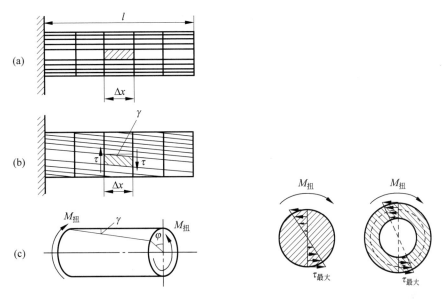

图 1.1-21 扭转变形产生的剪切变形和剪应力　　　图 1.1-22 扭转剪应力

矩比较大的结构包括机翼结构和后机身结构,如图 1.1-23 所示。机翼截面承受起落架垂直载荷和水平载荷引起的扭矩;后机身截面承受由垂直尾翼气动力作用引起的扭矩。

在图 1.1-23(a)中,机翼承受的扭矩

$$M_{扭} = P_{垂直} \times h_1 - P_{水平} \times h_2 \qquad (1.1\text{-}10)$$

式中,$P_{垂直}$、$P_{水平}$——起落架的垂直载荷和水平载荷;

h_1、h_2——垂直载荷和水平载荷到机翼刚心的距离。

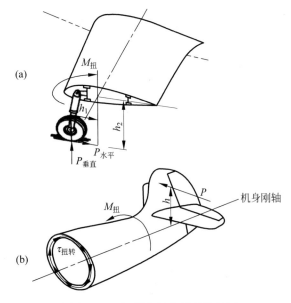

图 1.1-23 机翼和机身承受的扭矩

(a) 起落架载荷在机翼结构中引起的扭矩;(b) 垂直尾翼气动力在后机身结构中引起的扭矩

在图 1.1-23(b)中,后机身承受的扭矩

$$M_{扭} = P \times h \tag{1.1-11}$$

式中,P——垂直尾翼的侧向载荷;

　　　h——侧向载荷 P 到机身刚心的距离。

机翼和机身虽然不是圆柱体,但只要机翼或机身的横截面是由蒙皮形成的闭合剖面,机翼或机身的横截面上就有一个由机翼或机身截面几何特性确定位置的点,这个点称为刚心。沿纵向将各截面的刚心连接起来的直线叫做机翼或机身的刚轴。

在结构受力和变形中,刚轴的特点是:通过刚轴的外载荷只能使机翼或机身产生弯曲变形,而不发生扭转;不通过刚轴的载荷会对机翼或机身产生扭矩,使机翼或机身扭转变形,扭矩的大小等于载荷乘以载荷到刚轴的距离;机翼或机身扭转变形时,绕刚轴转动,刚轴不发生位移。

由于起落架与地面接触点到机翼刚心轴的距离比较远,飞机的地面载荷将对机翼产生比较大的扭矩,使机翼的结构强度受到考验。由于垂直尾翼侧向载荷作用点到机身刚心轴的距离比较远,垂直尾翼的侧向载荷也会使飞机的后机身承受比较大的扭矩。

3) 飞机结构中扭矩的承受

在扭矩作用下,机翼和机身都会产生扭转变形,在机翼和机身的受力结构件中产生扭转剪应力。一般认为扭矩由机翼蒙皮和梁腹板、机身蒙皮形成的闭室来承担。只在机翼或机身的蒙皮、梁腹板中产生剪应力,而且剪应力沿蒙皮或腹板中线的切线方向,在蒙皮和腹板的厚度上均匀分布。蒙皮和梁腹板所围闭室面积越大,蒙皮和梁腹板越厚、材料的剪切弹性模量越高,机翼和机身的抗扭刚度越高。所以,用有限的材料围成圆形的闭剖面对承受扭矩载荷最有利。随着飞行速度的提高,对飞机机翼和机身的抗扭刚度的要求也越来越高,这也是飞机机翼机身蒙皮厚度逐渐加厚的原因之一。

1.1.4　飞机结构基本元件、结构件及受力特点

1. 结构基本元件及受力特点

1) 杆件

与横截面尺寸相比长度尺寸比较大的元件称为杆件。在飞机结构中,起落架受力构架中的撑杆、阻力杆(图 1.1-24)、机翼机身的桁条、翼梁的缘条和支柱(见图 1.1-24、图 1.1-25)等都属于杆件。

因为杆件的抗弯能力很弱,所以认为此类元件承受的载荷主要是沿杆件轴线作用的力,并在力的作用下产生拉伸或压缩变形,承受拉应力或压应力。

2) 梁元件

飞机结构中的梁元件基本上有两种类型:一种梁元件的外形与杆件相似,但它具有比较强的弯曲或扭转强度(闭合剖面的杆件),可以承受沿垂直梁轴线方向的载荷作用。图 1.1-24 中示出的起落架减震支柱就是这类元件。在载荷的作用下,梁元件会产生剪切弯曲和扭转变形,同时产生剪应力、弯曲正应力和扭转剪应力。另一种梁元件是由上下缘条和腹板组成的,具有比较强的剪切弯曲强度,承受腹板平面内载荷的作用,产生剪切和弯曲变形。梁缘条承受弯曲产生的拉压正应力的作用,腹板则承受剪切产生的剪应力的作用。图 1.1-25 中示出的缘条和腹板组成的机翼大梁、翼肋就属于这种梁元件。

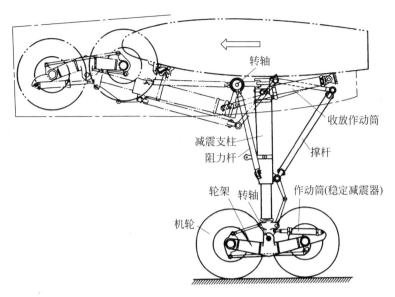

图 1.1-24 起落架结构中的杆件(侧撑杆和阻力支柱)

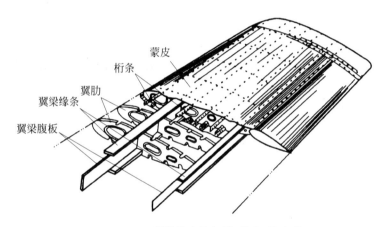

图 1.1-25 机翼结构中的杆件(桁条、缘条等)

3) 板件

厚度远小于平面内另外两个尺寸的元件称为板件。在飞机结构中,蒙皮、翼梁和翼肋的腹板、纵墙等都属于板件(图 1.1-25)。板件承受板平面内分布载荷的能力较强。厚度比较小的薄板承受拉压的能力比较弱,可以忽略不计,但承受剪切的能力比较强,在载荷作用下只承受剪应力,如图 1.1-26(a)所示;厚度比较大的板件,承受拉压和剪切的能力都比较强,在载荷作用下,承受正应力和剪应力,如图 1.1-26(b)所示。

在局部的气动载荷作用下,飞机蒙皮也要承受垂直板平面的分布气动载荷,此时,蒙皮会产生拉应力(对较薄、曲率较大的蒙皮)或剪切弯曲应力(对较厚、曲率较小的蒙皮),见图 1.1-27。分布的气动载荷并不是蒙皮承受的主要载荷,但如果由于飞行速度过快,蒙皮上的分布气动载荷过大,也会造成蒙皮与桁条连接的铆钉被拉坏、蒙皮被撕裂等局部破坏现象的发生。

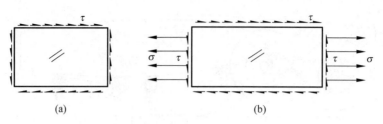

图 1.1-26　板元件的受力情况

(a) 薄板；(b) 厚板

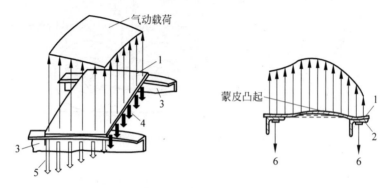

图 1.1-27　蒙皮承受气动载荷

1—蒙皮；2—桁条；3—翼肋；4—长桁支反力；5—翼肋支反力；6—铆钉承受的拉力

2. 飞机结构件及受力特点

1) 杆系结构

由杆件和梁元件组成的结构称为杆系结构。图 1.1-24 给出的起落架受力构架就是由杆件和梁元件组成的杆系结构。图 1.1-28 中示出的桁架式翼肋是由杆件组成的杆系结构。起落架可以承受地面作用在机轮上的各方向载荷,组成桁架式翼肋的杆件都在翼肋平面内,只能承受翼肋平面内的载荷。所以,起落架是空间杆系结构,而桁架式翼肋是平面杆系结构。

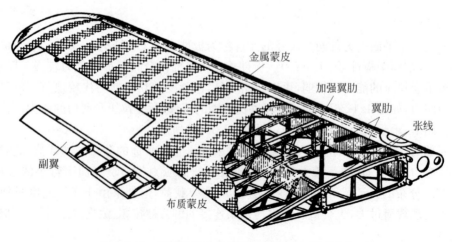

图 1.1-28　机翼结构中的桁架式翼肋——杆系结构

此外,发动机吊挂、操纵面的安装支架等都属于杆系结构。在杆系结构中,杆件和梁元件分别保持原有的受力特点:杆件承受沿着杆件轴线的载荷作用,产生正应力;梁元件承受剪切、弯曲和扭转载荷的作用,产生剪应力、弯曲正应力和扭转剪应力。

2) 平面薄壁结构

平面薄壁结构是由同一平面内的杆件和板件组成的结构。用缘条和腹板组成的机翼大梁(见图 1.1-29)、翼肋和机身的隔框等都属于这类结构。

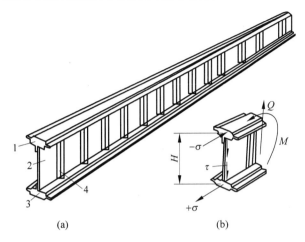

图 1.1-29　机翼大梁结构形式——平面薄壁结构
1—上缘条;2—腹板;3—下缘条;4—支柱

平面薄壁结构主要承受结构平面内载荷的作用。结构中的杆件和板件仍保持原有的受力特点:载荷在杆件内产生正应力,在板件中产生剪应力。从图 1.1-29(b)中可以看到机翼大梁承受大梁平面内剪力和弯矩的作用,弯矩在杆件(梁缘条)内产生拉压正应力;剪力在板件(大梁腹板)内产生剪应力。

3) 空间薄壁结构

空间薄壁结构是由不在同一平面内的杆件和板件组成的空间结构,机翼、机身和尾翼等都属于这类结构。图 1.1-30 为空间薄壁结构的机翼。

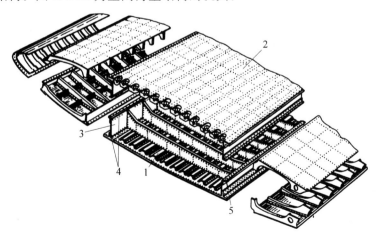

图 1.1-30　机翼结构形式——空间薄壁结构
1—桁条;2—蒙皮;3—梁腹板;4—梁缘条;5—翼肋

在载荷作用下,机翼和机身就像互相支持的悬臂梁,载荷在结构中引起变形——剪切、弯曲和扭转,并产生内力——剪力、弯矩和扭矩。

　　(1) 机翼结构受力

　　图 1.1-31 所示为机翼在气动载荷和机翼结构质量力作用下产生了剪切、弯曲和扭转变形的情况。

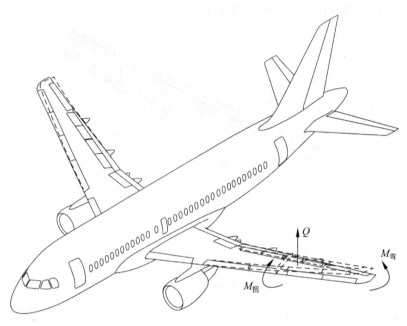

图 1.1-31　机翼的剪切、弯曲和扭转变形

　　图 1.1-32 显示机翼气动力和机翼结构质量力在机翼结构中产生的内力:剪力、弯矩和扭矩。

　　由图 1.1-32 可以看出,作用在机翼上的气动力和质量力方向相反,在机翼上装载燃油或一些必不可少的部件,比如发动机等,这些载重的质量力会减小机翼承受的内力弯矩和剪力,适当安排发动机的重心位置也可以减小机翼的扭矩。特别是对受力最严重的机翼根部,这些载重可起到卸载的作用,对机翼的受力是有利的。这也是在使用机载燃油时,先使用中央油箱燃油再使用机翼主油箱燃油的原因之一。就是尽量利用机翼油箱燃油的卸载作用,改善机翼的受力情况。

　　在载荷作用下,空间薄壁结构中的板件和杆件也都保持原有的受力特点:板件承受板平面内的正应力和剪应力的作用,杆件只承受正应力的作用。

　　从图 1.1-33 可以看到组成机翼的各个元件——蒙皮、桁条、大梁缘条和腹板在承受剪力、弯矩和扭矩时所起的作用。机翼大梁腹板的作用和图 1.1-17(b)中工字梁腹板的作用一样,所以剪力主要由大梁腹板承受,在腹板内产生剪应力,如图 1.1-33(a)所示;弯矩由距离机翼剖面中性轴最远的上下蒙皮、桁条和大梁缘条组成的上下壁板承受,在图中所示的弯矩作用下,上壁板承受压应力,下壁板承受拉应力,如图 1.1-33(b)所示;和图 1.1-22 中示出的截面周圈的材料的作用一样,扭矩由机翼剖面周圈蒙皮和大梁腹板承受,在蒙皮和腹板中产生扭转剪应力,如图 1.1-33(c)所示。

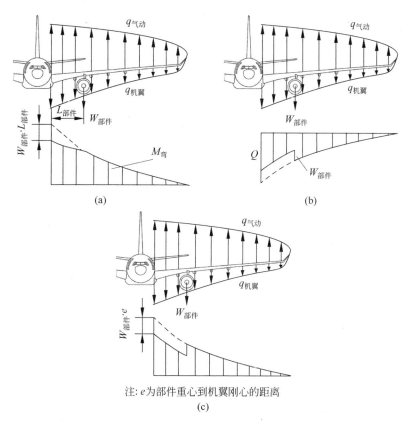

图 1.1-32 在气动载荷、机翼和部件质量力作用下机翼的弯矩、剪力和扭矩

（a）机翼上有集中载荷时的弯矩图；（b）机翼上有集中载荷时的剪力图；（c）机翼上有集中载荷时的扭矩图

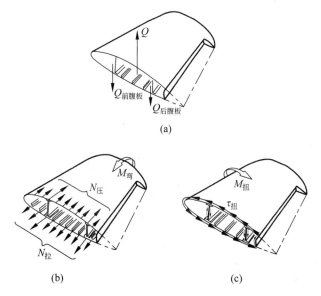

图 1.1-33 机翼各元件在承载中的作用

（2）机身机构受力

图 1.1-34 所示为后机身在垂直尾翼侧向载荷作用下,结构发生剪切、弯曲和扭转变形,承受剪力、弯矩和扭矩的作用。在剪力作用下,机身上下两块蒙皮就像是机翼的大梁腹板,承受剪力引起的剪应力;机身左右两块蒙皮和桁条就像是机翼的上下蒙皮、桁条和梁缘条组成壁板,承受弯矩引起的拉、压正应力;机身周圈蒙皮也就像机翼的周圈蒙皮和大梁腹板,承受扭矩引起的剪应力。

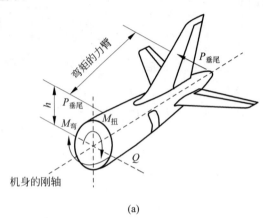

(a)

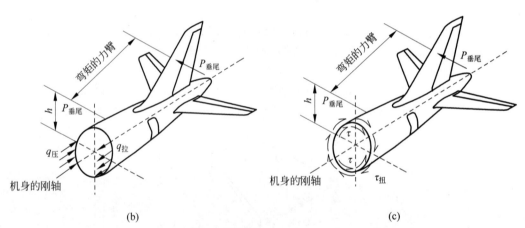

(b)　　　　　　　　　　　　　　　(c)

图 1.1-34　在垂直尾翼的侧向载荷作用下,机身各结构件承受的应力
（a）侧向载荷在机身结构中引起内力 Q、$M_弯$、$M_扭$；（b）后机身承受弯曲正应力；（c）后机身承受剪应力

从图中可以看到,在后机身上蒙皮剪力引起的剪应力和扭矩引起的剪应力方向相同,相加得出上蒙皮承受的剪应力;而下蒙皮剪力引起的剪应力和扭矩引起的剪应力方向相反,相减得出下蒙皮承受的剪应力。所以,在后机身上蒙皮承受的剪应力要大于下蒙皮承受的剪应力,这就是后机身上蒙皮的厚度比下蒙皮大的原因。同样的道理,在前机身由于下部安装了起落架,前机身下蒙皮的厚度就比上蒙皮大。

1.1.5　飞机复合材料结构件

1. 航空复合材料的性能特点

目前在飞机结构上采用的复合材料主要是纤维增强树脂基的层压板复合材料,它与金属材料相比有以下几个主要的特点。

(1) 复合材料是各向异性的材料。

增强纤维是复合材料中主要的承力、传力组元,复合材料沿增强纤维(纵向)方向的力学性能要比垂直纤维(横向)方向的力学性能高出很多。

(2) 层压板复合材料的层间性能远低于层内的性能。

复合材料基体(树脂)的作用主要是保持结构形状、支撑增强纤维、传递载荷,基体的性能对复合材料的剪切、压缩性能起决定性的作用。复合材料虽然能有效地承受板平面内沿纤维方向的拉伸载荷,但承受剪切、压缩载荷的能力较低。层压板铺层之间的连接强度是由基体树脂和界面粘接强度决定的,这就使得复合材料层合板的抗剥离能力较低。在冲击载荷作用下,层合板易产生基体开裂、分层,这些损伤会在载荷作用下逐渐扩展。

(3) 复合材料属于脆性材料。

复合材料的应力-应变曲线基本是一条直线,没有金属材料应力-应变曲线的屈服段或条件屈服段,发生断裂时塑性变形很小。因此目前航空中常用的碳纤维或玻璃纤维增强树脂复合材料是脆性材料,冲击韧性较低,抗冲击能力差。

(4) 复合材料力学性能的可设计性。

可以根据对结构件的性能要求和使用中的受力情况,选择增强纤维和基体树脂的种类和含量比,设计纤维的铺层方向和顺序,使生产的结构件满足承载要求且质量轻。

(5) 具有良好的耐疲劳性。

复合材料中的增强纤维形成多路传力结构,相互交叉的纤维铺贴方式对拉伸载荷产生的疲劳裂纹起到很好的止裂作用,因此抗疲劳性能高,破损安全特性好。

(6) 耐湿热性能差。

复合材料的基体通常是高分子材料,在湿热环境作用下,基体树脂会吸收水分,引起结构尺寸的变化;玻璃转化温度降低,使复合材料的使用温度下降,树脂的性能发生退化,从而使由基体和界面层控制的机械性能,如压缩强度、剪切强度等明显降低。

(7) 加工工艺有待改进。

层压板复合材料目前可采用人工铺设、数控铺带机铺设并经热压成型。生产过程中产品的质量不好控制,生产中易造成空隙、夹杂、脱胶、分层、固化不完全、纤维受损等各种初始缺陷,使生产出的结构件的损伤缺陷、抗疲劳断裂性能分散性较大。

2. 复合材料结构件的形式

复合材料飞机结构件和金属材料的基本相同,包括由基本的杆、板元件组成的杆系结构、平面薄壁结构和空间薄壁结构。但由于复合材料承受载荷的主要是增强纤维,使复合材料结构件的形式与金属件又有一定的区别。

(1) 平板或小曲率板是复合材料结构的基本元件之一。复合材料主要依靠增强纤维承受和传递载荷,处于平直状态的纤维承受和传递载荷的性能最好。典型构件包括整体壁板、夹芯面板、梁腹板、整流罩、扰流板等。

整体壁板结构就是通过复合材料的整体成型工艺,把蒙皮、桁条、梁缘条合并成一块整体板件,如图 1.1-35 所示。夹芯板就是在两层复合材料板之间夹以轻质材料制成的芯材,如图 1.1-36 所示。

整体成型工艺减少了结构的零件数,简化了机械加工和装配工序,降低了生产成本。夹

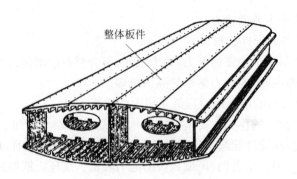

图 1.1-35　机翼的整体壁板

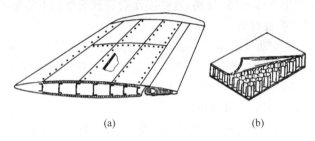

(a)　　　　　　　　　　　　　(b)

图 1.1-36　机翼的夹芯壁板结构

（a）夹层结构机翼；（b）蜂窝夹层壁板

芯板依靠内外层复合材料层压板承受载荷,夹芯层对它们起支撑作用。与单层蒙皮相比,它有效地增加了板件横截面的厚度,加强了板件抗弯曲能力,提高了复合材料板承受法向载荷的能力和抗压稳定性。

图 1.1-37 给出两种板件承受载荷的情况：一种是厚度为δ的复合材料层压板,另一种是在两层厚度为δ/2 的复合材料层压板之间夹以芯材的夹芯板。从图中可以看出,增重很小的情况下,夹芯板的截面厚度比层压板的厚度增加很多,板截面的惯性矩 J 显著增大,提高了板件承受弯曲的能力。在承受法向载荷和压缩载荷时,夹芯板的刚度和稳定性也比层压板好。

（2）多墙式机翼结构。复合材料夹芯板结构承受法向局部气动载荷的刚度比较大,不会产生鼓胀、凹陷的变形,承受板平面内压力载荷的稳定性能也很好。所以,复合材料机翼的上下壁板采用夹芯板结构时,沿机翼翼展方向可以不用桁条,也可以减少翼肋的数量。沿机翼展向可布置多根纵墙,形成多墙式机翼结构,参见图 1.1-36(a)。这种结构形式首先用于高性能战斗机的复合材料机翼结构上,目前大型民用运输机多用于复合材料尾翼结构上。民机复合材料机翼多采用大型的整体壁板翼面,参见图 1.1-35。

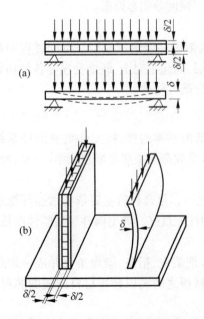

图 1.1-37　复合材料夹芯板受力情况

（3）正弦波腹板梁结构。机翼大梁腹板在传递载荷过程中要承受剪力的作用。剪力过大会造成梁腹板失稳,参见图1.1-14。复合材料大梁可采用正弦波形式的腹板。正弦波腹板基本面是平面,只是在平面上增加正弦波形的起伏。这些正弦波起伏相当于给腹板增加了支柱,增加了对腹板的支撑作用,防止腹板受剪失稳。

(4)复合材料结构上不宜开孔、开洞,也不宜采用接头进行集中载荷的传递。在复合材料结构上开孔会切断增强纤维,使材料的力学性能下降。复合材料是脆性材料,静载荷作用下,对开孔造成的应力集中非常敏感。复合材料层间剪切强度很低,开口补偿结构件传力能力有限。

(5)复合材料结构受到高能量冲击载荷作用时,可能造成穿透性损伤。一般采用补片胶接或机械连接的方法进行修理,但很难使结构恢复到原有的力学性能。在设计容易受到冲击载荷作用部位的复合材料结构件时,应考虑进行冲击损伤修理的方案,并为修理方案的实施保留足够的强度裕度。

(6)防腐措施。在碳纤维复合材料和铝合金接触的部位会产生电化学腐蚀,使铝合金材料受到腐蚀损伤。所以在碳纤维复合材料和铝合金之间应铺设玻璃纤维或涂上保护涂层进行防腐处理。

1.1.6 飞机结构疲劳设计

飞行中飞机结构承受的载荷不仅具有静载荷的特点,而且还具有随时间变化的疲劳载荷的特点。例如,飞机起飞—飞行—着陆为一个循环,承受地—空—地周期循环载荷;气密座舱增压载荷也是周期性循环载荷。而在飞行中承受的突风载荷、机动载荷,着陆时撞击载荷、地面滑行载荷等又是载荷大小和出现次数都随机分布的随机载荷。因此,只考虑飞机结构的静强度和刚度不能保证飞行安全,还必须考虑飞机结构在各种复杂载荷和复杂环境条件长期作用下,逐渐发生疲劳破坏的情况。

1. 安全寿命设计思想

1)安全寿命设计的概念

安全寿命设计是建立在无裂纹的基础上,当结构在疲劳载荷作用下出现宏观的可检裂纹时,就到了结构的安全寿命终结点了。也就是说,一架机体结构不存在缺陷的新飞机从投入使用到出现可检裂纹这一段时间就是飞机结构的安全寿命。所以安全寿命设计只考虑无裂纹(即可检裂纹)寿命,而不考虑带裂纹的寿命。CCAR-25部规定安全寿命(疲劳)评定标准为:这些结构必须用有试验依据的分析表明,它们能够承受在其服役寿命期内预期的重复载荷作用而没有可察觉的裂纹。

2)安全寿命设计的不足

(1)不能确保飞机结构的使用安全。

安全寿命设计只考虑无裂纹寿命,而不考虑裂纹扩展寿命。实际上对于一般工程构件而言,存在初始裂纹和缺陷是难免的。一旦构件存在初始缺陷或使用中出现裂纹没有检测到,就无法保证在安全寿命内结构件的使用安全。

(2)不能充分发挥飞机结构的使用价值。

根据安全寿命设计思想,飞机在投入使用前是完好无损的,在疲劳载荷作用下,一旦在关键的受力部位出现了宏观的可检裂纹时,就可以判定结构的安全寿命已经结束了。实际上,当结构件在使用中出现可检裂纹时,仍具有一定的剩余强度和剩余寿命,这显然是没有充分发挥结构件的使用价值。

(3) 导致飞机结构重量的增加。

安全寿命设计对疲劳破坏固有的分散性及一些不确定的因素用分散系数来考虑。为了保证飞机在安全寿命期间内的使用安全,往往采用较大的分散系数(一般取 4),这就导致飞机结构重量的增加。

(4) 不能制定对飞机进行科学而经济的维修方案。

安全寿命设计不考虑裂纹扩展寿命,所以对裂纹扩展情况并不进行深入研究,也就无法制定出对飞机进行科学而经济维修的方案。

尽管有以上几点不足,但安全寿命设计已在飞机寿命设计中使用了几十年,经验丰富,特别是其中有关改善结构疲劳品质的设计方法、生产中强化质量控制的方法都被实践证明是成功和有效的,也都被后来的结构疲劳设计方法所借鉴和使用。

2. 破损安全设计思想

破损安全是指部件中的一个构件发生破坏之后,其他残存结构件仍能继续承担 CCAR-25 部中关于破损安全评定中所规定的各种状态下的载荷,以防止飞机的破坏,或造成飞机刚度的降低过多而影响飞机的正常使用。也就是说,这种设计思想允许飞机结构有破损,但必须保证飞机的安全。破损安全设计思想可看作损伤容限设计思想的"雏形",至今仍是后者的一个组成部分。

3. 损伤容限设计

损伤容限设计概念是承认结构在使用前就带有初始缺陷,并认为由初始缺陷到形成临界裂纹的裂纹扩展寿命即是结构的总寿命。损伤容限设计不考虑结构件的无裂纹寿命,只考虑带裂纹寿命。

损伤容限设计的思想是:承认结构在使用前就带有初始缺陷,但必须把这些缺陷在规定的未修使用期内的增长控制在一定的范围内,使结构满足规定的剩余强度要求,以保证飞机的安全性和可靠性。

1) 损伤容限专业术语

(1) 损伤容限:结构在规定的未修使用周期内,抵抗由于缺陷、裂纹或其他损伤造成破坏的能力。也可以说是在保证结构安全可靠地工作到下次检查的条件下,允许结构存在的缺陷和损伤。

(2) 裂纹扩展寿命:在设计应力谱作用下,由初始裂纹扩展到临界裂纹时所得的寿命。裂纹扩展寿命就是损伤容限设计中结构的总寿命。

(3) 剩余强度:含裂纹结构的承载能力。也就是含裂纹结构在未修理使用周期内的任意时刻能达到的静强度。在使用过程中,结构件的剩余强度会随裂纹尺寸的增加而减少。

(4) 损伤容限载荷:在规定的未修使用最小周期内,为了保证飞机飞行安全和飞行性能,带有损伤的飞机结构必须能承受的载荷,是在使用过程中结构预期要承受的最高工作载荷。

2) 损伤容限结构分类

损伤容限设计的结构应该是缓慢裂纹扩展结构或破损安全结构,或者是这两种类型的结合。

(1) 缓慢裂纹扩展结构

这种结构应被设计成初始损伤以稳定、缓慢的速率扩展,以保证在规定的检查周期内,在使用载荷作用下,结构内的初始缺陷或裂纹不至于扩展到临界裂纹的尺寸。这种结构要求材料抗断裂韧性高、裂纹扩展速率较低,而且要通过质量控制使结构件中可能存在的初始缺陷尺寸小于通过试验和分析所确定的初始缺陷值。

通过选用裂纹扩展速率低的结构材料和控制结构件上初始缺陷的尺寸,使其初始缺陷扩展到临界裂纹尺寸的寿命(分散系数为2)大于规定的检修周期,来确保飞机飞行安全。

(2) 破损安全结构

破损安全结构又分为破损安全多路传力结构和破损安全止裂结构。破损安全多路传力结构具有两条或两条以上的传力路线,当一条传力路线由于其中某一构件破坏而中断时,要求的破损安全载荷仍可通过其他传力路线传递过去。比如,机身隔框在内外两根缘条之间增加一根角材,形成三根缘条。当一根缘条破坏时,其余两根缘条仍能承受载荷(分别承受拉、压正应力)将弯矩传递过去,如图 1.1-38(a)所示。机翼的上下壁板由机翼大梁缘条和带加强桁条的整体壁板铆接而成,机翼弯曲产生的正应力由大梁缘条和整体壁板一起承担。如果大梁缘条由于裂纹扩展而失效,整体壁板仍可以承受正应力将弯矩传递过去,如图 1.1-38(b)所示。

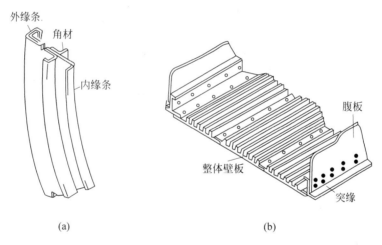

(a)   (b)

图 1.1-38 破损安全结构
(a) 机身隔框;(b) 机翼壁板

破损安全止裂结构通过止裂带、止裂孔、蒙皮分块、开止裂缝等使已产生的裂纹停留在所设计的止裂区内,不再向前发展(见图 1.1-39)。保证飞机在规定的检修周期内,在使用载荷/环境作用下安全飞行。

4. 耐久性设计

1) 结构耐久性设计的概念

飞机结构的耐久性是指飞机结构在规定的经济寿命期间内,抵抗疲劳开裂、腐蚀、热退化、剥离、磨损和外来物偶然损伤作用的一种固有能力。经济寿命是执行耐久性试验计划的结果所表示的工作寿命,当被试验的结构出现遍布损伤,要修理不经济,不修理又影响结构

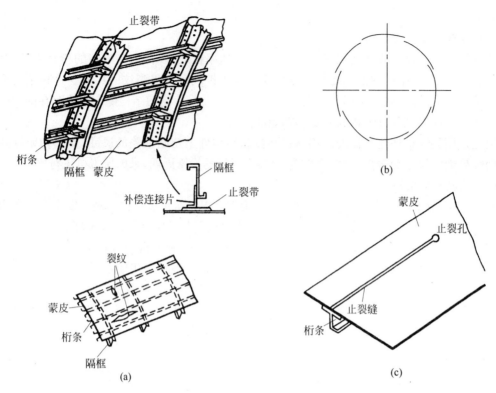

图 1.1-39　破损安全止裂结构
(a) 止裂带止裂；(b) 蒙皮分块止裂；(c) 开止裂缝止裂

使用功能时，则认为结构已达到经济寿命。所以，在耐久性设计中，经济寿命就是由于疲劳、意外损伤或环境腐蚀对飞机结构造成的损伤，不能通过可接受的经济修理方案修复，以便使飞机保持备用状态，这时所对应的飞机使用时间。

耐久性设计概念是针对飞机研制成本和生产成本以及使用维修费用的急剧增加而提出的一种结构设计思想。这种结构设计思想认为飞机结构在使用前就存在许多微小的初始缺陷(尺寸在 1 毫米以下的单条或成群出现的较小裂纹)，结构在载荷/环境作用下逐渐形成了一定长度和一定数量的裂纹和损伤群，此时结构必须进行修理(称为经济修理)，否则继续扩展下去将会造成结构功能损伤或维修费用剧增，从而影响到飞机的使用性。这种经济修理可以进行若干次，直到满足使用寿命要求。

耐久性设计的目标是通过合理选择材料及工艺、控制应力水平、设计细节、检查及防护，以满足经济修理要求和降低使用维护费用，提高飞机的备用性、寿命和可靠性。

2) 耐久性设计的基本要求

(1) 飞机结构经济寿命必须超过一个设计使用寿命(见图 1.1-40)；

(2) 在低于一个设计使用寿命期内不允许出现功能性损伤，如刚度降低、操纵效率下降、座舱减压和油箱漏油等；

(3) 飞机经济寿命必须通过分析和试验验证。

经济寿命＝全尺寸结构耐久性试验或分析寿命/2＞设计使用寿命

由全尺寸结构耐久试验结果要取分散系数为 2，给出结构的经济寿命。

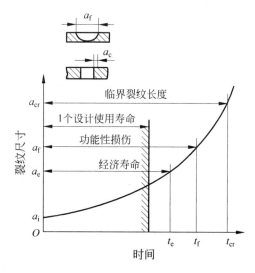

图 1.1-40　经济寿命和设计使用寿命的关系

3）飞机结构经济寿命的确定

飞机结构耐久性设计的核心问题是确定飞机结构的经济寿命，也就是确定飞机结构上的损伤达到什么程度就不能采用可接受的经济方法进行修理，而这些损伤发展又会影响结构的安全性和功能性，并将这种损伤程度与飞机的使用时间联系起来，使其成为结构使用时间的一个函数。

飞机结构的耐久性设计可以取代安全寿命设计，并和损伤容限设计科学地结合起来，形成飞机结构的耐久性加损伤容限的设计思想。这种设计思想是要保证飞机结构在整个使用寿命期内，不会因疲劳、腐蚀和意外损伤而造成灾难性破坏，并且使结构具有良好的寿命特性和维修的经济性。它是用耐久性概念确定经济寿命，用损伤容限设计概念保证飞行安全。

5. 复合材料结构的损伤容限/耐久性设计

复合材料的结构形式、物理机械性能和生产工艺与金属材料不同，造成复合材料在疲劳载荷、损伤形式、损伤扩展情况以及断裂疲劳性能等方面，与金属材料有很大的差别。这就使得对复合材料进行的损伤容限/耐久性设计，与金属结构相比有着明显的区别。

1）对复合材料疲劳断裂性能影响较大的载荷是冲击载荷。

因为复合材料的多路传力和界面层的止裂作用，使其在拉伸载荷作用下的疲劳性能非常好。复合材料的条件疲劳极限可以达到强度极限 σ_b 的 60%。在飞机结构中最常用的碳纤维增强树脂复合材料的疲劳极限可达其拉伸强度 σ_b 的 70%～80%。所以，对金属结构疲劳寿命影响较大的拉伸疲劳载荷，对复合材料来说并不重要。

由于复合材料层压板的层间性能远低于层内的性能，冲击载荷会在复合材料结构的内部造成基体开裂和分层，使材料的压缩、剪切性能大大地降低。这种损伤在载荷，特别是压缩载荷作用下进一步扩展，会导致结构的修理或报废。所以，对复合材料疲劳断裂性能影响较大的载荷是冲击载荷。

冲击载荷对复合材料结构造成的损伤可以分为高能量冲击损伤、中等能量冲击损伤和低能量冲击损伤，如图 1.1-41 所示。

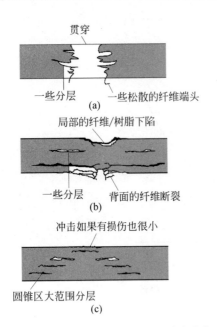

贯穿

一些分层　　　一些松散的纤维端头

(a)

局部的纤维/树脂下陷

一些分层　　　背面的纤维断裂

(b)

冲击如果有损伤也很小

圆锥区大范围分层

(c)

图1.1-41　复合材料在不同能量冲击载荷
下的损伤模式

(a) 高能量冲击损伤；(b) 中等能量冲击损伤；
(c) 低能量冲击损伤

高能量冲击载荷在结构上造成穿透性损伤，中等能量冲击载荷在结构表面造成目视可见损伤。低能量冲击载荷在结构表面形成的损伤很不明显，目视检查很难发现，把这种损伤称为目视勉强可见冲击损伤。

目视可见损伤和穿透性损伤容易发现，要进行及时的修理，而目视勉强可见损伤，检查很难发现，由于复合材料层压结构的层间性能远低于层内的性能，这种冲击载荷可能已经在内部造成大面积的层间分离、开胶或断裂。受到损伤的复合材料承受压缩载荷的强度大大下降，并在周期压缩载荷的作用下，损伤很容易进一步扩展，使结构的强度和刚度下降，最后导致结构的失效和破坏。所以，对复合材料疲劳断裂性能影响较大的损伤是结构受压部位上的低能量冲击损伤。在复合材料的损伤容限/耐久性设计中，主要考虑的是低能量冲击损伤的设计。

对复合材料的机翼结构来说，上翼面低能量冲击损伤，在周期压缩载荷作用下，分层或开胶很容易扩展，最后导致结构的失效或破坏。所以，研究复合材料机翼结构的疲劳断裂性能，重点关注的应该是机翼上翼面分层损伤的扩展，也就是结构受压部位上低能量损伤扩展问题。

2) 复合材料疲劳断裂性能分散性大于金属材料

由于复合材料是各向异性材料，人工制造工艺又带来很多不确定因素，所以复合材料疲劳断裂性能的分散性大于各向同性、匀质的金属材料。对复合材料结构进行疲劳试验验证时，除了要考虑分散系数外，有时还要考虑载荷放大系数。

雷击、鸟撞、冰雹、非包容性发动机碎片、跑道上飞起的杂物和维修中对结构产生的冲撞等都是在飞机使用和维护过程中可能遇到的冲击载荷。这些冲击载荷都是随机载荷，发生的概率和强度分散性很大。表1.1-1所示为各类冲击事件的出现概率。

表1.1-1　各类冲撞事件出现概率

事　　件	出现概率 $P/(1/\mathrm{FH})$[①]	事　　件	出现概率 $P/(1/\mathrm{FH})$[①]
冰雹	2.88×10^{-6}	鸟撞	1.83×10^{-4}
雷击	3.11×10^{-5}	维修引起	3.89×10^{-4}

① FH 为飞行小时。

冰雹一般属于低能量冲击载荷，冲击能量小而且出现的概率很小。雷击和鸟撞属于高能量冲击载荷，虽然概率比较大，但造成的损伤易于发现并要求立即修理，这些都不是考虑的重点。维修中引起的撞击事件发生的概率最高，比如，维修中的粗暴操作、敲打、工具掉落，甚至过度的踩踏，叉车、卡车或工作平台对飞机结构的轻微撞击等都是对结构造成损伤的低冲击能量载荷。在表面损伤很难发现的情况下，却已在内部造成了分层和开裂，这种损伤对飞机安全可靠性形成了潜在的危险。所以,维修中引起的冲击损伤应该是考虑的重点。

由此可见,在使用维护复合材料结构时,应小心谨慎、规范操作,尽量减少对飞机造成冲击损伤。

通过检查及时发现冲击载荷对复合材料结构造成的损伤。借助照明设备和放大镜仔细检查结构表面,以发现冲击损伤的痕迹。通过结构外形的隆起、凹陷变化,轻轻敲击声音的变化或借助超声波等无损检测方法确定结构内部分层、开胶或断裂等损伤。

对冲击损伤的处理:对于目视检查明显可见的损伤,必须立即进行修理,任何修理过损伤的结构都必须具有能承受设计载荷的静强度。对于目视勉强可见损伤应根据受伤部位的应力水平决定采取的措施。

1.1.7 飞机结构连接技术

飞机结构的连接技术有比较传统的机械连接(铆接、螺接)和焊接,还有新的发展较快的胶接技术。传统的机械连接技术在连接件(铆钉、螺栓)的结构形式、制作材料和安装工艺等各方面也都有新的改进。

1. 飞机结构的机械连接——铆接和螺接

通过紧固件将飞机结构件组装起来形成的结构连接可分为可拆卸型连接和永久型连接两大类。完成可拆卸连接的紧固件有螺钉和螺栓等;完成永久型连接的紧固件有铆钉和高锁螺栓等。

1) 铆接

(1) 铆接形成的连接形式

常见的铆接形式有对接、搭接和角接,如图1.1-42所示。

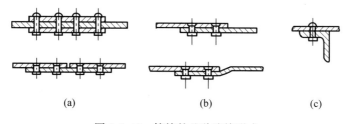

(a)   (b)   (c)

图1.1-42 铆接的几种连接形式

(a) 对接;(b) 搭接;(c) 角接

(2) 铆钉承力及破坏形式

铆钉在传载过程中主要是承受剪切载荷。如果承受的剪切载荷过大,可能发生的破坏形式主要是铆钉剪切破坏和连接件铆钉孔处挤压破坏,如图1.1-43所示。

铆钉剪切破坏时,钉杆轴线在剪切面处发生剪切错动,出现明显剪切凹痕,甚至从剪切面处剪断。连接件在铆钉孔处挤压破坏时,铆钉孔变成椭圆形,铆钉连接发生松动。

2) 螺栓

螺栓主要用来承受和传递较大的集中载荷。在传递载荷的过程中,有的螺栓以承受拉伸为主,有的螺栓以承受剪切为主,还有的既承受拉伸也承受剪切。

(1) 采用干涉配合

对于以承受剪切为主来传递载荷的承剪螺栓来说,螺杆和螺栓孔之间要采用紧配合,以

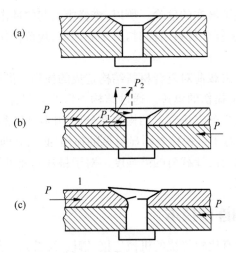

图 1.1-43　铆钉在剪切载荷作用下的受力和变形

保证螺杆和孔壁形成足够的挤压面积。在现代民用飞机结构中,连接铝合金结构件的不可拆卸的承剪螺栓——高锁螺栓(hi-locks)和锁螺栓(lockbolts)都采用了干涉配合,只要干涉量符合要求(1/1000～4.5/1000in),对提高疲劳寿命能起到很好的作用。

(2) 为防应力腐蚀进行密封

对于以承受拉伸为主来传递载荷的抗拉螺栓来说,螺栓与结构的连接采用间隙配合形式。连接铝合金结构件的抗拉钢螺栓,强度都较高(达到或超过 $1372MPa(140kgf/mm^2)$),传载时又要承受较大的拉应力,如果间隙中有腐蚀介质,会产生应力腐蚀。为了避免这种现象的发生,在安装这种高强度钢螺栓时,必须在孔壁、螺栓头下面和螺帽下的垫圈两侧施加密封剂,防止腐蚀介质进入螺杆和孔壁之间。

(3) 采用预载指示垫圈

在安装高强度的抗拉螺栓时,为了提高疲劳寿命,应将螺帽拧紧到要求的程度,以对螺栓施加预紧的拉应力。在螺帽(或螺栓头)下使用预载指示垫圈可以对螺栓进行定力。预载指示垫圈是由内环、外环和两个普通的平垫圈组成,内环比外环略高,如图 1.1-44 所示。安装螺栓时,将预载指示垫圈放在螺帽的下面,在拧紧螺帽的过程中,内环不断地被压缩,直至

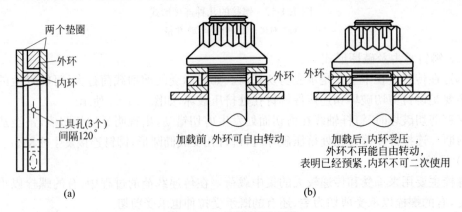

图 1.1-44　预载指示垫圈
(a) 加载前状态;(b) 典型安装情况

与外环齐平。此时,用工具拨动外环,外环不再转动,说明螺帽已拧紧到要求的程度,螺栓定力结束。

用预载指示垫圈进行定力时力矩精确,使用方便,定力矩的准确性也不受装配条件(例如湿装还是干装等)影响。通常在螺栓上的预载为螺栓屈服强度的72%。

如果是从螺栓头端拧紧螺栓,预载指示垫圈的两个平垫圈中的一个要用倒角垫圈,并将这个垫圈紧靠着螺栓头的底面放置。对于承受拉伸交变载荷的螺栓,施加预紧力可以使螺栓承受的交变载荷的幅值大大地降低,从而提高疲劳强度。

2. 胶接

1) 胶接在飞机结构中的应用

在飞机结构中,使用胶接的结构包括:蒙皮类胶接壁板(如机翼壁板、机身壁板、尾翼壁板等)、梁、肋类胶接件(如翼梁、翼肋、油箱隔板和机身隔板等)和蜂窝结构胶接构件。采用胶接连接的材料包括:金属材料胶接结构、复合材料胶接结构和金属-复合材料胶接结构。

胶接可与其他连接方式联合使用,比如:胶-铆连接方式、胶-螺连接方式和胶-焊连接方式。这些连接方式可以发挥胶接和其他连接方式的各自优点,从而提高连接结构的抗疲劳性能。胶接可以避免或减少在连接结构上钻孔,使连接均匀化并有减磨的作用,可提高结构的疲劳寿命;而铆钉、螺栓或焊点可以有效地阻止胶层损伤的扩展,使胶接具有破损-安全的特性。

2) 胶接连接技术的优缺点

胶接连接具有以下优点。

(1) 提高连接件的承压能力。

胶接将铆接、螺接等的点连接形式变为面连接形式,避免了连接件受压时在连接点之间可能出现的失稳破坏,提高了连接件的承压能力。

(2) 减轻结构重量并提高结构的疲劳强度。

胶接不需要在被连接的结构件上钻孔,不会产生孔边的应力集中;也不需要对被连接的结构件加热,造成焊接的热影响区,削弱被连接的材料。所以,胶接有利于减轻结构重量和提高疲劳强度。

(3) 表面平整光滑,气密性好。

胶接结构件表面平整光滑,用于飞机的表面结构,可以形成理想的气动表面,减少摩擦阻力。另外,胶接结构件也具有良好的密封性。可用于有气密、油密或水密要求的结构。

胶接连接技术也存在一些问题,主要是胶接结构件的抗剥离强度低、工作温度低、制作工艺复杂。胶接结构件的质量要受到加工过程中各种因素(比如,加热温度、加压的压力等)的影响,不容易得到保证。

1.1.8　飞机机体站位编号和飞机机体区域的划分

为了便于在飞机使用、维护和修理中确定部件的位置,需要建立参数基准给机身、机翼、尾翼等进行站位编号。

1. 飞机机体站位编号

1) 机身站位、水线和纵剖线

为了便于定位机身内结构和部件的位置,通常采用机身站位、水线和纵剖线,如图 1.1-45 所示。

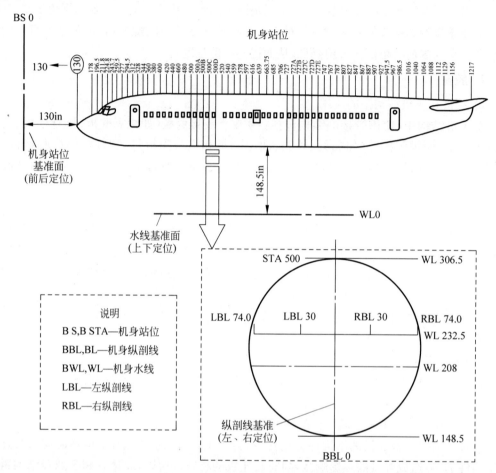

图 1.1-45　机身站位、水线和纵剖线

（1）机身站位(body station,BS)是指机身纵向各点的站位编号,站位编号用此点到基准面水平距离的英寸数表示。基准面是在飞机型号合格证数据单中给定的假想垂直面,它的机身站位编号为零。位于基准面之前各点的机身站位编号为负值,位于基准面之后各点的机身站位编号为正值。

（2）水线(water line,WS)是为了确定机体结构部件垂直方向位置而设立的一条水平参考线。

（3）机身纵剖线(body buttock line,BL)是机身的中心线。机身纵剖线站位编号由中心线向左（或右）距离的英寸数确定。

2) 机翼站位

机翼采用机翼站位(wing station,WS)和机翼纵剖线(wing buttock line,WBL)作为测量基准。对于后掠机翼来说,机翼站位与机翼纵剖线不一致。它们的测量起点都是机身纵剖线(BBL 0)处,但机翼站位测量时与机翼前缘垂直,而机翼纵剖线站位测量时与机身纵剖线平行,如图1.1-46所示。

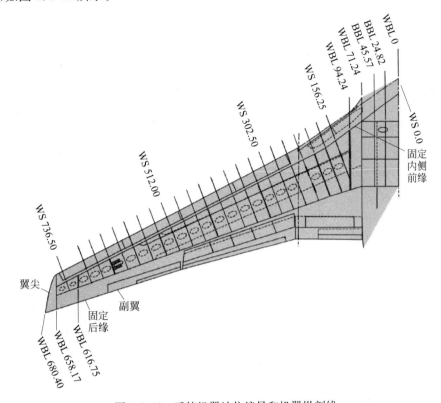

图 1.1-46 后掠机翼站位编号和机翼纵剖线

3) 尾翼站位编号

尾翼站位编号分为垂尾站位编号和水平安定面和升降舵站位编号,其中:垂尾站位编号可采用水线(WL)表示,水平安定面和升降舵站位编号采用水平安定面站位编号和纵剖线编号(BL)表示。对于水平安定面后掠的飞机,安定面站位编号和纵剖线编号与后掠机翼站位编号和机翼纵剖线编号规则相同。

2. 飞机机体区域划分

大型飞机机体区域的划分应按美国航空运输协会(ATA)的规范ATA-100(ATA-100与ATA2100合并为ATA-2200规范)中的规定进行,如图1.1-47所示。

机体区域划分的基本原则是将机体由粗到细逐渐划分。先将机体进行大范围划分,划分得出的每个区域称为主区;每个主区再进一步划分成较小的区域,每个区域称为分区;再将分区进一步划分成更小的区域称为区域。机体区域编号用三个数字表示,第一个数字表示主区编号,第二个数字表示分区编号,最后一位数字表示区域编号。比如,机体区域编号321,第一个数字3是主区编号,表示的区域是尾翼部分(包括后气密框之后的机身);第二个数字2是分区编号,表示的区域是垂直安定面和方向舵;第三个数字1是区域编号,表示的区域是垂直安定面前缘。这样区域编号321就表示了机体的垂直安定面前缘部分。

经过以上对机体主区、分区和区域的编号,整个机体都被划成能用具体编号表示的区

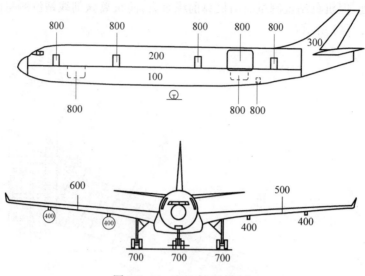

图 1.1-47   飞机主区域划分

100—机身下部；200—机身上部；300—机尾和安定面；400—动力装置和吊舱；

500—左机翼；600—右机翼；700—起落架和舱门；800—门

域,这给飞机结构的检查、维护和修理带来很大的方便,另外,这些编号还可用于计算机维护管理系统,使飞机维护记录数字化。

1.1.9   飞机机体校装和对称性检查

1. 飞机校装检查技术资料来源

飞机校装检查技术数据主要来源于:

(1) 飞机的型号合格证数据单;

(2) 飞机的维护手册。

飞机型号合格证数据单提供了对飞机进行校装检查的技术条件。而飞机维护手册中不但包括了这些技术条件,还详细说明了对飞机进行校装检查的具体方法。所以对飞机进行校装检查时,应按照飞机维护手册中提供的方法进行。

2. 飞机校装检查的内容

飞机校装检查的项目包括:

(1) 机翼上反角、安装角校装检查;

(2) 水平尾翼上反角、安装角检查;

(3) 发动机校准;

(4) 垂直尾翼垂直度检查;

(5) 飞机外形对称性检查。

3. 飞机校装检查

1) 校装检查前的准备工作——飞机顶升并调水平

(1) 为避免气流过大而影响飞机水平姿态调整和测量数据的准确性,应在机库内对飞机进行校装检查。

（2）按照顶升飞机的操作要求将飞机顶升到要求的高度，如图 1.1-48 所示。

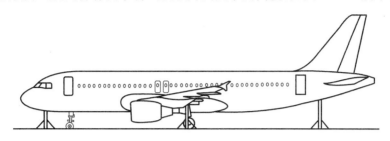

图 1.1-48　飞机顶升调水平

（3）将顶升起的飞机沿纵向和横向调水平。飞机的水平姿态可以用放置在机体上规定的固定座上的气泡水准仪来检查，也可以用固定在飞机座舱地板上的方格坐标板来检查。在方格坐标板正上方的规定部位吊一个铅垂，当铅垂正指向方格坐标板中心时（如图 1.1-49 中的 0 点），飞机就达到水平姿态，否则应继续调整。

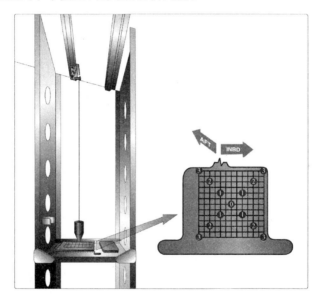

图 1.1-49　飞机顶升调平方格坐标板

2）机翼上反角、安装角检查

检查机翼上反角应使用飞机制造厂提供的专用检查工具，一般是一个带有一定斜度的检查板，检查板水平面上装有一个气泡水准仪。检查时，将检查板带有斜度的一面沿展向靠在飞机制造厂规定部位的机翼外表面上，如果水准仪能保持水平，则说明机翼的上反角符合要求，如图 1.1-50 所示。

装有气泡水准仪的专用上反角检查板　　直线规和可调水准仪

图 1.1-50　检查机翼上反角

检查机翼安装角和上述方法一样，也是使用制造厂提供的带有水准仪的检查板进行。这时检查板应沿弦向靠在制造厂规定部位的机翼外表面。图 1.1-51 所示为用来检查机翼安装角的专用工具。

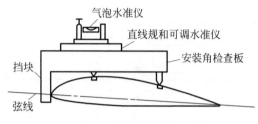

气泡水准仪

直线规和可调水准仪

安装角检查板

挡块

弦线

图 1.1-51　检查机翼安装角

为了使检查结果能反映出机翼安装角沿展向的变化情况，至少要在沿机翼展向两个不同的规定位置用专用检查工具沿弦向进行检查。当检查工具上的气泡水准仪能达到水平时，说明机翼安装角符合要求。

3）飞机对称性检查

（1）从前、后机身下部中心的规定点吊铅垂，并在地板上铅垂指定的位置做记号"×"，作为前、后机身中心在地面上的参考点；将两个参考点用一条直线连起来，得出纵向中心线，如图 1.1-52 所示。

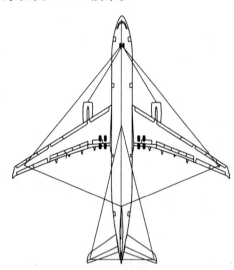

图 1.1-52　机体对称性检查方法

（2）通过纵向中心线上某一点，一般此点取在主起落架机轮前几英寸的地方，做一条垂直纵向中心线的直线，并将此线延长到两机翼翼梢。

（3）从左右机翼上靠近翼梢处两个对称的点吊铅垂，并在地面上铅垂指定的位置做记号，作为机翼翼梢在地面上的参考点。

（4）用尺分别测量前、后机身中心参考点到两机翼翼梢参考点的距离，并与维护手册中飞机校装技术条件相比，看测量值是否在允许范围内。

（5）在离主起落架机轮外侧不远的地方画两条与纵向中心线平行的直线，然后测量机轮到外侧纵向参考线的距离，确定机轮相对纵向中心线是否平行，或平行度是否在要求的范围内。

（6）测量从主起落架中心线到前轮中心线的距离，并按技术条件进行检查，看是否满足要求。

4）垂尾的垂直度检查

在水平安定面校装检查完成后，测量从垂尾安定面上一点到左右平尾规定点的距离，然后与技术规定相比，检查垂尾的垂直度，如图 1.1-53 所示。

上面给出了主要机体结构对称性校装检查的一些通用方法，对于具体飞机的校装检查，应按照维护手册的规定进行。

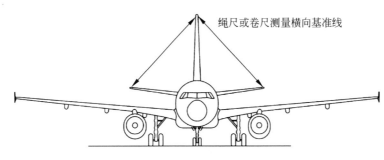

图 1.1-53 垂尾的垂直度检查

1.2 飞机结构

1.2.1 机翼结构

1. 机翼的功用

机翼是飞机的一个重要部件。虽然机翼的形状各异,但它们的功用是相同的。机翼的主要功用是产生升力,并使飞机获得横向稳定性和操作性,还可用于安装起落架、发动机和储存燃油等。

图 1.2-1 所示为现代民用客机的机翼。在机翼的后缘,布置有副翼、扰流片等操纵翼面,为飞机提供横向操作性。在机翼的前、后缘还装有各种形式的襟翼、缝翼等增升装置,以提高飞机处于低速或大迎角状态的升力、防止失速,提高飞机的起落和机动性能。当机翼具有上反角时,可为飞机提供一定的横侧稳定性。机翼下部常安装起落架、发动机等其他部件。机翼的内部空间常用来储存燃油、收藏起落架和安装一些小型设备附件等。

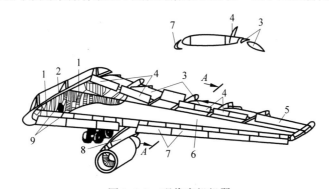

图 1.2-1 现代客机机翼

1—翼梁;2—桁条;3—襟翼;4—扰流板;5—副翼;6—蒙皮;7—前缘缝翼;8—发动机吊架;9—翼肋

2. 机翼结构组成

机翼结构是由翼梁、纵墙、桁条、翼肋和蒙皮等主要构件组成的,如图 1.2-2 所示。其中翼梁、纵墙和桁条为机翼的纵向构件,翼肋为机翼的横向构件。纵、横构件组成机翼的内部承力结构。蒙皮覆盖在机翼表面,与内部结构常采用铆接形式连接,形成机翼翼型。

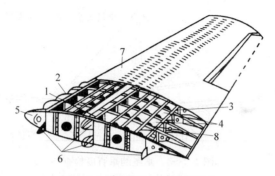

图 1.2-2　机翼的典型结构元件

1—翼梁；2—前纵墙；3—后纵墙；4—普通翼肋；5—加强翼肋；6—对接接头；7—蒙皮；8—桁条

1）翼梁

翼梁是机翼的主要构件，在各种型式的机翼结构中，翼梁的主要功用都是承受并传递机翼的弯矩和剪力。翼梁主要有桁架式、腹板式和整体式三种。

（1）桁架式翼梁

图 1.2-3 所示为桁架式翼梁。这种翼梁由上下缘条和缘条间的直支柱、斜支柱连接而成。缘条和支柱，有的采用钢管或硬铝管制成，有的则用厚壁开口型材制成。翼梁承受剪力时，缘条之间的支柱承受拉力或压力。该种大梁常用在翼型较厚的低速重型飞机的机翼上。

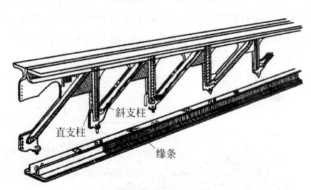

图 1.2-3　桁架式翼梁

（2）腹板式翼梁

图 1.2-4 所示为腹板式翼梁。这种翼梁由缘条、腹板和腹板的加强支柱等构件铆接而成。缘条用硬铝或合金钢的厚壁型材制成，截面形状多为"T"形或"L"形。腹板用硬铝板制成。薄壁腹板上往往还铆接了许多硬铝支柱，以增强其抗剪稳定性和连接翼肋。为了合理地利用材料和减轻机翼的结构重量，翼梁常采用等强度原则进行设计，缘条和腹板的截面积一般都是沿翼展方向改变的，即翼根部分的截面积较大，翼尖部分的截面积较小。

腹板式翼梁的优点是能够较好地利用机翼的结构高度来减轻重量，而且生存力较强，制造也较方便。但大量的铆钉等紧固件孔会成为应力集中源，影响大梁的疲劳寿命。现代飞机的机翼，特别是民航运输机的机翼，一般都采用腹板式金属翼梁。

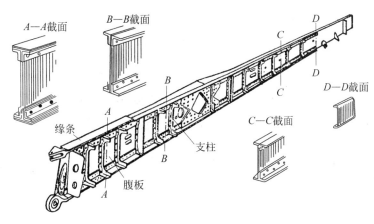

图 1.2-4 腹板式翼梁

(3) 整体式翼梁

图 1.2-5 所示为整体式翼梁。整体式翼梁实际上是一种用高强度合金钢锻制成的腹板式翼梁。它的优点是：刚度较大，截面尺寸可以做得更好地符合等强度要求。整体式翼梁目前主要用于某些轻型飞机或高速飞机的机翼。

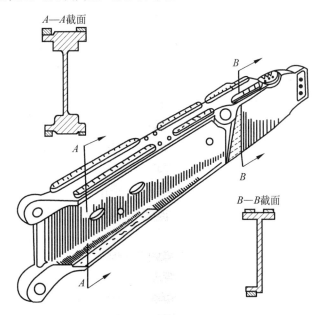

图 1.2-5 整体式翼梁

2) 纵墙

纵墙也是机翼的主要纵向受力构件。图 1.2-6 所示为纵墙最常采用的结构型式和截面形状。从构造上看，纵墙与翼梁相似，但纵墙的缘条比翼梁缘条弱得多。

通常，纵墙腹板上没有开减重孔。为了提高失稳临界应力，腹板用型材支柱加强。腹板和缘条的横截面面积向翼梢方向逐渐减小。有些腹板没有缘条，有些腹板的缘条与桁条一样强。墙和腹板一般都不能承受弯矩，但它与蒙皮组成封闭的盒段可以承受总体扭矩。后墙还有封闭机翼内部容积的作用。纵墙与机身的连接为铰接，只能传递剪力，不能传递

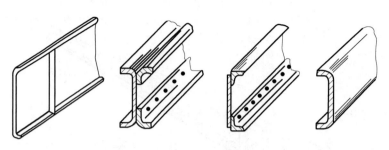

图 1.2-6　纵墙结构方案

弯矩。

3) 桁条

桁条为长条形薄壁钣金件或挤压拉伸型材,因此又称为长桁。桁条与蒙皮和翼肋相连,其主要功用是:支持蒙皮,防止它在承受局部空气动力时产生过大的局部变形,并与蒙皮一起把空气动力传给翼肋;提高蒙皮的抗剪和抗压稳定性,使它能更好地承受机翼的扭矩和弯矩;与蒙皮一起承受由弯矩引起的轴向力。

按制造方法分,桁条分为板弯件和挤压型材。板弯件桁条一般用于梁式机翼,挤压型材桁条多用于单块式机翼,其剖面形状分别如图 1.2-7(a)、(b)所示。

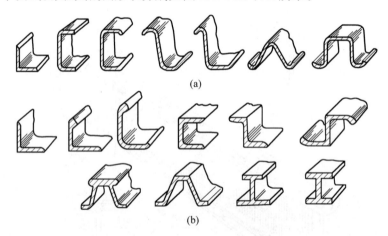

图 1.2-7　桁条型材的剖面形状
(a) 板弯型材;(b) 挤压型材

4) 翼肋

翼肋是组成机翼骨架的横向构件,沿弦向布置。翼肋按其构造型式可分为腹板式和构架式两种,按其功能分为普通翼肋和加强翼肋(如图 1.2-8 所示)。为便于和翼梁腹板连接,翼肋通常被分为前、中、后三段。

(1) 普通翼肋

普通翼肋的功能是:维持机翼的翼型;支持蒙皮、桁条和梁腹板,提高它们的稳定性;把蒙皮和桁条传给它的局部空气动力传给梁腹板,而把局部空气动力形成的扭矩通过铆钉以剪流的形式传给蒙皮和梁腹板。

普通翼肋较多采用腹板式。为了减轻重量以及为其他构件(如传动钢索)提供通道,腹

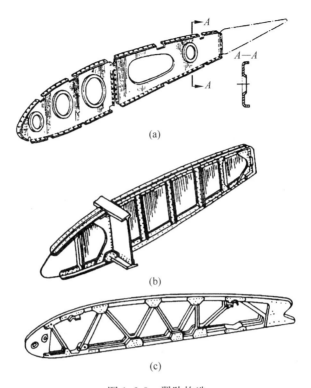

图 1.2-8　翼肋构造

(a) 腹板式普通翼肋；(b) 腹板式加强翼肋；(c) 桁架式加强翼肋

板上一般开有减重孔；为了提高稳定性和刚度,孔边在冲压成型时形成折边；在腹板上还常冲压有一些凹槽作为加强筋,它的作用类似于弱支柱,可起到增加梁腹板稳定性和刚度的作用。

（2）加强翼肋

加强翼肋除具有普通翼肋的基本作用外,还要承受和传递较大的集中载荷。在开口端部或翼根部的加强翼肋,其主要功能是把机翼盒段上由一圈闭合剪流构成的扭矩,转换成一对垂直力构成的力偶分别传给翼梁或机身加强框。后掠机翼的根肋还要承受机翼造成的弯曲载荷。

为了承受较大的集中载荷,加强翼肋的腹板较厚,有时还采用双层腹板,或者在腹板上用支柱加强。载荷较大的加强翼肋还可使用刚度和强度较高的整体铣削结构。

5）蒙皮

（1）蒙皮的作用

蒙皮覆盖在机翼受力构件组成的内部结构外表面,形成光滑的机翼气动外形。在飞行时,蒙皮承受并传递局部气动载荷。当蒙皮和翼梁或纵墙的腹板组合在一起形成封闭的盒式薄壁梁时,蒙皮还能够承受机翼的扭矩。当蒙皮较厚时,它常与桁条一起组成壁板,承受机翼弯矩引起的轴力。总的来说,蒙皮具有形成机翼外形、承受局部空气动力和参与总体受力的作用。

（2）蒙皮的构造

机翼蒙皮按材料分为布质蒙皮、金属蒙皮和复合材料蒙皮。布质蒙皮机翼仅在老式飞机和小型飞机上采用。金属蒙皮广泛用于现代民航飞机的机翼上。新型的轻型飞机和先进客机也采用复合材料作为蒙皮。这里只介绍金属蒙皮机翼。

按金属蒙皮的构造,蒙皮可分为单层蒙皮和夹层蒙皮。单层蒙皮一般都由包铝板制成,其厚度有从零点几毫米到十几毫米等的规格尺寸。夹层蒙皮通常由铝合金面板与铝蜂窝芯板胶接而成。

蒙皮的厚度根据飞机和受力的不同而不同,前缘蒙皮通常比后缘蒙皮厚,小型飞机的蒙皮可薄至 0.4mm(0.016in),而大型飞机的蒙皮可厚至 16mm(0.60in)。即使同一架飞机的机翼,其蒙皮也因受力大小不同而厚度不同。例如,波音 B747 飞机的机翼,在其翼根部位蒙皮的厚度为 20.32mm(0.8in),翼尖部位蒙皮厚度为 4mm(0.16in)。

另外,蒙皮和桁条组合构成机翼壁板。机翼壁板分组合式和整体式两种。组合式壁板是由较厚的蒙皮与桁条铆接形成的。整体壁板是将蒙皮和加强筋(桁条、肋缘条等)合为一体,由一整块毛坯件整体铣削加工而成,如图 1.2-9 所示。这种整体壁板常用在机翼结构油箱区域,可以减小油箱泄漏的概率。

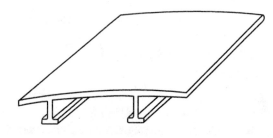

图 1.2-9　整体壁板蒙皮

整体壁板是一种重量轻、强度高的高效率承力结构。整体壁板有如下优点:在结构上便于按等强度分布材料;结构的总体和局部刚度好;由于减少了连接铆钉的数量,且蒙皮不易失稳,因此机翼表面更加光滑;大大减少了连接件数量,因此可减少装配工作量,同时也减少了应力集中和钉孔对壁板截面积的削弱,减轻了连接件本身的重量;便于密封,减少了密封材料的用量,为整体油箱设计提供了很有利的条件。其缺点是在装配时,可能会产生残余应力,易引起应力腐蚀,并对裂纹扩展比较敏感。

3. 机翼结构形式

任何一种飞机机翼的结构和形状都取决于飞机的尺寸、重量、用途、在飞行和着陆中所要求的速度以及爬升率等因素。为此,机翼有多种结构型式。根据蒙皮、桁条以及翼梁缘条承受弯矩能力的不同,可把机翼分为梁式机翼和整体式机翼。

1) 梁式机翼

如果弯矩主要由翼梁缘条承受,这种机翼称为梁式机翼。梁式机翼中,桁条较弱,蒙皮较薄。剪力由翼梁腹板承受和传递,扭矩由蒙皮与前、后梁或纵墙腹板形成的封闭盒形结构承受。作用在外翼剖面上的剪力和扭矩,在机翼根部由集中接头传给机身加强框。

梁式机翼的结构特点是有一根或者数根很强的翼梁,蒙皮很薄,长桁的数量少,而且较弱。根据翼梁的多少,梁式机翼又可以分为单梁式、双梁式和多梁式三种。由于多梁式机翼布置有超过两根翼梁,弯矩、剪力按照刚度分配到各梁上,翼根接头较多,装配时会带来一定的难度,民用飞机采用多梁式机翼较少。

（1）单梁式机翼

在单梁式机翼中，翼梁（又称为主梁）装在翼型最大厚度处（如图 1.2-10（a）所示）。为了使机翼结构能较好地承受扭矩和水平方向的弯矩，并便于在机翼上固定副翼和襟翼，它还装有一根或两根纵墙，纵墙又称为辅助翼梁。纵墙的强度很弱，在机翼结构中承受的弯矩很小。单梁式机翼的最大优点是翼梁充分利用了机翼的结构高度（即缘条的截面重心离中性轴较远），因而结构重量较轻。但是，由于受到主梁位置的影响，机翼内部容积不容易得到较好的利用。

（2）双梁式机翼

在双梁式机翼中，有前、后两根梁，前梁一般布置在 20%～30% 弦长处，后梁则位于 60%～70% 弦长处（如图 1.2-10（b）所示）。通常，前梁的横截面面积、截面高度和惯性矩比后梁大。这种机翼结构的内部容积较大，能够较方便地用来放置起落架和油箱等。但它的翼梁没有充分利用机翼的结构高度，因此在同样的载荷、尺寸、材料等条件下，重量上要比单梁式重。

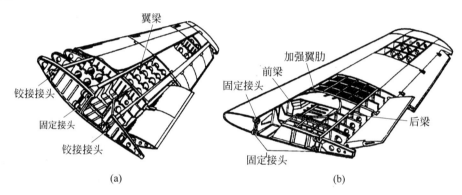

图 1.2-10　梁式机翼

（a）单梁式机翼；（b）双梁式机翼

梁式机翼的承力特点是机翼总体弯矩主要由翼梁来承担。蒙皮参与承受扭矩。桁条的作用是与蒙皮一起承受局部气动载荷并提高蒙皮抗剪稳定性，使之能更好地承受扭矩。

梁式机翼的优点是：机翼上便于开口，机翼与机身连接简单。缺点是：生存力较差；蒙皮薄，在速度进一步提高的情况下，不能保证局部刚度和机翼的扭转刚度。

2）整体式机翼

整体式机翼又可细分为单块式机翼和多腹板式机翼。如果腹板较少（如 2～3 块腹板），且腹板缘条承受弯矩的能力较弱，这样的整体式机翼称为单块式机翼，其构造如图 1.2-11 所示。多腹板式机翼有较多的纵向梁和墙，其缘条较强，弯矩由缘条和蒙皮共同承受，翼肋较少，此种机翼常被超高速飞机采用，在此不加详细介绍。

在单块式机翼中，可以用纵墙代替翼梁，它只承受剪力，主要任务是维持翼型的高度；扭矩由前、后墙和蒙皮形成的封闭盒形结构来承受；剪力和扭矩传给中央翼与机身加强框的连接接头；来自两侧外翼的弯矩在中央翼上自平衡。单块式机翼的结构特点是：相比之下翼梁缘条的强度并不十分突出，蒙皮较厚，桁条多而且较强。蒙皮和桁条组成的机翼上、下很强的壁板，一起承担总体弯矩。

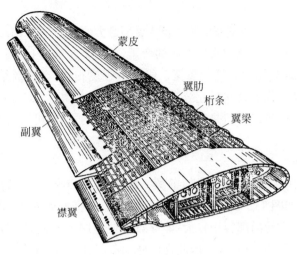

图 1.2-11 单块式机翼

单块式机翼的优点是：蒙皮厚，局部刚度和扭转刚度较大，受力构件分散，生存力较强，适用于高速飞机。缺点是：机翼上不便于布置中、大型开口，机翼和机身接头比较复杂。

3）复合结构机翼

为了充分利用梁式机翼和单块式机翼的优点，尽量避免它们的缺点，目前，许多飞机的机翼采用梁式和单块式复合的结构，即在靠近翼根而要开舱口的部分采用梁式结构，其余部分采用单块式结构。在复合式结构内，单块式部分的受力是分散的，梁式部分的受力是集中的，为了把单块式部分各构件分散承受的力集中起来传递到梁式部分的翼梁上去，在单块式结构过渡到梁式结构的部位，通常都装有一些加强构件（如加强内蒙皮、加强翼肋等），把两部分的受力构件很好地连接起来，保持传力路径连续，尽量减小应力集中。

4. 机翼传力分析

机翼以承受气动载荷为主，这里只分析气动载荷的传递过程。

气动载荷首先作用在蒙皮上，并通过蒙皮和桁条传递给翼肋。翼肋又以剪流（shear flow）形式将其传给与之相连的大梁腹板和与之相连的周圈蒙皮。机翼大梁腹板在翼肋传来的剪力作用下，承受剪切，剪力由翼尖向翼根累积，形成机翼内力剪力。

承受剪切的大梁腹板，通过腹板和梁缘条的连接铆钉受剪，使梁缘条受到轴向剪流的作用，由翼尖向翼根累积，形成了梁缘条拉、压的轴向力。上、下梁缘条的拉、压轴力形成机翼的内力弯矩。

梁式机翼蒙皮较薄、桁条少而且弱，蒙皮和桁条的受拉、压刚度远小于机翼大梁的缘条，所以，内力弯矩在梁缘条上产生的轴向力很少向蒙皮桁条扩散，主要由梁缘条承担。

单块式机翼蒙皮较厚，桁条数量多而且强，蒙皮和桁条铆接形成机翼上、下壁板的刚度与梁缘条相当，甚至超过梁缘条。所以，梁缘条中产生的轴力很快扩散到上、下壁板，使整个上、下壁板承受拉压来传递弯矩。

翼肋传给机翼蒙皮和翼梁/翼墙腹板的一圈剪流形成小扭矩，由翼尖向翼根累积，形成机翼的总体扭矩。

由以上分析可以看到，机翼传力过程可以分为两部分：从气动载荷作用在蒙皮上，直到通过翼肋传给梁腹板和周圈蒙皮的过程,称为局部传力过程,在这一过程中的强度问题称为局部强度问题;由各翼肋传到梁腹板和周圈蒙皮上的剪流,从翼尖向翼根传递形成机翼内力的过程叫总体传力过程,在这一过程中的强度问题称为总体强度问题。

机翼总体传力特征是剪力以梁腹板受剪切传递,梁腹板主要承受剪应力;弯矩以梁缘条(梁式机翼)受拉压,或上、下壁板(单块式机翼)受拉压来传递,梁缘条和上、下壁板主要承受拉、压正应力;扭矩由蒙皮组成的闭室或蒙皮、梁腹板组成的闭室形成环向单向剪流来传递,蒙皮和梁腹板主要承受扭转剪应力。

5. 结构油箱

为了充分利用结构空间,可将飞机机翼(或者机身)的一部分封闭起来,并在接缝、结构紧固件和工艺开口部分妥善密封,用于存储燃油,这种油箱构造形式称为结构油箱,有时也称为整体油箱,如图 1.2-12 所示。

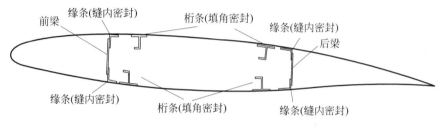

图 1.2-12　结构油箱

在机翼上设置油箱不但可以充分利用机翼结构的容积多装燃油,增加飞机的航程和续航时间,而且可以利用储存燃油的质量力(包括重量和惯性力)抵消气动载荷,使机翼卸载,有利于减轻机翼的结构重量;再者,机翼油箱远离客舱可使旅客更为安全,所以,现代飞机的机翼上普遍设置了结构油箱。

1) 油箱密封形式

构成结构油箱各构件之间的连接区域和界面需要施加密封措施。其密封方法与所采用的密封材料的性能、工艺技术水平和结构情况有关。构件之间密封的基本形式有两种:缝内密封和缝外密封,如图 1.2-13 所示。

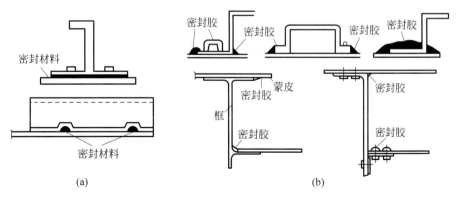

图 1.2-13　结构油箱密封形式
(a) 缝内密封;(b) 缝外密封

缝内密封是指在构件的贴合面间用密封材料填满所有缝隙,实现密封,如图 1.2-13(a)所示。根据不同情况,可采用不同的密封材料。缝外密封是指在有油压一侧沿零构件贴合面的边缘、紧固件的四周、结构间隙等处覆盖密封胶,实现结构的密封,如图 1.2-13(b)所示。

2) 紧固件密封

结构油箱的紧固件密封也很重要。紧固件密封是指在铆钉、螺栓等紧固件上附加密封剂、密封元件或者自身能起密封作用的密封方法。

在采用铆钉连接的密封部位,通常采用干涉配合铆接。干涉配合铆接是指铆接后铆钉杆在沿整个夹层厚度的钉孔及埋头窝孔内受到挤压胀大产生干涉量(即过盈量),使之与孔壁处于干涉配合的状态而起密封作用的铆接方法。干涉配合铆接的密封效果最好,还能提高疲劳强度,应优先采用。另外干涉配合与胶铆技术一起使用,将会进一步提高密封质量。在采用螺栓连接的密封部位,螺栓紧固件的密封可通过螺帽密封、密封垫圈、配合密封等实现,如图 1.2-14 所示。

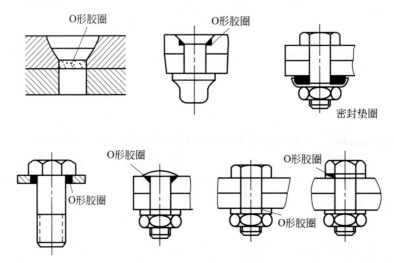

图 1.2-14　紧固件的密封形式

3) 结构油箱检查口盖密封

结构油箱上设有多个检查口盖。口盖是整体油箱密封装配和维修的通道。口盖密封的基本形式有沟槽密封和胶垫密封两种。沟槽密封是在口盖或口框上设置沟槽,沟槽内安放密封材料,实现密封,如图 1.2-15(a)所示;胶垫密封是在口盖和口框之间夹弹性密封胶垫,如图 1.2-15(b)所示。

6. 机翼操纵面

飞机机翼上安装有多个辅助翼面,如在机翼后缘外侧的副翼,机翼前缘的襟翼/缝翼,机翼后缘的襟翼和机翼上表面的扰流板等。

1) 副翼

副翼安装在机翼的后缘。它通常安装在机翼后缘外侧部分,现代高速飞机上也有安装在机翼后缘内侧的。副翼的功用是使机翼产生滚转力矩,以保证飞机具有横侧操纵性。

由于作用在副翼上的空气动力增量会使副翼区域的机翼产生导致负迎角增量的扭转变

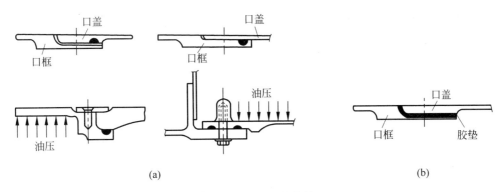

图 1.2-15 口盖的密封
(a) 沟槽密封；(b) 胶垫密封

形,从而减小副翼偏转带来的升力增量,降低飞机的横侧操纵性,因此,要求副翼安装段的机翼和副翼结构具有足够的抗扭刚度。此外,还要求副翼偏转时产生的铰链力矩(副翼上的空气动力对转轴的力矩)较小,这样,在安装人工操纵系统的飞机上可以使飞行员操纵省力,而采用助力器驱动翼面的飞机则可以降低液压助力器和液压源系统的重量,而且还可以减小副翼结构所承受的扭矩,减轻副翼自身重量。

(1) 副翼构造

副翼在外形和结构上与机翼类似,它通常由翼梁、翼肋、蒙皮和后缘型材组成,如图 1.2-16(a)所示。由于副翼承受的弯矩不大,所以一般都做成没有桁条的单梁式结构。现代高速飞机的副翼,为了较好地保持外形和增加抗扭刚度,都采用了金属蒙皮。低速飞机的副翼承受的空气动力并不很大,通常用管形梁或由翼梁和前缘硬蒙皮组成的合围框来承受扭矩,在翼梁后面则采用重量很轻的布质蒙皮,如图 1.2-16(b)所示。

副翼固定接头处,前缘蒙皮是开口的。对于蒙皮参加受扭的副翼来说,开口部位的抗扭刚度和强度会显著减弱。为了克服这个缺点,通常在这些部位装有斜翼肋,用斜翼肋、加强板和翼梁组成的盒形结构来承受开口部位的扭矩,如图 1.2-16(c)所示。

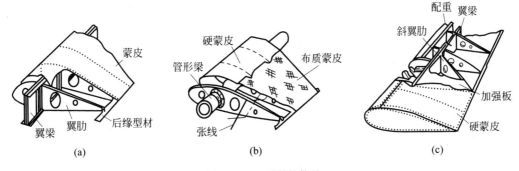

图 1.2-16 副翼的构造

(2) 副翼安装

由于副翼的截面高度通常较小,故在承受载荷时容易产生比较显著的弯曲变形。为了避免副翼在飞行中产生过大的弯曲变形,并提高它的生存力,通常采用两个以上的副翼接头与机翼相连。

连接副翼的接头中,至少应有一个接头是沿展向固定的,其余的接头沿展向应是可小幅移动的。但是,用多接头固定的副翼,在飞行中会由于机翼变形使副翼转轴的轴线变弯,而影响操纵的灵活性,甚至发生卡滞现象。为了解决这一矛盾,有些飞机采用了分段的副翼,它的每一段都独立地连接在机翼后缘的支架上,而各段的翼梁则用可以传递扭矩的万向接头或铰接接头连接起来。

图 1.2-17 所示为副翼与机翼的典型连接型式。在机翼加强肋的后部与机翼后梁(或墙)的连接处,安装有若干个支臂,每个支臂上装有一个过渡接头。在副翼的大梁上装有相应个数的双耳片接头。副翼通过这些耳片接头悬挂到机翼的支臂上。操纵副翼偏转的作动筒,其作动杆与副翼耳片接头的下耳片连接固定。当副翼操纵作动筒动作时就使副翼绕轴心 N 偏转。

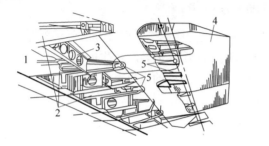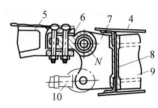

图 1.2-17　副翼连接形式及接头结构

1—机翼后梁;2—加强肋;3—机翼后墙;4—副翼;5—机翼支臂;6—过渡接头;

7—副翼耳片接头;8—副翼大梁;9—副翼加强翼肋;10—作动筒活塞杆

副翼在装有支点的横截面上承受的剪力、弯矩最大;在操纵摇臂部位,扭矩最大。这些部位的结构虽然有所加强,但由于副翼的截面积沿展向变化不大,难以按等强度原则来进行加强,所以,上述部位的强度裕度仍然比其他部位小,维护时必须注意检查。

2) 前缘襟翼/缝翼

(1) 前缘缝翼

前缘缝翼是位于机翼前部且有特殊形状的机翼可动部分。当飞行中放下时,在前缘缝翼和机翼前缘之间形成收敛状的狭缝,下翼面高压气流通过狭缝时加速从上翼面切向喷出,它使得机翼上翼面气流在大迎角下尽量保持为稳定的层流状态,防止机翼失速。前缘缝翼的偏转角为 $20°\sim30°$。每个机翼上的前缘缝翼均由与机翼骨架相连的几段组成。

前缘缝翼由大梁、桁条、肋和隔板、蒙皮、导轨和带滑轮的滑板、固定蜗杆收放装置、支臂等组成,如图 1.2-18(a)所示。

前缘缝翼与机翼的连接或是利用与传动装置相连的导轨和蜗杆机构,或是利用前缘缝翼上的支臂和机翼前部的摇臂机构,如图 1.2-18(b)所示。前缘缝翼在收起和放下状态时,用传动机构的制动装置使前缘缝翼固定。收上时通常会设计锁扣将缝翼后缘固定于机翼主体上表面,防止上翼面吸力过大时缝翼后缘向上翘起。

(2) 前缘襟翼

前缘襟翼用在相对厚度小、前缘薄、难以布置增升机构的飞机机翼上。前缘襟翼提供的升力增量比前缘缝翼提供的要小。前缘襟翼构造简单,通过安装在机翼前大梁或前墙的下缘条上的铰链与机翼结构连接,如图 1.2-19 所示。

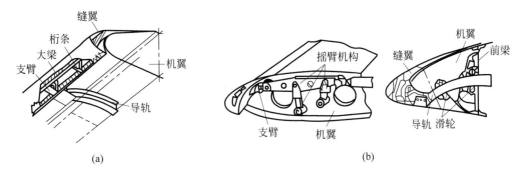

图 1.2-18　前缘缝翼的构造和连接形式

（a）前缘缝翼构造；（b）前缘缝翼连接形式

当前缘襟翼相对于其轴转动时，其上缘沿固定在机翼上的专用型材滑动，防止形成缝隙。空客 A380 飞机发动机内侧的前缘襟翼为下垂前缘襟翼。

（3）克鲁格襟翼

克鲁格襟翼为一块窄板，通过铰链安装在机翼前缘根部，收放作动筒将其保持在收上位或放下位，如图 1.2-20 所示。

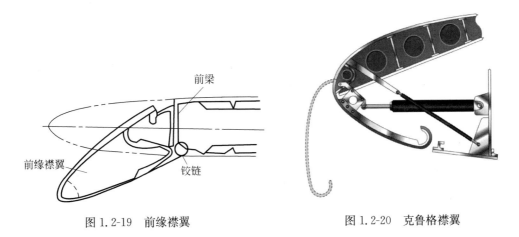

图 1.2-19　前缘襟翼　　　　　　　　　　图 1.2-20　克鲁格襟翼

克鲁格襟翼与后掠翼上的前缘缝翼配合使用，以防止飞机失速。克鲁格襟翼只能保证在小于某一迎角时机翼扰流不分离，超过该迎角后，气流开始急剧分离。因此，当后掠翼翼尖气流尚无分离，而其翼根部气流的局部分离会产生使迎角减小的低头力矩，从而降低飞机迎角，保证飞行安全。

3）后缘襟翼

后缘襟翼是位于机翼后缘的可活动小翼面，它通过向后下方偏转来提高机翼的升力，但同时也会使飞机的阻力增大，后缘襟翼可分为转动式襟翼、后退式襟翼、开缝式襟翼和多缝式襟翼，如图 1.2-21 所示。现代民航飞机多采用开缝式和三缝式襟翼。

（1）开缝式襟翼

带有导流板的开缝式襟翼的结构如图 1.2-22 所示。其主要构件包括襟翼、导流板、滑板和收放机构。导流板是固定在襟翼前面，并在此形成特形缝隙。当襟翼偏转时，在机翼后部、导流板和襟翼之间可形成特形双缝隙，从而能获得较大的升力。

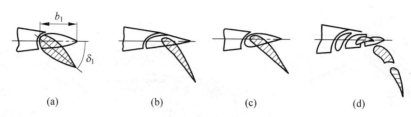

图 1.2-21　后缘襟翼

（a）转动式；（b）后退式；（c）开缝式；（d）多缝式

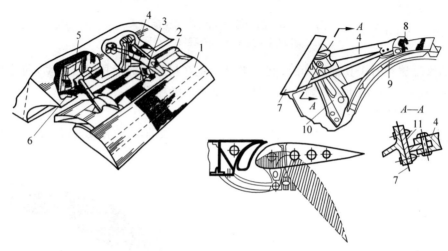

图 1.2-22　开缝式襟翼结构

1—襟翼；2—导流板；3—滑板；4—撑杆；5—接头；6—收放机构；
7—机翼后梁；8—接头；9—导轨；10—支座；11—撑杆的连接耳片

该型襟翼大梁剖面一般为工字形,其上安装了用以固定滑板和收放机构的支臂。滑轨是钢制弧形工字型材,它通过支臂和撑杆连接到机翼的后梁和加强肋上。滑轨缘条的表面进行了磨削和镀铬处理。这种滑板和滑轨结构最简单,也最可靠,因而得到了广泛应用。导流板由隔板、蒙皮和尾部桁条组成。隔板由带缘条的腹板组成。导流板通过安装支座固定在襟翼上。滚珠蜗杆式收放机构由传动装置驱动,并通过襟翼大梁上的支臂与襟翼相连,来完成对襟翼的收放。收放机构的第二个支座是机翼加强肋和后梁连接处的接头,由液压马达来驱动传动轴的旋转。最简单的结构是将襟翼和导流板悬挂在外置支臂上,但附加的阻力会降低飞机巡航状态的经济性。

（2）三缝式襟翼

三缝式襟翼由主段、尾段及导流板组成,主段是指中间的升力面,也是主要的受力构件,尾段和导流板装在它的上面,如图 1.2-23(a)所示。主段上的主要受力构件有两根梁、蜂窝夹芯壁板、翼肋和前后缘蒙皮。悬挂尾段用的支臂和导轨构造如图 1.2-23(b)所示,图 1.2-23(c)为常规的导轨结构。

固定有滑板接头和操纵接头的前缘翼肋用型材加强。襟翼的主要结构悬挂在导轨上,它通过滚珠蜗杆收放装置在滑板上沿导轨移动。

襟翼的尾段由大梁与前缘翼肋构成的骨架和蒙皮组成,常采用蜂窝结构来提高其刚度

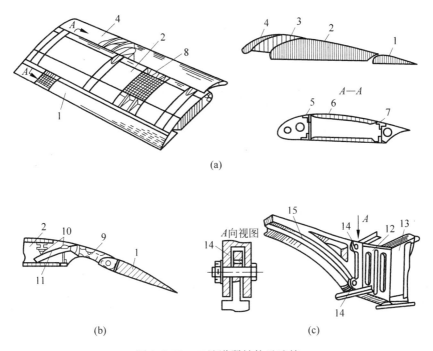

图 1.2-23 三缝襟翼结构及连接

1—尾段；2—主段；3—导流板支座；4—导流板；5、7—梁；6—蒙皮壁板；8—肋；9—滑板；
10—尾段悬挂支臂；11—滑轨；12—加强肋；13—后大梁；14—耳片；15—导轨

和降低重量。放出襟翼时，为使该段伸出和偏转，可采用常规的导轨和滑板。

如果导流板是滑动式的，为使其滑出，可使用导轨-滑板系统，这时导轨与导流板连接，而滑板与襟翼主结构连接。襟翼的导轨是由高强度钢制成的工字形剖面悬臂梁，采用螺栓将导轨与加强肋和机翼后大梁的接头连接固定在一起。

4）减速板和扰流板

减速板和扰流板位于机翼上表面襟翼之前。减速板在左、右机翼上对称布置且同时张开或合上。扰流板在左、右机翼上通常也是对称布置，但只在往其倾斜的那一侧机翼上张开。为了提高飞机相对于其纵轴的操纵效率，扰流板应远离该轴布置，通常放在外侧襟翼的前面，以增大滚转力矩的力臂；而减速板则布置在内侧襟翼前面，在减速板不对称偏转时可减小力矩的力臂。

在着陆滑跑时使用减速板可缩短滑跑距离。因为它们不仅增大了阻力，还降低了机翼的升力，使飞机下沉，加大机轮与跑道表面的结合力，从而提高刹车效率。当主起落架缓冲器开始压缩时，减速板部分打开；当前起落架缓冲器压缩时，减速板完全打开。

减速板和扰流板均为薄板结构。图 1.2-24 为某型飞机上典型的减速板和扰流板结构。

每块减速板都由几段组成。各段的主承力结构是与中间的支臂连接的两块板，该板由大梁和两个Π形截面的端肋、上/下蒙皮、尾部桁条、金属蜂窝夹芯、前墙和封严型材构成。中间的悬挂支臂是沿整个翼弦的工字形截面整体梁。支臂上有耳片，耳片 9 用于将各段悬挂到机翼后大梁的支臂上，耳片 12 用于连接液压作动筒。这种带有中间支臂（在一个接头中综合了两种功能）的整段结构方案能减轻重量，并提高结构刚度。扰流片的辅助悬挂接头位于两个加强端肋上。

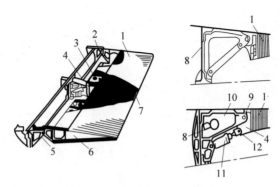

图 1.2-24　减速板或扰流板及其结构

1—扰流板壁板；2、5—接头；3—前墙；4—支臂；6—端肋；7—尾部桁条；
8—机翼后大梁；9、12—耳片；10—支臂；11—作动筒

1.2.2　机身结构

机身主要用来装载机组人员、空乘人员、乘客、货物、设备等。机身还作为整个机体的中枢部件，将机翼、尾翼、起落架、动力装置等组装在一起形成完整的飞机。

1. 机身的结构类型

通常，根据机身结构中蒙皮的应力状况将机身的构造型式分为构架式、硬壳式和半硬壳式机身。

1）构架式机身

早期木布结构的机身是构架式。受力骨架一般是由纵向四根桁梁、直支柱、斜支柱、横支柱等构成的空间桁架，受力骨架外面蒙上棉布或亚麻布的蒙皮，如图 1.2-25 所示。机身的总体载荷——弯矩、剪力、扭矩均由空间桁架各构件承受拉压来传递，布质蒙皮仅仅形成机身气动外形，承受局部气动载荷，它是典型的维形件。

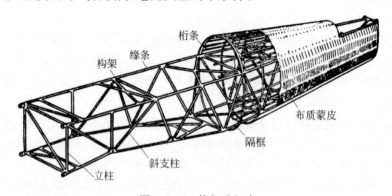

图 1.2-25　构架式机身

构架式机身的抗扭刚度差，空气动力性能不好，重量大，其内部容积也不易得到充分利用。构架式机身虽然存在上述缺点，然而对于小型低速飞机来说，这些缺点并不显著。此外，它还具有结构简单、便于制造、开口方便等优点，因此，目前还有一些小型低速飞机和不少直升机的机身仍然采用金属构架式机身。

2) 半硬壳式机身

随着飞机飞行速度的提高,铝合金广泛应用于飞机结构,飞机机身逐渐发展为半硬壳式机身。半硬壳式机身是全金属薄壁结构。铝合金蒙皮的承载能力比布质蒙皮大大提高了,不仅能承受气动载荷,而且参与总体受力。但由于蒙皮厚薄不同,参与总体受力程度不同。半硬壳式机身又分为桁梁式机身和桁条式机身两种。

(1) 桁梁式机身

桁梁式机身由几根较强的大梁(一般至少有四根)、弱的桁条、较薄的蒙皮和隔框等组成,如图 1.2-26 所示。大梁(即纵梁)的强度高、重量大,它支持着隔框和桁条。在桁梁式机身中,大梁与隔框、蒙皮用铆钉牢固地连接成一体。桁条比纵梁轻,强度也低得多,它主要用来保持机体的形状和固定蒙皮。桁条通常都穿过隔框上的缺口,只与蒙皮铆接。某些飞机,在承受弯矩不大的机身部分,桁条在隔框处还可能是断开的,这种桁条只起支持蒙皮的作用,不能承受轴向力。机身蒙皮的厚度随各部位所承受载荷和应力的不同而不同。上述这些构件通过角片、铆钉、螺钉、螺栓和螺帽等联结件联结在一起,形成刚性骨架机身。机身弯曲时,弯矩引起的轴向力主要由大梁承受。蒙皮和桁条组成的壁板截面积较小,受压稳定性较差,只能承受一小部分弯矩引起的轴向力。

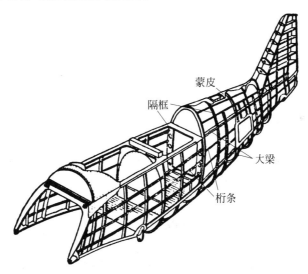

图 1.2-26 桁梁式机身

桁梁式机身构造简单,机身上易实现开口,结构对接也容易实现。但因为没有充分发挥桁条、蒙皮承受弯矩的能力,结构重量较大,而且抗扭刚度较小,生存力也较差。所以,这种结构型式适合于小型飞机或机身上开口较多的部位。

(2) 桁条式机身

桁条式机身的构造如图 1.2-27 所示。其构造特点是纵向没有桁梁,桁条较密、较强;蒙皮较厚、较强;受压稳定性较好;弯矩引起的轴向力全都由桁条和蒙皮承受;剪力仍全部由蒙皮承受。由于蒙皮较厚,在空气动力作用下,蒙皮局部变形较小,因而改善了机身的空气动力性能,也增大了机身结构的抗扭刚度,与桁梁式机身相比,更适合于高速飞机。

桁条式机身的蒙皮和桁条在结构受力中能够得到充分利用,而且这种结构的生存力也较强。但是,这种机身由于没有强有力的大梁,故不宜开大的舱口。如果要开口,则必须在开口部位用局部短梁和加强框等构件加强,否则对结构的强度和刚度会有较大的影响。桁条式机身各构件受力比较均匀,传递载荷时采取分散传递的方法,因而机身各段之间连接的接头较多。

3) 硬壳式机身

硬壳式机身采用框架、隔框、蒙皮形成机身的外形,而蒙皮承受主要的应力,如图 1.2-28 所示。由于硬壳式机身结构没有纵向加强件,因而蒙皮必须具有足够的厚度,以维持机身的刚度。硬壳式机身面临的主要问题是重量较大,机身开口较困难。

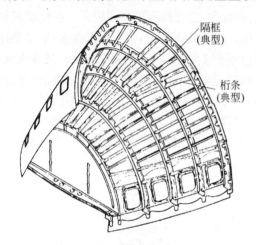

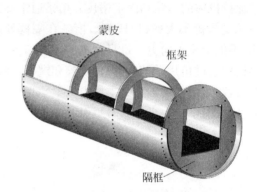

图 1.2-27　桁条式机身结构　　　　　图 1.2-28　硬壳式机身

现代飞机机身的结构形式主要是半硬壳式。为了利用它们的优点,避免其缺点,许多飞机机身采用了桁梁式和桁条式组成的混合式结构。一般在前机身,因为开口较多,总体载荷较小,多采用桁梁式;而机身中段、后段,因为总体载荷较大,采用桁条式;在尾锥区域,由于机身尺寸较小,有时也采用硬壳式。

2. 机身主要构件

机身主要部件包括蒙皮、桁条、桁梁和隔框。

1) 蒙皮

机身蒙皮的作用与机翼蒙皮的作用一样,用来维持机身外形;同时蒙皮与支撑它的构件一起承受和传递局部气动载荷和弯矩。

蒙皮可以用板材、带纵向构件的壁板、蜂窝(或其他)夹芯壁板或整体壁板制成。机身蒙皮的厚度随着各部位应力的不同而不同,为 $0.025\sim0.3$in$(0.7\sim8$mm$)$,蒙皮应在框架处顺气流方向平搭接,大部分蒙皮被铆接到桁条,小部分铆接到框架。蒙皮的纵向连接一般采用搭接式连接。

2) 桁条和桁梁

桁条和桁梁都是机身结构的纵向构件。它们的构造比较简单,一般采用标准的挤压和板弯型材。桁梁还有采用组合式构型的,一般由两个型材组合铆接而成。桁条和桁梁的截面形状与机翼中桁条的截面形状相似,有多种形状,只是桁梁的截面积比桁条的大。

桁条在桁条式机身中主要用以承受机身弯曲时产生的轴力。另外长桁对蒙皮有支持作用。桁梁的作用与桁条相似,它比桁条能承受更大的载荷。

3）龙骨梁

龙骨梁是机身的一个主要纵向部件,它由上、下两个受压的弦杆和一个带有加强筋的承剪腹板结构件组成。龙骨梁位于中央翼下方、两主轮舱之间的机身中心线上,如图1.2-29所示。龙骨梁对于机身、机翼和起落架都是一个重要的支撑部件。由于龙骨梁的存在,轮舱区域不需要蒙皮和桁条系统。机身的侧边开口,便于在机身下部收放主起落架。这个部位垂直方向的剪力由龙骨梁承受,它把飞机底部的增压地板和桁条连接起来。侧边支撑的主起落架载荷由该部位的机身锻造地板梁传给硬壳式机身。

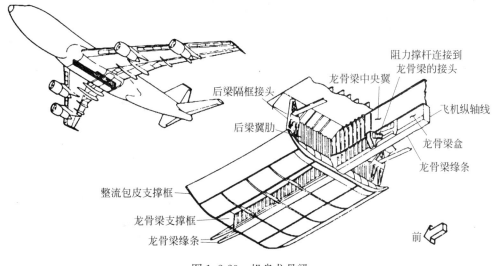

图1.2-29　机身龙骨梁

4）隔框

机身隔框可分为普通隔框和加强隔框两种。普通隔框的功用是形成和保持机身的外形、提高蒙皮的稳定性以及承受局部空气动力;加强隔框除了有上述作用外,主要是承受和传递某些大部件(如机翼、起落架和发动机等)传来的集中载荷。

（1）普通隔框

普通隔框承受的载荷不大,所以一般都用硬铝压制的型材做成圆环形状,如图1.2-30(a)所示。框缘的截面形状有闭合的和非闭合的两种,如图1.2-30(b)所示。

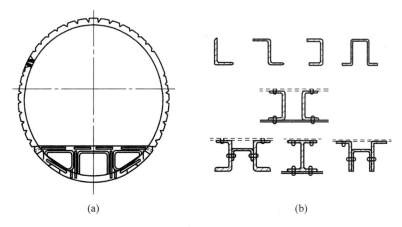

(a)　　　　　　　　　　(b)

图1.2-30　普通隔框

普通隔框的构造,与机身的结构型式也有一定的关系。桁条式机身的普通隔框通常都做成完整的圆环形;桁梁式机身上大的开口比较多,开口部位的普通隔框是不完整的。

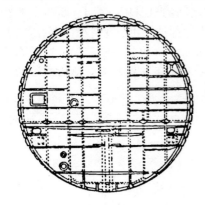

图1.2-31　壁板板式加强隔框

(2) 加强隔框

加强隔框的构造是根据它承受载荷的情况,以及机身中各部件、设备的布局等确定的。在不妨碍利用机身内部空间的地方,往往在整个隔框上铆接一块壁板和其他加强构件,这种隔框叫做壁板式加强隔框,如图1.2-31所示。例如机身内分舱处的隔框(特别是座舱两端的隔框),通常都是属于这一类型的。现代客机增压舱段的后承压框通常采用布置有曲线加强筋的球面框,可以提高构件的承力效率,减轻结构重量。

5) 机身上骨架元件与蒙皮的连接

机身蒙皮同骨架元件的连接有两种方式:第一种:蒙皮只与桁条相连,如图1.2-32(a)所示;第二种,蒙皮既与框相连,又与桁条相连,如图1.2-32(b)所示。这两种连接方式各有优缺点。当采用前一种连接方式时,只有纵向铆缝,能得到较好的蒙皮质量,从气动观点看,它要好一些。但是,由于蒙皮没有横向支持,承剪能力较差,需要通过增加蒙皮厚度来对其进行加强。为了克服这个缺点,有时采用专门的补偿片使隔框与蒙皮连接,如图1.2-32(c)所示。

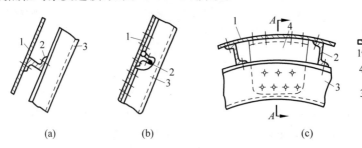

图1.2-32　蒙皮与骨架元件的连接方式

1—蒙皮;2—桁条;3—框;4—补偿片

采用第二种连接方式的情况为隔框上开有缺口,使桁条通过。此种情况下,桁条可能不直接同隔框连接,也可能与隔框直接连接。如果桁条与隔框连接,可以通过弯边连接,或者通过角片连接,如图1.2-33(a)所示。当机身隔框是加强框时,为了对隔框上的桁条缺口进行加强,采用专门的垫板,如图1.2-33(b)所示。

这种蒙皮与骨架连接方式的缺点是蒙皮上有很多铆缝。另外,由于在框上开了缺口,隔框的结构较为复杂。但是,这种构造型式能使结构获得较大的刚度,且重量更轻,因而得到广泛的应用。

3. 增压密封

现代飞机大都在空气稀薄的高空中飞行,为了保证空勤人员和旅客在高空飞行时的正常工作条件和生理要求,以及保证仪表、设备可靠地工作,都采用了增压气密座舱。图1.2-34所示为波音B737飞机的增压气密座舱区域。

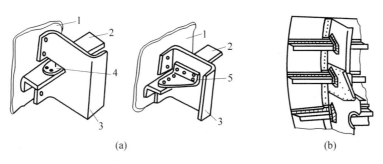

图 1.2-33　框与桁条的连接
1—蒙皮；2—桁条；3—框；4—弯边；5—角片

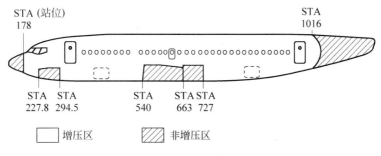

增压区　　非增压区

图 1.2-34　B737飞机增压区

增压座舱是将机身的一部分做成密封结构，从发动机的压气机中引出压缩空气，经空调和压力自动调节装置后进入座舱，保证座舱内的压力按预定的规律变化。

增压客舱结构一般都是机身结构的一部分，因而它既受增压载荷作用，又参与机身的总体受力，这部分结构的总应力应是上述两种载荷产生的应力的叠加。旅客机的增压座舱一般为圆筒形，或接近圆筒形；前压力隔框位于驾驶舱区域内，通常小于后压力隔框。为了便于安置设备等，前压力隔框常采用平面加强框。后压力隔框位于机身和尾部的连接处，大型飞机的后压力隔框通常是球面加强框，以使球面框上的加强筋和壁板主要处于拉伸状态，有利于提高结构承载效率，减轻结构的重量。

增压气密舱内需要密封的地方有：各骨架构件与蒙皮的对接处（铆接和螺栓连接）；蒙皮与壁板之间；飞机和发动机操纵系统的拉杆和钢索在座舱内增压区和非增压区交界面的进出口处；飞机液压系统、引气系统、空调系统的导管、电缆束进出口；座舱盖口和应急出口；舱口和窗口等。

通常采用密封胶、密封胶带、密封腻子进行密封。通常，在铆接缝处一般采用双排铆钉或者多排铆钉，同时采用干涉配合铆接方式连接，这样有利于提高铆钉孔的疲劳强度。如果采用螺栓连接，应采用干涉配合螺栓连接。干涉配合螺栓连接就是具有较大过盈量配合的螺栓连接。在机身上应进行密封的地方，铆钉和螺栓连接均采用干涉配合连接。但需要注意的是复合材料层合结构蒙皮不能采用过盈配合，否则易导致孔壁出现分层等损伤。在机身内、外表面上，在空气可能通过纵向和横向对接处泄漏的地方，应涂上专门的密封胶。图1.2-35所示为多种机身蒙皮与纵横向加强构件密封对接结构的剖视图。

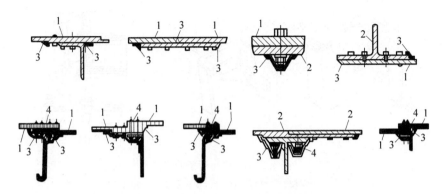

图 1.2-35　蒙皮与纵向加强件密封对接结构
1—蒙皮；2—壁板；3—密封胶；4—密封胶带

4. 机身地板结构

地板结构由地板骨架和安装在骨架上的地板块组成(如图 1.2-36 所示)。地板骨架由纵梁和横梁组成。横梁一般采用工字形或槽形挤压型材。

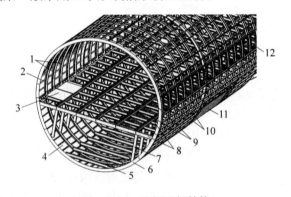

图 1.2-36　飞机地板结构
1—普通框；2—桁条；3—地板块；4—蒙皮；5—货仓地板横梁；6—加强框；7—地板梁支柱；
8—客舱地板横梁；9—客舱地板纵梁；10—桁条；11—货舱门；12—客舱窗户

横梁的两端连接在机身隔框上,并与纵梁和竖直方向的支柱构成承力骨架。纵梁同时还可以作为座椅的安装和固定导轨。地板本身由多个地板块组成,它们通过螺栓固定在骨架上。地板块一般是由上/下面板、轻质芯材组成的夹芯结构,面板通常为 1.5～3.0mm 的玻璃纤维、碳纤维或混杂复合材料层合板,芯材通常采用高强度的 PVC 或聚氨酯泡沫塑料、蜂窝芯材、轻质木材或其他材料,并用层合板隔框加强。地板块的周边有时镶有木质板条,用专门的螺钉固定在骨架上。有些地板沿纵梁通过位于纵梁下的宽垫片用螺栓将壁板固定在梁上,托板螺帽位于地板骨架上。

5. 机身开口及加强措施

由于使用维护的需要,机体结构上设置有很多大小不同的开口。开口切断了蒙皮、桁条等受力构件,使机体中载荷传递路线发生变化,对开口区及其附近区域结构的受力产生影响。这种影响与开口尺寸的大小及开口部位采取的结构补偿措施有关。

1) 无口盖小开口

无口盖的小开口一般处于梁腹板、肋腹板和框腹板上。开口形状最好为圆形,因为在不同载荷作用下它引起的应力集中系数比较小。这类开口区的补强比较简单,只要在开口边缘加一个加强口框即可。口框可采用法兰盘式加强环,如图 1.2-37(a)所示;也可采用组合式,如图 1.2-37(b)所示,在弯矩最大的 4 个角上布置斜支撑筋条,以防蒙皮受压屈曲。如果载荷不大,腹板又比较薄,压弯边即可。

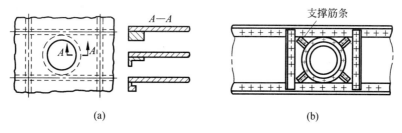

图 1.2-37 无口盖小开口结构补强设计

2) 有口盖小开口

在外层蒙皮上的小开口都带有口盖,其口盖大多为板材,如果口盖要传递正应力,则可以在正应力载荷方向布置一些加强筋条。图 1.2-38(a)所示为一圆形小开口,口盖为一平板。图 1.2-38(b)所示为一带圆角的方孔,其口盖在正应力方向布置筋条。

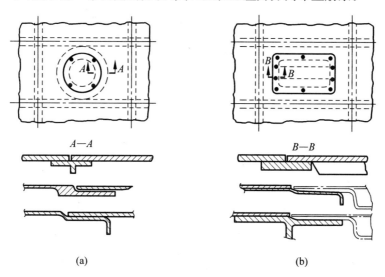

图 1.2-38 带口盖的小开口的补强设计

3) 中开口补强措施

旅客机登机门是一个比较大的中开口,它切断了多根长桁。结构补强原则是充分利用原有的纵、横向构件,围绕开口布置"井"字形的加强件,如图 1.2-39(a)所示,形成一个很强的口框,以保证舱门的刚度、强度和受载稳定性,并和一系列的扩散件构成一个新的载荷传递系统,如图 1.2-39(b)和(c)所示。

机身窗户开口区通常采用双层铝条和高强度铝合金窗户骨架加强。图 1.2-40 所示为波音 B737 飞机窗户开口区的补强结构。

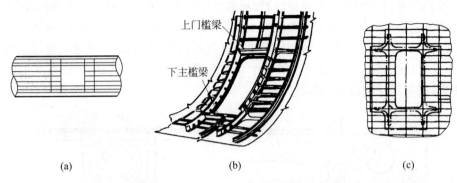

图1.2-39 机身舱门开口的结构补强设计

4) 大开口补强措施

机身的货舱等大开口部位,往往又是大的集中载荷作用的地方。这些部位的补强采用与客舱登机门开口类似的井字形补强结构,常设置有开口的矩形截面加强隔框和上下短梁。这种加强隔框结构重量往往很大,为了减轻结构重量,在设计时会尽量减小其强度裕度,在维护工作中应注意检查。

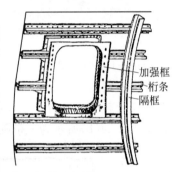

图1.2-40 客舱窗户开口处的加强结构

6. 舱门

现代民航飞机设置了各种舱门,以供人员和货物进出飞机和维护修理飞机时使用。舱门按照功能可分为登机门、服务门、紧急出口舱门、货舱门和检查口盖等。某型飞机各舱门的配置如图1.2-41所示。

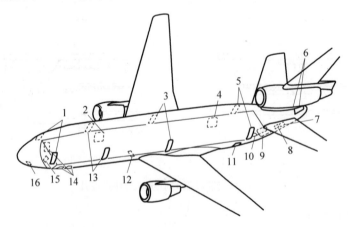

图1.2-41 飞机主要舱门的配置

1—前登机门;2—前货舱面;3—应急出口;4—中央货舱门;5—后登机门;6—尾锥上门;7—尾锥下门;8—后附件舱门;9—APU舱门;10—后机身舱门;11—后货舱门;12—中附件舱门;13—中登机门;14—空调舱门;15—电子舱后门;16—电子舱下门

1) 登机门

通常将飞机的登机门分为主登机门和服务门。位于飞机左侧的登机门称为主登机门;

位于飞机右侧的登机门称为服务门。

大型民航客机一般有两个主登机门,它们位于飞机左侧的前、后部。载客多的大型飞机,其主登机门多于两个,例如波音 B777 飞机具有 4 个主登机门,它们位于飞机左侧的前、中、后部。主登机门主要用于机组和乘客上下飞机,也可作为紧急出口。服务门位于飞机的右侧,且与登机门相对,其数量与登机门相等。服务门主要用于厨房服务等,在紧急情况下,也可作为应急出口。

某些型号飞机的主登机门,特别是中小型飞机的主登机门,其底部用铰链与机身铰接。当它处于打开并且在放下位时,还可作为登机梯使用。

(1) 登机门构造

登机门由一个框架和蒙皮构成。框架由高强度铝合金型材制成,合金蒙皮铆接在框架的内外两侧。在舱门框架内部装有操纵手柄机构、扭力管和锁闩传动机构等。登机门的典型构造如图 1.2-42 所示。

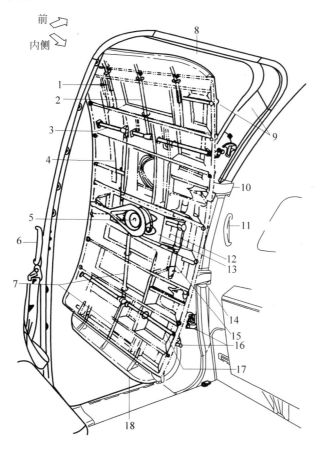

图 1.2-42　登机门构造

1—止动杆;2—操纵杆;3—锁杆;4—操纵杆;5—舱门手柄操纵机构;6—辅助手柄;7—操纵杆;
8—上折叠门板;9—门止动块;10—上铰链组件;11—辅助把手;12—手柄机构罩盖;13—锁闩曲柄
组件;14—下铰链组件;15—扭力管;16—锁闩组件;17—锁闩;18—下折叠门板

转动操纵手柄即可带动操纵杆和锁闩传动机构动作,使锁闩内缩,完成开锁动作,同时使上下折叠板内折收起,从而降低舱门的高度。在舱门的侧边安装有若干个止动块。舱门关闭时舱门上的止动块与机身门框上的止动支座相接触,这样就将舱门承受的增压载荷以集中载荷的形式传递到门框结构上。舱门在靠机头方向的一侧用两个铰链组件与机身门框铰接。

(2) 登机门操纵

图 1.2-42 所示登机门是一种外开式舱门。这种舱门开启和关闭的运动轨迹比较复杂,其结构和传动机构也较复杂。当要关闭舱门时,先要将舱门收入机身内,然后再将舱门向门框推去,使其压紧在门框上。当这种舱门在关闭状态要打开时,要先将舱门略微向内拉,然后再将舱门向门框外推出。在舱门进、出门框时,通过舱门的手柄传动机构将上、下折叠板内折,从而缩短舱门的高度,以便舱门通过门框。

所有的登机门都可从机身的内部或者外部打开和关闭。为防止风导致舱门振动和冲击,一般设置有地面阵风锁,可以将舱门锁定在打开位。但当风速达到一定值时,舱门必须处于关闭位。

(3) 登机门密封

舱门与门框之间主要采用密封带来密封。密封带有多种型式,常用的有充压密封胶带、具有填充物的密封带和实心密封带。

舱门密封的典型方式是采用具有海绵状橡胶或硅树脂填充的密封带,利用门框上密封型材压紧密封带形成密封线。这种形式的密封带由于有海绵状的内部填充物,具有固定的弹性,当座舱增压时,它不随舱内压力的变化而变化,以确保密封的稳定性。同时,因为这种密封带具有内衬,所以较之充压无内衬密封胶带,具有耐疲劳性好、便于维护的优点。

2) 应急出口

按航空法规要求,在公共运输飞机上都需要设置应急出口,以便乘客和机组人员迅速撤离飞机。在紧急情况下,所有登机门和服务门均可作为紧急出口。民航客机在驾驶舱和客舱分别设置了应急出口舱门。驾驶舱的应急出口是两个可开关的移动侧窗,一般是驾驶舱的 2 号窗。紧急情况下,将该窗向内拉动并向后滑动打开或直接将其取下,并从驾驶舱顶放出逃生索,成为机组人员的应急出口。客舱的应急出口一般位于机翼上方、机身的左右两侧,参见图 1.2-41。这样设置的目的是利用机翼来降低乘客从机身逃离的高度。应急出口的数量取决于飞机的座位数。

应急出口舱门的结构与登机门和服务门类似,但是简单了许多。图 1.2-43 所示为波音 B737 飞机的应急出口舱门的外形及构造图,该应急出口舱门是利用舱门下部的两个定位桩和上部的锁机构固定在位的。锁机构由松锁手柄、扭力管、曲柄组件和锁闩组件等组成。

应急舱门可以从飞机内或者机外打开。当从机内打开应急舱门时,先打开手柄罩,然后拉下松锁手柄,使锁机构开锁,舱门上缘即往舱内打开,继续抓住松锁手柄,并用另一只手握住下面的扶手口,将舱门上部向内拉,使锁机构完全脱开,再用双手将窗门向上抬起,脱开定位桩,向内取下舱门,如图 1.2-44(a)所示。

当从机外打开应急出口舱门时,只需推动舱门上部的推板即可松开锁机构,然后再将舱门向内推即可,如图 1.2-44(b)所示。注意,在机外打开应急舱门时,机内应有人接应,以防止损坏舱门。

3) 货舱门

货舱门用于货物和设备迅速、安全、高效地装卸,现代飞机通常在机身右侧前、后的下部

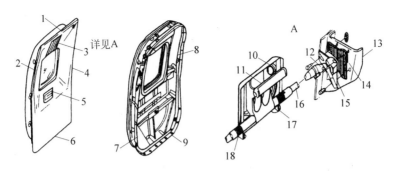

图 1.2-43 波音 B737 飞机的应急出口舱门的外形及构造

1—锁滚轮组件；2—止动块(6件)；3、11—开锁手柄；4—舱门面板；5—把手；6—支点接头；
7—垫片紧固件；8、13—门框；9—支撑板；10—手柄框；12—曲柄组件；14—锁板；15—锁接
头；16—扭力管；17—锁组件；18—扭力弹簧

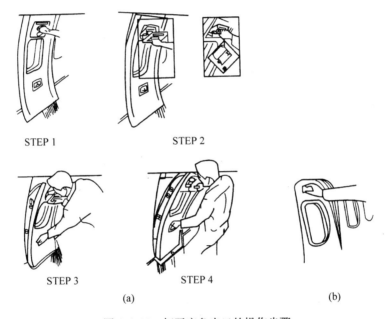

图 1.2-44 打开应急出口的操作步骤

安置有两个货舱门。除此之外,某些型号飞机上还有侧货舱门,侧货舱门位于机身后部左侧
边,用于当飞机进行客货混运或全货运时将货物装进主舱。图 1.2-45 所示的两个货舱门都
是向内打开的堵压式舱门,货舱门通过其上部内侧的两个铰链与机身铰接。

两铰链之间有一个缓冲器。当舱门处于打开位置时,如果平衡机构绳索断裂,缓冲器可
防止舱门快速掉落。除舱内压力外,一个挂钩系统用于使货舱门保持关闭。在典型情况下,
货舱门挂靠在主弹簧钩上。当门移动到关闭位置时,这些钩子与弹簧滚轴啮合,使门停止。
绕滚轴旋转的弹簧钩使门固定在地板结构上。飞行中通过转动凸轮上的制动扇形体保持弹
簧锁的位置。

货舱门可以从机外打开,也可以从机内打开。从机外打开货舱门时,先将手柄从凹槽内
拉出,然后反时针转动,打开锁机构,舱门在平衡机构弹簧力作用下会自动向内、向上打开,
直到舱门下边缘处的锁机构被机身地板结构上的锁钩住为止。从机内打开货舱门时,使用

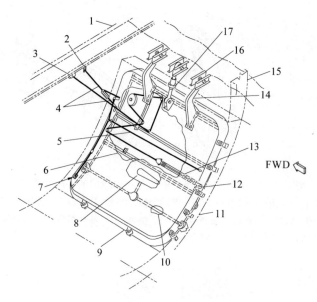

图 1.2-45　货舱门的构造

1—客舱地板梁；2—调整片；3—绳索夹；4—收紧索组件；5—绳索组件；6—已拆除内侧蒙皮；
7—锁闩；8—货舱门内手柄；9—货舱门(关闭位)；10—货舱门锁闩机构；11—舱门止动块；
12—连接板；13—弹簧；14—铰接支臂；15—门框；16—轴承座板；17—缓冲器

内侧操纵手柄，将手柄顺时针转动，先打开锁机构，再打开舱门。

关闭舱门时，先抓住与舱门相连的张力绳往下拉，打开收上锁，并使舱门从打开位置往下运动，当另一只手抓住舱门手柄时，松开绳子，拉手柄将舱门关上，顺时针转动手柄，使舱门上锁，锁好后，手柄自动缩回凹槽内。

有的货舱门采用向外打开的方式，正常情况下由飞机液压系统供压，通过扳动舱门段机腹处的手柄对舱门进行打开和关闭操作，液压关闭到位后，还需要扳动舱门上的手柄进行锁定，并检查手柄锁止到位后是否与机身表面平齐。

4）检查口盖

检查口盖提供进入各隔舱维护的入口，包括安定面舱门、液压系统舱门、起落架舱门和电子设备舱门，除了机身表面的一些门外，在机身内部和机翼上还有一些门或盖板，主要用于燃油、氧气等系统的日常勤务和检查。

7. 窗户

飞机的窗户包括驾驶舱窗户和客舱窗户，所有的窗户必须保证机组人员和乘客具有良好的视野，同时还必须能够承受座舱的增压压力。驾驶舱的窗户还必须具有抵抗鸟撞击和防冰功能。

1）驾驶舱窗户

驾驶舱窗户位于飞机的前部，绝大部分的现代飞机在正前方和两侧平均分布着 6 个窗户，正驾驶的正前方窗户定义为左一号，逆时针依次定义为左二号和左三号。类似地副驾驶的正前方窗户定义为右一号，顺时针依次定义为右二号和右三号。B787 和 C919 飞机则采用了 4 个驾驶舱窗户的布局。

所有驾驶舱窗户都是由几层不同物质制成的层合结构。位于驾驶舱风挡玻璃最外层的是非常硬的强化玻璃,而化学强化玻璃位于驾驶舱风挡玻璃的中层和内层。化学强化玻璃是一种具有弹性的特殊的聚丙烯玻璃,将各层玻璃通过一种特殊塑料——聚氨酯加压弯曲粘接在一起。在所有驾驶舱窗户外层玻璃的内侧安装有一片透明的导电覆盖膜——加热膜,当电流通过时将窗板加温,具有防冰、防雾的功能。

通常两个正前面的一号窗户就是所谓的风挡窗户。位于每一侧的二号窗户一般是可以打开的,可作为机组人员的紧急出口,也可使驾驶员看到地面。固定的一号风挡窗户和三号窗户都是从飞机的外部安装的,并直接固定在飞机结构的框架上,正确地使用风挡的紧固件是风挡安全承受舱内增压载荷的基础。可滑开的二号窗户是由驾驶舱内部安装的,可沿着导轨移动打开。图 1.2-46 所示为某型飞机驾驶舱可滑动窗及其附件。

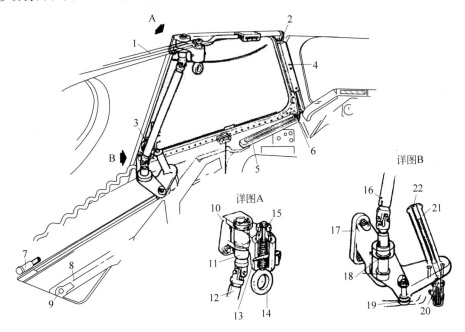

图 1.2-46　驾驶舱可滑动窗户及其附件

1—上轨道;2—锁闩;3—接线板;4—安全护垫;5—前轨道;6—滚子;7—缓冲器;8—后轨道;9—锁柱塞;10—上安装座;11—转动臂;12,16—扭力管;13—快卸销;14—抛弃手柄;15—上滚子;17—下托架;18—凸缘;19—下滚子;20—锁柱;21—操纵手柄;22—松开销

当滑动窗关上时,可用操纵手柄操纵窗上的锁闩插入窗框孔中而锁住。装在滑轮轨道内的两个锁柱用来锁住操纵手柄,一个在窗户全开时使用,另一个在全关时使用。开窗时,压下操纵手柄上的松开销,先向里再向后拉操纵手柄,就可使锁闩从窗框孔中抽出,并使窗户沿轨道向后滑动而打开,直到手柄与后面的一个锁柱嵌合为止。在紧急情况下,可将该窗取下,成为机组人员的应急出口。取下该窗的方法是:先将转动臂上的白色标记与“窗户抛弃”标牌上的标记对齐,然后抽出快卸销,再向下拉抛弃手柄,使上滚子脱离轨道,即可取下。

2) 客舱窗户

客舱窗户位于机身客舱的每一侧,被设计为可以让乘客看到飞机的外面并保持客舱内的压力。这些窗户固定到机身结构的窗户框架上,窗户框架铆接到机身蒙皮的内表面。窗户框架把两块玻璃板固定在适当的位置并承受飞机座舱增压载荷,用一个密封件通过螺栓和螺帽把客舱窗户从机身的内部安装到窗户框架上。

客舱窗户玻璃分为三层,其中外层、中层为承压构造,内侧玻璃不承受压力,图 1.2-47 所示为某型飞机客舱窗户构造(内层玻璃未显示)。外层和中间层玻璃板均为特殊的聚丙烯玻璃以保持客舱内的压力。中间层玻璃板的底部中央有一个小孔,其作用是保持两层玻璃板之间的压力与客舱压力相同,如果外层玻璃板损坏,全部压差将由中间层玻璃板来承受(中间层玻璃板可承受的压力为正常压力的 1.5 倍),使客舱窗户具有破损/安全特性。

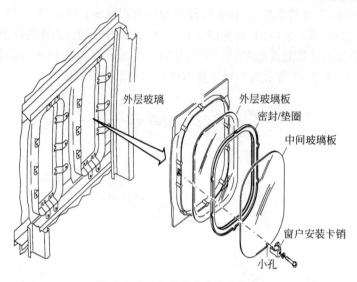

图 1.2-47　典型客舱窗户的构造

1.2.3　飞机尾翼

飞机的尾翼一般由水平尾翼和垂直尾翼两部分组成:水平尾翼包括水平安定面和升降舵,垂直尾翼包括垂直安定面和方向舵,如图 1.2-48 所示。

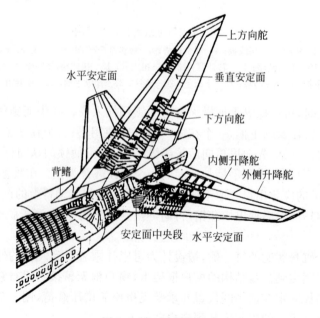

图 1.2-48　尾翼的组成

尾翼的功用是使飞机能保持俯仰和方向平衡，并使飞机具有俯仰和方向安定性、操纵性。对尾翼的要求是：保证飞机平衡和具有必要的安定性及操纵性；强度、刚度足够而重量轻，尾翼载荷对机身的扭矩应尽可能小。现代民航客机常采用全动平尾构型（THS），转轴一般位于安定面中央翼盒的后缘，前缘操纵点由丝杠作动举升，实现全动平尾的偏转。

1. 安定面的构造

安定面的构造与机翼基本相同。轻型飞机的安定面较小，如果采用单块式结构，施工比较困难，固定也比较复杂，所以一般都做成梁式结构。大型飞机的安定面，翼展较大而厚弦比较小，如果采用梁式结构，会造成结构重量大、抗弯刚度不足等缺点，所以，一般做成多纵墙的单块式结构。

水平安定面有整体的和可分离的两种。后掠水平尾翼的左右安定面做成一个整体时，往往采用有坚固中央翼肋的结构型式；如果做成可分离的，则多采用有坚固侧边翼肋的结构型式。图1.2-49所示为现代民航大型客机水平安定面的典型结构。

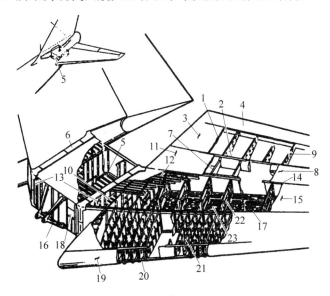

图 1.2-49　水平安定面结构

1—玻璃纤维蜂窝结构；2—升降舵铰链；3—内侧升降舵；4—玻璃纤维蜂窝结构后缘；5—水平安定面中央段；6—蒙皮接合板；7—铰接翼肋；8—固定后缘；9—铝合金梁和翼肋；10—可拆卸板；11—铝蜂窝结构；12—加强条；13—铰链；14—翼肋；15—后梁；16—蒙皮板件；17—前梁；18—作动筒接头；19—开式接近孔；20—可拆卸前缘；21—辅助梁；22—钣金件翼肋；23—水平安定面外侧段

垂直安定面有的与机身做成一体，有的是可拆卸的。"十"字形配置的尾翼，垂直安定面通常做成上下两部分，并由翼梁上的接头连接起来。

2. 舵面的构造和连接

方向舵和升降舵的构造与副翼基本相同，一般都采用没有桁条的单梁式结构。图1.2-50所示为某型飞机升降舵构造图。

3. 舵面与安定面连接

方向舵与垂直安定面的连接接头通常多于两个。当垂直尾翼被水平尾翼分隔为上下两部分时，上下两个方向舵的转轴是用万向接头连接的。

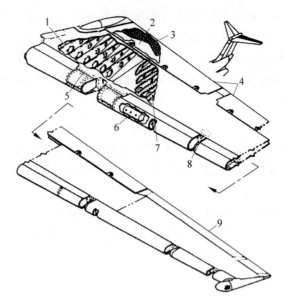

图 1.2-50　某型飞机升降舵构造

1—翼肋；2—加强片；3—蜂窝夹芯；4—升降舵调整片；5—梁；
6—配重；7—带齿加强片；8—接近舱口盖；9—后缘

低速飞机上,左右升降舵的转轴大多是成一直线的。因此,往往将它做成一个整体,并用几个接头与水平安定面相连,中间的接头通常与操纵臂做成一体。

后掠水平尾翼两个升降舵的转轴不成一直线,所以左右升降舵只能各自用两个以上的接头连接在水平安定面上。左右升降舵的转轴有的用万向接头连接,有的则分别与操纵机构的两根转动杆相连。

1.2.4　飞机结构装配

1. 机翼与机身连接

按有无机翼通过机身,机翼与机身的连接结构型式可分为有机翼通过机身和左右机翼连于机身两侧的两种形式。

1) 有中央翼的机翼连接

有机翼通过机身的连接型式又可分为机翼与机身框各自独立结构的连接和中央翼梁与机身对接框为整体结构的连接。

(1) 机翼和机身框各自独立结构的连接

当机翼和机身框为各自独立结构时,从原则上说带中央翼的机翼靠 4 个铰接接头就能将机翼的剪力、扭矩和弯矩传给机身。

图 1.2-51 所示为某型民航飞机的机翼与机身的连接形式。机翼以嵌入形式插到前、后两个机身对接框之间,通过 4 个空心销将机翼的前、后梁与对接框连接。空心销是典型的铰接接头,构造简单,易于安装。

这种设计允许翼梁与框各自独立变形,机翼阻力和发动机推力主要通过机身下方的机身龙骨梁传给机身。龙骨梁上的柔性板能在机翼弯曲时承受弯曲引起的力。

（2）中央翼梁与机身对接框为整体结构时的连接

中央翼梁与机身对接框为整体结构是指将机翼中央翼盒的梁设计制造成为机身加强隔框的一部分，做成整体结构主要是为了减轻结构重量。

图 1.2-52 所示为 B737 和 B747 的对接框设计。其上半部是框的主要部分，它把机翼的剪力传到机身壳体上。框的下半部由中央翼梁及其向下延伸部分组成，延伸部分是次要结构。上、下两部分别用螺栓连成整体。这种机翼与机身的连接型式应用较为广泛。

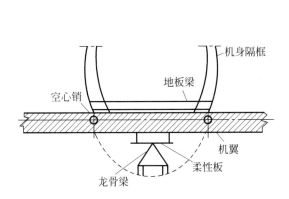

图 1.2-51　机翼与机身隔框独立时的连接形式

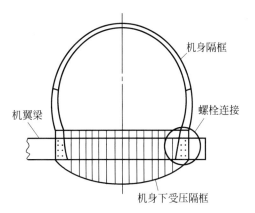

图 1.2-52　中央翼梁与机身隔框为一整体时的连接形式

2）无中央翼的机翼连接

当无机翼通过机身时，左、右机翼与机身两侧的连接有集中连接和分散式连接两种型式。

（1）集中式连接

集中连接型式只需要少数几个连接接头。机翼与机身以集中连接型式在机身侧边对接时，至少要有一个固接接头和一个铰接接头。梁式机翼都采用集中连接的型式来连接。

如图 1.2-53 所示，耳片垂直（螺栓水平）放置的梁式翼面对接接头，垂直剪力和垂直弯矩靠螺栓受剪传力，水平剪力靠耳片挤压传力，水平弯矩也靠螺栓剪切传力。

为了在根部将蒙皮传来的扭矩由集中式接头传走，必须设置根部加强肋，将翼盒横截面上封闭区域的单向剪流形成的扭矩转化成一对垂直力偶传给翼梁腹板，然后连同梁腹板中原来的剪力一起通过与缘条和接头牢固连接的加强垫板、加强支柱或角盒传到上下叉耳接头的耳片上，再由螺栓受剪向机身接头传递。如果对接耳片水平放置，螺栓垂直，则垂直剪力靠耳片挤压传递，这时，须在上下水平耳片之间配置加强筋来提高耳片在垂直方向的刚度。垂直弯矩、水平剪力和水平弯矩均由螺栓受剪传力。为了传递扭矩，应用水平方向的加强垫板和加强支柱将上下蒙皮与对接接头的水平耳片牢固连接，扭矩便通过加强肋上下缘条转化成一对水平力偶传递到接头上。因此，耳片的传力性质取决于耳片的方向：耳片平面方向的刚度大，因此能够传递位于其平面内的载荷，传力时螺栓受剪；垂直于耳片方向，耳片刚度差，只能靠耳片直接受挤压传递载荷。

由于这种单传力途径的静定连接方式不具有破损安全特性，一旦固接接头破坏，后果将是毁灭性的，因此现代飞机均采用多接头分散式连接。

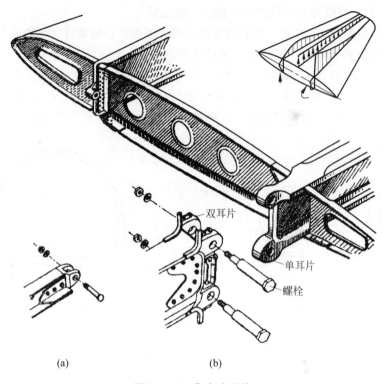

双耳片

单耳片

螺栓

(a)　　　　　　　　　(b)

图 1.2-53　集中式连接

(a) 铰接接头；(b) 固接接头

（2）分散式对接

单块式机翼是靠上下壁板中的分散轴力传递弯矩，为适应这种结构形式的传力特点，机翼对接应采用分散式对接接头。分散对接形式主要有梳状型材接头围框对接、多个单接头围框对接等形式。

① 梳状型材接头围框对接

典型的梳状型材接头围框对接如图 1.2-54 所示，翼面壁板上的蒙皮和桁条首先与机加工的刚性梳状接头采用受剪切的螺接和铆接形式进行连接。梳状接头与壁板连接段通常采用变截面设计，以达到刚度渐变的目的，减小机加工梳状接头与薄壁壁板结构的刚度突变，从而减小连接区的应力集中，减轻结构重量。机翼和机身的梳状接头通过多个预加张力的螺栓进行对接，螺栓展向放置，梁缘条也通过受剪螺栓连接在梁缘条接头上。梳状接头与梁缘条接头搭接。连接螺栓均安装在对接梳状接头的展向螺栓槽内。机翼梁腹板和对接端腹板均设有加强立柱，通过螺栓将立柱及腹板连为一体。

② 多个单接头围框对接

多个单个接头围框对接形式，沿翼面对接剖面设置许多单个接头。每个单个接头与壁板的蒙皮和长桁通过受剪螺栓连接。两翼段的相应接头通过受拉螺栓对接。这种对接形式的轴力和剪力传递与梳状型材接头围框对接相同。与梳状型材接头围框对接相比，装配工艺性好，接头便于加工和装配，结构简单；但多个接头连接结构传递扭矩能力差，只有在两翼段的对接接头间设置一个板状加强肋，以对接螺栓受剪传递扭矩，这造成该种接头形式结构质量增大。

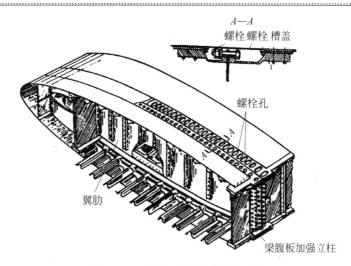

图 1.2-54　梳状型材接头围框对接

2. 尾翼与机身连接

尾翼与机身的连接和机翼与机身的连接没有根本的区别,因为尾翼与机身连接接头上的承力构件所承受的载荷与机翼是一样的。与机翼连接的接头一样,尾翼固定接头的结构在很多方面取决于尾翼的形式、位置、结构受力型式、机身的布局和受力形式。

3. 起落架连接

前三点式配置的飞机起落架,通常其前起落架固定在前机身上,两个主起落架则分别固定在左右机翼上。有时当机翼位置较高时(如上单翼飞机),其主起落架也可布置在机身上。

1) 前起落架连接

前起落架通常固定在机身加强隔框和(或)纵梁上。通常采用起落架舱固定起落架支柱、作动筒、撑杆和锁机构。起落架舱由垂直腹板、水平加强板和两端的机身加强隔框组成。在起落架舱的开口周围用加强构件加强,例如,开口小时用型材加强;开口大时用梁或强度高的横梁加强。

图 1.2-55 为某型飞机前起落架与机身连接处机身的结构布置。它是由相互连接的两个纵梁、梁两端的两个加强框以及加强板组成的。纵梁由上下冲压缘条、腹板、垂直支柱、斜向型材和垂直型材组成。纵梁通过型材固定在机身加强隔框上。纵梁上固定有前起落架支柱和撑杆的固定接头。

2) 主起落架连接

主起落架通常安装在机翼靠近翼根的部位。位于机翼的主起落架是通过其减震支柱上的前/后轴颈、侧撑杆和阻力撑杆与机翼和机身相连接,如图 1.2-56 所示。

减震支柱上端的后轴颈接头与主起落架支撑梁上的接头座用球形轴承连接,如图 1.2-56(a)所示。减震支柱上端的前轴颈接头通过一个轴颈连杆与机翼后梁上的接头连接;主起落架支撑梁的一端通过连杆与机身加强隔框上的接头相连;其另一端与机翼后梁上的接头相连。与减震支柱相连的阻力撑杆通过轴颈叉形接头与机翼后梁上的轴承座连接,如图 1.2-56(b)所示。移动梁和收放起落架的作动筒的一端与起落架支撑梁连接在一起,如图 1.2-56(c)所示。主起落架侧撑杆的上端与机身接头相连,其下端与减震支柱壳体通过接头相连,如图 1.2-56(d)所示。

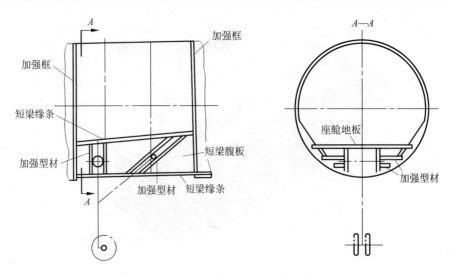

图 1.2-55 前起落架与机身连接

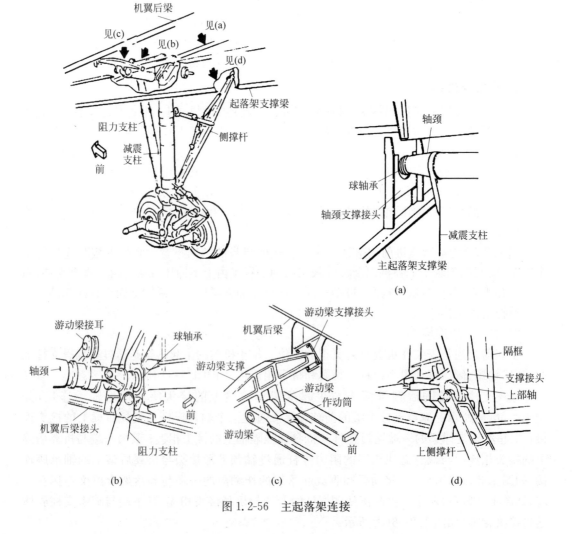

图 1.2-56 主起落架连接

某些飞机在阻力支柱与机翼结构连接的部位设置了安全剪切销(如图 1.2-57 所示)。当飞机滑跑时,如果机轮撞上较大的障碍物,则起落架安全剪切销断开,起落架向后收起,防止过大的冲击载荷导致刚性很大的起落架撕裂机翼和机身的连接结构。

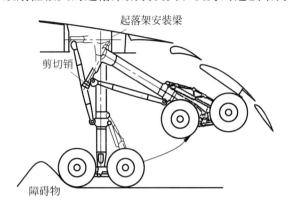

图 1.2-57　起落架连接安全剪切销

4. 发动机安装

1) 发动机安装形式

涡轮发动机在飞机上的安装形式主要有机翼短舱吊挂(简称"翼吊")、机尾安装和后机身短舱吊挂(简称"尾吊")三种,如图 1.2-58 所示。

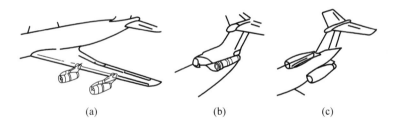

(a)　　　　　　　　(b)　　　　　　　　(c)

图 1.2-58　喷气发动机安装部位

(a)机翼短舱吊挂;(b)机尾安装;(c)后机身短舱吊挂

(1) 翼吊安装

机翼短舱吊挂发动机的布局是现代民航客机普遍采用的发动机安装形式。相比于后两种安装方式,机翼短舱吊挂具有以下优点:发动机的重力通过短舱吊挂作用在机翼上,在飞行中可减小机翼承受的弯矩,改善机翼的受力状况;翼下吊挂发动机时,供油管路相对最短,可避免在机舱内设置燃油管路,提高了供油安全性;发动机离地面距离相对较小,便于检查和维护工作的实施;当发动机出现火警时,对飞机其他部位影响较小。

但是,翼吊发动机也存在一些缺点:由于发动机与飞机中轴线距离较远,当飞行中单发停车时,其余发动机的推力会导致飞机出现偏航和滚转趋势,应采取相应配平措施;发动机离地面距离较近,发动机在地面工作时,容易吸入异物,造成发动机损坏,同时对周围人员也具有较高的危险性。

(2) 尾吊安装

机尾安装和后机身短舱吊挂的发动机距离飞机轴线较近,当单台发动机空中停车时,不会造成较大的偏航力矩；同时由于发动机离地较高，发动机在地面工作时吸入异物的可能性相对较小，对维护人员的危险性也较低。

但是，这两种安装方式均存在较大的缺点：首先，发动机的重力作为集中载荷施加在机身上，导致飞行中机身、机翼均承受较大的弯矩，不利于结构受力；其次，发动机距离地面较高，为检查和维护工作带来不便，尤其是机尾内部安装的发动机，接近、检查和发动机拆换的难度均较大；再次，源自机翼结构油箱的发动机供油管路必须穿过几乎整个中、后机身才能到达发动机，增加了飞机的火灾隐患。

2）发动机吊舱

发动机吊舱包括吊架（或安装支架）和短舱两部分。发动机吊舱的功能包括：密闭发动机，形成流线外形，改善飞机的空气动力性能；支撑和保护发动机及其附件；引导气流进入发动机；承受发动机的载荷并将其传递到机翼结构。涡轮发动机吊舱的构造如图 1.2-59 所示。

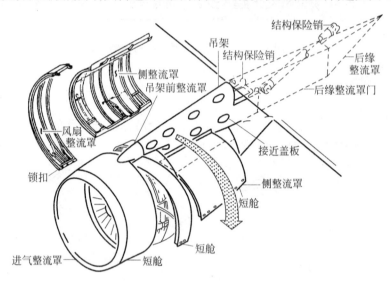

图 1.2-59 涡轮风扇发动机吊舱

（1）吊架

吊架又称为吊挂，实质上是由框架和蒙皮构成的扭力盒结构。框架是由梁、加强筋、肋等构件通过铆接或焊接而形成的构架，如图 1.2-60 所示。框和梁均由耐高温材料（钢或钛合金）锻造而成。吊架蒙皮的材料是铝合金。在吊架的前后安装隔框上分别安装着发动机的安装点，吊架通过吊架上前梁安装点和后梁安装点与机翼连接在一起。

① 安全剪切销

吊架连接点与机翼翼梁连接点之间常采用结构保险销或保险螺栓连接（如图 1.2-61 所示），这些接头处的结构保险销或保险螺栓的作用是：当发动机遭到严重损坏而导致剧烈振动或非正常着陆使吊舱遇到巨大阻力时，该保险销或保险螺栓被剪断使发动机及其吊架脱离机翼，防止损坏机翼，避免出现机翼油箱撕裂等更大的灾难性破坏。

有些飞机在发动机与吊架之间的接头采用结构保险销（如图 1.2-61(a)所示）。安全剪切销可在以下情况断开：当飞机未放起落架迫降时，若发动机触碰地面并承受较大的水平撞击力，A、B点处的剪切削断开，防止较大的水平阻力造成飞机结构损坏（如图 1.2-61(b)

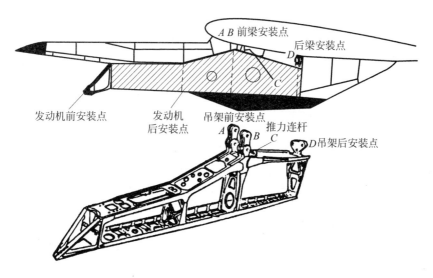

图 1.2-60 典型吊架结构

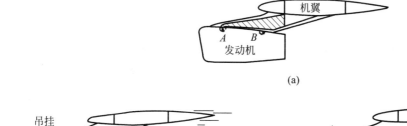

(a)

(b)　　　　　　　　　　　　　　　　　(c)

图 1.2-61 发动机连接点的结构保险销

A—发动机前安装点；B—发动机后安装点

所示)；若发动机触地并承受较大的垂直载荷撞击时,B 点处剪切销先断开,A 点的剪切销随后断开(如图 1.2-61(c)所示),防止损坏飞机的机翼结构和油箱,保护飞机的安全。

② 防火墙

吊架下面装有防火墙或防火罩,如图 1.2-62 所示。防火墙或防火罩一般用既耐高温又防腐蚀的不锈钢、钛合金或因康合金板材制成。

防火墙把发动机及其附件与飞机的其他部分隔开,保护吊架和系统免于高温和火灾的危险。防火墙必须能够封堵火焰和有害气体。为此,防火墙上所有的通孔以及穿过防火墙的构件在与防火墙接触处必须采用紧密配合的防火密封圈、密封垫等构件进行密封。在吊架中还安装有燃油管路、液压油管路和电缆等。

(2) 短舱

发动机短舱是指发动机上的所有流线型外罩,主要包括进气段、风扇级整流罩和 C 形

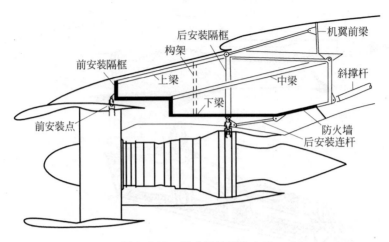

图 1.2-62　发动机吊架防火墙

整流罩(参见图 1.2-59)。短舱对发动机不起支持作用,它主要是在发动机和机翼之间形成一个低阻力空气动力的外形,并对推力的主要来源即风扇空气起到导流作用。

整流罩通常就是指那些必须经常接近的部位(诸如发动机、附件机匣、发动机架或防火墙)的可拆卸包皮。可活动的整流罩盖板与吊架用铰链连接。当需要检查发动机时,就可打开整流罩,使用内侧撑杆可使整流罩处于打开位置。整流罩由骨架和蒙皮面板构成。骨架为金属构件;蒙皮面板一般由铝合金薄板、不锈钢薄板、钛合金薄板或复合材料制成。

3) 发动机与吊架连接

(1) 翼吊发动机连接

翼吊发动机是通过安装在其前安装点上的两个锥形螺栓和一个安装在其后安装支座上的锥形螺栓分别与发动机吊架上安装座配合,然后用螺母紧固固定的(如图 1.2-63 所示)。

(2) 机尾安装发动机

机尾内部安装的发动机的安装扭力盒与翼吊发动机吊架结构类似(如图 1.2-64 所示),发动机与安装扭力盒的连接形式与图 1.2-63 所示连接方式大致相同。

(3) 后机身吊舱安装发动机

为了在后机身安装发动机,在机身尾部置有两个加强隔框,如图 1.2-65(a)所示。在这前后两个加强隔框上分别装有发动机吊挂横梁,即前梁和后梁。在前、后梁的两端装有吊挂连接接头。发动机安装梁上的连杆接头和推力杆与这些接头连接,从而将发动机支撑安装在机身尾部。图 1.2-65(b)所示为一种典型的发动机安装接头的情况。

在发动机前部装有前安装梁。前安装梁的外侧端通过连杆与发动机机匣连接。连杆的一端用带球面衬筒螺栓与前安装梁的外侧端连接;连杆的另一端用锥形螺栓与发动机压气机中介机匣上部的连接凸耳连接固定。前安装梁内侧端固定着轴头外壳,通过它与压气机中介机匣内侧上的一个十字轴头连接。推力杆的一端与轴头外壳连接固定;推力杆的另一端与后梁接头相连。在发动机后部装有后安装梁,后安装梁通过一根悬挂连杆与发动机连接。悬挂连杆的一端用防振螺栓安装接头与后安装梁连接。悬挂连杆的另一端的两个接头分别与低压涡轮机匣上的两个凸耳用带有球面衬筒的螺栓连接。前、后安装梁通过连杆接头与机身加强隔框的前、后梁接头相连。

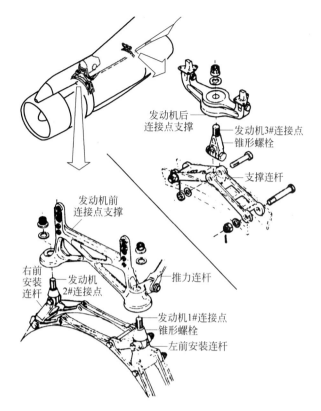

图 1.2-63　翼吊发动机与吊架连接

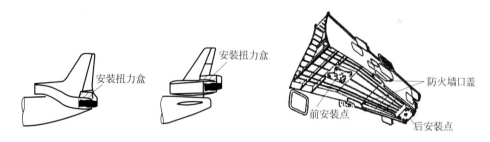

图 1.2-64　机尾安装发动机安装扭力盒

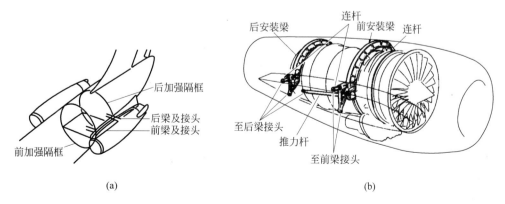

(a)　　　　　　　　　　　　　　　　(b)

图 1.2-65　发动机在后机身吊舱安装

第2章

液压系统

2.1 概述

2.1.1 液压传动原理

液压传动是一种以液体为工作介质,利用液体静压能来完成传动功能的一种传动方式,也称容积式传动,液压传动建立在帕斯卡原理基础之上。帕斯卡原理指出,在装满液体的密闭容器内,在边界处对液体施加压力(物理学意义上的"压强"概念,在液压工程上被称为"压力")时,液体能把这一压力大小不变地向四面八方传递。

1. 传动模型

图 2.1-1 所示为基于帕斯卡原理的最简单的液压传动模型。它由两个液压缸(又称作动筒)1 和 2 组成,中间由管道相连,内部充满了液体。当液压缸 1 的活塞向左移动时,液压缸 1

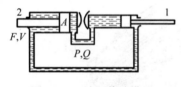

图 2.1-1　液压传动模型

左腔内的液体被挤入液压缸 2 的右腔,这两个腔内的压力升高,液压缸 2 的活塞被迫向左移动。若连续推动液压缸 1 的活塞,则液体连续地流经管道并推动液压缸 2 的活塞持续运动。液压缸 1 推动液体流动并使液体建立压力,它就是一个简单的手动液压泵;液压缸 2 用来推动负载,它就是一个液压执行元件。

2. 传动特性

分析液压传动模型,可知液压传动具有如下特性:

(1) 液压传动以液体作为传递能量的介质,因此传动必须在封闭的容器内进行。

(2) 为克服负载(F)必须给油液施加足够大的压力(P),负载越大所需压力也越大。这是液压传动中的一个基本规律:压力取决于负载。

图 2.1-1 所示液压缸 2 的外负载为 F,无杆腔活塞面积为 A。理想情况下,为克服外负载,无杆腔活塞上的液压力(压力的 P 与活塞面积 A 之积)应等于 F。经转换得出:$P = F/A$。

(3) 要完成一定的传动动作,仅利用油液传递压力是不够的,还必须使油液不断地向执行机构运动方向流动。单位时间内流入作动筒的油液体积称为流量(符号为 Q),流量越大活塞的运动速度越大。这也是液压传动中的另一个重要规律:输出速度取决于流量。

如图2.1-1所示,液压缸2的无杆腔面积为A,流量为Q。单位时间Δt内,流入无杆腔的液体体积为$Q \cdot \Delta t$,活塞杆运动位移量Δs(位移量为流入活塞的液体体积与活塞面积之比)。活塞运行速度$V = \Delta s / \Delta t = (Q \cdot \Delta t / A) / \Delta t$,简化可得$V = Q/A$。

(4) 液压传动的主要参数是压力P和流量Q。

(5) 液压传动中的液压功率等于压力与流量的乘积。

如图2.1-1所示,当系统稳定工作时,液压缸2的输出力为F,运动速度为V,输入的液压压力为P,流量为Q。理想状态下液压功率等于机械功率,则功率$N = FV = PA \cdot (Q/A) = PQ$。

2.1.2 液压系统的组成

实际使用的液压系统组成要比图2.1-1中的液压传动模型复杂得多。目前对液压系统的组成基本上有两种阐述方法,一种是按组成系统的液压元件的功能划分,另一种是按组成整个系统的分系统划分。

1. 按液压元件的功能划分

液压系统由一些液压必要的功能元件组成,一般包括四种功能元件(如图2.1-2所示):

(1) 动力元件指液压泵,它将电动机或发动机产生的机械能转换成液体的压力能;

(2) 执行元件指液压作动筒和液压马达,它们将液体的压力能转换为机械能;

(3) 控制元件即各种阀,它们调节系统内各部分液体的压力、流量和方向,以满足工作要求;

(4) 辅助元件,除上述三项组成元件之外的其他元件,包括油箱、油滤、散热器、蓄压器及导管、接头和密封件等。

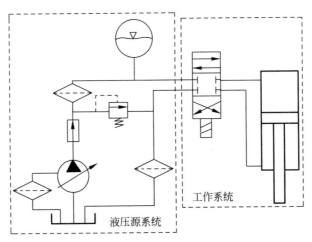

图 2.1-2 液压系统基本组成

2. 按组成系统的分系统划分

从系统的功能观点来看,液压系统可分为液压源系统和工作系统两大部分。

(1) 液压源系统,包括泵、油箱、油滤系统、冷却系统、压力调节系统及蓄压器等。飞机液压源系统(即ATA 29章)的部件,除发动机驱动泵外,绝大部分位于液压舱内(主轮舱区域或专门的液压设备舱内)。

（2）工作系统（或液压操作系统、用压系统），它是利用液压源系统提供的液压能执行工作任务的系统。利用执行元件和控制元件进行适当的组合，即可产生各种形式的运动或不同顺序的运动，例如飞机飞行操纵系统（即 ATA 27 章）、起落架收放系统（隶属 ATA 32 章）、液压刹车系统（隶属 ATA 32 章）、发动机反推系统（隶属 ATA 78 章）等。

2.1.3　液压传动的优点和缺点

1. 液压传动的优点

（1）液压源单位功率的重量轻，结构尺寸小。据统计，轴向柱塞泵每千瓦功率的重量只有 1.5～2N，而直流电机则高达 15～20N。在同等功率下，前者的重量只有后者的 10%～20%；至于尺寸相差就更大，前者为后者的 12%～13%。

（2）液压执行机构反应速度快。电动机转动部件的惯量可达到其输出转矩的 50%左右，而液压马达则不大于 5%。所以在加速中，同等功率的电动机需 1s 到几秒的时间，而液压马达只需 0.1s。液压传动可在高速状态下起动、制动和换向，对于旋转运动的液压马达每分钟可达 500 次；直线往复运动的液压作动筒每分钟可达 400～1000 次，这是其他传动控制方式无法比拟的。

（3）大范围内实现无级调速，而且调速性能好。调速范围可达 200～250，而电动机通常只能达到 20。电气传动无级调速，但调速范围小，转速过低则不稳定，而液压传动执行机构，特别是液压马达可在极低的转速下输出很大的转矩（转速可低至 1r/min）。

（4）能传递较大的力和转矩。传递较大的力和转矩是液压传动的突出优点。

（5）易实现功率放大。这在控制系统中是一个非常重要的特点，它可以减少执行部件所需的操纵力，输入微小的信号可得到较大的功率输出。对于电液伺服控制系统，其放大倍数可达 30 万倍以上。

（6）操纵、控制、调节比较方便、省力，易实现自动化。尤其与电气控制结合起来，能实现复杂的顺序动作和远程控制。

（7）易于实现过载保护和自动润滑，元件使用寿命较长。

2. 液压传动的缺点

（1）液压元件结构复杂，制造精度要求高，成本高，维修技术要求高；

（2）液压信号传递速度慢，与以光速传播的电控信号无法相比；

（3）液压能量的传递很不方便，液压管路布置、连接麻烦，很难避免液压油泄漏。

3. 液压传动技术的发展趋势

（1）液压源供压的压力逐渐提高。飞机采用液压源系统可追溯到道格拉斯公司 1935 年首飞的 DC-3 型飞机，系统压力仅为 785psi($1bf/in^2$，$1bf/in^2 = 6894.8Pa$）。后续研发的飞机液压系统压力逐渐升高（具体数据如表 2.1-1 所示）。目前最新民航飞机（如空客 A350 飞机和波音 B787 飞机）的液压源系统的压力已经由主流的 3000psi 提高到 5000psi。

在液压功率相同情况下，提高液压源供压压力，液压管路的直径将减小，液压油箱容积和系统中的液压油量同时减少，各液压元件的尺寸和重量也会随之下降，整个液压系统的总重量将整体下降。

表 2.1-1　飞机液压系统压力演变

序　号	机　型	年　份	压　力
1	DC-3	1935	785psi(55bar)
2	B727	1963	3000psi(210bar)
3	协和	1969	4000psi(280bar)
4	B787	2009	5000psi(350bar)

（2）利用静液作动器（EHA）替代部分常规液压作动器作为备用作动器，利用飞机电网替代液压管线实现动力电传，减少对液压系统管线的需求。

民航飞机对液压系统的可靠性要求较高，通常采用多套液压源系统为工作系统（如飞行操纵系统等）供压，导致液压源系统非常复杂，管路密布，系统重量大，同时对维护要求也较高，因此，大型民航飞机尝试采用电静液驱动方案替代常规液压驱动方案。图 2.1-3 所示为飞机舵面采用液压伺服作动器的常规驱动方式与采用电静液作动器的多电驱动方式的技术差别。

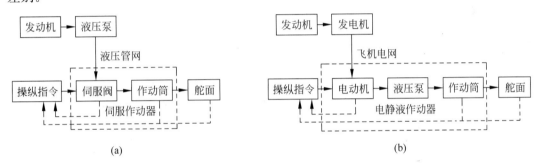

图 2.1-3　舵面常规液压驱动与多电驱动原理对比图
（a）常规液压驱动（伺服作动器）；（b）多电驱动（电静液作动器）

图 2.1-3（a）为舵面采用液压伺服作动器作为驱动元件的常规驱动方案。液压泵将发动机输入的机械能转换成液压能，并输送到飞机液压管网。伺服作动器接收操纵指令，并从液压管网获取能量，根据操纵指令驱动飞机舵面运动。图 2.1-3（b）为采用电静液作动器的多电驱动方案。电静液作动器是一种新型液压执行机构，将电动机、液压泵、微型油箱、作动筒集成在一起，从飞机电网获得电能，由电动机驱动液压泵，进而推动液压作动筒操纵舵面运动。虽然电静液作动器的尺寸和重量比常规液压伺服作动器大，但与常规液压驱动方案相比，多电驱动采用电网替代了液压管网，液压管路、接头和管路支撑件由重量更轻的电缆、卡箍替代，整个系统所需液压油体积亦随之减少，导致整体重量大幅下降。因此在大型飞机上（如空客 A380 飞机），电静液驱动替代了部分常规液压驱动。

2.2　液压油

2.2.1　液压油指标要求

液压油主要的特性包括润滑性、黏性、压缩性、防火特性、机械稳定性和化学安定性。

1．润滑性

油液的润滑性,是指液体能够在两个附件的摩擦面之间形成一层"油膜"的特性。这层"油膜"覆盖着附件的表面,使它们的摩擦面不直接接触,因而可减小附件之间的摩擦力,并减少附件表面的磨损。飞机的液压系统是利用液压油来润滑的,所以液压油必须有良好的润滑性。

2．黏性

当流体在外力作用下流动时,由于分子间内聚力的作用,而产生阻碍其分子相对运动的内摩擦力,这种现象称为流体的黏性(亦称"粘性")。黏性只有流体在运动时才会显示出来,静止的流体不显示黏性。黏性只能阻碍、延缓流体内部的相对运动,但不能消除这种运动。

流体的黏性通常有三种表示方法:动力黏度、运动黏度和相对黏度。由于动力黏度和运动黏度的测定相对困难,所以工程上常采用测定较容易的"相对黏度"来表示流体的黏度,相对黏度又称条件黏度。

1) 相对黏度的测量

各国采用的相对黏度测定方法和单位有所不同:我国采用恩氏黏度(°E);美国采用国际赛氏秒(SSU,又可称为赛氏黏度);英国采用商用雷氏秒(RSS);而法国采用巴氏度(°B)。下面简单介绍前两种相对黏度测定方法。

(1) 恩氏黏度

在测定温度下,200ml待测液体在自重作用下流过恩氏黏度计(如图 2.2-1 所示)中直径为 $\phi=2.8mm$ 小孔所需的时间为 t_1,然后测出同体积的蒸馏水在 $20℃(\pm0.2℃)$ 时流过同一小孔所需时间为 t_2,t_1 与 t_2 的比值即为被测液体的恩氏黏度值,用公式表示为

$$°E = \frac{t_1}{t_2} \tag{2.2-1}$$

恩氏黏度计只能用来测定比水黏度大的液体。

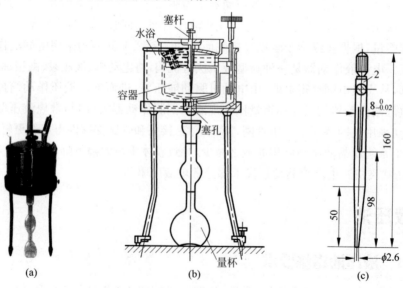

图 2.2-1　恩氏黏度计

(a) 黏度计外形；(b) 黏度计构造；(c) 黏度计塞棒细节

（2）赛氏黏度

在温度为100°F下，测定60ml的油液在自重作用下流过赛波尔特黏度计（如图2.2-2所示）中一个标准节流孔（孔径为1.76mm）所需的时间，这个时间称为该温度下油液的赛氏黏度，单位为赛氏通用秒（SSU）。

2）黏度对液压系统的影响

根据润滑性要求，液压系统所用油液的黏度必须在合适的范围内，黏度过高或过低都会影响油液的润滑性。另外，黏度的高低对系统的功率损失也有重大影响：黏度过低，系统泄漏损失将增大，容积效率下降；而黏度太高，会造成较大的流动阻力和摩擦，即机械损失增大，机械效率下降。油液黏度大小对系统损失的影响如图2.2-3中曲线所示。

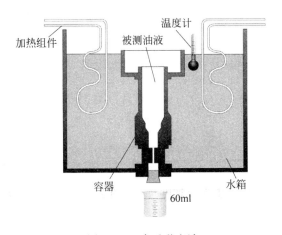

图2.2-2　赛氏黏度计

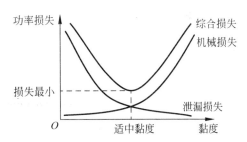

图2.2-3　油液黏度与系统功率损失的对应关系

从图2.2-3中的曲线可以看出，为了使液压系统功率损失最小，必须选择黏度合适的油液。系统的泄漏损失由液压元件间的间隙和密封材料的性能决定，随着机械加工工艺的进步和先进密封材料的采用，液压系统泄漏损失曲线逐渐向左移动，因此综合损失最小点也随之向左移动。随着技术的进步，液压系统采用的油液黏度在一定程度上有逐渐降低的趋势。

3）黏度的影响因素

（1）黏温特性

影响油液黏度的主要因素是油液的温度。油液黏度是由于分子之间的相互作用（分子之间的内聚力）形成的，当油液温度升高时，分子热运动剧烈程度增加，克服内聚力的能力增强，所以黏度降低；当油液温度降低时，分子热运动剧烈程度减少，克服内聚力的能力减弱，黏度随之增大。油液黏度随温度变化的规律称为黏温特性。

值得注意的是，气体同样具有黏性，但气体的黏温特性与液体的黏温特性相反，温度上升，黏度增加；温度下降，黏度下降。造成此差异的原因是，气体分子之间的相互距离远大于液体分子之间的相互距离，气体分子之间的相互引力作用很小。气体分子之间主要靠布朗运动相互影响，因此当温度上升时，气体分子热运动加快，流动气体的相邻气体层交换的气体分子数量增加，造成相互影响加大，表现为黏度上升。

（2）黏压特性

影响油液黏度的另一个因素是油液的压力。理论上讲，黏度随着压力的增大而增加。

由于液体压缩性相对很小，因此在低压下（低于 30MPa 时），压力对油液黏度的影响可以忽略不计。

（3）油液黏性选择

在选用工作液时，要求其黏度随温度的变化应尽可能小：在温度为零下时具有良好的流动性和防冻性，使压力损失不至于过大；在高温下应具有足够的黏性，以避免过大的泄漏并保持润滑性。

3. 压缩性

油液的压缩性，是指液体所受的压力增大时其体积缩小的一种性质。一定体积的液体，在压力增加量相同的情况下，体积的缩小量越小，则说明其压缩性越小。一般认为液体是不可压缩的。

为了迅速传递压力，液压油的压缩性应尽可能小一些。液压油本身的压缩性是可以满足这一要求的。但是，如果液压油中含有气泡，其压缩性将显著增大。研究表明，在 3000psi[①] 压力下，当油液中的气体容积达到 1‰ 时，油液的抗压缩性将降为纯净油液的 50%。油液中混有气泡，不但会引起传压迟缓现象，更有可能导致系统气塞、元件气蚀等严重问题，最终导致液压系统工作性能下降，元件寿命降低。因此，液压系统在使用中应严格排除油液中混入的气体。

4. 抗燃性

衡量抗燃性的一般指标为闪点、燃点和自燃点三个温度值。

1）闪点

油液的闪点是指在此温度下，液体能产生足够的蒸气与空气混合，在特定条件下以一个微小的火焰接近它们时，在油液表面上的任何一点都会出现火焰闪光的现象（此现象又称为"闪燃"）。

2）燃点

燃点就是指油液表面上的蒸气和空气的混合物与火接触而发生的火焰能继续燃烧不少于 5s 时的温度。

3）自燃点

自燃点就是指规定条件下油液发生自燃的最低温度。

在实际使用中，通常用闪点和燃点表明液压油发生爆炸或火灾的可能性的大小。航空液压油必须有良好的防火性能，主要是要求具有较高的闪点，至少应比系统工作温度高 20～30℃。

5. 机械稳定性

油液的机械稳定性，是指油液在长时间的高压作用（主要是挤压作用）下，保持其原有的物理性质（如黏性、润滑性等）的能力。油液的机械稳定性越好，在受到长时间的高压作用后，其物理性质的变化就越小。

液压油应具有良好的机械稳定性。因为液压油经常要在高压作用下通过一些附件的小孔和缝隙，如果它的机械稳定性不好，在使用过程中，黏度会很快减小，从而影响系统的工作。

---

① 1psi＝1lb/in²＝6895Pa。

6. 化学稳定性

油液的化学稳定性,主要是指油液抗氧化的能力。液压油内或多或少地含有一些空气,在使用过程中必然会逐渐氧化。油液的温度越高,它的氧化就越剧烈。油液受到扰动时,它与空气的接触面积增大,氧化也会加剧。油液氧化后,会产生一些黏稠的沉淀物,使油液的流动阻力增大,并使附件内的活动零件黏滞或堵塞油孔。油液氧化后,还会产生一些酸性物质,使金属导管和附件受到腐蚀,而腐蚀物又会使油液更快地变质。因此,液压油应具有良好的化学稳定性,并且不含杂质。

2.2.2　常见液压油

1. 植物基液压油

植物基液压油(MIL-H-7644)主要由蓖麻油和酒精组成,它有刺鼻的酒精味并通常染成蓝色。这种油液使用在最初较老式的飞机上,天然橡胶密封件适用于植物基液压油。这种类型的油液是易燃的。

2. 矿物基液压油

矿物基液压油(MIL-PRF-5056)是从石油中提炼出来的,具有刺激性的气味,染成红色。这种类型的液压油需采用合成耐油橡胶(如丁腈橡胶)密封件。矿物基液压油也是可燃的。

3. 磷酸酯基液压油

磷酸酯基液压油由多种磷酸酯和添加剂用化学方法合成,润滑性较好、凝固点低、防火性能好,广泛用于现代民航飞机。现在应用较多的牌号为 Skydrol-LD4 的液压油为透明紫色,比水稍重,具有较宽的使用温度范围($-65\sim225\,℉$,即$-54\sim107℃$)。

磷酸酯基液压油的抗燃性好,闪点高,可达 253℃ 以上,自燃点超过 500℃。但在高于130℃温度下,其化学温度特性下降,容易发生氧化变质。故对于长时间工作的液压系统,油液温度必须保持在 110℃ 以下。因此,采用磷酸酯基液压油为工作介质的液压系统的散热非常关键。

磷酸酯基液压油非常易于从大气中吸收水分而被污染,因此在储存时必须进行良好的密封。另外它对聚氯乙烯、普通合成橡胶、油漆等非金属材料有很强的腐蚀性,液压系统中只能采用特殊材料(如异丁烯橡胶、乙烯-丙烯合成橡胶、聚四氟乙烯板材料)制成的密封件。

常用液压油的种类和特性对比见表 2.2-1。

表 2.2-1　常用液压油及特性对比

液压油	特性					适用的密封材料	应用
	颜色	耐燃性	稳定性	毒性	吸水性		
植物基	蓝色	易燃	低	无毒	小	天然橡胶	老式飞机
矿物基	红色	可燃	较高	无毒	小	合成耐油橡胶	减震支柱
磷酸酯基	紫色	耐燃	高	低毒	大	异丁烯橡胶 聚四氟乙烯	大型客机

2.2.3 液压油使用注意事项

1. 液压系统的防护

错误使用液压油,会导致液压系统性能下降甚至丧失全部功能,造成重大事故。为保证液压系统工作正常,在使用液压油时应注意以下事项。

(1) 不同规格的液压油绝不能混用。

错误使用液压油可能引起密封件、胶管和其他非金属部分迅速损坏,导致系统无法正常使用。运输类飞机适航要求 CCAR-25 部第 25.1435 条指出,为防止液压油混用而造成危害,必须采用合适的标牌加以识别,标明液压系统维修时应采用何种液压油。飞机液压系统中需要设置油液识别标牌的位置一般是采用橡胶密封圈的液压部件,如液压缸、控制阀和油箱等。

维护飞机时,任何容器、试验及检测用具应与飞机所用油液为同一型号。若加错油液,则应排光油液,冲洗油箱和系统管路,并更换可能损坏的密封件及软管。

(2) 保持油液必要的清洁度。

为保持油液的清洁,必须做到以下几点:首先,系统必须加装油滤,更换液压油时,要彻底清洗系统,加入的新工作液必须过滤。其次,机务人员在维护液压系统时,必须严格按规定实施操作,避免污染系统,要确保做到以下几点:

① 保持所有工具、工作区(工作台和测试设备)和工作环境清洁,无灰尘污物;

② 在拆开导管或部件之前,应用合适的清洁剂清洁该部件周围地方;

③ 所有的液压导管和部件在拆开之后,应立即用专用堵盖或堵塞保护;

④ 在安装任何液压附件之前,应用良好的纯净清洁剂清洗附件的所有部分,并在安装前将部件完全干燥并涂上推荐的防腐剂或液压油;

⑤ 在部件重新安装时,应该更换所有密封件和垫圈,这些密封件和垫圈应为制造厂所推荐的型号;

⑥ 所有部件在连接时必须小心,以避免从有螺纹的部位剥落下来的金属碎屑进入系统,所有附件和导管的安装和拧紧力矩应根据相应的手册规定进行。

(3) 防止空气进入系统。

① 保证液压系统完全密封(特别是液压泵吸油管路),以防吸入空气;

② 为使系统中空气得以排除,在维修后应排气;

③ 保证油箱油量在规定范围内,防止油泵因油箱内油量过低而吸入空气。

2. 其他系统和飞机结构的防护

在维护液压系统时,应避免液压油污染其他系统和飞机结构,尤其是轮胎、软管等非金属结构和飞机表面的油漆涂层。在维护时,一旦发生油液溅出的情况,应立即用干净的抹布擦净,用肥皂水和热水彻底冲洗。

3. 维护人员的防护

磷酸酯基液压油有较强的毒性,对人体皮肤、眼睛和呼吸道黏膜有较强的刺激性。因此,在进行维护时,应该在手和胳膊上涂药膏,戴橡胶手套(虽然戴手套操作会导致灵敏性降低,但还是要注意做好防护措施,谨记"徒手一时爽,沾油不欲生")。当油液有可能喷溅到眼睛上时(例如进行压力测试或元件渗漏试验),应该戴防护镜和面罩。

在维修工作中出现液压管路破裂或液压元件失效(如压力堵塞脱落等)情况时,液压油呈雾状喷出,如维修人员来不及进行防护,有可能出现被液压油喷淋的危险。当受到液压油喷淋时,应尽快用大量清水冲洗头部,尤其是眼睛(应急冲洗设备如图2.2-4所示)。经过冲洗后如还有不适感,应尽快就医。

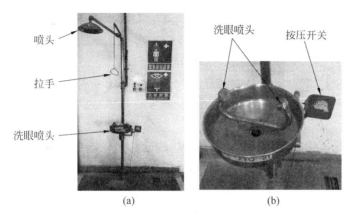

图 2.2-4　维修工作现场的个人应急冲洗设备
(a) 整体冲洗设备全景;(b) 眼睛冲洗设备特写

2.3　液压泵

2.3.1　液压泵的基本工作原理

液压系统使用的动力源为液压泵。液压泵都是容积式泵,其工作原理是利用容积变化来进行吸油、压油。图2.3-1所示为容积式液压泵的工作原理。图中柱塞2依靠弹簧3紧压在偏心轮1上。偏心轮1由发动机或电动机带动旋转,柱塞2便作往复运动,使密封工作腔4的容积发生变化。当工作腔容积变大时产生部分真空度,大气压力迫使油箱中的油液经吸油管顶开单向阀5,进入工作腔,这就是吸油过程;当工作腔的容积变小时,吸入的油液受到挤压,产生压力,顶开单向阀6流到系统中去,这就是压油过程。偏心轮不断旋转,泵就不停地吸油和压油。这样泵就把发动机(或电动机)输入的机械能转换成液压能。

由上述工作原理可知:

(1)液压泵工作是靠密封工作腔的容积变化来吸油和压油的。其输出的油量是由这个密封腔的容积变化量来决定的。

(2)吸油过程中,油液在油箱的表面液面的空气压力与泵工作腔内低压的压力差作用下供向液压泵;压油过程,输出压力的大小取决于油液从单向阀6排出时所遇到的阻力,即泵的输出压力取决于负载。

(3)泵在吸油和压油时,必须使密封腔的油液通路

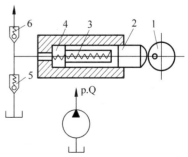

图 2.3-1　容积式液压泵的工作
原理及符号

进行转换,图 2.3-1 中是由单向阀 5 和 6 来实现的。使泵油路进行转换的装置叫做配流装置,不同结构类型的泵具有不同形式的配流装置。

从工作原理上来说,大部分液压泵都是可逆的,即输入压力油,便可输出转速和扭矩,把液压能转换为机械能,实现这一功能的元件称为液压马达。

2.3.2　液压泵性能参数

1. 排量和流量

1) 理论排量

液压泵的理论排量是指在没有泄漏的情况下,泵每转一周所排出的液体体积。理论排量由泵的密封工作腔大小决定,一般用 q 表示。

2) 理论流量

液压泵的理论流量 Q_t 等于泵的理论排量 q 与泵的转速 n 的乘积,$Q_t = qn$,即指在不考虑泄漏的情况下,泵单位时间内输出的液体体积。

3) 额定流量

液压泵的额定流量是指在额定转速下,处于额定压力状态时泵的流量。由于泵总存在着内漏,因此额定流量总是小于理论流量。

2. 油泵压力

油泵工作压力有额定工作压力和设计工作压力两种表示方法。

1) 额定工作压力

液压泵的额定工作压力是指在额定转速下,在规定的容积效率下,泵能连续工作的最高压力。额定工作压力可根据图 2.3-2 中的压力-流量特性曲线确定,其大小取决于泵的密封件和制造材料的性质和寿命。若其工作中压力超过额定值就称为过载。

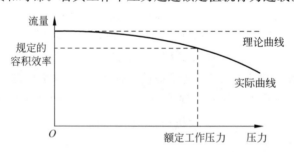

图 2.3-2　液压泵压力-流量特性曲线

2) 设计工作压力

设计工作压力(design operating pressure,DOP)是液压系统的重要参数。液压泵的DOP 是正常最大稳定压力,排除了诸如由泵脉动或系统运行反作用或流量波动引起的合理压力波动和瞬态压力影响。目前常见飞机的液压油泵的设计工作压力包括 3000psi 和5000psi 两个等级。现在绝大多数民航客机液压系统的设计工作压力为 3000psi 等级,如波音 B737CL、B737NG 及空客 A320 系列等,目前采用 5000psi 等级设计工作压力的代表机型有波音 B787、空客 A380 飞机。随着技术的进步,将会有越来越多的机型选用 5000psi 等级设计工作压力。

运输类飞机适航要求 CCAR-25 部第 25.1435 条要求：①油泵要在承受 1.5 倍 DOP 的测试压力下不出现导致故障的永久变形，即在 2min 时间内，油泵在承受测试压力时可出现因元件变形而引起的泄漏，但泄漏不能超出系统允许最大泄漏量，并且当恢复到设计工作压力时，油泵能恢复功能；②油泵必须在承受 2 倍 DOP 的极限压力下不被破坏，即油泵在极限压力作用下 1min 时间内不出现破坏，且密封处出现的泄漏不超过运行所允许的最大泄漏率。

3. 功率和效率

1）功率

液压泵的输入功率是指液压泵由驱动机构（即发动机传动齿轮箱或电动机）获取的机械功率，是转矩和角速度的乘积，即

$$N_i = T\omega$$

其中，T 为泵的实际输入转矩（即驱动机的输出转矩），ω 为泵的转动角速度。泵的输出功率是实际流量 Q 和工作压力 P 的乘积，即 $N_o = PQ$。

2）效率

液压泵的效率是输出液压功率与输入机械功率的比值，即

$$\eta = \frac{N_o}{N_i} = \frac{PQ}{T\omega} \tag{2.3-1}$$

液压泵的效率表示泵的功率损失的程度。理论和实验证明，液压泵的功率损失主要是两种损失造成的，一为容积损失，二为机械损失，与其对应的是容积效率和机械效率。

（1）容积效率

容积效率是指泵的流量损失的程度。用泵的实际输出流量 Q 与泵的理论流量 Q_t 的比值表示：

$$\eta_V = \frac{Q}{Q_t} \tag{2.3-2}$$

造成泵的流量损失的主要原因是泵的内漏和在吸油行程中油液不能全部充满油腔引起的，即称为泄流损失和填充损失。

（2）机械效率

泵的实际输入转矩 T_i 总大于泵的理论转矩 T_t，因为泵在工作时，相对运动部件之间的机械摩擦和油液在泵内流动时表现出来的黏性作用都会引起转矩损失。机械效率是指输入泵的转矩损失程度，即机械效率 $\eta_m = T_t/T_i$。

不考虑容积损失情况，泵的理论输出功率为 PQ_t，所以

$$N_i = \frac{T_i\omega}{\eta_m} = PQ_t/\eta_m \tag{2.3-3}$$

$$N_o = PQ = PQ_t\eta_V \tag{2.3-4}$$

因此，泵的总效率可表达为

$$\eta = \frac{N_o}{N_i} = \frac{PQ_t\eta_V}{PQ_t/\eta_m} = \eta_m\eta_V \tag{2.3-5}$$

即泵的总效率等于泵的容积效率与机械效率之积。一般齿轮泵的总效率为 0.6～0.65，柱塞泵约为 0.8。

3）影响液压泵效率的主要因素

（1）油温过高或过低

温度过高,会导致油液黏度下降。油液黏度过低时,会增加泵的内漏并降低油液的润滑性,进而导致容积效率和机械效率下降。温度过低,会导致油液黏度上升。油液黏度过高时,油泵吸油阻力增大,油泵吸油困难,不能完全充满油腔,降低填充效率。黏度过高同样会造成油泵转动阻力增大,并增加流体的流动阻力,降低机械效率。

（2）油箱维护不正常

油箱内增压压力不足、油箱内油量太少、油泵吸油管路漏气及吸油管路阻力过大,均可导致空气进入油泵腔内,进而造成容积效率降低。

当空气大量进入油泵时,可导致油泵产生"气塞"现象。气塞机理:由于气体具有很大的可压缩性,当油泵吸油时,气体膨胀,吸油腔内不能形成所需的真空度,因此不能把油吸入;在压油过程中,气体又被压缩,泵内不能达到克服负载的压力,油液不能进入工作系统。

当油泵发生气塞时,泵将不能顺利吸油和供油,并伴有严重的噪声和振动,油泵迅速升温。此时,应立即将油泵停转,查找气塞产生的具体原因,在排故后给油泵灌油、排气。

当油箱中油液存在微量气泡时,会发生"气蚀"现象。混有气泡的油液被吸入油泵吸油腔,由于油泵转速很高,吸油腔向排油腔转换时间非常短,气泡在极短时间内被高度压缩(相当于绝热压缩)而发生气泡溃灭。气泡溃灭瞬间会产生极大的冲击力和高温。气泡悬浮在液压油中时,气泡周围油液将由于高温而剧烈氧化(甚至出现碳化),导致油品下降。若气泡附着在油泵内壁材料上,气泡溃灭时产生的高温和冲击力可将该处的泵内壁材料熔化,导致内壁表面出现凹坑。由于周围油液的冷却作用,熔化下来的材料冷却凝固成尺寸非常小的球状物,进入油液造成油液污染。气蚀出现时,在油泵外没有显著特征,因此危害很难消除。

为了避免油泵出现的"气塞"和"气蚀"现象,油箱应进行增压并确保油量处于正常范围内。对于自增压油箱,应严格进行排气。

（3）油泵装配异常或磨损严重

油泵装配过松,会导致油泵内漏增加,造成容积效率降低。而油泵装配过紧引起的后果较为复杂:装配导致摩擦增大,机械效率降低;摩擦增大会造成过度磨损、封严损坏,油泵内污物增加,导致润滑恶化,油泵内油路堵塞,机械效率进一步降低;过度磨损也会导致间隙增大,容积效率随之也下降。

2.3.3　液压泵的类型

工程上常用的液压泵种类较多,按其结构形式可分为齿轮式、叶片式和柱塞式三大类;按其输出排量能否调节可分为定量泵和变量泵两类。

在现代飞机液压源系统中,中低压系统多采用齿轮泵,高压系统($170\sim350\mathrm{kgf/cm^2}$)一般都采用柱塞泵。

1. 齿轮泵

齿轮泵(如图 2.3-3 所示)由两个啮合的齿轮组成,它们在一个油室内转动。主动齿轮由飞机的发动机附件齿轮箱或其他动力装置来驱动,从动齿轮与主动齿轮啮合并由其带动,两个齿轮与壳体之间的间隙是非常小的。油泵的吸油口与油箱连接,油泵的排油与压力管路连接。当主动齿轮转动时,带动从动齿轮转动。在吸油腔中的啮合齿逐渐退出啮合,吸油腔容积增大,形成部分真空,油箱中的油液在油箱内压力作用下,克服吸油管阻力被吸进来,并随轮齿转动。当液油进入排油腔时,由于轮齿逐渐进入啮合,排油腔容积逐渐减小,将油液从排油口挤压出去。齿轮不断旋转,油液便不断地吸入和排出。

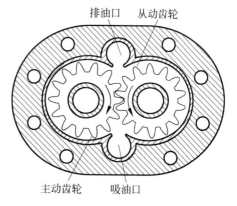

两个齿轮相互啮合的部分把吸油腔和排油腔分开,它们即起到配流的作用。因为啮合点位置随齿轮旋转而改变,因此齿轮泵对油液污染不敏感。齿轮泵属于定量泵,其压力-流量特性曲线参见图 2.3-2。

图 2.3-3　齿轮泵工作原理图

2. 柱塞泵

柱塞泵按柱塞排列的方式不同,分为轴向式和径向式。由于目前飞机上常用的是轴向柱塞泵,所以本节只对轴向柱塞泵加以分析。轴向式柱塞泵按其结构特征可分为直轴式(斜盘式)和斜轴式(摆缸式)两大类。

1) 斜盘式柱塞泵的工作原理

斜盘式轴向柱塞泵在飞机液压系统中应用极为普遍,其工作原理如图 2.3-4 所示。

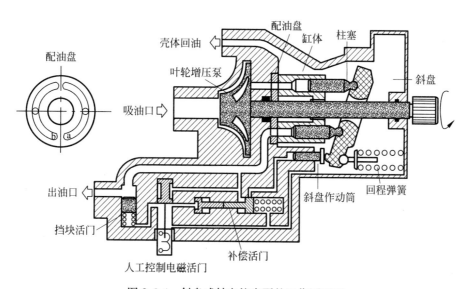

图 2.3-4　斜盘式轴向柱塞泵的工作原理图

柱塞轴向沿圆周均布在缸体内,一般有 5～9 个柱塞,并能在其中自由滑动,斜盘和缸体轴线成一定夹角 θ,配油盘紧靠在缸体上但不随缸体旋转。传动轴带动缸体旋转时,柱塞亦随之旋转,但柱塞顶部靠机械装置(滑靴或弹簧)作用始终紧靠在斜盘上。因此,柱塞随缸体自下向上回转的半周内逐渐向外伸出,使柱塞孔容积扩大而形成一定真空度,油液便从配油盘的配油口 a 吸入;在自上向下回转的半周内柱塞孔容积缩小,将油液经配油盘的配流口 b

压出。缸体每转一周,每个柱塞就作一次往复运动,完成一次吸油和压油。柱塞的行程由斜盘倾角控制,改变斜盘倾角,可改变柱塞的行程(如图 2.3-5(a)所示),从而改变泵的排量。

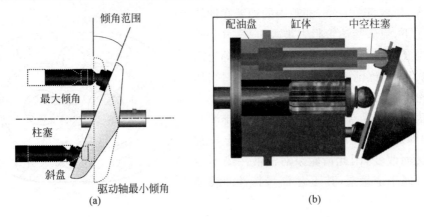

图 2.3-5　直轴柱塞泵内柱塞、斜盘与滑靴细节

(a) 斜盘倾角与柱塞行程；(b) 柱塞内部通孔细节

　　斜盘柱塞泵的柱塞通过滑靴与斜盘接触,柱塞中空,通过柱塞头部内的小孔将泵内的高压油引入滑靴与斜盘的接触面内(如图 2.3-5(b)所示)。高压油在滑靴顶端的油槽内形成刚性支撑油膜,能起到很好的润滑效果,确保油泵高速运转。

　　润滑油液经过滑靴与斜盘间的缝隙进入缸体周围泵壳体内,经过壳体回油管返回油箱,形成泵的壳体回油。壳体回油既可确保滑靴与斜盘保持良好润滑,又可将滑靴与斜盘的摩擦热量带走,起到油泵冷却的作用。如果壳体回油路发生堵塞,油泵内的油液无法保持流动,因此不能将滑靴与斜盘处的热量带走,油泵将严重发热并导致磨损加剧。因此,保持油泵壳体回油路通畅,对油泵的正常工作非常关键。为了防止油泵磨损污染物影响油箱清洁度,应在壳体回油管路上安装油滤。

　　为确保柱塞泵正常工作,泵内设置了补偿活门、人工控制电磁活门、吸油口叶轮增压泵和出油口挡块活门。

　　(1) 补偿活门

　　补偿活门与斜盘作动筒配合,控制油泵斜盘的倾斜角度,从而改变柱塞的行程。补偿活门感受油泵输出压力,当输出压力达到预定值(由弹簧预紧力确定)时,补偿活门将泵出口压力油供向斜盘作动筒,使斜盘倾角减小,从而使泵排量减小,起到变量调节作用。当斜盘角度调为零时,输出流量亦为零,油泵处于消耗功率最小的卸荷状态。因此,柱塞泵具有自动卸荷功能。

　　(2) 人工释压活门

　　人工释压活门可以实现对油泵的人工关断。当飞机在地面试车时,为减小油泵的功率损耗,可通过手动控制打开人工释压活门,压力油接通补偿活门左侧大活塞面,可以用较小的压力克服补偿活门弹簧力,将压力油引到斜盘作动筒,推动斜盘组件,直至倾角接近于零。此时油泵工作在输出压力和流量均很低的关断状态。

　　(3) 叶轮增压泵

　　吸油口的叶轮增压泵可提高进入配油盘的油液压力,确保油液能在极短的时间内填充进柱塞腔,提高油泵的充填效率。设置吸油口叶轮增压泵还可以提高油泵的自吸能力,使油泵吸油可靠性增加。

（4）挡块活门

泵出口处的挡块活门由弹簧控制。当油泵输出压力高于弹簧压力时,挡块活门打开,油泵向系统管路输出油液。当油泵输出压力下降(油泵关断或吸油不足)时,挡块活门在弹簧作用下使泵口隔断,停止向系统供油,同时防止系统中的高压油液反冲损坏油泵。

为了提高油泵工作安全特性,油泵驱动轴与动力输入轴之间设有保护装置。通常的解决方案是在连接油泵驱动轴与动力输入轴之间的联轴器上设置剪切销,当油泵出现机械卡滞时,剪切销断开,将油泵驱动轴和动力输入轴断开,避免造成更大的损失。

另外,也可设置发动机驱动泵离合器,当发动机驱动泵发生卡滞时,离合器将断开,切断动力输入轴与油泵的连接。发动机驱动泵离合器只能在地面进行复位操作。

柱塞泵的压力-流量特性如图2.3-6所示:当系统压力尚未超过规定值 P_1 时,液压泵始终处于最大供油状态(斜盘角度不变段),但由于它的泄漏损失和填充损失是随着泵出口压力增大而增大的,所以系统压力增大时,泵的流量将稍有降低。当系统压力大于 P_1 (额定压力,即泵内压力补偿活门调定压力)时,流量开始显著降低(斜盘角度变化段),直到压力增大到 P_2,流量即下降到零,油泵处于功率消耗最小的卸荷状态。在泵特性曲线中, A 点为泵空载点(压力为零,流量最大), B 点为功率最高点(输出流量和压力均很高), C 点为卸荷工作点(压力最高,输出流量为零)。

在液压系统工作时,柱塞泵的工作压力在 P_1 至 P_2 间变化。由于 P_1 与 P_2 非常接近,即柱塞泵工作时压力近似恒定,其流量则随着工作系统工作状态的变化而改变,因此这种变量控制方式被称为"恒压变量控制"。

2）摆缸式柱塞泵的工作原理

摆缸式轴向柱塞泵的结构较斜盘式柱塞泵复杂,但因其能达到的输出压力更高,且具有更高的容积效率,因此在军用飞机及某些民用飞机的液压系统中也得到了广泛应用。其工作原理如图2.3-7所示。摆缸式柱塞泵把柱塞(活塞)及驱动轴用球形铰接接头(即球铰连杆)连接在一起,缸体与轴的轴线成一定的倾角。当驱动轴旋转时,同样使缸体和活塞一起旋转并作相对伸缩运动起到吸油和压油作用。改变缸体与驱动轴之间的倾角就可起到变量作用。

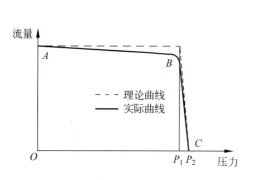

图 2.3-6　柱塞泵压力-流量特性曲线

图 2.3-7　摆缸式轴向柱塞泵

摆缸式柱塞泵与斜盘式相比,结构较为复杂,变量控制惯性较大,但由于柱塞与缸体之间没有侧向压力,从而避免了柱塞的不均匀磨损,可达到更高的输出压力和容积效率。

2.3.4　液压泵的压力控制

液压泵通常由飞机上的发动机来驱动,因此只要发动机工作,液压泵便不停地运转,然而系统各工作部分(如起落架收放系统等)是间歇工作的,所以必须对泵的输出最高压力加以限制,并使液压泵在工作系统不工作时消耗功率尽量少,这就对泵提出限压和卸荷要求。

1. 定量泵限压

定量泵一般都采用安全阀(溢流阀)来限制系统的压力(如图2.3-8所示)。当系统的压力升到高于某个调定压力值时,安全阀打开,将多余的油液排回油箱,限制系统压力继续上升。安全阀的调定压力通常高于系统正常压力10%~20%。

可见,当安全阀打开时,即工作部分不工作时,系统压力最高,液压泵输出的功率为最大。油液流经安全阀,将液压功率转换成热量,导致油温升高,系统性能下降,并严重影响油泵的使用寿命。

2. 定量泵的卸荷

为克服定量泵限压的缺点,可考虑在工作系统不工作时为液压泵卸荷。所谓卸荷,就是在工作系统不需要液压功率时(工作系统不工作),使液压泵的输出功率处于最小状态的控制方式。现代飞机液压系统通常采用自动卸荷阀给液压泵卸荷,卸荷回路如图2.3-9所示。

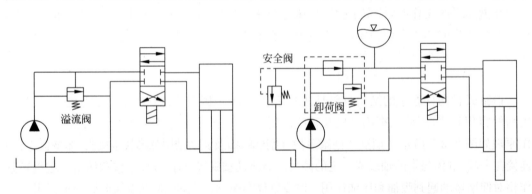

图2.3-8　定量泵限压回路　　　　图2.3-9　定量泵卸荷回路

自动卸荷回路的原理是利用卸荷阀感受工作系统压力,当工作系统不工作时,系统压力上升,当达到卸荷阀开启压力时,卸荷阀打开,卸掉泵出口压力,此时单向活门将工作系统与油泵隔离开,油泵压力下降到近似为零,油泵处于输出功率最小的卸荷状态(系统压力和油泵输出压力变化规律如图2.3-10所示)。为保证卸荷阀失效时系统的安全性,定量泵卸荷回路中必须设置安全阀。

在油泵卸荷期间,系统压力由蓄压器维持。当系统压力降低到卸荷阀切换压力时,油泵重新向系统供油。在下游系统不工作状态下,油泵两次起动的间隔称为系统卸荷保持时间,简称卸荷时间。卸荷时间的长短取决于蓄压器可补充油量的多少和卸荷期间系统在单位时间泄漏量的大小。

当系统发生频繁卸荷(即卸荷时间变短)时,要对液压系统的有关部位进行检查。一般

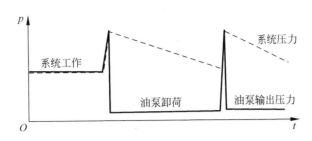

图 2.3-10　定量泵卸荷压力曲线

检查的顺序是:

(1) 检查系统的外漏。外漏最容易检查,可观察液压管路及接头部件有无泄漏的痕迹。

(2) 检查蓄压器初始充气压力(具体操作方法参见本章 2.6.3 节)。

(3) 检查系统的内漏。

3. 变量泵的限压和卸荷

变量泵具有自动卸荷功能,因此设计系统时不用再考虑其卸荷问题。但为了系统的安全,回路上同样需加装安全阀(参见图 2.1-2),以防止泵内压力补偿活门损坏或斜盘作动筒卡滞时造成系统因压力过高而损坏。

2.4　液压控制元件

2.4.1　概述

液压系统中油液流动的方向、压力和流量是需要控制和调节的,实现这些控制和调节的元件称为液压控制元件,通常称为液压控制阀。根据被控量不同,液压控制阀分为方向控制阀、压力控制阀和流量控制阀三大类。

方向控制阀简称方向阀,其功用是控制油液的通、断和改变油液的方向或通路。方向控制阀按其用途可分为单向阀和换向阀两类。

压力控制阀是利用阀芯上的液压作用力和弹簧力保持平衡来进行工作的,一旦此平衡被破坏,阀口的开度或通断状态就要改变。压力控制阀有溢流阀、减压阀、顺序阀和压力继电器等。

流量控制阀通过改变节流口的开口面积来控制流量,以控制或协调执行机构的运动速度。流量控制阀有节流阀、单向节流阀、液压流量保险器等多种。

尽管液压阀存在着各种类型,但它们之间亦有一些基本共同之处:

(1) 结构上,所有阀都由阀体、阀芯和操纵机构(手动、机控、电磁控制或液动)组成;

(2) 原理上,所有阀都是通过改变通道面积或改变通道阻力实现控制和调节作用的。

2.4.2　方向控制元件

1. 单向阀

单向阀的功用是使油液只能沿一个方向流通且不得反流,因而要求它在"流通"方向上阻力很小,而在反方向上将油液阻断得很彻底(即密封性要好)。单向阀可分为普通单向阀、机控单向阀和液控单向阀。

1) 普通单向阀

普通单向阀常用的有球阀式和锥阀式两种结构,如图 2.4-1 所示。球阀式单向阀结构简单、制造方便,但在长期使用中钢球表面与阀座接触处易于磨损而出现凹痕,在钢球发生转动后,该处最容易出现渗漏而失去密封性。因此球阀式单向阀不适用于高压大流量系统应用。锥阀式单向阀阻力较小,密封性好,适用于高压大流量系统。

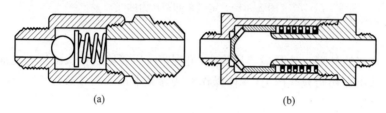

图 2.4-1　单向阀结构原理图

(a) 球阀式单向阀;(b) 锥阀式单向阀

在飞机液压系统中,单向阀常用于以下部位:

(1) 泵的出口处,防止系统反向压力突然增高,使泵损坏,起止回作用(柱塞泵出口集成的挡块活门就是一种单向活门);

(2) 定量泵卸荷活门处,在泵卸荷时保持系统的压力;

(3) 在系统的回油管路中,保持一定的回油压力,增加执行机构运动的平稳性。

2) 机控单向阀

机控单向阀的构造是带有机械触发顶杆的单向阀(如图 2.4-2 所示)。在顶杆没有将球阀顶开之前,仅允许油液单向流动(如图 2.4-2(a)所示),相当于普通单向阀;当顶杆克服弹簧预紧力将球阀顶开以后,将允许油液双向流动(如图 2.4-2(b)所示)。

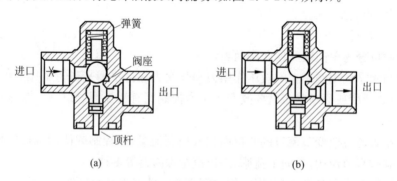

图 2.4-2　机控单向阀原理图

(a) 单向流通状态;(b) 反向流通状态

机控单向阀可作为系统的协调动作控制元件,因此又被称为机械触发顺序阀,简称机控顺序阀,可用在起落架收放顺序控制回路中(参见图 2.4-4)。

3) 液控单向阀

液控单向阀可看作带有控制活塞的单向阀。液控单向阀允许液流在一个方向自由通过,反方向可借助压力油开启单向阀使液流通过,控制压力过低或消失时,油液则不能通过。

其构造如图 2.4-3 所示。

液控单向阀可作为系统的液压锁定元件,也可用于系统的协调动作控制(如起落架收放系统和襟翼收放系统等)。

2. 换向阀

换向阀用来控制系统中油液流动的方向,按需要可使执行机构的油路关断、接通和换向。换向阀按其运动形式分为转阀、滑阀和梭阀。

1) 转阀

转阀靠阀芯相对阀体的转动完成油路的转换,多用于飞机液压系统中的手动阀和供地面维护使用的阀,如油箱加油阀等。转阀一般可称为"选择活门"(如起落架收放选择阀,如图 2.4-4 所示)。

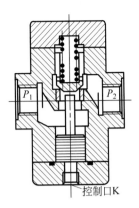

图 2.4-3　液控单向阀结构原理图

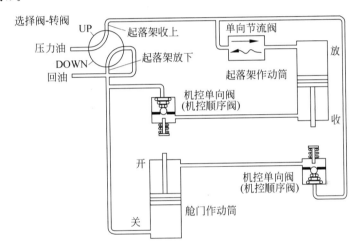

图 2.4-4　起落架收放控制回路

2) 滑阀

滑阀是靠阀芯在阀体内轴向移动而改变油液的流动方向的,通常用"几位几通"来表示换向阀的功能特点。滑阀具有操纵力小、对油液污染不太敏感和易于实现多路控制及远程控制等诸多优点,在飞机液压系统中得到了广泛应用。

滑阀式换向阀按照阀芯的控制方式分为"手动阀"、"机动阀"、"电动(电磁)阀"、"液动阀"及"电液动换向阀";按阀的工作状态多少(位数)可分为"二位阀"、"三位阀";按被控油路通道数的多少可分为"二通阀"、"三通阀"、"四通阀"和"五通阀"等。图 2.4-5 给出了部分常见换向阀的功能符号。

3) 梭阀(往复阀)

梭阀也是一个选择活门(如图 2.4-6 所示),它有两个进油口和一个出油口:正常情况下,梭阀内的阀芯被弹簧力控制在右端位置,进油口 1 和出油口相通;当进油口 1 处的压力消失或下降时,进油口 2 处的压力克服弹簧力将阀芯推到左端位置,此时进油口 2 和出油口相通。由于其阀芯可在两个位置往复运动,因此梭阀又被称为"往复阀"。

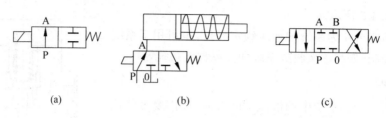

图 2.4-5　部分常见换向阀的功能符号

(a) 两位两通阀(开关)；(b) 两位三通阀；(c) 三位四通阀

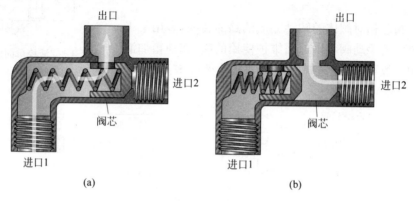

图 2.4-6　梭阀原理

（a）正常流动；（b）切换流动

梭阀在液压系统中常用于正常供油系统与备用供油系统之间的自动切换。

2.4.3　压力控制元件

压力控制元件用来调节或限制液压系统的压力。飞机液压系统中常用的压力控制元件有溢流阀、减压阀、优先活门、液压延时器和压力继电器等。

1. 溢流阀

溢流阀通过阀口的溢流作用使被控制系统或回路的压力维持恒定，从而实现稳压、调压或限压作用。它的特点是利用油液压力和预定弹簧压力相平衡的原理来工作的。按其结构形式分为直动式溢流阀和先导式溢流阀。

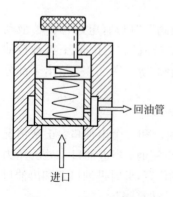

图 2.4-7　直动式溢流阀

1）直动式溢流阀

直动式溢流阀的构造如图 2.4-7 所示。当系统压力小于弹簧预调压力时，弹簧将阀芯保持在关闭位；当系统压力超过预定的最大压力值时，可将压力管路内的压力油排入通油箱的回油管。调整弹簧的预压缩力的大小，可调节溢流阀开启溢流的压力。直动型溢流阀构造简单，调压精度低，只适用于低压小流量系统。

2）先导式溢流阀

现代高压大流量系统均采用调压精度高的先导型溢流阀，如图 2.4-8 所示。

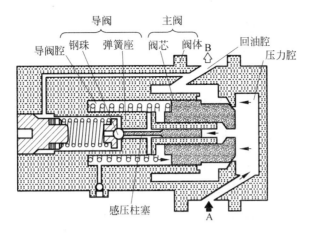

图 2.4-8　先导式溢流阀

压力油经 A 口进入压力腔,作用在主阀和导阀的感压柱塞上,感压柱塞顶在钢珠上。当压力低于导阀弹簧调定压力时,钢珠将导阀腔与回油腔封闭,导阀腔内油液不能流动,因此主阀被保持在关闭位。当压力上升达到导阀弹簧调定压力时,感压柱塞将钢珠顶开,导阀腔与回油腔之间的油路被打开,压力油推动主阀,压缩主阀弹簧(主阀弹簧预压缩力和刚度均很低),迅速打开主阀,压力腔 A 和回油腔 B 之间形成顺畅油路,完成油液溢流。

由于先导型溢流阀中导阀控制主阀的开和关,导阀弹簧刚度和预调力较大,主阀弹簧的刚度和预压缩力均较小,故先导式溢流阀可用于高压系统,且调压精度高;同时由于主阀芯面积较大,阀芯位移量也较大,因此先导式溢流阀适用于大流量场合。

3) 溢流阀的应用

溢流阀在液压系统中通常有两种用途:安全阀和定压阀。

(1) 作为安全阀,防止系统超压。

当系统压力超过正常最大压力时,安全阀打开,溢流多余流量,防止过载。安全阀在正常工作时处于常闭状态。

(2) 作为定压阀,保持系统压力恒定。

常用在定量泵液压系统中,保持供压系统的压力基本稳定并可调节进入液压工作系统的流量。定压阀在正常工作时处于常开状态。

2. 减压阀

当液压系统只有一个统一压力的液压源,而不同工作分系统所需压力不同时,则需使用减压阀。减压阀的工作原理是利用阀口的节流作用降压。常见的减压阀有两种:定值减压阀、定差减压阀。

1) 定值减压阀

定值减压阀按结构和工作原理可分为直动型和先导型两类。直动型减压阀(如图 2.4-9所示)与直动型溢流阀的结构相似,差别在于减压阀的控制压力来自出口压力侧,且阀口为常开。直动型减压阀的弹簧刚度较大,因而阀的出口压力随阀芯的位移,即随流经减压阀的流量变化而略有变化。利用先导型减压阀可提高减压精度,图 2.4-10 为先导型定值减压阀结构原理图。

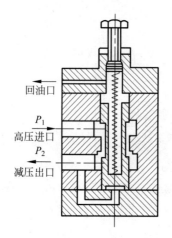

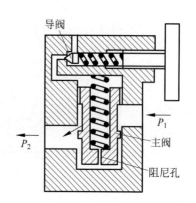

图 2.4-9　直动型减压阀工作原理图　　　　图 2.4-10　先导型减压阀的工作原理

出口压力经端盖引入主阀芯下腔,再经主阀芯中的阻尼孔进入主阀上腔,主阀芯上、下液压力差为弹簧力所平衡。先导阀是一个小型的直动型溢流阀,调节先导阀弹簧,便改变了主阀上腔的溢流压力,从而调节了出口压力。

定值减压阀用在系统中,可实现不同油压支路的并联;另外,减压阀可作为稳定油路工作压力的调节装置,使分系统工作压力不受供油压力及其他并联油路的影响。

2)定差减压阀

图 2.4-11 所示为定差减压阀的工作原理图。作用在阀芯弹簧的调定压力,是由阀进口(高压)和阀出口(调定压力)分别作用在阀芯两端的压力差来平衡的,所以阀口的开度仅受进、出口压力差调节,从而保持进出口压差为恒定。

通常将定差减压阀与节流阀串联(如图 2.4-12 所示),构成调速阀(与可调节流阀配合)或恒流量阀(与固定节流阀配合)。

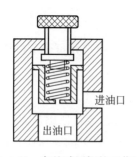

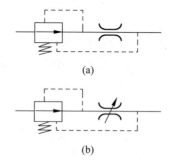

图 2.4-11　定差减压阀的工作原理　　　　图 2.4-12　定差减压阀的应用
　　　　　　　　　　　　　　　　　　　　　　　(a)恒流量控制;(b)调速控制

3. 优先活门

优先活门是一种靠压力控制开启的元件,其构造如图 2.4-13 所示。当上游的压力低于预定值时,优先活门关闭,此时优先活门下游无液压,从而使优先活门上游的液压元件优先工作,如图 2.4-13(a)所示;当优先活门上游压力达到压力预调值时,优先活门打开,油液流过优先活门,活门下游的液压元件开始工作,如图 2.4-13(b)所示;反向流通时,活塞套筒左移,打开油路,如图 2.4-13(c)所示。

优先活门既可以作为顺序控制元件,又可以安装在关键元件的下游。当系统压力不足时,停止向下游不关键元件供油,从而确保关键元件优先得到液压源,提高系统安全性。

4. 液压延时器

液压延时器用于控制采用同一液压源供压,具有多个并联执行元件的动作顺序。如飞机起落架收放系统中,用于控制先打开起落架舱门后收放起落架的动作顺序。图 2.4-14 所示为采用延时阀的顺序回路。延时阀由一个节流阀 a 和一个传压筒 b 及单向节流器 c 组成。

当换向阀在左位时,压力油经单向节流器进入作动筒 I 的右腔使活塞伸出;与此同时压力油经过节流孔 a 进入传压筒 b 的左腔和作动筒 II 的左端。由于节流孔 a 的节流作用且传压筒右端与回油路相通,所以不能在作动筒 II 的左腔建立起所需的工作压力,只能使传压筒的自由活塞缓慢地向右移动。只有当自由活塞运动到右端极限位置时,作动筒 II 才有可能作伸出运动。因此起到

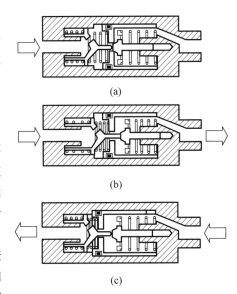

图 2.4-13 优先活门

(a) 上游的压力低于预定值时,优先活门关闭,没有液压油流过优先活门;(b) 上游有足够的压力,优先活门保持打开,液压油可流过优先活门;(c) 回油时液压油反流

延时作用。换向阀换向后,则在作动筒 I 作缩入运动时,传压筒的自由活塞左移给作动筒 II 左腔施加背压,同样使作动筒 II 的运动落后于作动筒 I 的动作。

5. 压力继电器

压力继电器是一种将油液的压力信号转换成电信号的电液控制元件。图 2.4-15 为柱塞式压力继电器结构图。当油液压力达到压力继电器的调定压力时,作用于柱塞上的液压力克服弹簧力,顶杆上推,使微动开关的触点闭合,发出电信号。

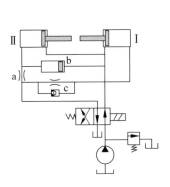

图 2.4-14 液压延时器

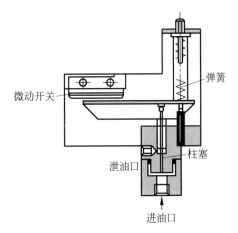

图 2.4-15 柱塞式压力继电器结构原理图

压力继电器可以控制电磁铁、电磁离合器、继电器等电气元件动作,使油路卸压、换向,执行机构实现顺序动作,或关闭电动机,使系统停止工作,从而起到安全保护作用等功能。

2.4.4 流量控制元件

流量控制元件简称流量阀,其功用是调节和控制液压系统管路中的液体流量,以调节和控制执行机构的运动速度。任何流量阀的基本组成部分是能起节流作用的节流元件,当液体流经节流元件时会引起显著的压力损失。

1. 小孔节流原理

图 2.4-16 所示为节流孔节流原理,节流孔的流通面积为 A,流量系数为 C_A。当油液流过该节流孔时,在收缩和扩张过程中引起的能量损失导致节流孔前后产生压差,即进口压力为 P_1,出口压力降为 P_2。流经节流孔的流量越大,压差越大。

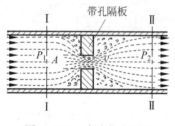

图 2.4-16 小孔节流原理

节流孔的流量公式为

$$Q = C_A A \sqrt{\frac{2(P_1 - P_2)}{\rho}} \quad (2.4\text{-}1)$$

其中,C_A 为节流孔的流量系数;A 为节流孔面积;P_1、P_2 分别为节流孔前后压力;ρ 为液体密度。

根据流量公式,可以总结出小孔节流具有以下特点:

(1) 流量与节流面积成正比,即节流孔面积变小,节流作用会增大;

(2) 流量与两端压差平方根成正比;

(3) 只要有油液通过小孔,小孔两端必产生压差。

2. 节流阀和单向节流阀

普通节流阀的工作原理与小孔节流一样,当油液从两个方向流经该阀时,均受到节流作用。飞机液压系统中常用单向节流阀(回路见图 2.4-4,构造见图 2.4-17)。

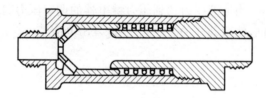

图 2.4-17 单向节流阀

单向节流阀在结构上类似于锥型阀芯的单向阀,可以认为单向节流阀是在锥型阀芯上钻了一个节流孔。当油液反向流经该"单向阀",受到小孔节流作用,限制油液流动速度,产生附加阻力作用。单向节流阀可限制作动筒在一个方向的工作速度,如减慢收回襟翼或放下起落架的速度,防止撞击。

3. 调速阀和恒流量控制阀

当节流阀和定差减压阀配合时,可组成调速阀和恒流量控制阀(原理参见图 2.4-12)。下面介绍恒流量控制阀的结构特点和工作原理。恒流量控制阀(构造如图 2.4-18 所示)在液压系统中可保持恒定的流量供到指定的元件,它通常安装在要求恒速工作的液压马达的上游。

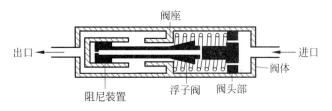

图 2.4-18　恒流量阀原理

恒流量阀由阀体和浮子阀组成。通过阀头部的流量由节流孔限制,然后流经浮子阀减压后流向下游。从图中可看出,浮子阀的开度由进口压力、节流阀下游压力和弹簧预调力共同控制,即浮子阀为一定差减压阀。根据节流孔的流量公式可得,流经节流阀的流量为恒值。

4. 液压保险

当液压系统中的某些传动部分的管路或附件损坏时,系统的油液可能全部漏光,使整个系统不能工作。为防止发生这种现象,可在供油管路上设置安全装置,这种装置称为液压保险。液压保险在系统管路漏油(当油液流量或消耗量超过规定值)时,自动堵死管路,防止系统内油液大量流失。液压保险可分为:定流量保险和定量保险两类。

1) 定流量保险

液压定流量保险是一种流量控制元件,当管路中的油液在允许的正常流量下,阀保持打开位置。如果流量过大(如管道破裂)超过规定值时,自动关闭,以保证不影响其他的并联分系统的工作。定流量保险的工作情况与电路中的保险丝很相似,所以也称其为液压保险,其构造如图 2.4-19 所示。

油液经进口流入液压保险,经过内部节流孔流向下游。传动活塞靠弹簧保持在开位,当流经节流孔的流量增加时,节流孔前后压差增大。当流量增加到某一临界流量时,节流孔前后压差可克服传动活塞弹簧预紧力,推动活塞向前,关闭油液出口,油液不再流动。

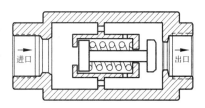

图 2.4-19　定流量液压保险的构造

2) 定量保险

液压定量保险也是一种流量控制元件,其功用是当通过液压保险的容积量达到某一临界体积时将油路自动关断,防止系统液压油继续损失。如图 2.4-20 所示,油液经进口流入液压保险,经过内部节流片上的节流孔流向下游。

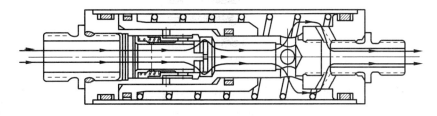

图 2.4-20　液压保险——低流量流动状态

(1) 低流量流动

如果流经液压保险的流量小于某一特定值,传动活塞前后压差力不能克服弹簧预压缩力,活塞保持在左位,油液自由流过,不起液压保险作用。

（2）正常流动和复位

当流经液压保险的流量达到或高于一定值时,节流孔前后压差增大,克服传动活塞弹簧预紧力,推动活塞向前。当下游传动部分正常时,传动活塞未右移到关闭位,传动动作已经完成,油液结束流动,传动活塞前后压差消失,传动活塞在复位弹簧作用下复位。

（3）关断

当下游传动部分出现泄漏时,传动活塞会一直向右运动。当活塞运动到右端时,将液压保险的出口关闭(如图 2.4-21 所示),油液不再流动。由于弹簧刚度较小,在活塞向前运动过程中弹簧力的变化可忽略。在此过程中,推动活塞向前的流量与通过液压保险的流量成一定比例(该比例值恒定不变)。当活塞将液压保险出口关闭时,所需油液量为活塞后的油液容积,在此过程中流过液压保险的油液量为此容积的倍数(倍数值为推动活塞向前的流量与通过液压保险的流量的比值)。

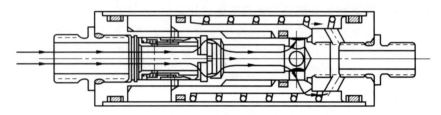

图 2.4-21　液压保险——关闭状态

当油液停止流动时,只要液压保险上、下游压差较高(可克服弹簧压缩力),活塞将保持在关断位。

（4）复位

当上游压力降低时,液压保险上、下游压差随之降低,当压差低到不足以克服弹簧力时,液压保险活塞将在弹簧力作用下复位(如图 2.4-22 所示)。需要注意的是,为使液压保险完全复位,上、下游的低压差应保持一定的时间。

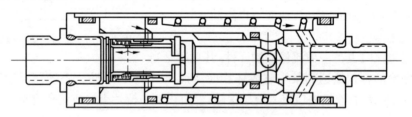

图 2.4-22　液压保险——复位

5. 流量放大器

流量放大器用在工作系统要求的流量比供压系统输出流量大的情况下,如某些飞机的刹车系统。图 2.4-23 为流量放大器结构原理图。它是装在壳体内的一个阶梯活塞。

当实施刹车时,刹车油液经小端活塞接头进入上腔,推动活塞运动;大端活塞将下腔中油液供向刹车系统。由于大活塞面积较大,所以输出流量大于输入流量,放大倍数为大活塞面积与小活塞面积的比值(如图 2.4-23(a)状态所示)。当流量放大器活塞运动到行程终点时,钢珠被顶杆顶开,系统压力直接传动到刹车作动筒(如图 2.4-23(b)状态所示),实施刹车。

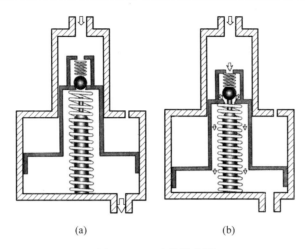

(a)   (b)

图 2.4-23   流量放大器

当解除刹车时,上腔压力消失,活塞在自身弹簧和刹车作动筒恢复弹簧的作用下,迅速向上移动,上腔内的油液经刹车控制活门流回油箱,在刹车作动筒内的油液则流回流量放大器的下腔。活塞的快速向上移动,在通向刹车装置的管路中产生一个吸力,使油液快速流回,可达到迅速解除刹车的目的。

2.5 液压执行元件

液压执行元件在液压系统中是对外界做功的一种元件,它直接将液压能转换为机械能。液压执行元件分成两大类:一类为旋转运动型(如液压马达),它是将液压能转换成旋转机械能的液压元件;另一类为往复运动型,往复运动型中又分为往复直线运动型(如作动筒,它是将液压能转换成直线往复运动动能的液压元件)以及往复摇摆运动型(如摆动缸)两类。

液压马达与液压泵结构相同,可看作液压泵反接,即输入压力油,而输出转速和扭矩,把液压能转换为机械能,本节不再赘述。摆动缸在现代民航飞机上应用也越来越少,因此本节主要介绍液压作动筒。

2.5.1 作动筒的工作原理

在飞机液压系统中,作动筒被广泛应用于舵面的操纵,起落架、襟翼和减速板的收放,以及发动机反推等系统中。

作动筒的工作原理如图 2.5-1 所示:当筒体固定时,若筒左腔输入工作液体,液体压力升高到足以克服外界负载时,活塞就开始向右运动。若连续不断地供给液体,则活塞以一定的速度连续运动。由此可知,作动筒工作的物理本质在

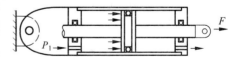

图 2.5-1   作动筒的原理

于:利用液体压力来克服负载(包括摩擦力),利用液体流量维持运动速度。若将活塞杆用铰链固定,按图示箭头方向供油和回油(反向供油和回油也可),则筒体亦可运动,其工作原理与上述筒体固定相同。

输入作动筒的液体压力和流量,是作动筒的输入参数,二者乘积为液压功率;作动筒的输出力和速度是其输出参数,二者乘积为机械功率。以上所述压力、流量、输出力、输出速度便是作动筒的主要性能参数。

2.5.2　作动筒的类型

　　往返式作动筒有两种基本形式:单作用式和双作用式。飞机液压执行机构中,除了普通的往返式液压作动筒外,有时还会用到齿条式作动筒,将活塞的往返运动变成旋转运动。

1. 单作用式

　　单作用式作动筒(如图2.5-2所示)的活塞在液压作用下只能向一个方向运动,然后在弹簧作用下返回:压力油从左边通油口进入,油压作用在活塞的端面上,迫使活塞向右运动;当活塞移动时,右边弹簧腔室的空气通过通气小孔排出,并压缩弹簧;当油液释压,导致作用在活塞上的油液压力小于压缩弹簧的张力时,弹簧伸张并推动活塞向左移动;因为活塞的左移,左边腔室油液被挤出通油口,同时,空气通过通气孔进入弹簧腔室。

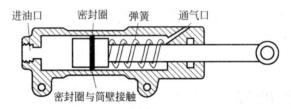

图2.5-2　单作用式作动筒

　　单作用式作动筒常用作刹车作动筒,并由一个三通活门控制(参见图2.4-6(b))。当刹车时,液压油迫使活塞伸出将刹车盘紧压在一起实施刹车。脚踏板松开时,弹簧将活塞顶回,解除刹车。

2. 双作用式

　　双作用式作动筒能利用油液推动部件作往复运动。当高压油液从左边通油口进入作动筒时,带杆的活塞在液压作用下向右移动,作动筒右腔内的油液则从右边通油口流回油箱;若高压油液从右边通油口进入作动筒,则带杆活塞的运动方向与上述相反。双作用式作动筒主要有两种形式:双向单杆式和双向双杆式。

　　1) 双向单杆作动筒

　　双向单杆式作动筒(如图2.5-3所示)也称双向非平衡式作动筒,活塞左右两边受液压作用的有效面积(即有效工作面积)是不相等的,当油液压力相等时,作动筒沿两个方向所产生的传动力并不相等。同样,由于该作动筒活塞两端的有效面积不同,当作动筒两端输入流

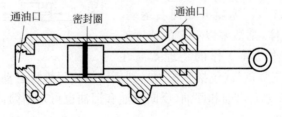

图2.5-3　双向单杆作动筒

量相同时,活塞往返运动速度不同,活塞伸出速度小于其缩入速度。

(1) 双向单杆作动筒的应用

双向单杆式作动筒常用于在两个方向上需要不同传动力的地方。如在起落架收放系统中,常采用此种形式的作动筒。起落架在收上过程中,由于重力和空气动力的作用,使收上时需要较大的传动力;而在起落架放下过程中,重力是帮助起落架放下的,所以不需要很大的传动力。因此起落架收放作动筒常采用双向单杆式作动筒。

在起落架收上时,让压力油通到作动筒活塞大面积一边,以获得较大的传动力保证迅速收上起落架。在起落架放下时,让压力油通到作动筒活塞小面积一边,而且有限流单向活门限制压力油流入小活塞面积腔,以防止起落架放下速度过猛而产生撞击。

(2) 双向单杆作动筒差动

在某些情况下,双向单杆作动筒可以采用一种特殊连接方式,即通过活门将压力油液同时连接到有杆腔和无杆腔(如图 2.5-4 所示)。由于无杆腔面积大于有杆腔面积,因此活塞杆在液压作用下伸出。采用差动连接,可以增加双向单杆作动筒的活塞杆伸出速度,增加运动速度,例如 B737NG 飞机机翼前缘缝翼的作动筒在伸出状态时采用差动连接,加快前缘缝翼的伸出速度。

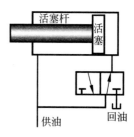

图 2.5-4 双向单杆作动筒的
差动连接

B737NG 飞机前轮转弯作动筒为双向单杠作动筒(见图 4.4-10)。当前轮转弯角度在 0~23° 范围内时,两边的作动筒均为正常连接方式,一个前推,一个后拉;当转弯角度达到 23°时,后拉作动筒的连接方式切换为差动连接,由后拉变为前推,使前轮转弯角度达到 72°。

2) 双向双杆作动筒

双向双杆式作动筒(如图 2.5-5 所示)在活塞两边装有同样粗细的活塞杆,使两腔油液的有效工作面积相同。

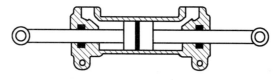

图 2.5-5 双向双杆作动筒

当作动筒两端的输入压力相同时,其双向克服负载的能力相同。当活塞两端输入流量相同时,其活塞往返运动速度相同。所以,在飞行操纵系统主舵面驱动作动筒常采用双向双杆式作动筒,以保证舵面在两个方向上具有相同的运动速度。

3) 齿条式作动筒

齿轮齿条作动筒可以看作双向双杆作动筒的变异,利用传动活塞驱动齿条,由齿条带动与之啮合的齿轮转动(如图 2.5-6 所示),将活塞的直线运动变更为齿轮的转动,再通过齿轮带动负载转动。齿轮齿条式作动筒适用于负载转动角度比较大的应用场合,比如飞机的前轮转弯操纵。飞机前轮转弯系统采用齿轮齿条式作动筒,可以简化油液控制活门结构,采用简单的换向阀即可。

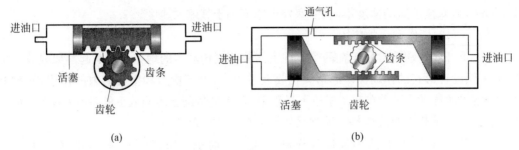

(a)　　　　　　　　　　　　(b)

图 2.5-6　齿轮齿条式作动筒

(a) 单活塞齿轮齿条作动筒；(b) 双活塞齿轮齿条作动筒

2.5.3　作动筒辅助装置

1. 缓冲装置

一般的液压作动筒可不考虑缓冲装置，但当活塞运动速度很高和运动部件质量很大时，为防止活塞在行程终点处发生机械撞击，引起噪声、振动和损坏设备，则必须设置缓冲装置。比如，起落架收放作动筒，就需要设置缓冲装置。缓冲装置按原理可分为缝隙节流缓冲和节流阀缓冲两类。

1) 缝隙节流缓冲

缝隙节流缓冲的原理如图 2.5-7 所示：在作动筒主活塞前后各有一个直径比主活塞略小的缓冲凸台，当作动筒到达行程末端时，凸台将一部分油液封死，被封闭的油液通过凸台与缸壁间的环形间隙流出，产生液压阻力，减缓作动筒的速度，起到缓冲的作用。

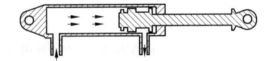

图 2.5-7　带缝隙节流凸台的作动筒

2) 节流阀缓冲

节流阀缓冲装置的基本工作原理是：在作动筒行程末端，限制回油流量，使之产生反压力，从而减缓部件的运动速度。图 2.5-8 为带终点缓冲装置的起落架收放作动筒原理图：外筒一端的内壁上有四个小孔与接头相通，接头内有单向节流活门。

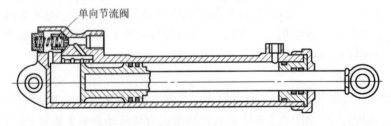

图 2.5-8　带单向节流阀的作动筒

当放起落架时，活塞杆向内缩入。当活塞边缘还没有盖住外筒上的小孔时，回油通道较大，阻力较小，起落架的放下速度较大；当活塞向左移至开始盖住第一个小孔时，回油阻力开始增大,起落架放下速度开始减小。随着活塞继续向左移动,其余各小孔相继被盖住,起落架的放下速度便越来越小;四个小孔全被盖住后,活塞左边的油液只能通过单向节流活门中间的小孔流出,起落架的放下速度大大减小。因此,活塞到达终点时,不会与外筒产生较严重的撞击。

收起落架时,空气动力和起落架本身的重量都是阻碍起落架向前收上的,带杆活塞的运动速度较慢,不需要缓冲。这时,高压油液从左边的接头进入,顶开单向节流活门,油液流动阻力较小,因此,无论小孔是否被活塞盖住,缓冲装置都不起缓冲作用。

2. 排气装置

液压系统在安装过程或长时间停放之后会有空气渗入。由于气体存在使执行元件产生爬行、噪声和发热等一系列不正常现象。所谓作动筒的"爬行"现象,是供油压力、空气弹性力、作动筒动摩擦和静摩擦力以及传动部件的惯性力相互作用的结果。实践证明,在飞机刹车系统中,产生刹车松软现象的主要原因是系统中混入了空气。

为消除空气对系统的影响,必须排除积留在作动筒内的空气。对单向式作动筒应装放气活门,维修后进行排气(如刹车作动筒);而对双向式作动筒,一般不设放气嘴,在维修后进行若干次往复行程操作就可将气体排到油箱中。

3. 锁定装置

飞机上有些部件(如舱门)在收上和放下位置没有设置单独的定位锁,而是依靠附属于作动筒的锁定装置来保持其位置。作动筒内的锁定装置通常是机械锁。图 2.5-9 所示为一种常见的机械锁——钢珠锁,它由钢珠、锁槽、锥形活塞和弹簧等组成。钢珠安装在活塞上,锁槽则在外筒上。

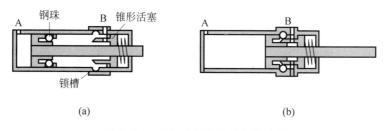

图 2.5-9　带钢珠锁定装置的作动筒
(a) 未锁定状态;(b) 锁定状态

锁定过程如图 2.5-9(a)所示:高压油从 A 口进入作动筒的左腔后,向右推活塞,钢珠就随着活塞一起向右移动。当钢珠与锥形活塞接触时,把液压作用力传给锥形活塞,克服弹簧张力,使锥形活塞也向右移动。当钢球移到锁槽处,锥形活塞在弹簧力作用下,利用其顶端的斜面把钢珠推入锁槽,并依靠锥形活塞的侧壁挡住钢珠,使之不能脱出锁槽。这样,带杆活塞就被钢珠锁定在外筒上(如图 2.5-9(b)所示)。上锁后,带杆活塞所受到的外力或液压作用力是通过钢珠传到外筒上的,所以钢珠要受到挤压作用。

打开钢珠锁的过程与上述相反:高压油从 B 口进入,向右推锥形活塞,使它离开钢珠,带杆活塞在高压油液作用下,即可使钢珠滑出锁槽,并向左移动。以上所述的是单面钢珠锁,它只能把被传动部件锁在一个极限位置。如果被传动部件在收上和放下时都要利用作动筒来固定其位置,则往往采用带双面钢珠锁的作动筒。

2.6　液压辅助元件

液压辅助元件是液压系统中不可缺少的一个部分,它包括液压油箱、油滤、蓄压器、密封装置、液压导管、接头等,虽然从液压系统的工作原理和各组成部分所起的作用来看,它们起辅助作用,但它们在系统中数量最多,分布极广,如果这些元件出现问题,势必严重影响整个液压系统的性能,甚至破坏液压系统的工作。

2.6.1　液压油箱

1. 油箱的作用

油箱的主要作用是存储液压油,并有足够的空间保证油液有足够的膨胀空间。油液的体积变化是由热膨胀和执行元件工作引起的。除此之外,液压油箱还具有散热、分离油液中的空气和沉淀油液中杂质等功能。

2. 油箱类型

由于早期的飞机飞行高度低,大多数采用非增压油箱(油箱与大气相通),现代民航运输机大多数油箱是增压密封的,以保证泵的进口压力维持在一定值,防止在高空产生气塞。通常增压油箱有两种形式:引气增压式和自增压式。

1) 引气增压油箱

引气增压油箱通过增压组件将飞机气源系统的增压空气引入油箱,如图 2.6-1 所示。

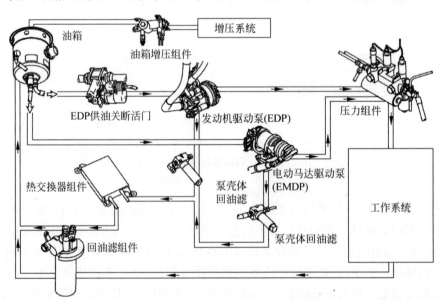

图 2.6-1　液压油箱连接示意图

油箱增压组件是引气增压系统的关键部件,内有以下功能元件:单向阀、气滤、安全释压活门、人工释压活门、压力表和地面增压接头。由于油箱内压力较高,因此在维护前必须通过人工释压活门释压,维护后,通过地面增压接头给系统加压。

现代飞机液压系统油箱一般向两个油泵供油,即作为主泵的发动机驱动泵(EDP)和作为备用泵的电动马达驱动泵(EMDP)。为了提高系统的供油可靠性,在设计供油管路时要考虑当发动机驱动泵供油管路发生严重泄漏时,能够保存一定量的油液供给电动马达驱动泵使用。因此,油箱的发动机驱动泵供油接头位置高于电动马达驱动泵供油接头位置,即在发动机驱动泵的吸油管路上设置立管(如图2.6-2所示)。

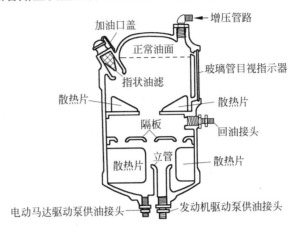

图2.6-2 引气增压油箱内部构造

液压油箱安装在液压舱内,通过供油管路与液压泵进油口相连。在通向发动机驱动泵的供油管路上有一个供油关断活门,也叫防火关断活门(参加图2.6-1)。防火关断活门是常开活门,即在正常情况下是打开的。当发动机出现火警,驾驶员提起灭火手柄时,防火关断活门就会关闭,从而切断供往发动机驱动泵的液压油,以利于发动机灭火。

2) 自增压油箱

自增压油箱的工作原理是利用系统高压油返回作用在油箱的增压活塞上,通过液体压力在活塞上施加压力,为油箱中的液压油增压(原理如图2.6-3(a)所示)。

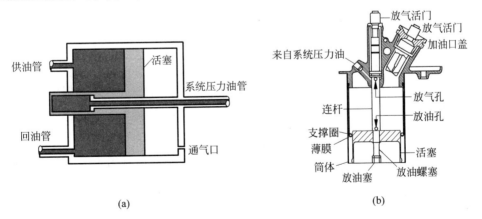

图2.6-3 自增压油箱
(a) 自增压原理;(b) 自增压油箱结构

油箱增压的压力大小取决于两个大小活塞的面积比,如果两个活塞面积比为50:1,则当系统压力为3000psi时,油箱内油液的增压压力可达到60psi。

自增压油箱在加油时必须采用压力加油法,并且在加油后必须排气。因为混入油箱的气体会造成油量指示错误。自增压油箱的油量测量方法与引气增压油箱不同。引气增压油箱通过测量液面的位置(如浮子传感器)来测量油箱内的油量,自增压油箱通过线性位移传感器(LVDT)测量油箱活塞的位置来测油量(如图 2.6-4 所示)。油箱的勤务状态指示器亦可做成杆状,通过感受油箱活塞位置,显示油箱勤务状态(已满、正常或需充灌)。

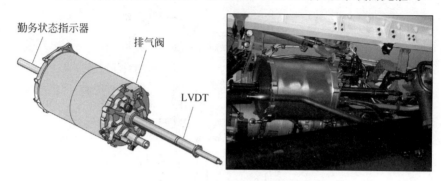

图 2.6-4　自增压油箱油量测量系统

2.6.2　液压油滤

油液污染是造成液压系统故障的重要原因之一,利用油滤可使液压油保持必要的清洁度。油滤的作用是过滤油液中的金属微粒和其他杂质。

1. 滤芯的类型

油滤中起过滤作用的元件称为滤芯,是油液中污染颗粒的机械屏蔽层,这种机械屏蔽层是由重叠的小孔或通路组成。当油液流过它时,把通不过去的颗粒污染物阻留在屏蔽层(过滤介质)内,从而保持油液在规定的清洁度标准以内。

常见的滤芯有三种类型:表面型滤芯、深度型滤芯和磁性滤芯。表面型滤芯的典型构造是金属丝编织的滤网,过滤能力较低,一般作为粗滤安装在油箱加油管路上。磁性油滤依靠自身的磁性吸附油液中的铁磁性杂质颗粒,一般安装在发动机滑油系统管路中。在液压系统中,广泛采用的油滤滤芯是深度型滤芯。

深度型滤芯的特点是:油液通过的过滤介质有相当的厚度,在整个厚度内到处都能吸收污物。其过滤介质有缠绕的金属丝网、烧结金属、纤维纺织物、压制纸等,但用得最广泛的是压制纸制造的纸质滤芯。

2. 油滤的构造

油滤主要包括头部壳体和滤杯两大部分(如图 2.6-5 所示),其中头部壳体用来将油滤安装到飞机结构上并连接管路,滤杯固定到头部壳体上,用于容纳滤芯。在更换滤芯时滤杯可以拆卸。

飞机液压系统油滤内部通常设有旁通活门、堵塞指示器和自封活门的特殊功能部件(如图 2.6-6 所示),以增强油滤工作可靠度并改善油滤的维护便利性。当油滤随着使用时间增长而逐渐被堵塞时,滤芯进口和出口压差增大,旁通活门在此压差作用下打开,确保下游系统的油液供应。自封活门可在卸下滤杯时自动将进口油路和出口油路堵住,便于滤芯的更换操作。

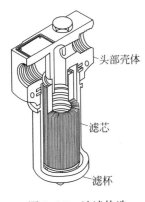

图 2.6-5　油滤构造

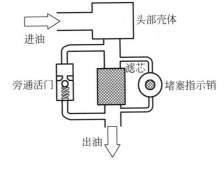

图 2.6-6　油滤原理图

堵塞指示销可指示油滤的堵塞情况,提醒维护人员及时更换滤芯。堵塞指示销的工作原理有多种,图 2.6-7 给出一种磁铁控制堵塞指示销。当油滤进出口的压差较小时,弹簧 A 将磁铁 A 顶在高位,磁铁 A 与磁铁 B 吸合在一起,此时红色指示销被磁铁 B 拉下来,与壳体齐平,表示油滤状态良好,没有堵塞(如图 2.6-7(a)所示)。

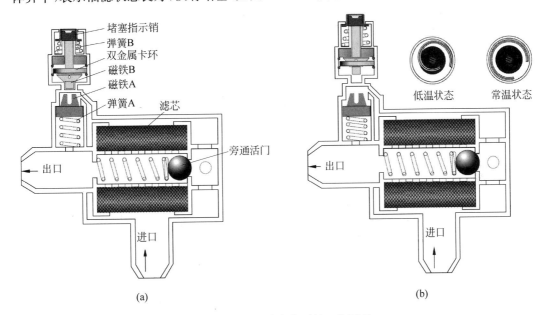

(a)　　　　　　　　　　　　　　(b)

图 2.6-7　油滤堵塞指示销工作原理
(a) 滤芯未堵塞状态;(b) 滤芯堵塞状态

随着系统使用时间增长,油液中的污染物逐渐将滤芯堵塞,油滤进出口的压差增大。当进出口压差大到能够克服弹簧 A 预紧力时,压缩磁铁 A 向下,导致磁铁 A 与磁铁 B 脱开,弹簧 B 推动红色堵塞指示销向上伸出(如图 2.6-7(b)所示)。油滤堵塞后,弹簧 B 将堵塞指示销保持在伸出位,便于维护人员观察。当更换新滤芯后,按压堵塞指示销,将其复位。

考虑油液在低温下黏度会变高,此时即便油滤没有堵塞,油液流经滤芯的阻力也会导致油滤进出口的压差过大,从而造成堵塞指示销误动作。为了消除低温影响,在堵塞指示销机构中设置温度补偿机构,一般可采用双金属卡环。当温度低时,双金属卡环收缩,可将磁体

B卡住。随着系统运行,油滤温度随油液温度上升而上升,此时双金属卡环张开,对磁铁B的阻碍作用消失,堵塞指示销可以正常工作。

3. 油滤的安装位置

在飞机液压系统中,油滤通常安装在以下5个主要部位,如图2.6-8所示。

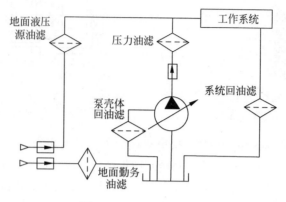

图2.6-8　油滤安装位置

1) 油泵出口管路

安装在油泵出口的油滤称为压力油滤,用于保护工作系统,滤掉油泵工作时产生的金属屑,保护工作系统组件。目前民航飞机液压系统的压力油滤通常集成在压力组件内。

2) 系统回油管路

安装在系统回油管路的油滤称为回油滤,通常集成在油箱前的回油组件上,用于过滤掉工作中产生的杂质,防止油箱中油液受污染,保护油泵;回油滤可使系统回油路产生一定的背压,增强传动系统运动的平顺性。

3) 柱塞泵壳体回油管路

安装在柱塞泵油泵壳体回油管路上的油滤称为泵壳体回油滤,其作用是滤除泵磨损产生的金属屑。如该油滤堵塞,则油泵润滑冷却油液不足,油泵的滑靴和斜盘间的摩擦增大,油温升高。因此,从此处提取油样进行分析,可判断油泵的早期故障。

4) 地面液压油勤务管路

在液压系统地面勤务加油管路上装有的油滤可在勤务加油时滤掉油液中的杂质,净化加入液压油箱中的液压油。该油滤不设置旁通功能,确保油液得到全部过滤,是防止外界污染物进入液压系统的第一道防线。

5) 地面液压源压力管路

安装在地面液压源压力管路上的油滤与安装在机上油泵出口管路上的压力油滤的作用相同,用于滤掉地面液压源油泵工作时产生的金属屑,保护飞机液压工作系统组件。

另外,在液压系统某些精密元件(如液压伺服阀)的进口油路上也装有精滤,用于确保进入该元件油液的清洁度,提高元件工作可靠性。

2.6.3　蓄压器

蓄压器实质上是一种储存能量的附件,大多数飞机的供压部分中都设置了蓄压器。蓄压器在一定压力范围内的储油量对液压泵卸荷的稳定性、部件的传动速度等都有很大影响。

1. 蓄压器的功用

在不同类型的供压系统中,蓄压器的作用不尽相同,但归纳起来主要有以下几点。

(1) 补充系统泄漏,维持系统压力。

在装有卸荷装置的供压系统中,在油泵卸荷后,蓄压器可向系统补充油液的泄漏,以延长油泵的卸荷时间,保证油泵卸荷的稳定性。

(2) 减缓系统压力脉动。

液压泵流量脉动和部件动作会引起压力脉动。当液压泵流量瞬时增加时,一部分油液充入蓄压器。由于蓄压器内气体容易压缩,而且体积较大,相对压缩量较小,所以这部分油液进入蓄压器所引起的压力变化很小;当液压泵流量瞬时变小时,蓄压器可输出一部分油液,同理这时压力变化也很小。

(3) 协助泵共同供油,增大供压部分的输出功率。

传动部件工作时,蓄压器可在短时间内和液压泵一起向传动部件输送高压油,因而可加快部件的传动速度。

(4) 作为系统的辅助能源。

在液压泵不工作时,蓄压器可作为辅助压力源,驱动某些部件动作(如刹车蓄压器可为停留刹车提供压力)。

2. 蓄压器的构造

飞机液压系统采用的蓄压器分为三类: 活塞式、薄膜式和胶囊式,如图 2.6-9 所示。

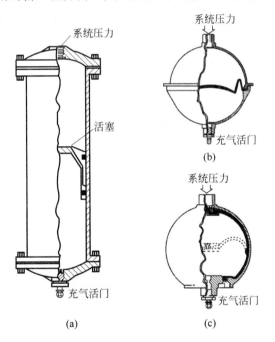

图 2.6-9 蓄压器的构造

(a) 活塞式蓄压器;(b) 薄膜式蓄压器;(c) 胶囊式蓄压器

1) 活塞式蓄压器

活塞式蓄压器的构造如图 2.6-9(a)所示。活塞将蓄压器分为两个腔室,其中一个腔室为油液室,它与液压泵的供压管路相连;另一腔室为气室,其内部充有氮气。液压泵向蓄压器供油时,油液挤入油液室,推动活塞,压缩氮气。随着氮气压力的升高,油液压力也相应升高,将液压泵提供的液压能储存在蓄压器内。当传动部分工作时,氮气膨胀,将油液压力送至传动部分,推动部件做功。

活塞式蓄压器结构简单,但活塞惯性大,且存在一定的摩擦,动态反应不灵敏。因此,活塞式蓄压器不能有效吸收系统的压力脉动。

2) 薄膜式蓄压器

薄膜式蓄压器的构造如图 2.6-9(b)所示。蓄压器由两个空心的半金属球体组成:在一个半球上有一个接头与液压系统连接,在另一个半球上安装有充气活门,两个半球之间安装一个合成橡胶薄膜。在蓄压器的油液出口处盖有一个网屏,用以防止薄膜在气体压力作用下进入系统充油口而损坏薄膜。而某些蓄压器,在薄膜中间装有一个金属圆盘以代替系统出油口的网屏。

薄膜式蓄压器重量轻,惯性小,动态反应灵敏,可以有效吸收系统的压力脉动。薄膜式蓄压器还具有安装维护方便等优点。

3) 胶囊式蓄压器

胶囊式蓄压器的构造如图 2.6-9(c)所示,蓄压器由一个整体的空心球体构成,球体顶部有压力油口与液压系统相连,在球体底部有一个较大开口,用以装入胶囊。胶囊用一个大螺塞固定,同时起密封作用。在螺塞上装有一个充气活门,在气囊顶部的两面装有金属圆盘,用来防止气囊在压力作用下被挤出压力口。胶囊式蓄压器的特点与薄膜式蓄压器相似。

4) 金属膜盒式蓄压器

目前有厂家推出了新型金属膜盒蓄压器,可视为胶囊式蓄压器的改进型。金属膜盒的应用可显著提高蓄压器轴向承压能力,该类型蓄压器通常在出厂时已经预先充好氮气,在日常维护中不需要进行维护,亦被称为免维护蓄压器。

3. 蓄压器的维护

1) 确保初始充气压力正常

初始充气压力是蓄压器的重要参数,在系统工作压力及蓄压器容积都相等的情况下,初始充气压力的大小对蓄压器可用油液量有决定作用。

为了保证蓄压器的正常工作,其初始充气压力大于其下游任何工作元件所需压力,否则将导致部分油液因无法排出而不能参与工作,蓄压器可用油液量将变小。初始充气压力也不能过高,否则会导致蓄压器内存储的油液量变小,导致可用油液量随之下降。

蓄压器的充灌可根据对应机型维护手册中的相关标准执行,按照维修手册中标明的具体操作规程进行充气,应保证蓄压器初始充气压力的数值满足手册要求。

2) 蓄压器初始充气压力检查

根据读数时所用压力表不同,蓄压器初始充气压力的检查方法有以下两种。

(1) 压力表装在主供压管道上

在液压泵不工作(发动机停车)时,缓慢操作用压系统,将蓄压器内的油液逐渐放出。这时,系统压力表所指示的压力逐渐下降,如果压力降低到某个数值 P_0 后,压力表指针突然掉到零,则这个压力值(P_0)就是蓄压器的初始充气压力。

(2) 压力表装在蓄压器充气端

通过蓄压器充气端的压力表可检查其初始充气压力,方法是:缓慢操作用压系统,当系统压力表指示不再下降时的压力即为蓄压器初始充气压力。

2.6.4 密封

在液压系统的使用和维护中,最难解决的、也是遇到最多的问题就是漏油。漏油不但影响系统的工作效率,严重时可能危及飞机的安全。

所谓密封,就是阻挡油液从两个配合零件表面的间隙中流出。密封装置就是利用密封材料制成的密封件,如常用的橡胶圈等。

1. 密封材料

密封材料分为弹性的和塑性的。弹性材料一般是合成橡胶,塑性材料一般为皮革;另外还有一些软金属材料也可作为密封材料;而转动部件的端面(如轴向式柱塞泵)则常用碳(石墨)作为表面密封材料。

目前飞机液压系统向高温、高压方向发展,对密封提出了更高的要求,并且一般液压系统附件的寿命也往往取决于密封装置的寿命。

合成橡胶是一种聚合材料,这种材料在室温下至少能伸长到原来的2倍,而当它一旦解除受力,便会基本上恢复到原来的长度。表2.6-1所示为某些橡胶的特性。

表 2.6-1 某些合成橡胶的特性

材 料 名 称	可用温度范围/℉	适用的油液
丁腈橡胶	−65～275	油,冷却剂
聚丙烯酸酯橡胶	0～350	油,冷却剂
氟丁橡胶	−40～220	油,水,冷却剂
海帕伦	−40～250	油,水,酸类
氟塑料	−40～450	油,燃料
富丙烷异丁橡胶	−65～300	空气,磷酸盐酯
乙丙橡胶	−65～300	空气,磷酸盐酯
尿脘橡胶	−40～212	油
硅氧橡胶	−150～500	油,磷酸盐酯

2. 密封装置

密封装置的种类很多。按被密封部分的运动情况可分为固定密封装置(静密封装置)和运动密封装置(动封严)。静密封(密封圈和密封垫)在许多场合使用,通过两个表面之间的挤压达到密封效果。装在两滑动表面之间的动密封,有许多不同种类的密封形式,这取决于密封的用途和液体的压力。按照密封压力的方向,可分为单向式密封装置和双向式密封装置两大类。

1) 单向式密封装置

U形和V形环密封仅仅对一个方向的密封有效(使用密封圈时,应将密封圈的U形或

V 形开口面对高压方向),因此被称为单向式密封装置。要实现双向密封,必须背向安装两个密封圈,如图 2.6-10 所示。

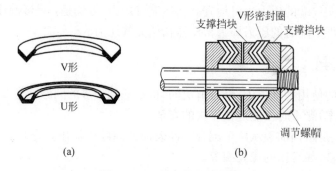

图 2.6-10　单向式密封装置
(a) V 形和 U 形密封圈;(b) 单向密封圈的双向密封安装

2) 双向式密封装置

O 形密封圈和方形断面密封可在两个方向都有压力的场合应用,因此称为双向密封装置。O 形密封圈安装时,应有合适的预压缩量(见图 2.6-11)。预压缩量过小则起不到密封作用,过大则会加大摩擦力,降低寿命。为保持密封件的形状和防止密封件在两个运动表面之间被挤压,O 形密封圈的低压端应加装挡圈(如图 2.6-11(e)所示)。对于双向承受压力的密封圈,应在两侧均加装挡圈。

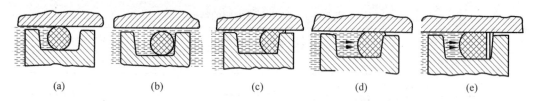

图 2.6-11　双向式密封装置——O 形密封圈
(a) 压缩量合适;(b) 压缩量过小;(c) 压缩量过大;(d) 受压时密封圈状态;(e) 密封圈挡圈

密封件容易被固体颗粒损坏,刮环常常安装在作动筒上,以防止附在活塞杆上的固体颗粒损伤密封件。

3) 密封件的标识

为了防止在使用时用错密封圈,所有的 O 形密封圈都有一个带颜色的点或圈,来指明所适用的液体或气体的类型:

蓝点或圈:空气或 MIL-PRF-5606 液压油;

黄点:合成发动机滑油;

白圈:石油基发动机滑油或润滑剂;

绿点画线:磷酸酯基液压油。

3. 密封件的使用和储存

在使用密封件时应该仔细检查,以确保它的尺寸合适,并与系统中油液的类型与材料相容。同时保证密封件没有超过使用期。

在装配之前,正常情况下密封圈应该用液压系统所用的液压油进行润滑。而在一些场合,建议密封圈应该在液压油中浸泡一段时间。当用手工装配密封件时要特别注意,必要时应使用合适的装配工具或导向装置。当在细杆上装配密封时,应该使用空心导向装置。密封件一定不能过度擦伤,必须避免刮伤和刻痕。尤其重要的是在装配完之后,检查O形密封圈要确保它们没有扭曲。

在一些情况下,许多种密封联合使用,装配有支承环或刮油环。必须保证这些元件装配方向正确,装配顺序正确;否则,将可能导致元件的泄漏和失效。可以使用尼龙支撑环或类似的材料。末端应该修整形成一个间隙,以适应维护手册中的规定要求。当拆除元件内的密封圈时应采用专用工具(如图 2.6-12 所示),防止在施工过程中对其他元件造成破坏。

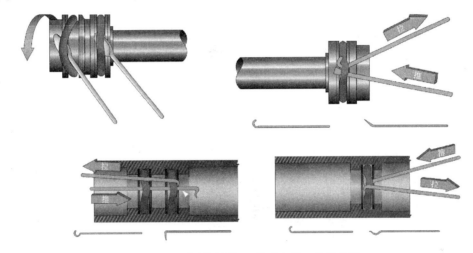

图 2.6-12　密封圈拆卸工作及专用工具的使用

对由聚四氟乙烯制造的挡环,在装配期间要特别注意,因为过度的拉伸或扭折可能导致永久的损坏。在装配期间通常应该使用锥形芯棒,以便对较大的直径获得最小的拉伸尺寸,这个尺寸与活塞环必须通过的环槽尺寸一样。环形件装配时间推荐不能超过 30min,以便能使环形件得以放松。

2.6.5　散热器

1. 油温过高及其危害

液压系统工作时,由于功率的损耗会使油液温度升高。一般正常工作温度在 30～60℃,对飞机液压系统一般控制其最高温度不超过 70℃,当达到最高温度时,就会有"油温过高"的指示灯发出警告信号。

1) 油温高的危害

当油温过高时,会对液压系统造成如下影响:

(1) 油液黏度变小,导致系统损失增大,效率降低;

(2) 油液变质,形成胶状沉淀,造成系统堵塞,摩擦增大;

(3) 高温使密封圈橡胶变质、损坏,密封失效;

(4) 高温使零件间的配合间隙变化,导致额外的摩擦或泄漏。

2) 油温过高的原因

系统油温过高,有两个方面的主要原因,即系统产热量增大和(或)系统散热不良。导致系统产热量增大的故障有以下几种。

(1) 泵故障或泵壳体回油滤堵塞

当柱塞泵发生故障时,尤其是滑靴和斜盘发生故障,会导致泵内摩擦增大,磨损加剧,造成油温上升;泵内磨损加剧会导致泵壳体回油滤的堵塞,从而使油泵由于冷却的油液量减少而加剧油泵的损坏。

当壳体回油滤发生堵塞时,油泵内的油液将无法保持流动,因此不能将滑靴与斜盘处的热量及时带走,油泵将逐渐过热并导致磨损加剧,最终造成油泵损坏。

(2) 压力油滤堵塞

如果油泵出口的压力油滤堵塞,将导致油滤的旁通活门打开,油液未经过滤直接供向下游工作系统,导致工作系统运动部件出现卡滞和摩擦增大的情况,最终导致系统发热量增大,油温上升。

(3) 系统严重内漏

系统内漏时,损失的液压功率直接在内漏的部位通过油液阻尼的热耗作用变成热量,导致油液温度迅速升高。

(4) 卸荷系统故障,安全阀溢流

对于采用卸荷阀作为限制系统压力的定量泵系统,若卸荷阀出现故障,安全阀将打开溢流限压。当安全阀打开时,系统压力最高,液压泵输出的功率为最大。油液流经安全阀,将全部液压功率转换成热量,导致油温迅速升高。

当系统散热不良时,油液温度也会随之升高。导致系统散热效率下降的原因有以下几种典型情况。

(1) 油箱油量不足

当液压油箱中的油量不足时,油液在油箱中停留时间过短,油液温度还没有下降,又被油泵吸入系统,最后导致油液温度慢慢升高。

(2) 散热器热交换不足

当液压回油散热器散热不良时,油液的热量不能通过散热器散失,导致油温不断上升。

(3) 环境温度过高

环境温度的升高,会导致整个系统散热效率下降,成为油温过高的主要原因之一。

(4) 系统中混入空气

液压管路或液压元件中混入空气时,会降低油液的热传递性,导致散热能力下降,油温不断上升。

分析以上原因,油泵故障和油滤堵塞是油温过高的主要原因。飞机飞行手册规定,当发现"油温过高"指示灯亮时,首先将对应的油泵关断。飞机落地后,应对壳体回油滤和压力油滤进行检查,若滤芯存在脏物则表明油泵存在缺陷。对于变量泵系统,如果系统压力已达安全阀工作压力,则应换滤芯,冲洗管路并更换油泵。

2. 散热器

在中低压液压系统中,一般不设置专门的液压油散热装置,因为油箱和金属管道就是很好的散热器;而在大功率的高压系统中,往往需要专门的散热器组件。根据散热介质的不同，飞机液压系统散热器分为液冷式和气冷式两种。

1）液冷散热器

飞机液压系统液冷散热器利用燃油作为冷却介质，因此被称为燃油-液压油散热器。散热器安装在燃油箱的最底部（如图 2.6-13 所示），散热器将液压油携带的热量传给燃油，燃油受热上升，附近区域的低温燃油流到散热器周围进行补充，从而形成对流，提高了热交换效果。

液压油的回油从散热器进口管进入，在散热器内经蛇形盘管往返流动最后从出油口流出（如图 2.6-14(a)所示）。为增加散热面积，散热器上焊有散热片（如图 2.6-14(b)所示）。

图 2.6-13 安装在燃油箱底部的散热器

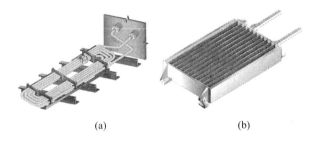

(a)　　　　　　　(b)

图 2.6-14 燃油-液压油散热器构造图
(a) 散热器内部液压油盘管；(b) 散热器外部散热鳍片

这种散热器的使用问题，是进出口管路出入燃油箱的密封问题。为保证散热器工作正常，燃油箱内应保证一定量的燃油。由于液冷散热器冷却效果好，绝大多数飞机均采用了液压油-燃油液冷散热器。

2）气冷散热器

气冷散热器采用冲压空气作为液压油的散热介质，因此又称做空气-液压油散热器。冲压空气经冲压进气道被引入散热器，经风扇（一般为液压马达驱动风扇）抽吸，增加散热空气流速，提高散热效果。空冷散热器通常与液冷散热器配合使用，一般位于液冷散热器的上游，如图 2.6-15 所示。

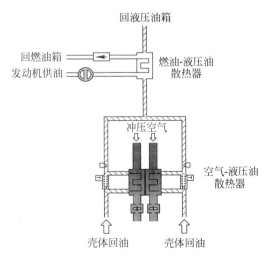

图 2.6-15 空气-液压油散热器系统图

2.7　飞机液压源系统

2.7.1　现代飞机液压源系统的组成

为了保证供压的安全可靠,现代飞机上一般都有几个独立的液压源系统。双发飞机,如波音 737 系列和空客 320 系列,一般有三个独立的液压源系统。而四发飞机,如波音 747,具有四个独立的液压源系统。所谓独立的液压源系统是指每个液压源都有单独的液压元件,可以独立向用压系统提供液压。

不同机型上液压源系统的名称有所不同,如在波音 B737 飞机上称为 A、B 和备用液压系统;波音 B777 上称为左液压系统、右液压系统和中央液压系统;空客 A320 飞机则称为绿、黄和蓝液压系统。我国自主设计制造的新型涡扇支线客机 ARJ21 的液压系统称为 1 号、2 号和 3 号,其中 1 号、2 号为主液压源系统,3 号为备用液压源系统。图 2.7-1 所示为某型飞机液压源系统原理图。

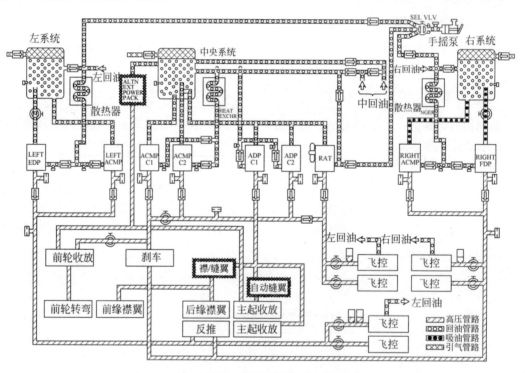

图 2.7-1　某型飞机液压源系统原理图

2.7.2　液压泵的特点

为了提高液压源供油可靠性,现代飞机液压系统的每个独立液压源系统均配备多个液压泵,一般飞机(如 B737 等)配备两个液压泵,个别机型(如 B777 飞机的中央液压系统)配备 5 个液压泵。根据液压泵动力源不同,液压泵可分为四种:发动机驱动泵(EDP)、电动马达驱动泵(简称 EMDP,亦可简称为 EMP、ACMP 等)、空气驱动泵(ADP)和冲压空气涡轮驱动泵(RAT)。一般在两个主液压系统之间的管路上,还设有液压动力转换组件(PTU)。

1. 发动机驱动泵

发动机驱动泵(EDP)安装在发动机附件齿轮箱的安装座上,发动机转子通过附件齿轮箱驱动油泵运转(如图2.7-2所示)。当发动机起动后,发动机驱动泵随之起动。为控制发动机驱动泵的工作,在飞机液压系统控制面板上,设置发动机驱动泵控制开关,提供"人工关断"功能:当电门在"ON"位时,EDP在泵内补偿活门控制下进行供压与自动卸荷;当泵发生故障时,将电门扳到"OFF"位,电磁活门线圈通电,使泵的出口压力在很低的情况下就能推动补偿活门动作,使油泵卸荷,即为"人工关断"。飞机在地面停放时应使发动机驱动泵的控制电门放在"ON"位,以免电磁线圈长期通电。

2. 电动马达驱动泵

电动马达驱动泵(EMDP)由交流电动马达驱动(如图2.7-3所示),因此又可被称为EMP或ACMP。对于双发飞机,为了确保单发停车时液压系统供压可靠性,电动马达驱动泵由对侧发动机的发电机供电。以波音737液压源系统为例:A系统的EDP由左发(1号发动机)驱动,则A系统的EMDP由右发(2号发动机)的发电机驱动;B系统的EDP由右发(2号发动机)驱动,则B系统的EMDP由左发(1号发动机)的发电机驱动。

图2.7-2　发动机驱动泵　　　　　　图2.7-3　电动马达驱动泵

3. 空气涡轮驱动泵

空气驱动泵(ADP)利用气源系统的引气驱动。空气驱动泵组件由调节关断活门、涡轮、传动齿轮箱和油泵组成(如图2.7-4和图2.7-5所示)。当调节关断活门打开时,气源系统的引气驱动涡轮,并通过传动齿轮箱带动泵的转子工作。空气驱动泵(ADP)用在波音B747、B777等飞机的液压系统中。

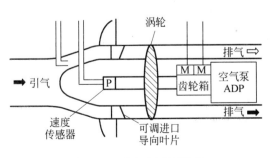

图2.7-4　空气驱动泵构成　　　　　图2.7-5　空气驱动泵外形

4. 冲压空气涡轮泵

冲压空气涡轮泵(RAT)用于提供应急压力源以作动飞行操纵系统,也可以作为应急电源。在正常情况下,RAT 是收进的;飞行中当满足某些条件时(例如失去三个液压源且速度大于 100 节),可以自动放出;RAT 也可以人工放出(为了防止对 RAT 的误操作,RAT 人工放下开关设有保护盖,如图 2.7-6 所示)。

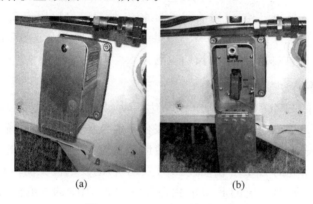

(a)   (b)

图 2.7-6   RAT 人工放下开关
(a) 保护盖关闭的 RAT 人工放下活门;(b) 保护盖打开的 RAT 人工放下活门

冲压涡轮作动筒用于收放冲压涡轮组件(如图 2.7-7 所示),它是单作用式作动筒,依靠弹簧力放出,液压力收进,其内部有一个机械锁,使其保持在收进位置。应急工作时,冲压涡轮作动筒内部的机械锁打开,在弹簧力的作用下放出冲压涡轮组件。当冲压涡轮组件放出后,飞机飞行中的冲压空气驱动冲压涡轮转动,从而带动泵转子转动。

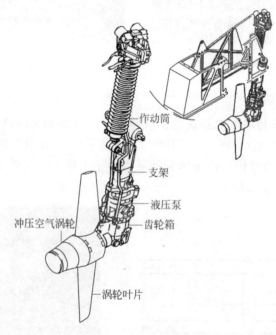

图 2.7-7   冲压空气涡轮驱动泵(RAT)

5. 动力转换组件

动力转换组件(PTU)是一种特殊形式的液压泵,它实际上是一个液压马达和泵的组合件。图 2.7-8 所示为波音 737 液压系统 PTU 工作原理图。在工作时,利用某一个液压源系统(A 系统)的液压驱动 PTU 中的液压马达转动,液压马达带动泵转子转动,从而为另一个液压系统(B 系统)的液压油增压。

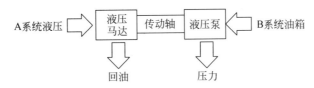

图 2.7-8 动力转换组件 PTU 工作原理图

大多数现代飞机上的 PTU 都是单向作用的,但也有双向作用式的 PTU,如空客 A320 飞机液压系统,可以实现绿、黄液压系统的双向作动,也就是说既可以用绿系统液压驱动液压马达转动,从而增压黄液压系统的油液;也可以由黄系统的液压驱动液压马达转动,从而增压绿液压系统的油液。

6. 液压泵的使用

在飞机液压系统工作时,以上液压泵通常分三类工作情况:①主用泵,该类型液压泵一直处于工作状态。②需求泵(又可称为备用泵),该类型液压泵由驾驶员控制,可通过开关选择"ON"或"OFF"。某些机型为需求泵设置"AUTO"开关,当选择"AUTO"位时,油泵由系统逻辑电路控制,当需要该泵供压时,该泵可自动起动。③应急泵,该类型泵主要是 RAT 泵和 PTU。图 2.7-9 所示的某型飞机液压泵控制面板表明,该飞机液压系统的主用泵为两台发动机驱动泵和两台电动马达驱动泵,需求泵为两台电动马达驱动泵和两台空气驱动泵,

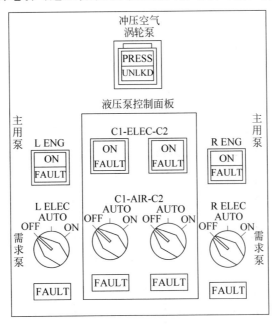

图 2.7-9 某型飞机液压泵控制面板图

冲压空气涡轮泵作为应急泵。

2.7.3 压力分配

在液压源系统中,液压泵的压力是通过压力组件分配到各用压系统的,从各分系统的回油统一经过回油组件返回油箱。

1. 压力组件

压力组件位于液压泵的出口管路,即压力管路上,它的主要作用是过滤和分配液压泵出口的液压到各用压系统。不同型号的飞机其压力组件的组成元件会有所不同,即使同一架飞机内不同液压源系统内的压力组件的组成元件也可能各不相同。如图 2.7-10 所示,压力组件内一般包括单向活门、油滤、释压活门、压力及温度传感器、地面压力接头等。

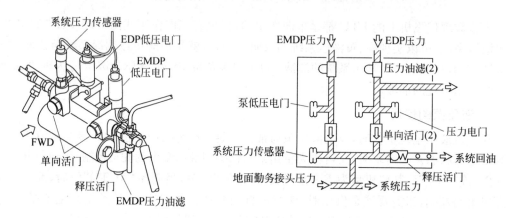

图 2.7-10　压力组件

2. 回油组件

回油组件位于回油管路,其主要作用是过滤及引导返回油箱的油液。回油组件的构造如图 2.7-11 所示,其主要组成元件包括油滤、单向活门、旁通活门等。

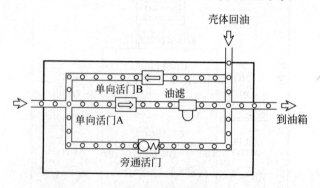

图 2.7-11　回油组件

单向活门 A 位于油滤上游,允许系统油液经过油滤进入油箱。若没有此单向活门,当工作系统出现低压时,可能会出现"油滤反冲"现象。所谓油滤反冲,就是油箱内油液在油箱增压压力作用下通过油滤回流,导致滤杯内污染杂质随油液逆流到工作系统中,使上游系统遭到污染。单向活门 B 的流动方向与单向活门 A 相反,可为逆流的油液提供通路,保证上游管路始终充满油液。

2.7.4 指示系统

液压指示系统主要向机组提供油箱内的油量、工作系统压力等指示信息和液压泵低压及油液超温等警告信息。指示系统一般包括三个环节:传感器、控制器和显示器/指示器组件。

1. 油量指示

液压油量指示系统原理如图 2.7-12 所示。

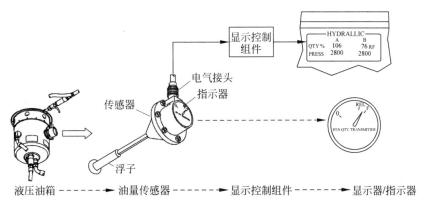

图 2.7-12 液压油量指示原理

油箱中的浮子感受油箱中油面的高低变化,油量传感器将浮子的机械位置信号转变为电信号,分两路送到下游:

(1)直接送到油箱外表面的油量指示器,为维护人员提供油量信息;

(2)经过传感器电气接头,送到油量显示控制组件,经变换放大后,送入驾驶舱液压控制面板,为飞行人员提供油量指示。

2. 系统压力指示和低压警告

飞机液压系统压力指示和油泵低压警告系统原理如图 2.7-13 所示。液压系统的压力指示和低压警告信号均来自系统的压力组件。液压系统压力传感器位于压力组件中单向活

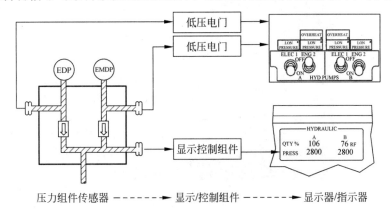

图 2.7-13 压力指示原理

门下游,感受两个油泵为系统提供的压力,该压力信号经显示控制组件变换放大后,显示在驾驶舱液压控制面板上;低压警告传感器位于单向活门上游,分别感受系统每个油泵出口的压力。

当压力低于一定值(如波音 B737 飞机设定值为 1300psi)时,发出信号,电路中的低压电门接通液压控制面板上的低压指示灯。当压力上升到某一特定值(如波音 B737 飞机设定值为 1600psi)时,低压警告灯熄灭。

3. 超温警告

液压系统油液超温警告原理如图 2.7-14 所示。

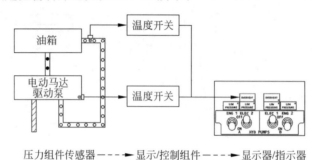

压力组件传感器 - - - ▶ 显示/控制组件 - - - ▶ 显示器/指示器

图 2.7-14　超温警告原理

装在系统回油路和电动马达驱动泵壳体上的温度传感器感受油液温度信号,当油温超过一定值时,接通电路中的温度开关,点亮液压控制面板上的超温指示灯。

2.7.5　系统勤务

1. 油箱灌充

飞机液压油箱的地面灌充设备位于飞机液压设备舱内,用于地面液压油箱的灌充(如图 2.7-15 所示)。

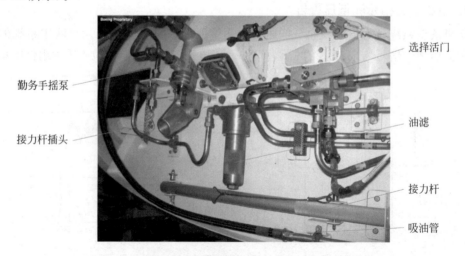

图 2.7-15　液压油箱地面灌充系统

飞机液压油箱可以采用两种灌充方式：人工灌充和压力灌充。人工灌充利用手摇泵进行,而压力灌充则利用地面液压车进行。勤务选择活门可以控制为左系统、右系统或中央系统油箱进行灌充液压油(如图 2.7-16 所示)。

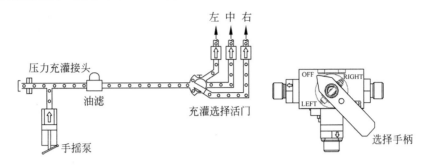

图 2.7-16 液压油灌充

2. 外漏检查

液压系统外漏发生时,可检查外漏速率以确定是否需要维修。外漏测试步骤如下：

(1) 接近发生外漏的部件；

(2) 清洁部件上外漏的油污；

(3) 为系统加压；

(4) 测量外漏泄漏速率,根据该机型的放行标准确定是否放行。

3. 内漏检查

液压系统发生内漏时,会导致系统效率下降、油温升高的故障。当怀疑系统存在内漏时,应进行测试,以便及时查找渗漏源进行维修。查找内漏的传统方法有流量表法和电流表法两种,目前工程上采用超声波流量计代替普通的流量表法。

1) 流量表法操作

流量表法测试内漏原理如图 2.7-17 所示。用地面液压车为飞机液压系统增压,保持测试时压力恒定不变。

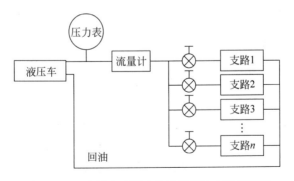

图 2.7-17 流量表法测飞机液压系统内漏原理图

测试步骤如下：

(1) 关闭所有关断活门,用电动泵保持规定压力,读出流量表读数 Q_0；

(2) 按手册要求,依次打开分系统的隔离活门,读出相应流量 $Q_1, Q_2, Q_3, \cdots, Q_n$；

（3）计算各分支系统内漏量：

$$\Delta Q_1 = Q_1 - Q_0$$
$$\Delta Q_2 = Q_2 - Q_1$$
$$\Delta Q_3 = Q_3 - Q_2$$
$$\vdots$$
$$\Delta Q_n = Q_n - Q_{n-1}$$

（4）将实际泄漏量与维护手册给定的数值比较，应在规定范围内，如果超出规定值，则该分支系统内漏量超标。

2）电流表法操作

电流表法测内漏是流量表法测内漏的变化。当用电动马达驱动液压泵为测试回路供压时，若电动机输入电压恒定不变，测试系统压力恒定不变，则当内漏发生时，由于内漏引起的功率损失（$P_S \cdot Q_{内漏}$）会导致电动机输入功率（$U \cdot I$）增加，即电动机输入电流增量与液压系统内漏流量成正比。测试时，操作步骤与流量表法类似。

（1）在电动马达驱动泵的电路上加装电流表。

（2）起动电动马达驱动泵，保持系统达到额定压力。

（3）记录初始电流 I_0。

（4）按手册要求，依次打开分系统隔离活门，分别记录相应电量值 $I_1, I_2, I_3, \cdots, I_n$。

（5）对照 EMDP 的电流-流量曲线（如图 2.7-18 所示），分别查出对应的 $Q_0, Q_1, Q_2, Q_3, \cdots, Q_n$；

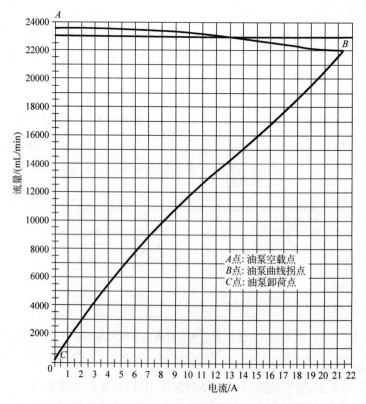

图 2.7-18　某型电动马达驱动泵电流和流量曲线图

A—油泵空载点；B—油泵曲线拐点；C—油泵卸荷点

在图 2.7-18 中,曲线 AB 对应柱塞泵"压力-流量特性曲线"(参见图 2.3-6)中的 AB 段曲线,曲线 BC 对应柱塞泵"压力-流量特性曲线"中的 BC 段曲线。根据电流确定各分支泄漏流量时,应依据曲线 BC。

（6）分别计算每个分支系统的内漏量。

（7）将实际泄漏量与维护手册给定的数值比较,应在规定范围内。如果超出规定值,则该分支系统内漏量超标。

第3章

燃油系统

3.1 燃油系统概述

燃油系统是为存储和输送动力装置所需燃料而设置的。一架飞机完整的燃油系统包括两大部分：飞机燃油系统和发动机燃油系统。一般将供油关断活门之前的燃油系统划归为飞机燃油系统。

除了燃油箱之外，飞机燃油系统包括以下分系统：油箱通气系统、中央油箱抑爆系统、加油/抽油系统、供油系统、空中应急放油系统和指示/警告系统。

3.1.1 燃油系统的功用

飞机燃油系统有以下主要功用。

(1) 存储燃油。飞机油箱中存储着飞机完成飞行任务所需的全部燃油，包括紧急复飞和着陆后的备用燃油。

(2) 可靠供油。飞机燃油系统可在各种规定的飞行状态和工作条件下保证安全可靠地将燃油供向发动机和 APU。

(3) 调节重心。通过燃油系统，可调整飞机横向和纵向重心位置：横向重心调整可保持飞机平衡，减小机翼机构受力；纵向重心调整可减小飞机平尾配平角度，减小配平阻力，降低燃油消耗。

(4) 冷却介质。燃油可作为冷却介质，用来冷却滑油、液压油和其他附件。

3.1.2 燃油系统的特点和对燃油系统的要求

现代运输机燃油系统具有以下几个方面的特点。

(1) 载油量大。

采用涡轮风扇发动机作为动力装置的现代运输机燃油消耗率很大，整个航程中要消耗大量的燃油。飞机燃油重量在飞机起飞重量中占较大比例(25%～50%)。B737 型飞机占27.6%，B747 型飞机占 44%，A300-600 型飞机占 33%。B747 型飞机的燃油总量达到160t。为解决载油和空间的矛盾，飞机多采用结构油箱。飞机在飞行中，燃油消耗率很高，而燃油油箱又难以全部装在飞机重心附近，飞机重心可能会发生显著移动，对飞机的平衡会产生较大的影响，因此在飞行中要对飞机重心进行调节。

（2）供油安全。

现代飞机多采用交输供油系统,可以实现任何一个油箱向任何一台发动机供油,而且每个油箱至少有两台增压泵,以保证供油安全。当两台油泵都失效时,依靠发动机燃油泵的抽吸仍可保证燃油供给。确保供油安全时还要考虑防火问题。

（3）维护方便。

飞机燃油泵设有快卸机构,维护人员不用放油,也不用进入油箱即可拆装油泵,提高了燃油系统的维护性。

（4）避免死油。

飞机燃油系统应有水分收集和排水装置,以排除积水。在燃油箱内采用了引射泵,它借助于燃油增压泵提供的引射流,可将死区(一般位于油箱较低处)的含水燃油引射到增压泵的进口,减小水在油箱底部的沉积,尽可能降低油箱的微生物腐蚀。

3.2　油箱及通气系统

3.2.1　油箱类型和布局

1. 油箱类型

飞机油箱的作用是存储飞行所需的燃油,飞机油箱有三种类型,即软油箱、硬油箱和结构油箱。

1）软油箱

软油箱是用耐油橡胶、胶层和专用布等胶合而成,一般应用在老式飞机和某些上单翼飞机的中央油箱上。目前软油箱在大型民航运输机上很少采用。

2）硬油箱

由防腐能力较强的铝锰合金制成箱体,油箱内有防止油液波动的带孔隔板,隔板可以提高油箱强度和刚度。目前硬油箱通常作为大型飞机的辅助中央油箱(auxiliary center tank, ACT)。

3）结构油箱

民航飞机的油箱大多采用结构油箱,即油箱本身是飞机结构的一部分,利用机身、机翼或尾翼的结构元件直接构成。结构油箱又被称为整体油箱。整体型油箱是飞机结构的一部分,因此在接缝、结构紧固件和接近口盖等处已妥善密封。结构油箱的特点是可充分利用机体内的容积,增大储油量,并减少飞机的重量。

2. 油箱功能分类

根据油箱的位置和功能可把燃油箱分为主油箱、辅助油箱和特殊油箱。

1）主油箱

主油箱是飞机上直接向一台或多台发动机供油,并且在每次飞行过程中持续保持所需燃油储备的燃油箱。主油箱的功能是直接供油,主油箱的运行无须机组的直接监视,主油箱不能被排空。在某些飞机上,主油箱又被称为供油油箱,如图 3.2-1 所示。

2）辅助油箱

辅助油箱是指那些为增加飞机的航程而安装在飞机上以提供额外燃油的燃油箱。所谓

"辅助"是指相对于飞机的主油箱来说,该燃油箱是次要的;飞机飞行过程中,通常将辅助油箱中的可用燃油耗尽,属于正常排空油箱。辅助油箱可安装在中央翼盒内或货舱内。装在中央翼盒段内的辅助油箱称为中央翼油箱,装在货舱内的油箱称为辅助中央油箱(如图 3.2-1 所示)。

辅助中央油箱作为飞机正常油箱系统的补充,用于提高飞机的航程。辅助中央油箱外形和标准货运集装箱类似,安装在飞机的前后货舱内,通过专用的供油管路和通气管路与飞机燃油系统相连。在飞机内配置辅助中央油箱时,应注意对飞机重心的影响。

3) 特殊油箱

特殊油箱是指不以存储燃油为主要用途的油箱,主要包括通气油箱和配平油箱等。

(1) 通气油箱

通气油箱位于主油箱外侧、靠近翼尖的区域内,如图 3.2-1 所示。通气油箱内不存储燃油,通过通气口为其他油箱通气,确保油箱供油正常。

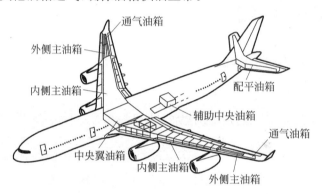

图 3.2-1　典型民航飞机油箱设置

(2) 配平油箱

某些大型飞机配有配平油箱。配平油箱安装在飞机尾部,一般安装在水平安定面内。在飞行中,燃油管理系统可根据飞机配平需要,将燃油送入(或排出)配平油箱,调整飞机重心的位置,减小飞机平尾配平角度,降低配平阻力,以提高飞机的燃油经济性,如图 3.2-1 所示。

3. 燃油箱的特点

油箱内部翼肋将燃油箱分成若干个隔舱,可以抑制飞机姿态发生变化时油液在油箱内发生的晃动。翼肋底部有单向活门,如图 3.2-2 所示,它的作用是使油液只能由翼尖流向翼根,确保位于油箱最低处的燃油泵周围充满燃油。

主油箱下表面开有检查孔,为维修人员提供进入油箱检查的通道,因此又被称为"人孔"。人孔通常位于两根翼肋中间,如图 3.2-3 所示。维修人员可通过人孔执行下列操作:检查油箱内是否存在微生物腐蚀;测量油箱内线束电阻;检查油箱内线束的安装牢固度等。

适航规章对油箱的防火提出了具体要求:在防火墙的发动机一侧,不应有油箱;油箱与防火墙至少有 38mm 以上的间隔。在油箱设计工作中,为了进一步提高防火安全性,某些飞机在其主油箱的发动机吊挂后的高温区域内设置了干舱(如图 3.2-4 所示)。干舱内不存储燃油,在干舱底部设有排放孔(如图 3.2-5 所示),以确保干舱内不会有燃油蒸气。

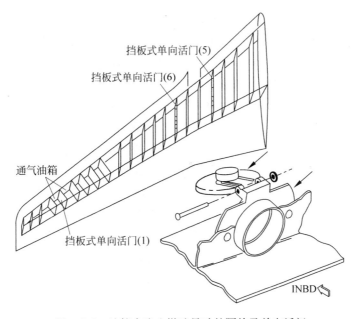

图 3.2-2 油箱内防止燃油晃动的隔舱及单向活门

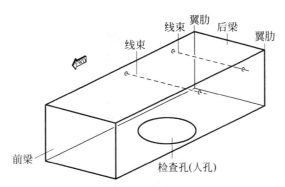

图 3.2-3 油箱下面的检查人孔

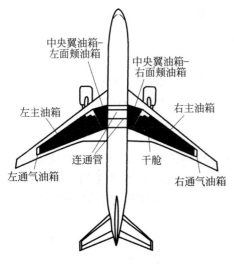

图 3.2-4 飞机的机翼安全干舱

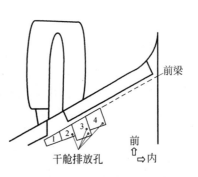

图 3.2-5 机翼安全干舱细节

设置无油干舱不但要考虑发动机吊挂的高温风险,还要考虑发动机出现转子爆破时产生的高能碎片对油箱的击穿风险。当油箱被高能转子击穿时,油箱内的燃油将迅速流失到机外,不但有很高的火灾风险,也会影响飞机的重心,从而造成飞行姿态变化。

为防止高能碎片击穿油箱,应在机翼油箱内设置无油干舱,并将中央翼油箱移出转子爆破风险区,如图3.2-6(a)所示。尾吊发动机的转子爆破风险区为翼尖部位,因此翼尖内部没有设置油箱,如图3.2-6(b)所示。

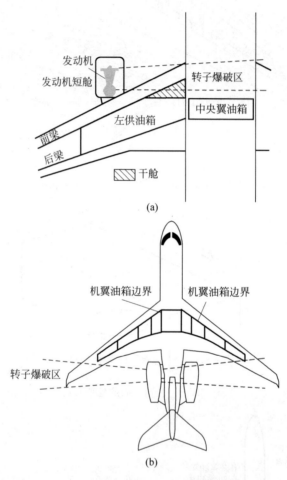

图 3.2-6　发动机转子爆破危险区对干舱布置的影响

(a) 翼吊发动机转子爆破危险区;(b) 尾吊发动机转子爆破危险区

4. 油箱布局

燃油箱通常布置在机翼的翼盒中。为了飞机横向重心稳定,飞机油箱应沿其纵轴线对称布置。目前民航飞机均采用多油箱布局,对于双发飞机来说,普遍采用三油箱布局,即左右机翼主箱、中央翼油箱(如图3.2-7(a)所示),也有的飞机采用两主油箱布局(如图3.2-7(b)所示)。

两油箱布局取消了中央翼油箱,两个油箱均为供油主油箱。此种设计降低了对油箱惰性气体抑爆系统的需求,但飞行中机翼受力情况不如三油箱布局。

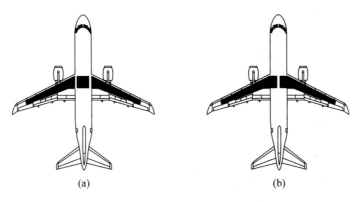

图 3.2-7 双发飞机油箱布局示例

(a) 三油箱布局；(b) 两油箱布局

为了充分发挥机翼燃油箱对机翼升力的卸载作用,有些双发飞机(如空客 A320 系列飞机)采用了 5 油箱布局,即将机翼油箱分隔为内侧油箱和外侧油箱,如图 3.2-8 所示。

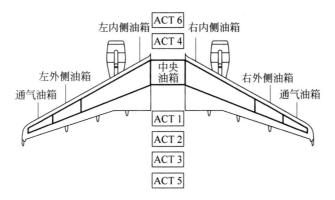

图 3.2-8 A320 系列飞机油箱布局示例

四发飞机的油箱布局比较复杂,至少为 5 油箱布局(即 4 个供油主油箱和 1 个中央翼油箱),有些飞机甚至采用了 7 油箱布局或 8 油箱布局,如波音 747-400 飞机便采用了 7 油箱布局,如图 3.2-9 所示。

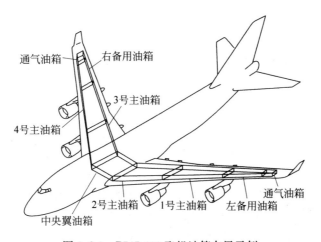

图 3.2-9 B747-400 飞机油箱布局示例

3.2.2　油箱通气系统

1. 通气系统的作用

当油箱内的供油泵向发动机供油时,油箱内油面会随之下降。若油箱密闭,油箱内就会形成负压,这种负压不仅会导致供油泵吸油困难,造成供油中断,还会造成油箱因外部气压大于油箱内气压而受到挤压,最终导致结构损坏。

通过油箱通气系统为油箱内通气,可以防止上述情形的出现。通气系统应在任何飞行状态下都能提供足够的通气流量,使油箱内有正的压力,不出现负压。

简单来说,油箱通气系统具有以下作用:平衡油箱内外气体压力,确保加油、抽油和供油的正常进行;避免油箱内外产生过大的压差造成油箱结构损坏;通过冲压进气的增压作用,确保供油泵在高空的吸油能力,提高供油可靠性。

燃油通气系统不能将油箱简单与外界大气相通。油箱通气系统必须满足以下要求:要防止因燃油蒸气从通气口溢出而引起火灾,同时防止飞机姿态改变时燃油从通气口溢出。

2. 燃油通气系统的组成

图 3.2-10 所示为飞机燃油通气系统,系统主要由通气油箱、通气管两大部分组成。为了确保通气系统的安全和正常工作,通气油箱和通气管上还有以下关键元件:火焰抑制器、安全释压活门、单向活门、浮子活门等。

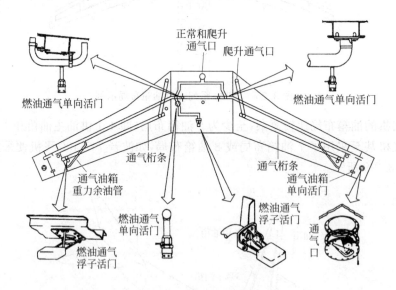

图 3.2-10　燃油通气系统图

1) 火焰抑制器和安全释压活门

正常通气时,外界空气通过冲压通气口进入通气油箱。为防止外部的火焰或过多的热量进入到油箱内部,通气油箱进气口内装有火焰抑制器。火焰抑制器为致密的金属网状结构,容易因堵塞而造成通气系统失效,因此在油箱通气油箱底部还需设置安全释压活门,防止油箱内正压或负压过大而损坏机翼结构。通常释压活门是关闭的,此时与机翼底部齐平。

当正压或负压过大时,释压活门打开,并保持在打开位,为通气油箱提供额外通气。系统维护后,应拔出复位手柄,将释压活门关闭。火焰抑制器和安全释压活门的构造如图 3.2-11 所示。

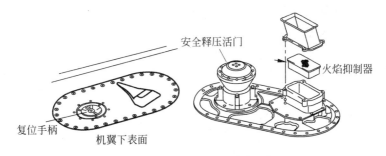

图 3.2-11 火焰抑制器和释压活门的构造

2）单向活门

通气油箱一般沿翼展向分成两室,外室通气,内室(靠近主油箱)通气并储存经通气管溢出的燃油,内外室之间只有单向阀连通,使内室中的燃油不会流到外室。同时,内室有管道与中央油箱通气管相连,使内室中的燃油能靠重力流回到中央油箱。

3）通气口、浮子活门

通气管在油箱内一般有两个通气口。在主油箱中,由于机翼有上反角,平时气体都集中到靠近翼尖的部分,在转弯时机翼倾斜,这时气体集中到翼根部分,所以在翼根前部和靠近翼尖部分都有空气出口,前后各有一个,也保证了在爬升或下滑时油箱的通气。中央油箱的通气也是一前一后的两个通气口。一般将前部通气口称为爬升通气口,后部通气口称为下降通气口。

为了使机翼倾斜时燃油不会从通气管溢出,在靠近翼尖的通气口上装有浮子活门,当油箱这部分有油时,浮子靠浮力将活门关闭,使燃油不能从通气口溢出,而翼根部分的通气口保证了通气。在中央油箱内的通气管还装有通气漏油单向阀,将通气油箱内的燃油引回油箱。

3.2.3 燃油箱抑爆系统

民航飞机燃油箱抑爆系统的提出源于对环球 800 航班中央油箱爆炸事故的调查结果。1996 年 7 月 17 日,波音 747 飞机在起飞几分钟后在空中发生爆炸解体。后来的事故调查表明,事故的起因正是中央翼燃油箱内的燃油蒸气发生爆炸。

1. 燃油箱爆燃危险性分析

1）航空煤油点火能量分析

影响航空煤油易燃性的指标是燃油的蒸气压,因为燃烧的是燃油蒸气而不是液态燃油本身。对于燃油蒸气燃烧,必须存在相应的燃油蒸气与空气混合比。如果燃油蒸气不足,则混合物对于燃烧来说呈贫油状态;相反,如果燃油蒸气过多,混合物则呈富油状态。对于航空煤油来说,贫油极限为 0.6%（空气中的燃油蒸气体积浓度）,富油极限为 4.7%。图 3.2-12 给出了 JET A 型航空煤油的易燃性边界与燃油温度和飞行高度的关系曲线,以引发点燃所需的能量(mJ)来衡量。从图中可以看出,a 区燃油最危险,只需要很少的能量即能点燃；h区之外的燃油相对安全,需要相当大的能量才能点燃。

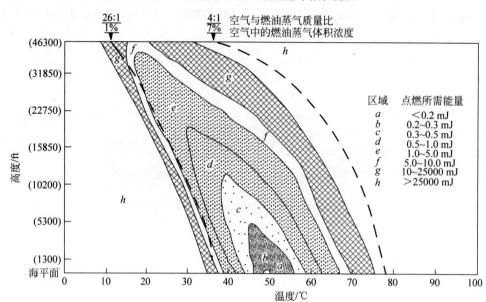

图 3.2-12　航空煤油易燃性边界

2) 燃油箱爆燃危险源分析

由于民航飞机采用多油箱布局,因此在执行短航程任务时,中央翼油箱通常不加满燃油甚至不加燃油。由于燃油箱采用结构油箱,中央翼油箱底部由桁条、翼肋等构件形成的空间内容纳了剩余燃油。剩余燃油在中央翼油箱底部热源(如空调系统组件等)的加温下,温度不断升高,燃油蒸气密度不断上升(如图 3.2-13 所示)。当燃油蒸气浓度达到合适的爆燃浓度时,若油箱内出现高能点火源(通常为静电火花或油箱电气线路短路引起的火花),则中央油箱可发生爆炸。

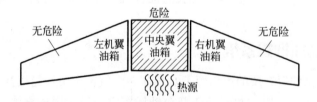

图 3.2-13　民航飞机燃油箱爆燃危险性评估

2. 燃油箱惰化抑爆系统

目前民用飞机燃油箱防爆主要采用油箱惰化技术,即利用氮气或富含氮气的空气(NEA,简称富氮空气)来替代燃油箱剩余空间(也称为油面以上空间)内的空气。该过程又被称为燃油箱油面以上空间净化。NEA 是用来描述低纯度氮气(90%～98%的纯度)的术语,一般通过气体分离过程产生。

1) 中空纤维膜气体分离技术

中空纤维膜气体分离技术提供了一种经济有效的气体分离方法。它采用选择性渗透膜壁原理实现气体分离。对于聚合物膜来说,每种气体的渗透率由其在该膜材料中的溶解度与透过膜壁的扩散率确定。在膜中,表现出高溶解度及分子体积小的气体比分子体积较大、非溶气体的渗透更快。由于"快"气体比"慢"气体更容易透过膜壁,原气体混合物可分成两种气流:富氮气体和其他富氧空气。中空薄膜纤维非常细,将其纳入图 3.2-14 所示的圆管型容器内,即可作为油箱抑爆系统的空气分离模块。

图 3.2-14　空气分离模块——中空薄膜纤维管原理

在实际使用中,可通过改变空气流动速度、空气的温度或压力对出口的富氮空气的纯度进行调节。另外需要注意的是,随气源进入的污染物(臭氧、水蒸气、油液和微粒)对空气分离系统的使用寿命和可靠性存在不利影响。因此,为了防止空气分离器过早地出现性能衰退,可采用过滤器和臭氧转换器对它给予保护。

2) 民航飞机燃油箱抑爆系统

军用飞机的燃油箱抑爆系统可追溯到 20 世纪 50 年代,强制民航飞机的燃油箱加装抑爆系统是在环球 800 空难发生 10 年后,即 2006 年。目前几乎所用的新型民航飞机均采用了燃油箱抑爆系统,另外航空制造厂商也开始对已经服役的机型进行改装,使其具备燃油箱防爆功能。

图 3.2-15 为波音公司 B787 飞机的燃油箱抑爆系统原理图,该系统由氮气生成系统和氮气分配系统组成。

(1) 氮气生成系统

电机驱动的压气机对来自座舱的空气进行增压,并将其输送到热交换器。热交换器对压缩空气进行冷却,并将冷却后的空气送入空气分离组件。空气进入空气分离组件前,先经过气滤过滤,防止空气中的灰尘污物堵塞空气分离组件中的纤维。空气分离组件将空气中的氧气等其他气体分离出来,将氮气经过管道输送到燃油箱抑爆系统管路,同时将分离出来的氧气经冲压空气排气排出机外。

(2) 氮气分配系统

氮气经过分配管路输送到中央油箱和主油箱,每个油箱的分配管路内都有隔离阀和节流孔控制相应油箱的氮气。在中央油箱内设有气体引射泵,以供入的氮气作为引射气体。当中央油箱内的油量降低时,通气管路上的浮子阀打开,将靠近燃油表面的燃油蒸气抽吸到引射泵,使燃油蒸气与氮气充分混合。由于氮气不断供入中央油箱,中央油箱保持正压,混有氮气的燃油蒸气经通气管路由通气油箱不断被排到机外,起到油箱抑爆作用。供入主油箱的氮气经过单向活门供入笛形管(多孔通气管),释放到主油箱内,起到主油箱抑爆作用。

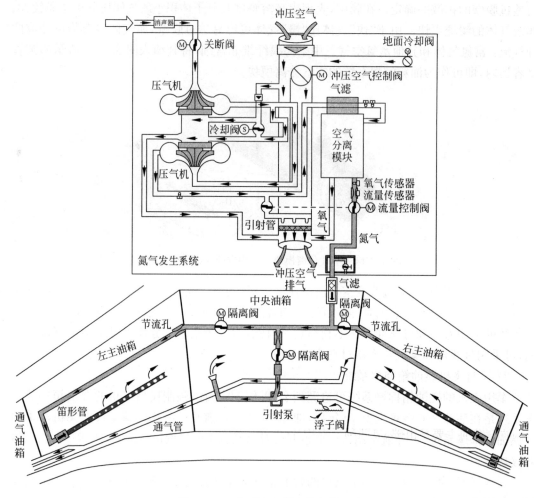

图 3.2-15 典型飞机燃油箱抑爆系统

3.3 加油/抽油系统

3.3.1 概述

现代飞机的加油方法有三种：重力加油、压力加油和空中加油。由于空中加油仅用于军用飞机,故本节只讨论重力加油和压力加油。

飞机加油和抽油操作是相对危险的工作,在整个过程中都要防止火灾的发生。为了确保安全,在加油/抽油时应注意以下事项。

1. 场地应开阔通风,避开气象雷达扫描区

在飞机加油时,应注意避开高能辐射区,确认周边没有飞机开启气象雷达。

为了防止加油/抽油过程中燃油蒸气溢出发生火灾,加油/抽油操作应在开阔通风的场地进行,同时场地附近应有消防设备。为了确保发生意外(发生火警)时,油罐车能够迅速撤离,消防车能够快速抵达现场,飞机周围必须有足够的安全距离,如图 3.3-1 所示。

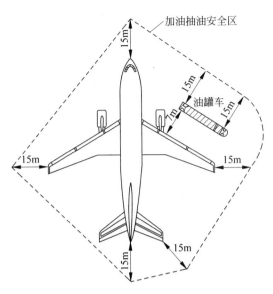

图 3.3-1　飞机加油安全区域

2. 加油时应注意防静电

飞机加油时产生静电失火和爆炸事故,从而造成生命财产的重大损失,这在世界各航空公司几乎每年都有发生。随着大型飞机加油量的增加、加油速度的提高,以及加油操作的不当,使飞机在加油过程中产生静电灾害的危险性有所增加。

1) 航空燃油静电的产生

航空燃油主要是由碳、氢两种元素构成的,碳、氢两种元素约占航空燃油总重量的 87% 以上。此外,还有少量的硫、氧、氮以及微量的磷、钒、钾、硅、铁、镁、钠等元素。在静止状态,燃油本体中正离子携带的电荷等于负离子携带的电荷,因此,在燃油中没有过剩的电荷存在,故不显电性。

燃油在固体表面运动时会产生静电;由于吸附电解等原因,在喷雾、冲刷等过程中也会产生静电。摩擦产生的静电达到一定的数量,才可能造成静电事故。燃油是介电系数较大的物质,它既能通过摩擦产生静电,又能蓄电。当带有电荷的燃油进入飞机油箱后,如果电位差达到 20kV 就会发生放电现象,并产生火花。当火花能量达到或大于周围油料最小点火能量(0.2mJ),且燃油蒸气在空气中的浓度或含量在爆炸极限范围内(航空煤油蒸气体积浓度占空气 1.4%～7.5%)就会发生爆炸。

这种现象多发生在飞机加油开始的 1～2min 内。在大多数飞机油箱内,电容式油量表的探头、增压泵等突出部件诱发了加油初始阶段的放电火花。

2) 影响静电产生的因素

影响飞机带静电的因素很复杂,主要有以下几个方面。

(1) 燃油中含有过量的杂质与水分

燃油中带有杂质是自然存在不可避免的,但国际标准(AP1-1581 标准)规定燃油中所含杂质每升不得超过 1mg,杂质的大小不超过 5μm。燃油中所含杂质主要是一些氧化物、沥青质、环氧酸及磺酸等金属盐类,这些活性物质只需要极低的浓度,一般百分之一至一亿分之一就可以使燃油介质带电。燃油中的杂质过量,会导致油滤和油路精密器件被堵塞,严重时可造成空中停车;另外杂质可以直接离解正、负离子(或吸附自由离子形成带电质点),加重飞机带电情况。

燃油中所含水分有三种形式:游离状态、乳化状态和溶解状态。水对燃油起电的影响是通过燃油内所含杂质的作用而影响的:水与杂质混合后将正、负离子包围、分割,使正、负离子不易重合。实验证明,当燃油中含有1%～5%水分时,极易产生静电事故。

(2)加油流速和加油管径

燃油在管道中流动,流速和管径对燃油静电影响很大,燃油在管道中所产生的流动电流或电荷密度的饱和值与燃油流速的1.75～2次方成正比。

燃油以高速流经管道会获得静电荷。如果该管道是金属的且接地,驻留在管道表面的相反电荷就会流向地面。如果管道不导电(例如尼龙或特氟隆),燃油不仅将电荷带走,而且在管道表面会留下相反电荷,并在管道上逐渐累积起来,当达到一定程度时,将产生针孔静电放电,击穿管道。

(3)过滤器对起电的影响

发动机燃油系统对航空燃油质量的要求很高。加油时,燃油通常经过多重过滤以便除掉水分杂质及其他活性物质。过滤器导致燃油流动阻力增大,摩擦加剧。更重要的是,过滤导致燃油中的抗静电添加剂下降,加剧了静电的产生。因为过滤器的滤芯相当于千千万万根浸在燃油中的平行小管线,大大增加了燃油与其接触和电荷分离的程度,从而使燃油中的静电荷大增,可产生高达加油管充电速率200倍的充电速率。

3)飞机加油静电的抑制与消除

(1)提高航空燃油的导电率

提高燃油导电率可使静电电荷被迅速传导,防止局部静电电位上升过快和过高。提高导电率的方法是在燃油中添加抗静电添加剂。炼油厂在燃油出厂时会在油液中统一添加抗静电剂,减少燃油在运输环节的危险性。经过运输和过滤,燃油中的抗静电剂会减少,油料公司应在加油前重新加入抗静电剂。

(2)严格控制燃油中的水分和杂质

过量的水分和杂质会增加燃油的静电起电量。然而,航空燃油具有吸水的特性。因此应在以下两个环节控制燃油中的水分和杂质。

首先,油料供应保障部门必须按规定定期清洗油罐和加油车;定期清洗或更换过滤介质;定期从油罐和加油车沉淀槽、过滤器中排除水分杂质;在每次灌入新来的燃油并且澄清之后,应当用石蕊试纸检查燃油含水量,石蕊试纸应保证至少浸在油样内15s;在大雨季节,地下储油罐应当更经常地用石蕊试纸检查。通过采取以上措施,可保证加入飞机的燃油目视检查无色透明,无水分、杂质。

其次,航空公司须按机务工作有关规定,定期清洗飞机油箱;在航前、飞机加油前与加油后,都要把飞机油箱中的水分和沉淀物放掉。

(3)控制加油流速

使用较低的加油初始流速,可以防止燃油摩擦生电过多。一般规定压力加油时,无水燃油最大线速度不超过7m/s。在飞机加油时,通常应同时打开两个以上油箱电门,让大流速的燃油一流入油箱就成为分流状态,减缓燃油流速,就可以减少静电起火的危害性。同时还应注意避免加油时出现湍流和溅射。输油泵出现气塞或空隙现象时,燃油中有大量气泡,增强了湍流,使油液与管壁和空气的摩擦加剧,摩擦生电严重。从油箱上部加油口溅射加油,也增大了燃油与空气的摩擦,产生的电荷直接储存在燃油中,所以通常采用油箱底部加油方法,可减少加油时的溅射。

（4）接地与跨接

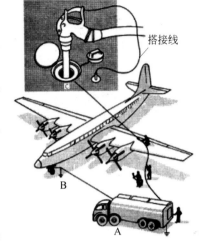

在消除飞机静电的方法中,最有效的方法是接地法。静电接地是指在飞机加油时,将加油车通过金属导线分别与飞机的静电接地桩和加油口接地桩跨接起来(如图 3.3-2 所示),使加油车与飞机和大地形成等电位体,加快燃油中静电电荷的传递。接地可以使飞机和加油车电位相等,避免因静电电位差造成外部放电引起灾害。

3. 及时处理溢出燃油

在加油和抽油过程中,对溢出的燃油要及时处理,防止出现火灾。一般少量溢出时,可撒上细沙,然后仔细清扫。如燃油大量溢出,应及时通知消防部门,喷洒泡沫灭火剂,然后用水冲洗场地。

图 3.3-2　飞机加油接地(重力加油)

3.3.2 重力加油

1. 重力加油的应用

重力加油操作简单,一般被小型飞机采用,如图 3.3-3 所示。大型飞机一般优先采用压力加油系统,重力加油仅在机场没有专用加油车时,作为辅助加油手段采用。飞机的重力加油口一般位于主油箱顶部(如图 3.3-4 所示)。

图 3.3-3　小型飞机重力加油

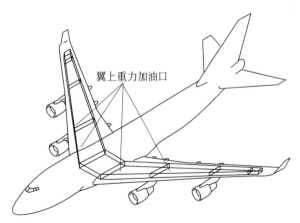

翼上重力加油口

图 3.3-4　大型飞机重力加油口布局

重力加油时,加油员登上机翼,打开重力加油口盖板。不同飞机的加油口结构都不相同,但作用都是一样的(图 3.3-5 所示为某型飞机重力加油口细节图)。加油口周围设有密封腔,制成可收集和放出溢出的燃油的漏斗型。为了防止异物掉进油箱,加油口有滤网保护。口盖盖好后因有密封,阻止了燃油从加油口外溢。

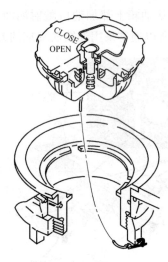

图 3.3-5　大型飞机重力加油口细节

加油时,应将加油枪与机翼表面的放静电搭铁线搭接(大型飞机重力加油操作参见图 3.3-2)。加油完成后,应将加油口盖密封、盖好。

2. 重力加油的缺点

重力加油存在以下缺点:首先,加油操作速度慢。重力加油从开始准备到结束的时间很长,如加油车开动、搬梯子和加油管、打开和关闭加油口盖、加油枪的接地和定位、加油车油泵的起动和流量调节、供油量的监测等,这些工作都是在速度很慢的状况下进行的。其次,重力加油操作容易导致机翼表面损伤。因为重力加油口总是配置在机翼的上表面,加油人员在上面走动和搬动加油管时,不可避免地会引起表面油漆层的损坏。再次,重力加油存在一定的危险。在冬天机翼表面结冰的情况下,加油人员在上面操作极易发生坠落危险。更值得注意的是,加油时难免会冒出燃油和燃油蒸气,一旦遇到火星就有发生火灾的危险。同时敞口式加油也容易导致燃油污染。

因此,现代大中型飞机只将重力加油作为一种辅助应急手段而保留。

3.3.3　压力加油

1. 压力加油应用

压力加油系统也叫集中加油系统。从加油车引来加油软管,连接在机翼前缘的加油站上的加油接头上,通过人工或自动控制等方法,燃油在加油车油泵压力的驱动下通过预先铺设的管道往各油箱。它包含地面加油车,形成一个完整的压力加油系统,这种加油也称为单点式加油,特点是抗污染性好、安全性高。

2. 简单的压力加油系统

飞机压力加油系统由机翼前缘的加油站、通往各个油箱的加油管和油箱内的满油浮子电门构成。压力加油站提供了压力加油的控制和指示,包括压力加油接头、加油总管和压力加油控制面板等功能元件。

1) 压力加油接头

进行压力加油操作时,严格按照操作程序进行。在压力加油接头附近有接地点和加油注意事项,如图 3.3-6 所示。加油时,将加油枪的接地线与加油接头附近的接地点相连,以减少静电风险。开启压力加油操作前,要调整加油泵压力不超过规定值(一般为50psi)。

2) 加油总管

加油总管的原理如图 3.3-7 所示。加油总管连接压力加油接头和通往油箱的加油管,起到加油分配中心的作用。加油总管内包括 3 个由电磁阀控制的膜片式加油活门和 4 个出口:3 个出口通向油箱,一个出口与抽油活门连接。当加油软管和加油接头相接时,软管上的顶针顶开了菌状阀门,打开了燃油进入总管的通道。燃油同时经节流口进入加油活门的

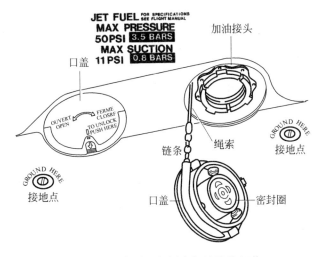

图 3.3-6　大型飞机压力加油接头细节

内隔膜的上腔,隔膜上下腔室压力相等,阀口仍然关闭。当线圈通电时,隔膜上腔的压力被释放,在下腔压力的推动下,克服弹簧力将阀门向上打开,燃油就通过打开的加油活门经单向阀进入指定油箱。

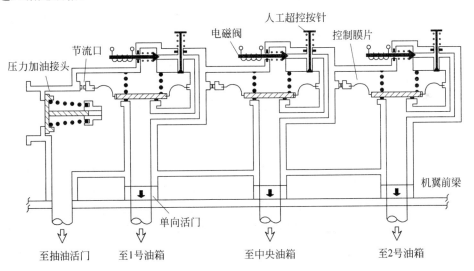

图 3.3-7　加油总管原理图

3）加油管

加油管连接在加油总管上,分别通往 1 号油箱、中央油箱和 2 号油箱,如图 3.3-8 所示。为了同时加油时使流往左右机翼油箱的流量达到均衡,2 号油箱加油管加装了节流器,以限制流往 2 号油箱的流量。

4）浮子电门

每个油箱内都设有浮子电门,用于感受油箱内油面位置(如图 3.3-8 所示)。当油面到达加油预定值时,浮子电门使压力加油站加油电磁阀的线圈断电,自动关闭加油活门,防止燃油溢出。

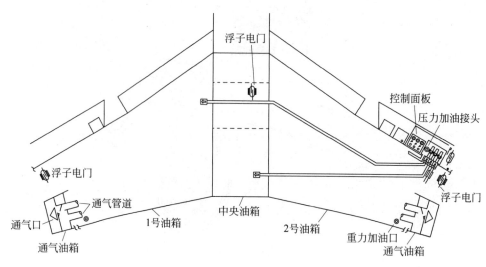

图 3.3-8　压力加油管路

3. 多油箱压力加油管理

现代大型民航飞机采用多油箱布局,油箱载油量大。为了在加油过程中控制各油箱的加油量,进而控制加油过程中飞机的重心,大型民航飞机压力加油系统多采用程序控制各油箱的加油顺序和加油量,具体如图 3.3-9 所示。

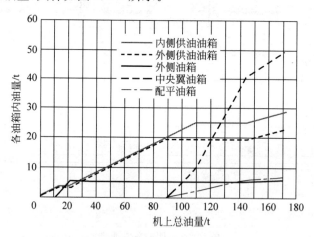

图 3.3-9　空客 A340-600 飞机压力加油管理

空客 A340 飞机有 8 个油箱,加油时,首先给内侧供油箱和外侧供油箱加油至 3t(总共加油 12t),然后给外侧油箱加油至其容量的 95%,接下来重新向供油油箱加油;当机载燃油量达到 90t 时,外侧供油箱停止加油,并开始向中央翼油箱和配平油箱加油,当总油量达到 110t 时,内侧供油箱停止加油,中央翼油箱和配平油箱继续加油;当总油量达到 144t 时,所有油箱开始最终加满油,直到达到最大油量 171.5t。自动加油控制程序可根据飞机航程所需燃油量,自动控制每个油箱的加油量和加油顺序,简化了加油操纵流程。

3.4 供油系统

民用飞机燃油系统的供油方式一般有两种：抽吸供油和动力供油。

3.4.1 抽吸供油

抽吸供油(有时又称为"重力供油")适用于油箱比发动机位置高的小型飞机,如油箱装在机翼内的上单翼飞机。抽吸供油系统原理如图 3.4-1 所示。油箱顶部的加油通气口将大气引入油箱,确保供油通畅。供油活门安装在供油管路上,燃油过滤器安装在供油系统的最低处,用于过滤油液中的杂质并收集燃油中的部分水分。当打开燃油系统供油活门时,燃油便会在自身重力作用下流经油滤向发动机供油。多油箱飞机采用抽吸供油系统时,应在各油箱之间加装燃油平衡管,以保证各油箱的油量平衡。

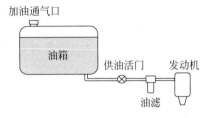

图 3.4-1 飞机抽吸供油系统原理

抽吸供油方法简单,但其供油可靠性较低,尤其是飞机飞行速度变化和机动飞行时。

3.4.2 动力供油

动力供油系统采用电动离心泵作为供油动力,将燃油增压后供向发动机和辅助动力装置(APU)。为了保证供油的可靠性,每个油箱中安装两台燃油增压泵。动力供油系统原理如图 3.4-2 所示。

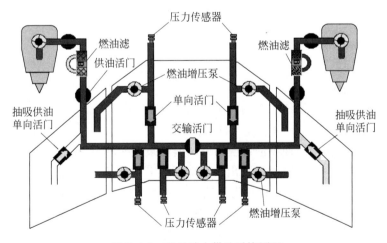

图 3.4-2 飞机动力供油系统原理

1. 动力供油系统要求

为了确保飞行安全,动力供油系统应确保在各种规定的飞行状态和工作条件下保证安全可靠地将燃油供向发动机和 APU,因此适航规章对动力供油系统提出以下要求:

(1) 燃油增压泵吸油口应设在油箱底部,保证起飞、着陆、起动和在高空都能有效工作;

(2) 当增压泵全部失效时,靠发动机驱动燃油泵形成管路真空度所产生的抽吸作用,仍

能向发动机供油;

(3) 每个油箱至少有两台增压泵,对于任何正常飞行姿态下的燃油负载,每个油箱至少有一个油泵能泵出燃油;

(4) 多发动机的燃油系统,应是从各自相应的油箱供油,应急情况下,可以从一个油箱向所有发动机供油;

(5) 多发动机的燃油系统,任何一个附件或组件失效,最多只能导致一台发动机停车;

(6) 多油箱供油时,不允许在切换供油油箱时有超过 10s 的缺油;

(7) 燃油系统应是可交叉供油的,但不能在油箱间有溢流;

(8) 通往每台发动机的管道应该装有防火切断阀,以切断供往起火发动机的燃油。

动力供油系统可按功能分为主供油系统、辅助供油系统、交输供油系统和配平供油系统。

2. 主供油系统

主供油系统采用电动离心泵作为供油动力,将燃油从油箱中抽出并增压,向发动机和 APU 提供一定压力和流量的燃油。主供油系统可控制各油箱的供油顺序,并在供油泵故障时由旁通单向活门提供旁通供油能力,增加供油可靠性。

1) 供油顺序

为了增加航程和续航时间,现代客机的燃油系统油箱的数量较多,而且容量较大。这样就难以将它们都安装在飞机重心附近。特别是对大型亚音速客机,它的大部分油箱是分布在离飞机重心较远的机翼结构内。为了在燃油消耗过程中使飞机重心的变化量不致过大,各类飞机都根据其重心的允许变化范围规定了一定的供油顺序。现代大中型客机大都采用大后掠角机翼,并且飞行速度较快,机翼上的气动力载荷很大。因此,在用油时既要考虑对飞机重心的影响,又要考虑对机翼结构受力的影响。

目前普遍采用的供油顺序是:先消耗机身中央油箱内的油液,然后再用两翼油箱内的油液。因为中央油箱靠近飞机重心,对飞机重心变化影响不大,同时可充分利用主油箱内油液对机翼的卸载作用,减轻飞行中机翼结构的弯曲载荷(即减小机翼根部所受的弯矩)。

2) 供油顺序控制方法

实现燃油箱向发动机供油顺序的控制方式有以下三种。

(1) 油泵出口单向活门打开压差不同

采用此种控制方法的燃油供油系统的燃油增压泵完全相同,而油泵出口的挡板式单向活门开启压差不同:中央油箱增压泵出口单向活门开启压力低于左、右主油箱增压泵的开启压力。图 3.4-3 所示为某型飞机动力供油系统的供油顺序控制原理,其中,中央油箱增压泵出口单向活门的打开压力低于左、右主油箱增压泵出口单向活门的打开压力。

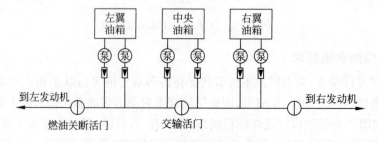

图 3.4-3　供油顺序控制原理

当所有增压泵同时起动时,中央油箱增压泵出口单向活门首先打开,此时由中央油箱首先向发动机供油。当中央油箱内的油液快用完时,中央油箱增压泵出口压力降低,则左、右翼油箱油泵出口压力顶开其出口的单向活门,向发动机供油,从而实现了先用中央油箱油液,再用主油箱油液的供油顺序。

(2)不同工作压力的燃油泵

当泵出口单向活门开启压力相同时,调节油箱增压泵的工作压力,也可实现先用中央油箱油液再用两翼主油箱油液的供油顺序。

为了使中央油箱先供油,中央油箱采用工作压力大的增压泵,左、右翼油箱采用工作压力小的增压泵。当所有油泵同时起动时,由于中央油箱增压泵的工作压力大,所以其出口单向活门将首先被打开,向发动机供油。中央油箱供油压力在左、右翼油箱增压泵出口单向活门的下游提供了较高的背压,使其不能被其上游的增压泵打开,因而使中央油箱优先供油。当中央油箱的燃油消耗殆尽时,其油泵出口压力迅速降低,左、右翼油箱增压泵向发动机供油,实现了供油顺序的控制。

有些飞机的中央油箱将两台相同的油泵串联起来,达到了增加油泵出口压力的目的。

(3)程序控制

前两种供油顺序控制方式只适用于双发构型飞机。当飞机变得更大(比如四发飞机)并设有多个油箱时,需要设计更加复杂的供油顺序控制程序。以空客公司 A340-600 四发飞机为例,该飞机设有 8 个油箱:4 个供油油箱(每台发动机 1 个)、两个机翼外侧油箱、1 个中央翼油箱和 1 个配平油箱(配平油箱位于水平安定面内)。为了控制 8 个油箱的供油顺序,需在燃油管理系统中进行编程,以实现特定的供油顺序控制,如图 3.4-4 所示。

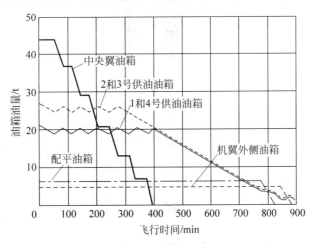

图 3.4-4 空客 A340-600 飞机供油控制顺序

当飞机执行长航程航线时,包括中央翼油箱在内的所有油箱均已加满油,4 个供油油箱分别向 4 台发动机供油。从图 3.4-4 可以看出,当供油油箱油量下降到预定程度时,中央翼油箱对 4 个供油油箱进行转输,当 4 个供油油箱重新满油时,中央翼油箱的转输停止。转输过程一直重复,直到中央翼油箱燃油用尽,发动机开始消耗供油油箱内的燃油。当达到飞行计划中的最末航线点时,配平油箱向供油油箱转输燃油。最后,供油油箱油量降低达到某个最低油量时,机翼外侧油箱的全部燃油都要转输到供油油箱。

以上供油顺序可以简化为:先用中央翼油箱燃油,再用供油油箱燃油,最后用外侧油箱燃油,最大限度发挥机翼油箱内燃油对机翼根部的卸载作用。

3. 辅助供油系统

当主供油系统工作时,辅助供油系统同时工作。

辅助供油系统的第一个功用是避免水分在主油箱底部积累,减弱水对燃油系统的影响。如图3.4-5(a)所示,主油箱增压泵将燃油增压后,一部分压力油液通过管路送到引射泵内,通过引射泵内的引射喷嘴喷出,在引射泵内形成一定的真空度,将主油箱底部的含水燃油抽吸上来,送到增压泵的吸油口。这样,油箱底部的含水燃油便不断被供油系统送入发动机烧掉,从而避免水分在油箱底部的积累。因此辅助供油系统又被称为燃油除水系统。

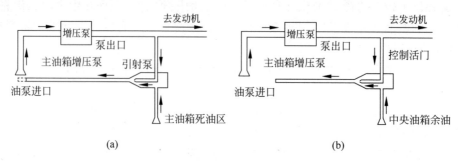

图3.4-5 飞机辅助供油系统

(a)主油箱排水系统;(b)抽吸中央油箱油液

辅助供油系统的另一个功用是抽取中央油箱低处的燃油,并将其送入机翼主油箱,减少中央油箱内的剩余燃油量。引射泵进口管路安装有控制活门,吸油口位于中央油箱最低处,泵出口管路开口于主油箱内(如图3.4-5(b)所示)。

引射泵的工作由泵进口管路上的控制活门控制,当活门打开时,增压泵的压力油液进入引射泵引射腔,将中央油箱底部的余油吸上来,送入主油箱。控制活门有两种控制方式:一种方式是由中央油箱内的浮子控制,当油箱油量下降时,浮子将控制活门打开;另一种方式是采用电控活门,该活门由中央油箱燃油泵关断活门控制。当中央燃油箱内燃油量过少时,油泵吸油不足,油泵输出压力下降,此时飞行员关闭中央油箱燃油泵,打开引射泵进口管路控制活门,引射泵将中央油箱内余油送入主油箱。

4. 交输供油系统

交输供油系统可以调节飞机的横向平衡。在飞行中,若左、右机翼主油箱出现燃油量消耗不均衡的情况,会导致飞机失去横向平衡,此时可通过燃油交输系统予以纠正。

在图3.4-2所示的供油系统中,交输活门位于左右侧供油管路之间,正常处于关闭状态。当飞机的主油箱出现不平衡现象时,飞行员应按以下要点进行油量平衡的调整:

首先打开交输活门;然后关闭油量较少的油箱内的燃油增压泵,此时,两台发动机均由燃油较多的油箱的燃油增压泵供油;观察油箱油量指示,当两侧油箱油量恢复均衡时,起动刚才关闭的增压油泵。当油泵的低压指示消失后,将交输活门关闭,完成油量不平衡的调整操作。

5. 配平传输系统

目前民航飞机均为纵向静稳定飞机,飞机重心处于机翼升力中心之前。当飞机处于巡航飞行阶段时,水平安定面前缘向下,产生配平气动力。配平气动力的水平分量形成配平阻力,进而增大发动机油耗。为了减小飞机配平阻力,可在飞行过程中利用配平供油系统对飞机的重心进行纵向主动控制,其原理如图 3.4-6(a)所示。图中的飞机设有中央翼油箱、机翼油箱和平尾配平油箱。燃油可在中央翼油箱和机尾配平油箱间传输,从而控制飞机的纵向重心。图 3.4-6(b)给出了整个飞行中的飞机重心的纵向控制过程。

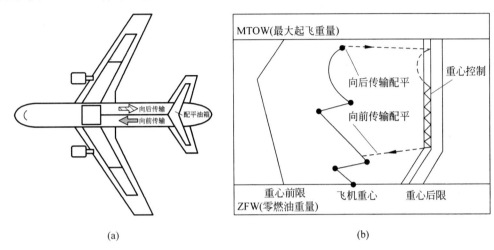

图 3.4-6 飞机配平供油系统
(a)飞机重心控制示例;(b)飞行过程中重心控制

在飞机加油过程中,通过对各油箱加油顺序的控制,使得飞机重心在加油过程中没有发生大的变化,即飞机加满油时的重心位置与零燃油时的重心位置大致相同,与飞机的重心后限有足够的距离,确保飞机在起飞和爬升过程中,具有足够的操纵稳定性。当飞机进入巡航阶段时,将中央翼油箱的燃油向后传输到配平油箱,飞机的重心随之后移,减小飞机的纵向静稳定度,从而减小飞机配平阻力。随着飞机燃油消耗,燃油控制系统将配平油箱中的燃油再向前传输,保持重心在重心控制带内,进行重心控制。当飞机下降前,将配平油箱内燃油向前传输,飞机重心向前移,恢复飞机的纵向静稳定度,提高飞机着陆时的操纵稳定性。

3.4.3 动力供油主要附件

1. 燃油增压泵

飞机上的燃油泵(也叫供油泵或增压泵)不但要重量轻、尺寸小,而且要工作可靠、寿命长,同时还要保证低压大流量,以满足燃油系统的要求。因此,燃油增压泵应选用适合低压大流量工作要求的电动离心泵。

1) 离心泵的原理及性能特点

离心泵体主要由叶轮、导流筒和带输出管的蜗壳组成,如图 3.4-7 所示。叶轮是泵的最主要部分。离心泵就是通过叶轮将外部的机械能传递给液体,变成了液体的压力能和动能。导流筒使液体以一定速度和方向导入叶轮。

油泵起动后,电动机带动叶轮高速旋转,从导流筒流入的燃油受叶片的推动也随着旋转。燃油在旋转中受到离心力的作用,被甩进蜗壳,最后经输出管排出。离心泵就是靠所产生的离心力使燃油增压并流动。叶轮中心处产生的真空度将油液吸入油泵。

油泵使燃油压力增加的同时,也不可避免地会引起燃油能量的损耗。例如,叶轮与导流筒之间有间隙存在,出口压力又大于进口压力,在进

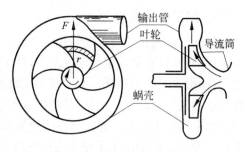

图 3.4-7　离心泵的工作原理

出口压力差的作用下,就会有少量燃油从叶轮边缘经此间隙返回入口,造成了泄漏损失。

2) 燃油增压泵的结构特点

燃油增压泵不同于地面应用的普通电动离心泵,它对增压性能和防火安全性有更高的要求。

(1) 油泵进口处有分离油气的扇轮。

飞机在高空飞行时,油箱内压力降低,油泵叶轮中心处的压力会更低,不但会导致油液中溶解的气体析出,也会造成燃油蒸发加剧,大量蒸气析出。油泵进油口存在气泡,会降低油泵的供油能力。因此,燃油增压泵的主叶轮前会设置一个扇轮,与主叶轮同轴转动,用于分离油泵入口处燃油中的气泡,改善油泵工作状态。

(2) 油泵装有滴油管。

油泵的主叶轮与泵的驱动部分(电动马达)之间是密封的,以防燃油或燃油蒸气渗入马达引起火灾。为确保密封效果,一般采用双层封严圈,并在两层封严圈中间设置通向机外的滴油管。如果燃油漏过第一层封严圈,将由滴油管排到机外。一旦发现滴油管漏出的燃油超过标准,可判断封严圈已经损坏,必须及时更换。

3) 油泵的典型构造

图 3.4-8 所示为某型飞机燃油增压泵的结构。在电动机转子轴上套有两个叶轮(在前的主叶轮和在后的重新起动叶轮)和一个导流扇轮。这一组件支承在两个由燃油润滑的石墨轴承上。导流扇轮安装在主叶轮的端面上,而主叶轮通过键连接到在蜗形管内的转子轴上,桨状的重新起动叶轮被安装在转子轴承上。在重新起动叶轮与轴承组件之间有一个由一组迷宫式通油盘排列而成的火焰抑制器。蒸气释放管通过火焰抑制器组件连接在泵的壳体上,火焰抑制器组件由一个带凹槽衬套和一个蒸气返回导管通过压配组成。

当电动机通电时,泵旋转,燃油经导流扇轮进入主叶轮,在压力作用下通过蜗形管流向飞机输油管,同时在泵和电动机的壳体内循环,这样就提供了电动机冷却和轴承润滑,并且使重新起动叶轮能在主叶轮的油槽内吸油。为了防止通电的泵空转,再起动叶轮将来自主叶轮油槽处积聚的燃油蒸气和混入的空气吸走,燃油蒸气从蒸气排放管道回到飞机油箱。电动机起动后,如果入口吸不到油,再起动泵将从电动机壳体的油池中不断地吸油来延迟时间,使得泵能重新起动。在壳体下部有一排油塞,在拆卸泵时可拧下塞子将泵内燃油排尽。

4) 燃油增压泵的安装

燃油增压泵安装在燃油箱底部,周围的隔板(翼肋和隔框)为油泵提供一个稳定的吸油空间。隔板底部开有向油泵一侧开启的单向活门,确保油液只能向油泵流,防止飞机姿态变

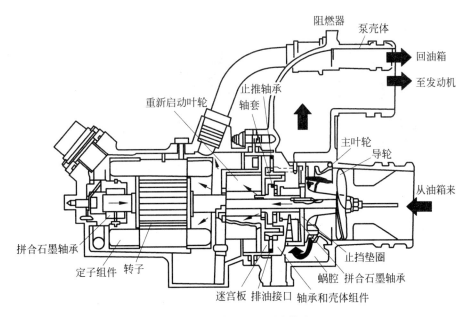

图 3.4-8 典型燃油泵的构造

化时油泵抽空。燃油泵马达可从油箱外单独拆下(如图 3.4-9 所示),且油泵的吸油管和排油管均设有单向活门。维护人员既不用进入油箱,也不用放油,就能完成燃油泵主要部件电动马达的拆换,提高了燃油系统的维护性。

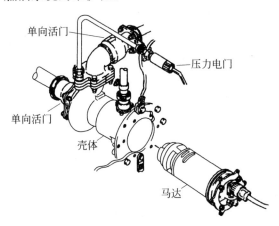

图 3.4-9 油泵的安装

2. 引射泵

引射泵(其构造如图 3.4-10(a)所示)外廓尺寸小,重量轻,寿命长,无活动部件,在油箱中不需引入导线,吸油管可以放在油箱中任何地方,方便布置。引射泵利用增压油泵的高压燃油作为引射动力,其工作原理如图 3.4-10(b)所示。压力油管将增压泵增压的燃油引入引射泵的喷嘴,经收缩喷嘴以较高的速度射出,燃油的速度增加,其压力相应降低,在喷射流的周围形成了低压区,吸油管口的燃油在压差的推动下流入引射腔,跟随射流流向出口混合管。

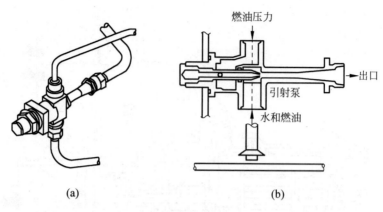

图 3.4-10　引射泵构造及工作原理

(a) 引射泵外形；(b) 引射泵的工作原理

3. 单向活门

燃油系统中的单向活门一般为蝶形或舌形活门。单向活门安装在燃油增压泵的出口，防止油泵关断时供油系统燃油经油泵反向流回油箱，并可控制主供油系统的供油顺序。

4. 控制活门

燃油系统中控制活门的作用是关断或改变燃油的流动方向，主要包括供油控制活门、交输活门等。目前飞机燃油系统控制活门多采用电动或手动的关断活门。控制活门为驱动机构(包括电动机构)和阀门两大部分。

图 3.4-11 所示为典型燃油控制活门，电动机安装在油箱外部，通过一根驱动轴驱动活门体内的活门转动，此种设计增强了活门的防火安全性和维护便利性。

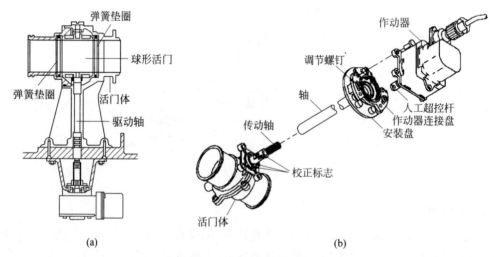

图 3.4-11　燃油系统控制活门

(a) 控制活门剖面图；(b) 控制活门安装示意图

燃油系统中的控制活门主要有供油活门(又称为燃油关断活门)和交输活门。燃油关断活门安装在通往发动机的油路上，控制供向发动机的燃油流动。当发动机发生火警时，提起灭火手柄,可将燃油关断活门关闭,切断供向发动机的燃油。

交输活门安装在供油系统管路的中央,平时关闭,将供油系统分成相互独立的左右两部分,其主要作用是纠正油箱间油量的不平衡(详见交输供油系统)。

5. 油滤

油滤是一种燃油杂质过滤器,有粗油滤和细油滤之分。粗油滤仅能防止那些较大的微粒进入燃料系统,在燃油进入喷嘴之前多用细油滤。油滤的主要元件是滤芯,滤芯由金属骨架支撑的滤网构成。滤网有金属滤网与纸质滤网,网眼的大小决定了滤芯的过滤度,即通过的最大微粒大小。燃油的通路多是从滤芯外面进入滤芯内部,然后流出。这样油的压力使滤芯紧紧贴在滤芯的骨架上,使滤芯不易受损。

燃油滤堵塞会导致发动机供油量下降,严重时会导致发动机空中停车。为了提高供油可靠度,燃油滤设置了旁通活门,当油滤进口、出口压差达到旁通活门开启压力时,旁通活门打开,油液绕过滤芯,直接供向发动机。同时,驾驶舱燃油控制面板上的油滤旁通指示灯会点亮。

3.4.4 燃油传输及抽油

1. 地面抽油

抽油是指飞机在地面时,为了维护燃油箱或油箱内的附件,将燃油箱内剩余燃油排放到地面油车上。在航空公司日常运行中,由于怕燃油被微生物污染,原则上不允许将飞机上的油抽到油车中,因此实际操作中多采用将油箱中的燃油传输到另一个油箱的抽油方式。只有在必要时(如飞机大修必须将所有油箱的燃油都排出的情况下)才将机上燃油排放到油罐车内。抽油时,可采用燃油系统本身的增压泵作为动力,即压力放油,也可采用油罐车内油泵进行抽吸,即抽吸放油(简称"抽油")。图 3.4-12 所示为某型飞机的抽油系统原理图。

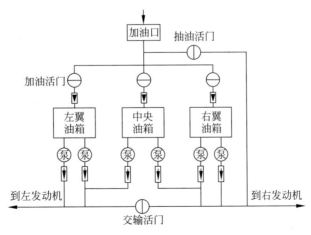

图 3.4-12 抽油系统原理图

抽油操作时,将抽油管接在加油总管的压力接头上,打开抽油活门,起动燃油箱的增压泵,燃油通过供油总管经抽油活门进入加油总管,并由抽油管进入油罐车油箱。

当进行地面抽油操作时,不但要注意防火,还要注意飞机重心变化问题,尤其是大后掠角的飞机,一般应先抽两翼主油箱的燃油,再抽中央油箱的燃油,防止抽油过程中飞机后倾。

2. 地面传输

当飞机处于地面时,有时需要在油箱之间进行油液传输,例如当需要将左油箱内的一部分油液输送到右油箱内时,应打开抽油活门、右翼油箱的加油活门和交输活门,然后起动左翼油箱的燃油泵,油液从左翼油箱经供油管路、抽油管路和加油管路进入右翼油箱,完成油液的传输。

3. 空中传输

在飞行过程中,为了纠正机翼两侧油箱消耗不平衡的情况,也可借助于抽油活门、加油活门和交输活门完成燃油在空中的平衡传输。例如,当左机翼油箱油量高于右机翼油箱油量时,通过燃油传输系统可使左机翼油箱在向左发动机供油的同时,也向右机翼油箱输送燃油,实现油量平衡。

3.4.5　应急放油系统

1. 应急放油的提出

飞机的最大起飞重量和最大着陆重量通常是不同的,最大起飞重量(MTOW)大于最大着陆重量(MLW)。随着飞机 MTOW 的增加,MTOW 和 MLW 之间的差值越来越大,如图 3.4-13 所示。这一差值表示在飞机满载起飞后,遇到必须尽快着陆情况而必须减少的重量。

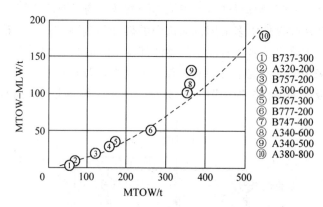

图 3.4-13　各型飞机最大应急放油要求

早期的 FAA 适航规章要求,当运输机的最大起飞重量超出最大着陆重量一定量时(二者比值超过 105%),应考虑为飞机装备空中应急放油系统。当时考虑设置应急放油系统的主要目的是使飞机在空中迅速减重,以保证飞机起飞后能够应急返场着陆。后来,适航当局认识到,与其根据飞机的起飞重量和着陆重量的比值来确定是否安装应急放油系统,不如将是否需要应急放油系统与飞机的爬升性能联系起来更合理。从安全上讲,飞机在进近和着陆时的重量必须满足爬升要求。假设在最不利的条件下,即在出航机场复飞和着陆时,没有应急放油系统需满足的爬升条件,其重量为飞机最大起飞重量减去复飞操作时发动机消耗的燃油重量。考虑到机场的交通条件,飞行机组应能在不多于 15min 的时间内完成快速复飞程序。最终适航规章对飞机设置应急放油系统的要求变更为:飞机在最大起飞重量减去15min 发动机耗油后的重量情况下,飞机性能满足紧急情况下的复飞爬升要求,则可以不设置应急放油系统。

　　因此，飞机设置应急放油系统的目的是：确保即使在飞机起飞时出现故障的极端情况下，飞机也具有足够的爬升能力，以保证飞机应急返场着陆。设置应急放油系统，既能保证飞机的全重着陆能力，更能使飞机在紧急情况下（如单发失效）拥有快速爬升跃障能力。另外，设置应急放油系统可使飞机以较少的燃油量着陆，减少飞机着陆后起火爆炸的危险。

2. 应急放油系统的要求

　　考虑到应急放油操作中飞机的安全问题，对应急放油系统提出如下要求。

　　(1) 放油系统工作时不能有起火的危险，因此应急放油管口必须设置防火网。

　　(2) 排放出的燃油必须不能接触飞机，应急放油口设置在机翼外侧，使放出的燃油避开飞机机身和尾翼（如图 3.4-14 所示）。

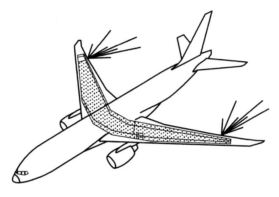

图 3.4-14　飞机应急放油

　　(3) 飞行人员在放油操作过程中任何阶段都能终止放油操作，避免在居民区或危险区放油。因此在驾驶舱内应设置放油电门，供飞行员控制放油活门的开启和关闭。

　　(4) 在放油过程中应保持飞机的横向稳定，即必须设置两个分开的独立放油分系统。

　　(5) 必须有保持最少油量的自动关断活门，保证飞机有足够的剩余燃油。对于涡轮发动机飞机，最低剩余燃油是能够使飞机从海平面爬升到 3000m，然后以最大航程速度巡航 45min 的需用油量。

3. 应急放油系统的组成

　　下面以波音 B777-300 飞机为例，介绍现代飞机应急放油系统（如图 3.4-15 所示）。飞机应急放油系统的主要附件包括：

　　(1) 位于翼尖的两个应急放油喷嘴；

　　(2) 两个应急放油活门（又称为"喷嘴活门"）；

　　(3) 两个应急放油泵；

　　(4) 两个超控/应急放油泵；

　　(5) 两个应急放油隔离活门；

　　(6) 加油/应急放油总管。

　　加油/应急放油总管（以下简称"总管"）是加油和应急放油的主管道，将加油站、加油活门、应急放油泵、超控/应急放油泵、应急放油隔离活门、应急放油活门连成加油/应急放油系

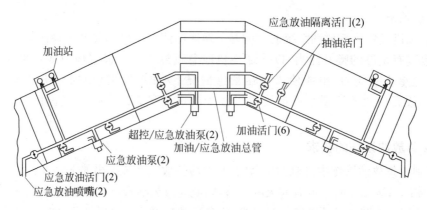

图 3.4-15 波音 777-300 型飞机应急放油系统图

统。当飞机处于地面加油模式时,应急放油隔离活门、应急放油活门关闭,加油活门打开,燃油从加油站流入总管,经加油活门进入燃油箱。当飞机处于应急放油模式时,加油活门处于关闭状态,应急放油隔离活门、应急放油活门打开,应急放油泵、超控/应急放油泵将油箱中的燃油增压送入总管,并经应急放油喷嘴排到机外。

应急放油由位于应急放油控制面板上的应急放油控制电门操纵,应急放油控制电门包括应急放油预位电门、剩余油量设定旋钮和应急放油活门控制电门(又称为"喷嘴控制电门"),如图 3.14-16 所示。

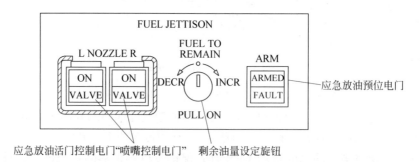

图 3.4-16 飞机应急放油控制面板

当飞机在空中需要进行应急放油操纵时,飞行员按压应急放油预位电门到 ARMED 位,此时飞机进入"最大着陆重量模式",应急放油系统自动根据飞机的最大着陆重量设定机上剩余燃油量(如果飞行员将剩余油量设定旋钮拉出,将切换到人工模式,可人工调节机上剩余燃油量);接下来,飞行员按压喷嘴控制电门,应急放油系统打开应急放油活门、起动应急放油泵,并打开应急放油隔离活门。应急放油泵将燃油增压至 36psi 供向总管(每台泵的流量可达 31750kg/h)。当单侧应急放油喷嘴打开时,应急放油流量为 1224kg/min;当两侧应急放油喷嘴均打开时,应急放油流量为 1406kg/min。

由于应急放油系统不能直接起动超控/应急放油泵,飞行员可根据需要通过"超控/应急放油泵"电门(如图 3.4-17 所示)人工起动超控/应急放油泵,提高应急放油的流量。当应急放油泵和超控/应急放油泵均工作时,飞

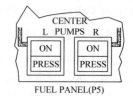

图 3.4-17 超控/应急放油泵控制开关

机的应急放油流量将增加：单喷嘴应急放油流量 1587kg/min；双喷嘴应急放油流量 2449kg/min。

当油箱内剩余燃油量达到预先设定的机上剩余油量时，EIACS 显示"应急放油完成"信息，此时飞行员关闭应急放油喷嘴电门，最后将应急放油预位电门关闭，完成应急放油操纵。

3.5 燃油指示/警告系统

3.5.1 油量指示系统

油量指示系统可为飞行员和飞机维护人员提供每个油箱的燃油量指示，也可为飞机其他系统提供油箱内燃油量信息。燃油油量传感器是燃油指示系统的关键元件，根据传感器不同，油量指示系统可分为机械（浮子）式指示系统、电容式指示系统、超声波指示系统和油尺。

1. 机械（浮子）式指示系统

机械（浮子）式指示系统由油箱中的浮子式传感器（如图 3.5-1 所示）和驾驶舱内的油量指示器（油量表）组成。当油箱内燃油平面改变时，传感器的浮子随油面浮动，感受油面高度的变化，从而把油量变化转换成位移信号，再将位移信号转换成电信号通过导线送到油量表，油量表便显示出油箱内燃油量。浮子感受油面的变化，因此显示油量为容积油量。

机械（浮子）式指示系统会因浮子连杆的摩擦、卡滞、运动部件间的间隙和温度波动等原因造成指示不准确，精度较低。

2. 电容式指示系统

电容式指示系统是航空界普遍认可的燃油精确测量系统，在相对恶劣的燃油箱环境中具有良好的兼容性和可靠性，工作寿命长。

1）电容式系统组成

电容式指示系统利用电容式传感器将燃油面高度的变化转换成电容器电容量的变化，主要组成部件包括电容式传感探头、桥式电路、驱动放大器和指示器（如图 3.5-2 所示）。

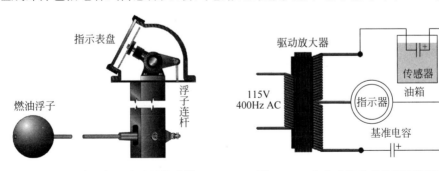

图 3.5-1　机械（浮子）式油量传感器　　　图 3.5-2　电容式指示系统原理简图

电容式传感器的基本原理是空气与燃油在介电特性方面存在差异。电容式传感器由两个同心的电极管组成，垂直地安装在油箱内构成电容器。当燃油油位变化时，浸在燃油中的传感器中空气和燃油之比将随之相应变化，因此传感器的电容值发生变化。传感器的电容与再平衡电桥中的基准电容器进行比较,其不平衡信号由驱动放大器放大后传送到指示器。目前客机燃油系统的驱动放大器采用正弦电压波形来激励传感器,电源为400Hz交流电。

2) 电容式传感器

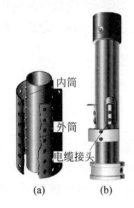

图 3.5-3　电容式油量传感器
(a) 传感器原理；(b) 传感器外观

电容式传感器通常由名义直径 1.0in 的薄壁金属外管和名义直径为 0.5in 的薄壁金属内管组成,两个金属管上端和下端开口,便于空气和燃油进出其内的空间(大约 0.25in 的环形空间),如图 3.5-3 所示。传感器的电容值由三个因素决定:电容器极板面积、极板之间的距离以及极板间填充材料的介电常数。

当传感器的几何尺寸确定后,传感器极板间填充材料的介电常数由极板间的空气和燃油比例决定。在工程上,采用相对介电常数作为衡量不同材料介电特性的参数。相对介电常数是指材料的介电常数与真空介电常数的比值。在燃油量测量中所涉及材料的相对介电常数详见表 3.5-1。

表 3.5-1　燃油系统电容测量材料的相对介电常数(20℃条件)

介 质 材 料	相对介电常数	备　注
真空	1	$\varepsilon_0 = 8.85415 \times 10^{-12} C^2/(N \cdot m^2)$
空气	1.00059	标准大气压下
燃油蒸气	1.001～1.002	
航空煤油	2.09	JET A 燃油
水	80.4	
冰	2.85	−5℃

从全世界各地许多油料供应商处收集的多种油品的大量样本数据证明,燃油的介电常数与燃油的密度成正比(如图 3.5-4 所示)。因此,电容式传感器测量的电容值体现了燃油的密度变化,即电容式传感器既可以感受燃油容积,又可以测量燃油的密度。因此,电子式油量指示系统可以直接测量油箱内燃油的重量容量,常采用"磅"(lb)或"千克"(kg)作为计量单位。

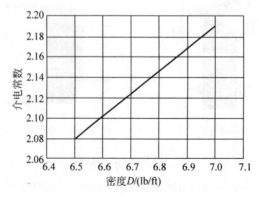

图 3.5-4　燃油介电常数与燃油密度的关系曲线

电容式指示系统的精度比较高,一是因为电容式指示系统的传感器没有活动部件,消除了机械摩擦等影响;二是因为一般采用多个传感器进行多点探测,消除了飞机姿态变化对燃油信号的影响,可得到油箱内油面的精确信号。

3)温度修正补偿

航空燃油的相对介电常数会随着温度的升高而下降(曲线如图 3.5-5 所示)。因此,电容式指示系统在处理电容传感器信号时,若将介电常数按常数处理,将存在燃油指示误差(最高可达±6%)。

为了消除温度波动引起的指示误差,现代飞机油箱内安装了燃油温度补偿器进行补偿。燃油温度补偿器与电容式油量传感器工作原理相同,只是尺寸略小,安装在油箱底部,确保全部浸没在燃油中,即使燃油油位下降到非常低,仍能跟踪燃油的介电常数(如图 3.5-6 所示)。

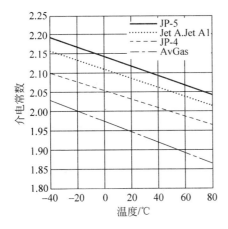

图 3.5-5 燃油介电常数与燃油温度的关系曲线

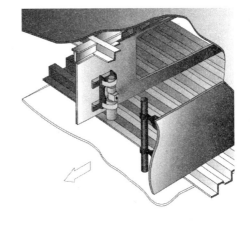

图 3.5-6 温度补偿器和油量传感器安装示意图

安装温度补偿器后,燃油指示系统误差可以减少到±2.75%。为了进一步提高燃油系统的指示精度,可以在燃油系统中引入直接密度测量系统。常用的密度计为振动式密度计,其传感器是一个空心圆筒即振动管,圆筒旁设置电磁驱动线圈及检测线圈,迫使圆筒及其支撑振动。同时燃油不断流过圆筒,圆筒的振动频率与燃油的密度成反比,从而可对输出信号进行指示。采用温度补偿和密度测量系统的燃油指示系统,误差可以减少到±1%指示油量。

4)传感器的冲洗

影响电容式指示系统精度的因素还有油箱中的水分和微生物滋生等因素。由于水的介电常数远高于燃油的介电常数,当油箱底部的水进入油量传感器时,会导致燃油信号出现较大误差。当细菌孳生的污染物集聚在油量传感器或温度补偿器入口时,会导致燃油不能顺利流入和流出传感器或补偿器,造成燃油指示系统失效。为消除此类故障,油箱内的加油管有一根清洗油管被引到油量传感器和温度补偿器处(如图 3.5-7 所示)。每次加油时,加入的清洁燃油可对传感器和补偿器进行自动清洗。

3. 超声波式指示系统

超声波式指示系统与电容式指示系统的根本区别在于油量传感器不同。超声波油量表的工作原理基于超声波可在不同密度介质的分界面上产生反射的特性。超声波指示系统的测量元件由声速计和传感器组成,其工作原理如图 3.5-8 所示。

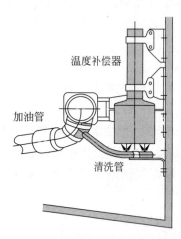

图 3.5-7　传感器/补偿器清洗原理

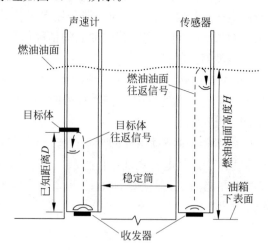

图 3.5-8　声速计和传感器的工作原理

声速计由稳定筒、超声波收发器以及安装在稳定筒中部的超声波目标体构成。超声波收发器向上发出超声波束,遇到目标体返回,被收发器接收。由于目标体安装的距离是固定的,因此可以测出当前情况下燃油内的声速。超声波传感器内没有目标体,超声波收发器发出的信号遇到燃油与空气的交界面会返回,由超声波收发器所接收。稳定筒的作用是减少燃油晃动和油面波纹的影响。

从发射脉冲到接收脉冲所经过的时间与油面高度成正比,这个比值由接收器——计算机储存起来,然后再根据发送和接收脉冲之间所测到的间隔时间和油箱几何形状,计算出油箱中的燃油容积。

超声波指示系统的指示精度受燃油晃动、内部游离水折射、气泡(飞机爬升时燃油溶解的空气析出)和飞机姿态的影响较大。当飞机姿态改变时,燃油油面与稳定筒之间出现一定夹角,超声波在油面的反射波不会垂直反射到底部收发器,而是在稳定筒内壁中成 Z 形折射,延长了信号传输时间,造成指示误差。

4. 油尺

油尺为地面维护人员确定飞机每一个油箱内的燃油量提供了可能。油尺构造简单,使用方便,主要有三种类型:磁性浮子油尺、滴油管式油尺和光线式油尺。其中前两种在飞机上得到了广泛应用。

1) 磁性浮子油尺

磁性浮子的构造如图 3.5-9(a)所示。浮子内和油尺的端头都带有磁铁。浮子可随油平面高度变化而上下运动,从而探测油平面的高度。油尺可从油箱下部拉出。测量时用工具将油尺解锁,并将其从油箱内拉出。当油尺的端头靠近浮子时,可明显感觉到有磁吸力的作用,此时观察油尺的伸出刻度即可得知油量。

2) 滴油管式油尺

滴油管式油尺的构造如图 3.5-9(b)所示。当空心滴油管顶端落到燃油平面时,燃油就会进入滴油管顶部开口,即可读出油箱内油量。滴油管式油尺又称为漏油尺。

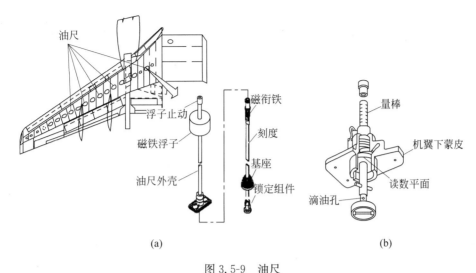

图 3.5-9　油尺

（a）磁性油尺；（b）滴油管式油尺（漏油尺）

3）光线式油尺

光线式油尺是一根长的玻璃棒，外面用一个带刻度的管子保护，管顶带一个反射镜。当顶端浸入油液时，在玻璃棒的下端可见到一个亮点。当反射光减小到最小可见点时，读出棒上表示油量的刻度值。

3.5.2　低压警告

在驾驶舱燃油控制面板设有燃油增压泵的低压指示灯，其作用是当燃油增压泵输出压力低于特定值时，向机组发出警告，其工作原理如图 3.5-10 所示。

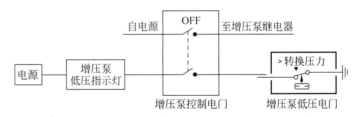

图 3.5-10　燃油低压警告的工作原理

当打开增压泵控制电门时，接通了油泵低压指示灯电路和增压泵继电器电路。此时低压指示灯点亮。增压泵继电器通电后，将三相交流电输送到增压泵电动机，增压泵开始工作。增压泵出口管路的低压电门感受油泵出口压力。当燃油压力高于调定值时，低压电门将低压指示灯电路断开。若油泵出现故障或油箱内油液快用光时，油泵输出压力降低，低压电门会在压力低于调定值时接通电路，点亮增压泵低压指示灯。此时飞行员应将增压泵控制电门关闭，低压指示灯自动熄灭。

3.5.3　温度指示

现代民航飞机巡航高度很高，飞机燃油会被冷却到极低的温度。一般经长时间巡航后

(7~8个飞行小时),橡胶油箱内的燃油可能冷却到－30℃,金属油箱内的燃油则可能冷却到－45℃。低温会导致燃油特性下降,因此,必须在燃油系统中设置温度指示装置,便于飞行机组监控燃油温度。机组可根据需要,打开或关闭燃油加热器的热空气(或热滑油)活门,防止燃油温度过低;另外,燃油加热系统可采用自动温度控制系统,根据燃油温度自动打开或关闭燃油加热器。

低温会导致燃油特性下降,主要表现在以下两个方面。

(1) 燃油析出冰晶和石蜡。

所有航空燃油中均含有水分。使用中,外界条件不断发生变化,燃油内始终存在着饱和水或脱水的过程,脱出的水在低温下凝结为冰晶。航空煤油中含有石蜡,其冰点为－30℃。冰晶和燃油石蜡晶粒会堵塞管路和油滤,直接破坏发动机供油。

(2) 燃油低温会导致油液黏度增大。

燃油黏度会随温度的降低而增大。随着黏度的增大,燃油的流动阻力增大,造成发动机供油实际进口压力降低,而油泵所需的功率就要增大。为了控制燃油低温的影响,可在系统中安装燃油加热器。燃油加热器通常为燃油-空气热交换器或燃油-滑油热交换器,其工作原理如图 3.5-11 所示。

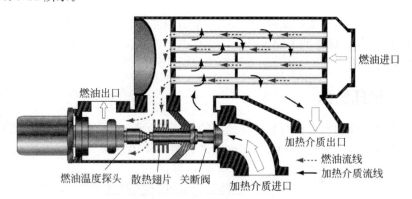

图 3.5-11　燃油加热器原理图

燃油温度传感器探测流过燃油加热器的燃油温度,并将其显示在燃油控制面板的燃油温度表上。

3.6　燃油系统维护

3.6.1　油箱腐蚀处理与预防

1. 油箱腐蚀概述

1) 微生物污染和油箱腐蚀

当油箱内条件适宜时,细菌会在油液内大量孳生:燃油中的碳氢化合物以及溶解在燃油中的氮、氧、硫、磷等物质,为各类细菌提供了赖以为生的物质基础;燃油中的水为细菌孳生提供了合适的环境,细菌一般生活在燃油和水的界面处;适宜的温度会加速细菌的繁殖速度,细菌的最佳生长温度是 25~30℃。

微生物在燃油内的孳生会造成燃油品质下降,在燃油中形成暗色泥状沉淀物。该沉淀物会对燃油系统造成较大影响:堵塞油泵吸油口和油滤,造成供油系统故障;堵塞油量传感器燃油口,造成油量指示系统故障;污染物不能得到及时清理将导致大翼油箱的腐蚀。研究表明,微生物腐蚀是结构油箱腐蚀的主要形式。

为了消除微生物污染对燃油系统的影响和对油箱的腐蚀,必须破坏细菌的孳生环境,控制其孳生速度。目前唯一能做的工作就是控制燃油中的水分。

2) 水进入油箱的途径

水进入油箱的途径有以下两条。

(1) 燃油本身溶解的水分析出。

所有燃油都会溶解水分。随着空气温度和湿度增加,水在燃油中的饱和溶解度会相应增大。随着飞机的爬升,外界环境温度下降,油液中水的溶解度下降,部分水分将从燃油中析出。由于航空煤油的黏性相对较大,析出的水会以悬浮方式存在,不会很快下沉,而形成游离水或乳浊状。

(2) 大气中水分在油箱内壁上冷凝成水滴,流入油箱。

当飞机在低空飞行时,大气中的水分含量较大,湿度较高。空气经过油箱通气系统进入油箱,水分便在温度较低的油箱侧壁上凝结成水滴或凝华成霜(气温升高时,霜会融化成水),最后流入燃油。由于凝结生成的水滴较大,且水的密度比燃油大,则水经油箱侧壁直接流入油箱,聚集在底部。

当飞机执行短程航线时,经油箱侧壁凝结进入燃油中的水分会增加,因为短程航线飞行中,飞机在低空飞行时间相对较长。飞机在地面停放时,空气中的水分也会经油箱壁凝结进入燃油中。油箱中的剩余燃油越少和不飞行时间越长,燃油系统中的水分也越多。

3) 水分对燃油系统的其他影响

燃油中的水分不但会为细菌孳生创造适宜的环境,还会对飞机燃油系统造成直接的负面影响。

(1) 增加静电危害。

关于水对静电产生的影响,参见第 3.3.1 节内容。

(2) 导致燃油指示系统故障。

游离的水会造成燃油指示系统偏差(油量读数偏高),因为水的介电常数不同于燃油的介电常数。

(3) 游离水引起飞机燃油系统结冰。

进入燃油系统导管内的游离水受冻结冰,会使导管截面变小,影响燃油流量;悬浮的水会结成冰晶,它会堵塞油滤并使附件磨损。

管路截面变小和燃油滤的堵塞会使发动机因得不到足够的燃油而发生燃烧不稳定,严重时会导致发动机空中停车。为防止这种情况发生,燃油滤设置旁通活门,并在燃油进入油滤前的管路上设置燃油加温器,对燃油进行加温。目前普遍采用发动机滑油冷却器作为燃油加热器,既降低了滑油的温度,又消除了燃油中的冰晶。

4) 微生物污染检查

燃油内是否发生微生物污染,可通过检查或分析从油箱中排出的燃油油样和目视检查油箱内部两种方法确定。

（1）油样检查或分析法

当目视检查油样时，任何颜色、气味的异常均是燃油出现微生物污染的征兆，尤其是油样中出现浑浊、悬浮物、沉淀物和强烈的硫磺气味时。为了得到准确的结果，也可将油样送到检验室进行专业分析，测定每毫升油样中的菌落数以确定污染等级。

（2）油箱目视检查法

每次进入油箱进行维护都是检查油箱内是否出现微生物腐蚀的机会。此时应仔细检查容易出现污染的油箱底部区域，若发现存在固形物，无论是何种颜色，均意味着油箱已发生微生物污染。

2. 微生物污染的预防

通过以上分析可知，微生物生活在水中，以燃油中的碳氢化合物和其他元素为生；水积存在油箱内，增加了微生物孳生的危害。因此，控制燃油内的水分是预防微生物污染的唯一有效手段。

现代飞机采用以下两种方法控制燃油中的水分。

（1）燃油系统中设置除水系统。

通过引射泵将油箱底部的含水燃油抽吸送到燃油增压泵吸油口处，不断送入发动机燃烧，减少水分在油箱底部的积累。

（2）油箱定期放水。

油箱底部设有排水阀。排水阀安装在油箱的最低点，而且从排水阀出来的油正是水油界面附近的燃油，因此排积水和取油样可以同时进行。为了有效放水，应根据飞机制造商推荐的间隔和自身的运行情况确定飞机的放水间隔。在飞机执行短航线、低高度飞行和在温暖区域运行时，应缩短放水间隔。一般在每天的航前、飞机加油前与加油后，都要把飞机油箱中的水分和沉淀物放掉。

在飞机油箱底部设置多个排水阀（如图3.6-1所示）。排水阀可直接安装在油箱的最底部，直接进行排水；也可以用管路把油箱排水区和排水阀连接起来，进行远程排水。为了有效排水，应对每个排水阀进行放水操作，直到游离水全部放空为止。

3. 微生物污染/油箱腐蚀的处理

当通过目视油样发现燃油出现微生物污染迹象时，应采用精度更高的生物分析法确定微生物污染的等级，根据污染程度采取相应的处理措施。

1）轻度污染

当确定油液存在轻度污染时，可定期监控油液污染状况，监控间隔根据此次污染的具体程度确定，一般在1～12个月之间。

2）中度污染

若油液污染程度为中或高度污染，应在10天内再次检查以确认污染程度。如果确定为中度污染，可对油箱进行生物杀菌处理。

（1）按照飞机制造厂家给定的程序向油箱内加入含一定浓度生物杀菌剂的燃油。燃油中杀菌剂的浓度要严格控制，浓度过高会引起结构油箱的腐蚀，而浓度过低会造成细菌产生抗药性。同时注意不能采用从重力加油口向油箱内加杀菌剂的方法，因为此种方法可能导致油箱内杀菌剂局部浓度过高，容易引起油箱结构腐蚀。同时不建议采用预防性杀菌处理。

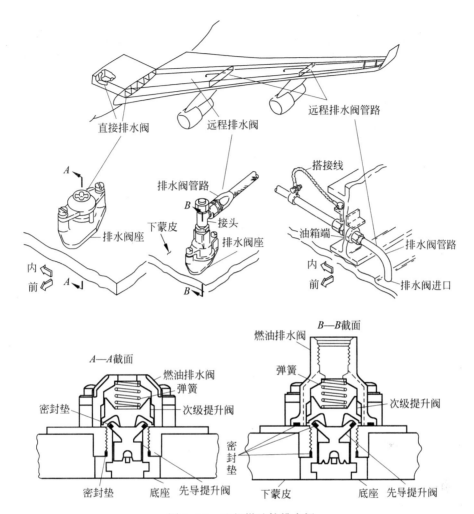

图 3.6-1　飞机燃油箱排水阀

（2）让系统在添加了杀菌剂的燃油中浸泡一段时间,增强杀菌效果。

（3）将燃油放掉,加入新的燃油(也可以将含有杀菌剂的燃油送到发动机烧掉)。

在生物杀菌处理后 10 天内(但至少是 5 次飞行后),重复检查油液污染程度,并根据检查结果采取进一步措施。

3）高度污染

若经确认油样微生物污染为高度污染,则必须对油箱进行物理清洁,并在物理清洁后实施生物杀菌处理。

（1）将油箱内燃油全部放出,过滤并用杀菌剂处理。

（2）进入油箱,用手工清理的方式仔细清除微生物污染物,彻底清洗油箱。先用去垢剂和甲醇刷洗,刷洗干净后用清水冲洗,要反复刷洗除去所有微生物小块。冲洗干净后揩干,再用甲醇溶液洒到微生物侵害的地方,让它停留 15min,以便杀死剩余的微生物。15min 后用干净水洗刷所有甲醇溶液痕迹,刷净后放掉水,用海绵擦干。再用加过温的压缩空气将油箱内部烘干。

清洗油箱时,不建议采用压力清洗法,因为压力清洗法可能导致油箱密封剂的损坏,并且清洗后的水很难清除。

（3）检查油箱腐蚀程度，如果需要，依据飞机的结构修理手册(SRM)进行修理。

（4）对油箱进行生物杀菌处理，步骤见"中度污染"。

在生物杀菌处理后10天内（但至少是5次飞行后），重复检查油液污染程度，并根据检查结果采取进一步措施。

3.6.2 油箱渗漏处理

油箱在飞机飞行中要承受惯性载荷和振动载荷，而整体油箱还要承受气动载荷。在受载的情况下，材料会变形和相对蠕动，紧固件会因变形而松动；密封材料会因相对蠕动而剥离，也会因老化变质而失效。以上原因均会导致燃油渗漏。若结构材料因受力而出现裂纹、因腐蚀而损坏，泄漏更是不可避免。因此渗漏是燃油箱的基本故障。

1. 渗漏检查和渗漏等级

人们从多年使用维护工作中总结出有些渗漏是不严重的，不必急于处理，所以就将渗漏分为四级：微渗、渗漏、严重渗漏和流淌渗漏。渗漏分级是按在15min内渗漏燃油沾湿的表面区域的大小作为分级标准。当发现油箱出现渗漏时，先用清洁棉布完全擦干渗漏区域，用压缩空气吹干那些难于擦到的渗漏区域，再用掺有红色染料的滑石粉撒在渗漏处，当燃油润湿滑石粉后，它会变成红色，使润湿区域更易于看见。在15min后按沾湿区大小定级标准确定渗漏等级（如图3.6-2所示）。

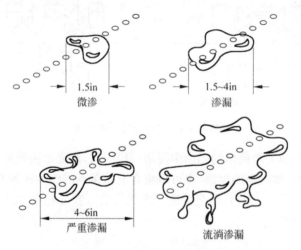

图3.6-2　渗漏分级标准尺寸

第一级称为微渗：$D\leqslant1.5$in，一般不需处理，但要注意时常检查其渗漏是否有扩大。

第二级称为渗漏：1.5in$<D<4$in。临时处理方法与第一级同，但在下次飞机停场时必须处理。

第三级称为严重渗漏：4in$\leqslant D\leqslant6$in。严重渗漏必须马上处理（或作临时性修理），临时处理后，应能达到一级或二级渗漏标准。

第四级称为流淌渗漏：油液成滴或连续流淌。流淌渗漏必须马上修理，修理后不能有渗漏。

注意：对各级渗漏处理的具体要求，还应根据渗漏点所处的位置而定。例如，在不通风和容易集聚燃油蒸气的部位，则在飞行前应作临时修理，对此各型飞机都有明确规定。

2. 渗漏源查找

当找到燃油渗漏的外漏点后，必须还要找到内部的渗漏源。因为渗漏通常都是沿紧固件与其孔之间的缝隙或沿零件间的间隙而渗出，外部渗漏区域可能与内部渗漏源不在同一地点。渗漏的检查一般都采用目视方法，在检查中辅以颜色、荧光、气泡、氦气等使之更加明显并且准确。

1）气压发泡法（吹气法）

气压发泡检查法操作简单，是油箱渗漏检查的推荐方法。检查时，在油箱渗漏区域对应的油箱内部涂上发泡剂（肥皂水），一个人使用 0～50psi 的气源（带有喷嘴），向渗漏区域喷射；另一个人在油箱内寻找起泡区域，从而找到渗漏源。气压发泡法的原理如图 3.6-3 所示。

气压发泡法有以下两种变化方法：

（1）压力罩法

压力罩法是在油渍及其周围罩上一个小的压力罩盒（如图 3.6-4 所示），通以压缩空气，在油箱内相应的部位涂上发泡剂，压缩空气沿着缝隙漏进，在渗漏源吹出泡泡。这种方法因压力罩通进压缩空气后会因内压力而往外脱开，就需要靠外力顶紧，故只适用于有支撑点支撑压力罩的地方。如机翼的下表面可以靠地面支撑。压力罩可小到只罩住螺栓紧固件，就可以检查紧固件周围的渗漏。

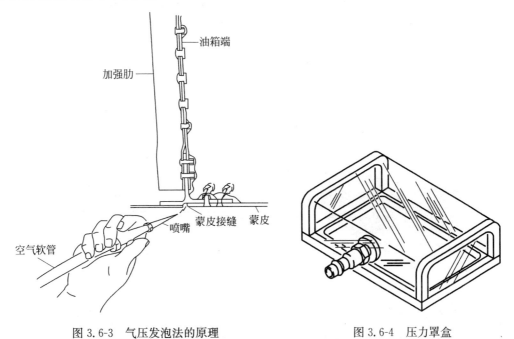

图 3.6-3　气压发泡法的原理　　　　　　图 3.6-4　压力罩盒

利用压力罩盒也可在油箱修理后检查紧固件泄漏，测试方法是将压力罩盒罩在紧固件周围，在接头上连接抽气管，将罩盒内抽真空（真空度 10psi），通过透明的罩盒观察紧固件周围是否出现气泡。

（2）空心螺栓法

对于复杂的封闭结构区域也可以用空心螺钉来检查，就是在渗漏点处拆下一个完好的螺栓，换上有裂槽的螺栓及特种接头，在箱内的螺栓头周围涂上发泡剂，往空心螺栓通压缩空气，就可检查连接结构的渗漏源。

对刚加工好的油箱或刚修理好的油箱，多采用往油箱内加压缩空气，在油箱外部涂满发泡剂的从内往外进行检查的办法，从气泡处可以找出渗漏点。

2）染色剂法

染色剂法是使用掺有染色剂的油代替发泡剂，将染色剂涂在油箱渗漏区域，然后将油箱抽真空。等一定时间，进入油箱检查内漏点。若在染色剂内掺入荧光剂，更便于光线微弱处的油箱检查。

3）氦气法

氦气法和吹气法有着相似的原理和操作，它具有吹气法的所有优点，且比吹气法的探测灵敏度高。采用氦气作为油箱探漏气体，是因为氦气相对分子质量较小（重量轻），具有很强的穿过微小裂缝的能力，同时氦气在空气中的浓度很低（每百万分子中只有 5 个氦气分子），因此氦气在空气中的含量有微小增加即可以被仪器检测到，灵敏度大大提高。

氦气法测漏的原理是：在外漏点处用压力罩形成一个压力空间，向压力罩内充入氦气。在压力的作用下，氦气就能沿着渗漏通道进入到燃油箱，在燃油箱内通过对氦气浓度变化的探测便可以确定内漏点的位置，如图 3.6-5 所示。

在进行氦气测漏时，首先确定外漏点，把油箱内的余油擦干，清洁渗漏区域，再把漏油处的密封胶彻底除掉；一名员工在飞机结构油箱发生渗漏的外漏点处利用压力罩向油箱漏点灌充压力恒定在 2.9psi 的氦气；另一名员工进入油箱，手执氦气探测器在油箱内可疑渗漏区域移动，当局部氦气浓度达到规定值时，检漏仪报警，根据此时的探测器位置，可以准确定位油箱内部的泄漏源，即燃油渗漏的内漏点，如图 3.6-6 所示。

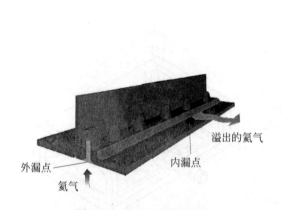

图 3.6-5　氦气法测漏原理

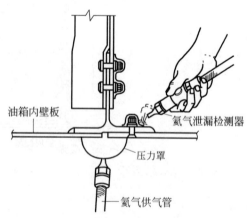

图 3.6-6　氦气法测漏的操作

氦气法查漏准确度高，能够查找到用传统方法不易检测的漏点，不受地域和气候限制，同时这种方法也可以检查飞机油箱的修补质量。在对油箱进行修补时，可以随时检查直至确认没有任何泄漏再重新加油。这样大大提高了查找飞机油箱内漏点的准确度，缩短了工作时间和飞机停场时间，提高了飞机利用率，降低了员工劳动强度。

氦气进入油箱后扩散太快,较短时间内在油箱一定空间内都会扩散氦气分子,如果氦探测器移动稍慢,氦探测器还没有到达内漏点位置氦气就已经进入检测仪,检测不出来内漏点的具体位置,因此在进行检测时,内漏点的预判和动作的迅速、连贯很重要。

3. 渗漏的排除

1) 安全措施

燃油箱内充满了燃油蒸气,容易引发火灾,这对人身安全是危险的。因而在进入油箱前要做好安全防护工作。

(1) 对油箱进行惰化或强迫通风处理。

油箱内充满了燃油蒸气,所以在进入油箱前必须对油箱进行二氧化碳惰化处理,惰化处理后,应通风;也可以对油箱强迫通风 24h 以上(如图 3.6-7 所示)。维修人员进入油箱时,要穿戴带有防毒面具的防护衣。

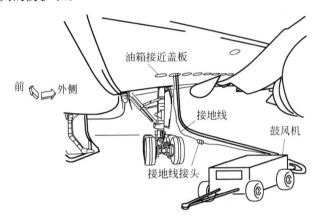

图 3.6-7　飞机油箱通风设备

(2) 在油箱内应防止火花。

为了避免在油箱内出现火花,进入油箱的维护人员不许穿鞋底有金属的硬底鞋,不能穿容易起静电的衣服;不能佩戴带有电池的助听器,不能带火柴或微型警告器、对讲机;要用安全手电筒;不能带进电机、电钻等工具,应将不用的工具放在防静电盒内,避免金属碰撞和电火花产生。另外,工作中的无线电设备和雷达设备要远离飞机油箱。

为了确保进入油箱维护人员的人身安全,应向油箱内输送新鲜空气,并设置专门的安全观察员,如图 3.6-8 所示。

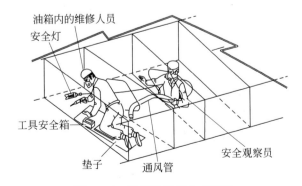

图 3.6-8　油箱维修安全观察员

2) 渗漏的排除

渗漏的排除方法也视渗漏等级和部位而定。

（1）缝内密封

对于渗漏范围不大的缝内密封,可增加涂覆缝外密封胶,或者同时在外表面的渗漏点附近进行清洗后涂上一层密封胶,然后贴上一层很薄的密封布,这就和补自行车内胎的贴补方法一样;如果缝内密封渗漏范围较大,就得将已密封的结构拆开,重新清洗、涂胶,重新紧固（如图 3.6-9 所示）。

（2）缝外密封

对渗漏不大的缝外密封加涂密封胶,加大密封胶的涂覆面积;对渗漏范围大的地方,就得将原有密封层刮掉,清洗干净,重新涂上密封胶。

（3）紧固件密封

对紧固件的不严重的渗漏,可使用专用的压胶工具（如图 3.6-10 所示）从结构外侧钉孔周围间隙注射进密封剂;也可在采用缝外密封的同时向缝隙内加注密封胶,以增加其密封性能。

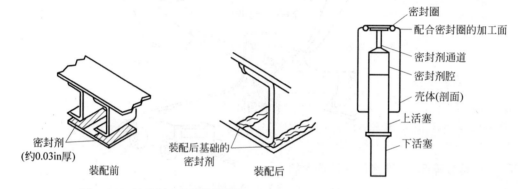

图 3.6-9　油箱封内密封渗漏修复　　　　图 3.6-10　油箱渗漏修理压胶工具

3.6.3　管路系统维护

燃油系统故障主要是油管及附件的渗漏。油管的故障主要有两种：接头漏油和油管破裂。接头漏油的原因多是紧固件松脱或是密封件离位或失效。漏油从外观目视即可发现。漏油的原因最大可能是密封件老化、断裂和离位,当然也有机械原因,如壳体有砂眼或裂纹等。

系统内漏的检查应在燃油泵运转状态下进行,检查方法如下：关断供油活门,拆下管路中的滤杯,放光管路中的油液;起动燃油增压泵,看是否有油液流入滤杯。当活门内漏严重时,应更换供油活门。

系统严重外漏时,应更换损坏的部件和封严圈。更换垫片、密封圈和封严皮碗的一般注意事项如下：

（1）附件、接头等必须清洁;

（2）旧垫圈等在封严槽内无残留物;

（3）必须以新换旧,新封严圈要合格;

（4）连接件必须均衡拧紧到规定力矩。

在更换部件之后,对部件和系统的工作性能都要进行严格的试验和检查,检查系统工作是否正常,故障是否已经排除,有没有达到原定性能指标。

第4章

起落架系统

4.1 起落架概述

起落装置是飞机的重要组成部分,它包括起落架系统和改善起降性能的装置两部分。起落架系统由承力机构、减震装置、机轮和收放机构组成,可使飞机实现从地面/水面起飞、着陆、滑行、停放并吸收着陆撞击动能;改善起降性能的装置可缩短飞机起飞和着陆的滑跑距离,包括增升/增阻装置、起飞加速装置和着陆减速装置(如发动机反推、刹车)等。本章主要介绍起落架系统。

起落架系统是飞机主要系统之一,其工作性能的好坏直接影响着飞机的起飞、着陆性能和飞机的安全。起落架也是飞机上受力较大的部件,其强度、刚度安全余量也不多,在飞机每次起落中都承受着飞机的全部重量及冲击载荷。因此,起落架系统既是平时维护量最大的系统,也是故障频繁、维修任务量较大的系统。

4.1.1 起落架配置型式

飞机起落架包含有主轮和辅助轮。根据飞机重心与主轮位置关系,起落架的配置有三种型式:后三点式、前三点式和串列式。后三点式起落架飞机重心在主轮之后,尾轮为辅助轮;前三点式起落架飞机重心在主轮之前,前轮为辅助轮;串列式起落架飞机的主轮沿飞机纵轴线串列布置,飞机重心在两个主轮之间,左右机翼上的护翼轮为辅助轮(串列式起落架又可称为自行车式起落架)。飞机起落架配置形式如图 4.1-1 所示。

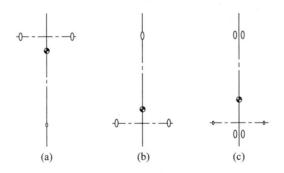

图 4.1-1　起落架的配置形式

(a) 后三点起落架;(b) 单轮前三点起落架;(c) 串列式起落架

1. 后三点式起落架

后三点式起落架除了具有在螺旋桨飞机(活塞发动机或涡轮发动机)上容易配置和便于利用气动阻力使飞机减速等优点外,它的构造比较简单,重量也较轻。

但是,配备后三点式起落架的飞机地面运动的稳定性较差,例如当飞机滑行时,若驾驶员操纵不当,飞机容易打地转。此外,这种飞机着陆时不是地面反作用力使飞机上跳,而是重心下沉引起机头上仰,支点在机轮上。如果飞机以较大的速度两点接地,两主轮位于飞机重心前,因重心惯性下沉会使飞机的迎角增大,导致升力增大,飞机向上飘起,即发生所谓的"跳跃"现象。另外当大力刹车时,飞机可能倒立甚至翻滚。这些缺点对低速飞机来说并不十分严重,所以,在飞机发明后的数十年(约 20 世纪初到 30 年代末)间,后三点式起落架得到了广泛的应用(如图 4.1-2 所示)。

图 4.1-2　后三点式起落架飞机

随着飞机起飞、着陆速度的日益增大,后三点式起落架的性能与对飞机在地面运动的要求之间的矛盾日趋尖锐。例如,为了缩短滑跑距离,在机轮上安装了强力刹车装置,结果却增大了飞机向前倒立(拿大顶)的可能性;又如在起飞、着陆速度较大的情况下,后三点飞机更容易打地转。为了解决上述矛盾,在新的条件下(如着陆减速问题已经解决),前三点式起落架在飞机上的应用得到了推广。

2. 前三点式起落架

1) 前三点式起落架的特点

具有前三点式起落架的飞机,地面运动的稳定性好,滑行中不容易偏转和倒立;着陆时只用两个主轮接地,比较容易操纵。此外,这种飞机在地面运动时,机身与地面接近平行,驾驶员的视野较好。对喷气式飞机来说,前三点式起落架还能使发动机轴线基本上与地面平行,避免发动机喷出的燃气损坏跑道,如图 4.1-3 所示。

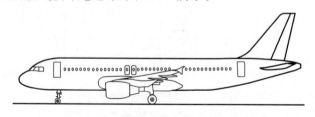

图 4.1-3　前三点式飞机起落架

前三点式起落架的主要缺点：前起落架承受的载荷较大，前轮在滑行时容易摆振。总的看来，前三点式起落架比较适用于速度较高的飞机。因此，从20世纪40年代初开始，它得到了迅速的推广，目前已成为起落架在飞机上的主要配置型式，现代民航飞机普遍采用前三点式起落架配置（或拓展的前三点式配置）。

前三点式飞机的主轮与飞机重心距离较近，加之起飞拉起（或着陆接地）时，采用两主轮接地，此时飞机迎角较大，因此机身较长的飞机（如波音B767、B777等），会在后机身配备机尾擦地保护装置（一般设置尾橇或尾轮），如图4.1-4所示。另外有些飞机设置了迎角限制系统，当飞机迎角过大，机尾离地面较近时会自动推杆，减小飞机迎角，以防止飞机机尾擦地。

图4.1-4 装备尾部保护装置的前三点起落架飞机

2) 前三点起落架拓展

随着起飞重量的增加，重型民航飞机和重型军用运输架的主起落架发展成多支柱起落架。这些飞机虽然配置了多于三个的起落架，但其地面运动特性仍与配有三个起落架的前三点起落架飞机相同，因此可视作对前三点式起落架的拓展。多主轮支柱的起落架配置可称为主轮群，有两种型式：机翼起落架+机身起落架型式和机身多支柱起落架型式。

(1) 机翼起落架+机身起落架型式

此型配置通常为重型民航飞机采用，除了机翼下配置的主起落架外，还在机身下配置了机身起落架，典型代表机型为波音B747系列和空客A380，如图4.1-5所示。

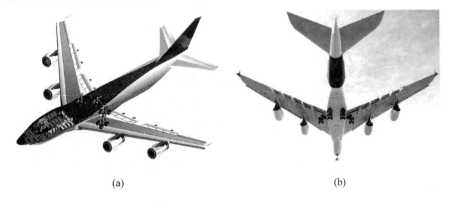

(a)   (b)

图4.1-5 配置机身主起落架的民航飞机

(a) 波音747-8起落架配置；(b) 空客A380起落架配置

采用多点式起落架配置可将飞机的重量分散到较大的面积上，减小对跑道的要求。由于机身主起落架的引入，飞机转弯时主起落架摩擦力过大，会导致转弯困难。波音 B747 飞机研制之初，并没有配备主起落架转弯系统，导致飞机无法在自身动力(不用拖车，仅靠发动机推力)下实现小半径转弯。当为两个机身主起落架配置转弯系统时，问题才顺利解决。波音 B747 飞机主轮转弯的措施是机身主起落架的轮架可以整体转动，而空客 A380 飞机采取的措施是机身主起落架的最后一对机轮能够转动，如图 4.1-6 所示。

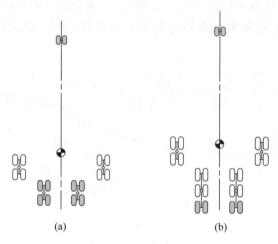

图 4.1-6　配置机身主起落架飞机的转向轮
(a) 波音 747-8 起落架转向轮配置；(b) 空客 A380 起落架转向轮配置
注：灰色机轮具有转弯操纵能力。

(2) 机身多支柱起落架型式

采用此型配置的代表机型为重型军用运输机(如美国洛克希德·马丁公司的 C-5 系列和乌克兰安东诺夫的 An124/225 等)。军用运输机通常采用上单翼布局，主起落架安装在机身下部。重型运输机的主起落架通常多于两根支柱，串列在机身两侧，每个起落架轮柱上配备 2～6 个机轮。因此重型军用运输机的主起落架布局又被称为"多轮多支柱布局"，如图 4.1-7 和图 4.1-8 所示。

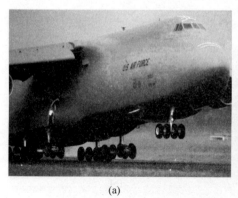

(a)　　　　　　　　　　(b)

图 4.1-7　军用运输机的多轮多支柱主起落架
(a) C-5 运输机多支柱起落架；(b) An225 运输机多支柱起落架

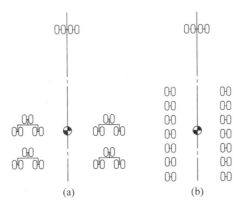

图 4.1-8　军用运输机的起落架布局图

(a) C5 起落架配置；(b) An225 起落架配置

为了便于货物装卸(尤其是便于车辆自行驶入驶出货舱)，重型运输机在地面装载货物时，起落架可以向机身内收回，使机身贴近地面，因此人们形象地将拥有这种能力的起落架称为"下蹲式"起落架，如图 4.1-9 所示。

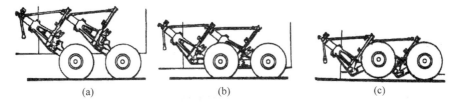

图 4.1-9　军用运输机起落架的下蹲示意图

(a) 起落架完全放下；(b) "下蹲"姿态；(c) 起落架完全收上

3. 串列式起落架

随着飞行速度继续增大，机翼的厚弦比不断减小，这样，要把尺寸较大的主起落架收入较薄的机翼就比较困难。因此，当年有些高速重型飞机采用了串列式起落架，典型代表机型有美国 B47 轰炸机和 B52 轰炸机。由于 B47 轰炸机的两个主支柱前后串列，类似于自行车的车轮布局，因此又可称为自行车式起落架。串列式起落架的主轮距很近，飞机在地面停放和低速滑行时，飞机有侧倾并擦伤翼尖的可能。因此在机翼下配置了两个辅助轮，可以使飞机在停放和滑行时保持足够的横侧稳定。翼尖辅助轮尺寸较小，比较容易收入较薄的机翼内(如图 4.1-10 所示)。串列式起落架目前应用并不广泛。

图 4.1-10　配有串列式起落架的飞机

4.1.2 起落架结构型式

飞机起落架按结构型式可分为构架式、支柱套筒式和摇臂式三类。起落架的结构型式取决于飞机类型、尺寸等因素,主要影响结构受力和起落架的收放。

1. 构架式起落架

构架式起落架如图 4.1-11 所示,在早期飞机和现在的轻型飞机上广泛采用。这类起落架的机轮通过一套承力构架与机翼或机身连接,承力构架中的减震支柱及其他杆件都是相互铰接的。当起落架受到地面反作用力时,它们只承受拉伸或压缩的轴向力,不承受弯矩,因此结构重量较轻,构造较简单。但构架式起落架外形尺寸较大,很难收入飞机内部,目前高速飞机已不采用。

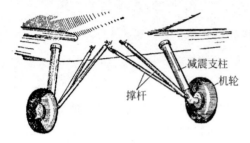

图 4.1-11　构架式起落架

2. 支柱套筒式起落架

支柱套筒式起落架是现代飞机起落架的典型构造型式。这类起落架的支柱就是由外筒和活塞杆(或内筒)套接起来的减震支柱,机轮轴直接连接在支柱下端,支柱上端固定在机体构架上。支柱套筒式起落架分单支柱套筒式和双支柱套筒式,但双支柱套筒式起落架的重量和体积较大,且两个减震支柱的动作很难做到完全一致,目前已很少采用。单支柱套筒式起落架又可分为张臂式和撑杆式两种(如图 4.1-12 所示)。

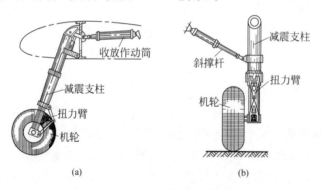

(a)　　　　　　　　　　(b)

图 4.1-12　支柱套筒式起落架
(a) 张臂式;(b) 撑杆式

张臂式起落架的支柱类似一根一端固接在机体构架上的张臂梁(如图 4.1-12(a)所示)。某些小型飞机的前起落架采用张臂式起落架。为了减小起落架支柱所受的弯矩,很多飞机上采用了撑杆式起落架(如 4.1-12(b)所示)。这种起落架的支柱相当于一根双支点外伸梁,由于斜撑杆的支持作用,支柱所承受的侧向弯矩可大大减小。在能够收放的起落架上,斜撑杆往往还作为起落架的收放连杆,或者斜撑杆本身就是收放作动筒。

支柱套筒式起落架容易做成可收放的型式,长期以来得到广泛应用。但这种起落架承受水平撞击时,减震支柱不能很好地起减震作用(如图 4.1-13 所示)。此外,在飞机着陆和滑行过程中,起落架上的载荷通常是不通过支柱轴线的,而支柱套筒式起落架的减震支柱在这种载荷作用下要承受较大弯矩,使活塞杆和外筒接触的地方(支点)产生较大的摩擦力。这样,不仅减震支柱的密封装置容易磨损,而且它的工作性能也要受到很大影响。在减震支柱的维护、修理工作中,要注意活塞杆上下轴承的磨损情况和密封装置的状态。现在大型民航飞机的主起落架减震支柱通常向后倾斜一定角度(如图4.1-14所示),改善减震支柱受力。

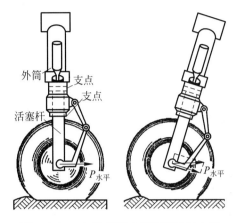 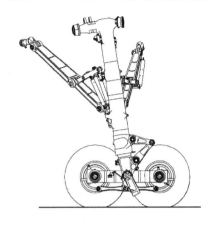

图 4.1-13　支柱套筒式起落架承受水平　　　　图 4.1-14　支柱向后倾斜的主起落架
　　　　　　　撞击时的情形

当飞机机身处于水平姿态滑跑时,主起落架减震支柱可承受部分水平撞击载荷(如图4.1-15(a)所示);当飞机着陆接地时,由于飞机与跑道有一定夹角,此时主减震支柱与地面角度接近垂直,不会对承受垂直载荷造成不利影响(如图4.1-15(b)所示)。

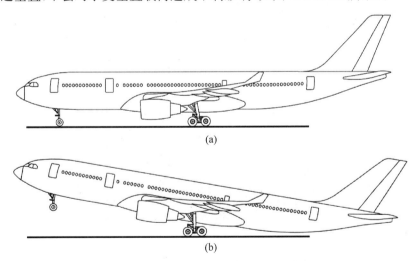

图 4.1-15　大型民航机主起落架支柱向后倾斜示意图
(a) 飞机水平姿态滑跑;(b) 飞机着陆接地滑跑(轮架处于水平状态)

3. 摇臂式起落架

　　摇臂式起落架解决了起落架的水平载荷传递问题,这种起落架的机轮通过一个摇臂(轮臂或轮叉)悬挂在承力支柱和减震器下面。根据减震器配置的不同,它可以分为以下三种型式:

（1）减震器与承力支柱分开的摇臂式起落架（如图 4.1-16(a)所示），多用做主起落架；

（2）减震器与承力支柱合成一体的摇臂式起落架（如图 4.1-16(b)所示），一般用作前三点式飞机的前起落架；

（3）没有承力支柱，减震器和摇臂直接固定在飞机承力构件上的摇臂式起落架（如图 4.1-16(c)所示），一般用作后三点式飞机的尾部起落架。

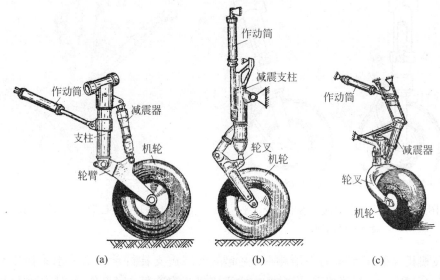

(a)　　　　　　　　(b)　　　　　　　(c)

图 4.1-16　摇臂式起落架

摇臂式起落架与支柱套筒式起落架相比，具有以下优点：承受水平撞击时，减震器能较好地发挥作用；第一和第三两种摇臂式起落架的减震器只承受轴向力，不承受弯矩，因此密封装置的工作条件要好得多。

由于摇臂式起落架具有上述优点，所以它在高速飞机（如军用飞机，见图 4.1-17）上得到了比较广泛的应用。但是，它也有不少缺点：构造比较复杂，减震器及接头受力较大，重量一般也较大等。因此，有些现代高速飞机仍然采用支柱套筒式起落架。

图 4.1-17　配置摇臂式起落架的军用飞机

4.1.3　轮式滑行装置

飞机在不同的场地起降，需要采用不同形式的滑行装置。比如，在铺装良好的场地（跑道）采用轮式滑行装置，在冰雪场地起降则采用滑橇，而在水面使用的飞机必须配备浮筒或采用船身式机体。以上几种滑行装置中，轮式滑行装置应用最广泛，同时结构也最复杂。按机轮在起落架承力机构上的固定方式不同，轮式滑行装置可分为单轮式、双轮式和小车式等多种形式。

1. 单轮式滑行装置

单轮式滑行装置是每个起落架支柱采用单个机轮。根据机轮的固定形式不同,单轮式滑行装置可细分为半轴式、半轮叉式和轮叉式,如图4.1-18所示。

半轴式用于主起落架,可将整个支柱都做成减震器,因此起落架整体尺寸较短,但支柱受力较为复杂:在垂直载荷作用下,支柱要承受一定的弯矩;在水平载荷下,支柱承受扭矩。半轮叉式和轮叉式可克服这一缺点,但起落架整体尺寸较长,多用于有起落架。

2. 双轮式滑行装置

双轮式起落架继承了半轴式起落架的优点,克服了其缺点,因为在减震支柱下的轮轴上安装了一对机轮。中型飞机的主起落架普遍采用双轮式滑行装置,而中型和重型民航飞机的前起落架均为双轮式,如图4.1-19所示。

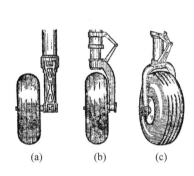
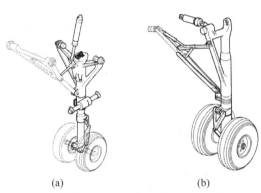

图4.1-18　单机轮的固定形式
(a)半轴式;(b)半轮叉式;(c)轮叉式

图4.1-19　配置双轮式滑行装置的起落架
(a)双轮式前起落架;(b)双轮式主起落架

3. 小车式滑行装置

小车式滑行装置往往用于重型飞机的主起落架,减震支柱下端与装有四个或多个机轮的轮架相连,通过增加机轮数量达到减轻机轮对地面压力的作用。相比于单轮式和双轮式滑行装置,通过增加安装在轮架上机轮的数量,小车式起落架可获得足够的接地面积,在保持轮胎尺寸和规格可控的前提下,有效减小起落架的总体尺寸和重量,进而提高飞机机轮的可维护性,图4.1-20所示为某重型飞机的小车式滑行装置。

在小车式起落架中,轮架与支柱是铰接的(见图4.1-21)。铰接的轮架可绕支柱铰链转动,改善在高低不平地面上滑行时的受力。由于轮架可转动,需要在轮架上安装轮架俯仰稳定减震器,减缓因地面不平引起的轮架震动。

某些飞机的俯仰稳定减震器设置有外部控制油路。当飞机处于空中状态时,通过外部控制油路,可控制俯仰减震器的伸缩状态,从而调节轮架与支柱

图4.1-20　配备的小车式滑行装置的民航飞机主起落架

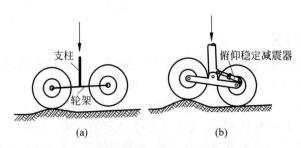

图 4.1-21　小车轮架与支柱连接方式

（a）轮架与支柱固定连接；（b）轮架与支柱铰接连接

的倾斜角度。一般来说,当飞机起飞或着陆时,轮架后端下垂,相当于增长了起落架的有效长度,增加飞机起飞(着陆)时的抬头迎角,进而减小机尾擦地的风险,如图 4.1-22 所示。

图 4.1-22　飞机起飞(或着陆)时小车轮架状态

4.2　减震系统

飞机在着陆接地时,要与地面剧烈碰撞;在滑行中,由于地面不平,也会与地面相撞击。为了减小飞机在着陆接地和地面运动时所受的撞击力,并减弱飞机因撞击而引起的颠簸跳动,飞机必须设置减震装置。飞机减震装置由轮胎和减震器两部分组成,其中轮胎(尤其是低压轮胎)大约可吸收着陆撞击动能的 30%,而其余的能量必须由减震器吸收并消散掉。随着飞机的不断发展,减震器也有很大的发展,减震性能不断提高。现代飞机普遍采用油气式减震器。

如果起落架减震器工作状态不良,飞机就要受到很大的撞击力,并产生强烈的颠簸跳动,对飞机结构和飞行安全都极为不利。因此,研究减震原理及油气式减震器的工作特性,对飞机维护和修理人员具有十分重要的意义。

4.2.1　减震原理

飞机起落架减震装置种类很多,构造上有很大差别,但减小着陆撞击力和减弱飞机颠簸跳动的基本原理是一样的。

物体相撞,总要产生撞击力。根据动量定理,物体撞击时的冲击力大小与撞击的时间成反比,与动量变化量成正比。当动量变化量一定时,撞击时间越长,由撞击产生的冲击力越小。

起落架减震装置减小撞击力的原理也是这样:飞机着陆接地时,轮胎和减震器像弹簧那样产生压缩变形,延长撞击时间,从而减小撞击力。然而,减震装置不但要减小着陆时的撞击力,还要将撞击动能耗散掉,减小撞击之后的颠簸跳动。如果起落架减震装置的热耗作用很差,飞机着陆接地后将产生比较强烈的颠簸跳动。因此起落架减震装置都有专门的装置,来增大消耗能量的能力。

减震原理的实质是：通过产生尽可能大的弹性变形来吸收撞击动能，以减小飞机所受撞击力；利用摩擦热耗作用尽快地消散能量，使飞机接地后的颠簸跳动迅速停止。

4.2.2　减震器的发展

减震器随着飞机的发展而不断发展，减震器的性能也在不断提高。根据吸能缓冲原理和耗能原理的不同，飞机所用减震器可划分为橡胶减震器和弹簧减震器、油液橡胶减震器/油液弹簧减震器、油气减震器和油液减震器。

橡胶减震器利用橡胶绳的拉伸变形吸收撞击动能，利用橡胶伸缩过程中的分子摩擦消耗能量。橡胶分子摩擦消耗能量的能力很差，减震器热耗作用很小；弹簧减震器利用弹簧的弹性变形吸收能量，由于弹簧本身分子摩擦的热耗作用很小，弹簧减震器内设有两个弹簧压紧的摩擦垫圈，以增大热耗作用。

油液橡胶式减震器和油液弹簧式减震器的主要特点是：在压缩和伸张过程中，它们通过迫使油液高速流过小孔，产生剧烈摩擦来增大热耗作用。钢质弹簧抗油液侵蚀的能力比橡胶好，可与油液同装在一个壳体内，使减震器的尺寸大为减小。所以油液弹簧式减震器比油液橡胶式减震器应用广。

随着飞机重量和飞行速度不断增大，飞机着陆时撞击动能也相应增大，要求减震器吸收的能量就越来越多，同时要求减震器的尺寸较小，于是油气式减震器便应运而生。油气式减震器的主要特点是利用气体的压缩变形来吸收能量。气体能被压缩在一个较小的容积内，而且重量很小，因而在吸收能量相等的情况下，这类减震器的体积和重量都比前两类减震器小。油气式减震器在减震性能方面具有许多优点，而且在长期使用过程中又有了许多改进，所以直到现在仍然是起落架减震器的主要形式。

油气式减震器利用气体的压缩变形吸收撞击动能，利用油液高速流过小孔的摩擦消耗能量。油气式减震器采用的油液是黏度相对较高、高温下化学稳定性较好的石油基液压油；采用的气体是干燥的氮气，避免液压油在高温、高压下氧化。根据减震器气室的数量，油气式减震器分为单气室油气式减震器和双气室油气式减震器。

4.2.3　单气室油气式减震器

1. 减震器的构造

图 4.2-1 所示为单气室油气式减震器的原理构造图。它由外筒和活塞两个基本构件组成，其中外筒被隔板（隔板上开有供油液流通的阻尼孔）分割成上下两个封闭腔室，上腔室为气室，下腔室被活塞密封，充满油液。油气式减震器工作时，腔内的油气压力会很高，因此活塞杆与外筒之间的密封非常关键。

2. 减震器的工作过程

飞机着陆接地后，要继续下沉而压缩减震器。于是，减震器内隔板下面的油液，受活塞挤压而被迫经小孔高速向上流动，油平面逐渐升高，使气体的体积缩小，气压随之增

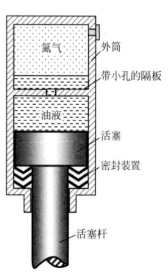

图 4.2-1　油气式减震器的原理

氮气
外筒
带小孔的隔板
油液
活塞
密封装置
活塞杆

大。这时,气体的压力通过油液作用在活塞上,产生一个力,这个力叫气体作用力。油液高速流过小孔时产生剧烈摩擦,还要产生一个阻止活塞运动的力,这个力叫油液作用力。这两个力和密封装置等的机械摩擦力都是反抗压缩的,因此飞机下沉速度会逐渐减小下来。飞机下沉而压缩减震器的过程,叫做减震器的压缩行程(或正行程)。在压缩行程中,撞击动能的大部分由气体吸收,其余则由油液高速流过小孔时的摩擦和密封装置等的摩擦转变为热能消散掉。

飞机停止下沉时,减震器的压缩量较大,气体作用力大大超过了停机时作用在减震器上的力(停机载荷),所以减震器随即伸张,飞机向上运动的速度逐渐增大。这时油液在气体压力作用下,经小孔高速向下流动,油面逐渐下降,气压降低,气体作用力随着减震器的伸张而逐渐减小;同时,油液作用力和密封装置等的机械摩擦力要抵消一部分气体作用力,因此减震器的伸张力总是小于气体作用力的,而且随着减震器不断伸张而减小。当减震器的伸张力小于其停机载荷时,飞机向上运动的速度逐渐减小。减震器伸张而顶起飞机的过程叫做减震器的伸张行程(或反行程)。在伸张行程中,气体放出能量,其中一部分转变成飞机的势能,另一部分也由油液高速流过小孔时的摩擦以及密封装置等的摩擦转变为热能消散掉。

飞机停止向上运动时,减震器的伸张力已小于其停机载荷,飞机便开始第二次下沉,减震器重新被压缩。由于在第一次压缩和伸张行程中,已有很大一部分能量转变为热能消散掉,所以减震器在第二次压缩行程中吸收的能量比第一次少得多。经过若干次压缩和伸张,减震器就能将全部撞击动能逐步转变成热能消散掉,使飞机很快平稳下来。

飞机在不平的地面上滑行时,减震器的工作原理与上述情况相同。一般地说,飞机滑行时撞击动能较小,减震器压缩量也较小。

3. 减震器的工作特性分析

油气式减震器的工作特性分析就是研究它在工作过程中载荷的变化情况以及吸收、消耗能量的情况,是理解和分析油气式减震器性能的基础。油气式减震器载荷的大小,由气体作用力、油液作用力和密封装置等的机械摩擦力决定;它吸收和消耗能量的多少,由气体、油液和机械摩擦所吸收及消耗的能量来决定。油气式减震器的工作特性就是上述各种力的变化和吸收、消耗能量的综合。

1)气体的工作特性

气体作用力等于气体压力与活塞有效面积的乘积。在减震器工作过程中,活塞有效面积不变,而气体压力随着减震器压缩量而变化,因此气体作用力也是随减震器压缩量而变化。压缩行程中,气体体积变小,温度升高,它的一部分热要传给油液和减震器外壁,因此压缩过程不是绝热过程;由于减震器的工作周期很短,这种传热作用不可能使气体保持开始受压缩时的温度,压缩行程不可能是等温过程。实际上,减震器的压缩行程为介于等温和绝热过程之间的多变过程。伸张行程中,气体的膨胀过程也是一种多变过程。一般来说,在减震器压缩和伸张行程中,多变指数可以认为是相等的。因此,这两个行程的气体工作特性可以用同一根曲线表示。

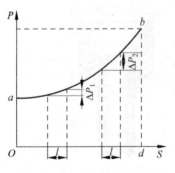

图 4.2-2 气体工作特性曲线

从气体工作特性曲线(图 4.2-2)中可以看出:压缩行

程中,气体作用力沿曲线 ab 上升;伸张行程中,气体作用力沿曲线 ba 下降。减震器压缩量增加时,不仅气体作用力增加,而且单位压缩量内作用力的增量也越来越大。

其原因有二:一是,压缩量较小时,气体体积较大,如果继续增大一小段压缩量,气体体积减小的百分比不大,压力增加不多,而压缩量较大时,气体体积已经很小,再增加同样一小段压缩量,气体体积减小的百分比就比较大,压力也增加得较多;二是,在多变压缩过程中,压缩量越大,气体温度越高,因而越难压缩,即在单位压缩量内气体作用力的增量越大。

通过气体工作特性曲线,可以分析气体吸收和放出的能量。由于气体在压缩和膨胀过程中热耗作用很小,所以,压缩行程中气体吸收的能量和伸张行程中气体放出的能量基本相等。它们都可以用曲线 ab 以下所包含的面积 $OabdO$ 表示。

2）油液的工作特性

在压缩和伸张行程中,油液要产生一个阻止减震器压缩和伸张的作用力,这个力也随减震器的压缩量而变化。

（1）减震器的活塞静止时,油液不流动,隔板上下的油压都等于气体压力。这时油液作用力为零,活塞上所受的力等于气体作用力。

（2）减震器受压缩时,油液在活塞挤压下,从小孔高速向上流动,产生剧烈摩擦。这时隔板下面的油压大于隔板上面的油压,活塞上受到的作用力大于气体作用力。因隔板上下产生油压差而增大的那部分作用力,就是压缩行程中的油液作用力。

（3）减震器伸张时,产生油液作用力的原因与上述情况相似。但这时油液是从小孔高速向下流动的,因此,隔板下面的油压小于隔板上面的油压,活塞上受到的作用力小于气体作用力。因这一油压差而减小的那部分作用力,就是伸张行程中的油液作用力。

在压缩和伸张行程中,油液作用力的大小与活塞的运动速度和有效面积、通油孔的面积和形状以及油液的黏度和密度等因素有关。分析表明,在活塞有效面积、节流系数和油液密度不变的情况下,油液作用力与活塞运动速度的平方成正比,与通油孔面积的平方成反比。

活塞运动速度随着减震器压缩量变化的关系不是固定的,但是,根据活塞运动速度变化的基本情况,可以近似地看出油液作用力和减震器压缩量之间的关系。这种关系是:飞机接地瞬间,压缩量为零,活塞尚未运动,油液作用力为零。飞机接地后初期下沉速度很大,迫使活塞加速向上运动,油液作用力从零迅速上升;尔后,由于减震器不断吸收和消耗能量,飞机的下沉速度略微减小,所以活塞速度增大到一定程度后,将随着飞机下沉速度的减慢而逐渐减慢下来,直到活塞停止运动。在这个过程中,油液作用力也逐渐降低到零。

油液作用力随压缩量变化的这种关系,可用曲线表示（图 4.2-3 中 Oab）,这一曲线叫做油液工作特性曲线。从上述还可以看出,活塞的加速过程比减速过程迅速,因此最大油液作用力产生在全行程的前半部。

伸张行程中,油液作用力的变化情况与压缩行程相同,但这时的油液作用力是抵消一部分气体作用力的,所以,把伸张行程中的油液工作特性曲线画在横坐标之下,如图 4.2-3 中 bcO 曲线所示。

由于油液流过小孔产生摩擦,减震器在压缩行程和伸张行程中,都有一部分能量变成热能消散掉。图 4.2-3 中面积

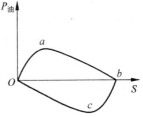

图 4.2-3　油液工作特性曲线

$OabO$ 即表示压缩行程中油液消耗的能量,而面积 $ObcO$ 则表示伸张行程中油液消耗的能量。

环境温度改变时,油液温度随着改变,它的黏度要发生变化,油液作用力也要发生变化。温度升高,油液黏度降低,流动阻力变小,这时油液工作特性曲线变得较平;反之,环境温度降低时,油液工作特性曲线变陡。因此,有的飞机在冬季和夏季使用不同的油液,以适应温度的变化,使减震器的性能不致有很大的改变。

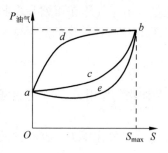

图 4.2-4 气体和油液工作特性曲线

3) 气体和油液共同工作的特性

在压缩行程中,气体作用力和油液作用力都是反抗压缩的,把各个压缩量上的气体作用力和油液作用力相加,即可得到压缩行程中气体和油液共同工作的特性曲线(图 4.2-4 中曲线 adb);在伸张行程中,气体作用力推动减震器伸张,而油液作用力阻碍减震器伸张,因此把各个压缩量上的气体作用力和油液作用力相减,即可得到伸张行程中气体和油液共同工作的特性曲线(图 4.2-4 中曲线 bea)。

图中曲线 acb 为气体工作特性曲线。曲线 adb 与 acb 之间力的差值,就是压缩行程中的油液作用力;而曲线 bea 和 bca 之间力的差值,是伸张行程中的油液作用力。

4. 载荷高峰和调节油针

调节减震器的性能,就是改变它的工作特性,使之更好地满足飞机对减震器的要求。由前面的分析可知:改变通油孔面积,能够有效地改变减震器的工作特性。因此,减震器性能的调节装置,通常就是改变通油孔面积的装置。

飞机粗猛着陆时,减震器的压缩速度一开始增加得特别迅速,如果通油孔面积比较小,油液作用力就会突然增大,减震器所受的载荷也突然增大;尔后,因气体和油液大量吸收和消耗撞击动能,减震器的压缩速度又会迅速减小。这样减震器所受的载荷在压缩行程之初会出现一个起伏,如图 4.2-5 中曲线 adb 所示,这种现象称为"载荷高峰"。在这种情况下,减震器所受的载荷可能超过规定的最大值。

当飞机以较大的滑跑速度通过道面上的突起物时,通油孔面积较小的减震器也可能产生载荷高峰。

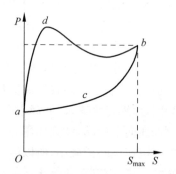

图 4.2-5 出现载荷高峰时的特性曲线

因为这时飞机来不及向上运动,减震器的压缩速度很大,甚至还可能超过粗猛着陆时的压缩速度。

现代减震器广泛采用调节油针作为消除载荷高峰的有效措施,其实质就是使通油孔的面积随压缩量变化而改变。调节油针的工作原理(图 4.2-6(a))是:在压缩行程的最初阶段,通油孔面积很大,油液通过通油孔时基本上没有流动阻力,这段行程称为自由行程;随着压缩量的增大,油针使通油孔面积逐渐减小。这种减震器不仅能消除载荷高峰,而且还可以减小飞机在高速滑跑中受到的载荷,它的工作特性曲线如图 4.2-6(b)中曲线所示。

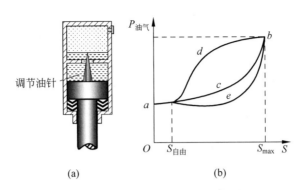

图 4.2-6　具有调节油针的油气式减震器

(a) 调节油针结构；(b) 采用调节油针后的性能曲线

5. 反跳现象和防反跳活门

当飞机重着陆时,具有调节油针的减震器可在压缩行程中消除载荷高峰现象,但在伸张行程中,由于通油孔面积逐渐变大,飞机上升速度较大,当伸张行程结束时,虽然减震器支柱已经完全伸张,此时飞机仍具有上升速度,飞机将从跑道上跳起,重新离地,接下来会发生再次撞击,此现象即为反跳现象。

为了增大伸张行程的热耗系数,减小飞机伸张速度,从而消除反跳现象,有的减震器装有在伸张行程中堵住一部分通油孔的单向节流活门,这种活门叫做防反跳活门,也叫做反行程制动活门。装有这种活门的减震器及其工作特性曲线如图 4.2-7 所示。

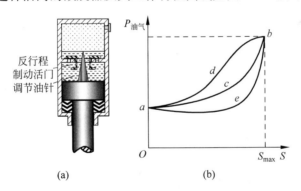

图 4.2-7　具有反行程制动活门的油气式减震器

(a) 反行程制动活门；(b) 采用反行程制动活门后的性能曲线

4.2.4　双气室油气式减震器

1. 构造特点

双气室油气式减震器具有两个气室,其中一个工作气室与单气室油气式减震器相同,充气压力相对较低,称为主气室;另一个气室被浮动活塞封闭,称为副气室,副气室的充气压力高于起落架所承受的最大静载荷。图 4.2-8 所示为单气室油气式减震器和双气室油气式减震器的结构对比。

2. 性能特点

双气室油气式减震支柱与单气室油气式减震支柱性能特点的差异主要体现在气体曲线差异上。当双气室减震器初始压缩时,减震器的载荷较低,只有主气室气体受到压缩,气体压缩性能曲线与单气室减震器相同(如图 4.2-9 中的 A—A' 曲线中的 A—B_0 段)。当减震器压缩至 B_0 点时,主气室停止压缩,副气室开始压缩。由于副气室初始体积较大,因此压缩特性曲线相对平缓,如 B_0—B 曲线所示。

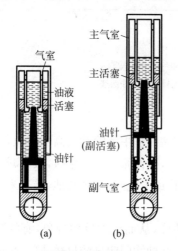

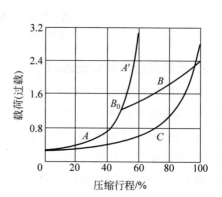

图 4.2-8　单气室油气式减震支柱与双气室油
　　　　　气式减震支柱构造对比
（a）单气室减震支柱；（b）双气室减震支柱

图 4.2-9　双气室减震器载荷随压缩行程
　　　　　变化曲线(A—B_0—B 曲线)

图 4.2-9 同时给出了两条单气室油气式减震器气体压缩曲线,对应两种不同设置的单气室减震器。A—A' 曲线对应的减震器为单气室,气室初始充气压力和总体容积与双气室减震器的主气室相同,但不设置压缩止动点。压缩曲线的前半段(A—B_0)与双气室减震器的主气室压缩曲线相同,但后半段(B_0—A')比双气室减震器的副气室行程短,且更难压缩。减震器的最大吸能量不够,减震效果差。

C 曲线对应的减震器亦为单气室,气室的充气压力与双气室减震的主气室充气压力相同,减震器的总压缩行程与双气室减震器的总压缩行程相同,即气室的总压缩量较大。对比 C 曲线与 A—B_0—B 曲线,可看出 C 曲线对应减震器的初始压缩段抗压缩性不足,导致最大吸能量下降,重着陆时容易发生刚性撞击,减震效果较差。

虽然双气室油气减震器的总体尺寸大于单气室油气式减震器,且构造复杂,但具有良好的减震特性和滑行舒适性,因此在很多飞机(如空客 A320 系列)上获得应用。图 4.2-10 所示为空客 A320 飞机主起落架外形及主起落架减震支柱内部构造图。

4.2.5　典型油气式减震支柱的构造

油气式减震器的具体构造是多种多样的,但它们的工作原理却基本相同。下面以一种常见的减震器为例,就其主要特点进行分析。图 4.2-11 所示为波音 B737NG 飞机主起落架减震支柱,其主要特点如下:

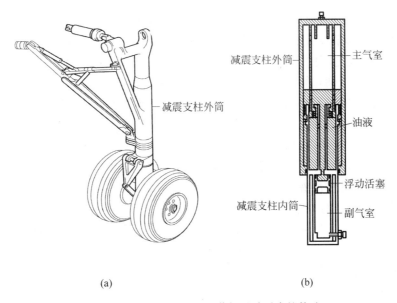

图 4.2-10　A320 飞机主起落架及减震支柱构造

（a）主起落架外形；（b）双气室减震支柱

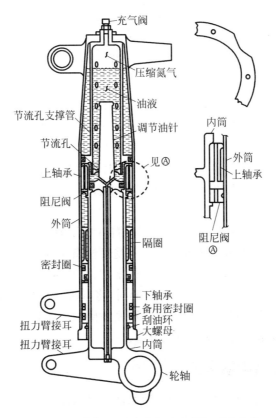

图 4.2-11　波音 737NG 飞机主起落架减震支柱

（1）锥形调节油针安装在内筒的顶端，与节流孔支撑管底部的圆孔构成油液流通的环形通道。支撑管安装在外筒的顶部，管壁上开有供油液流动的孔。随着减震支柱的压缩，油针和支撑管底部环形节流孔的面积逐渐减小，调节减震器的工作特性。

（2）外筒和内筒之间的空间可容纳油液，并且在内筒上轴承下面装有浮动式阻尼阀。在减震器工作时，油液通过阻尼阀进出，阻尼阀的截面如图 4.2-11 中的Ⓐ所示，在外径开有面积较大的槽，在中间钻有小直径孔。当减震支柱伸张时，阻尼阀靠在上轴承上，堵住周边的槽，外筒和内筒间的油液只能通过阀上的小孔流出，限制了油液流动速度，从而减小减震支柱伸张速度，防止"反跳"出现。

（3）在内筒中间装有排油管，连接到支柱底部的排放阀，在维护时将减震支柱内的油液放掉，也可用于减震支柱油液的灌充。

（4）为减小维护时的工作量，支柱下端装有备用密封圈。

起落架工作时，内部气体压力和油液附加压力非常高，使减震支柱密封圈的工作环境极其恶劣，密封圈的寿命相对较短。为了提高减震支柱维护周期，现代民航飞机减震支柱中通常都设置备用密封圈。设置备用密封圈有两种技术方案，如图 4.2-12 所示。

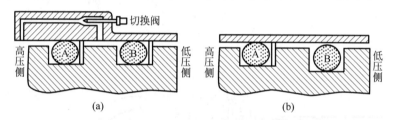

图 4.2-12　备用密封圈

(a) 备用密封圈方案 a；(b) 备用密封圈方案 b

技术方案 a 中，备用密封圈 A 位于工作密封圈 B 的上游，二者规格相同，密封槽的深度一致。正常工作时，高压侧的油液被引到备用密封圈 A 的下游，使得密封圈上下游压力一致，密封圈不会受到液压油额外挤压而处于备用状态。当工作密封圈 B 出现破损时，工作人员将切换阀关闭，将旁通油路关闭，此时备用密封圈 A 两端压力增大，接替工作密封圈 A 完成密封工作。空客公司飞机起落架备用密封圈采用技术方案 a 作为解决方案。

技术方案 b 中，备用密封圈 B 位于工作密封圈 A 的下游，二者规格尺寸相同，但密封圈 B 所处的密封槽深度较大，密封圈在密封槽内不受机械挤压变形，因此不承受载荷，可保持状态完好。在维护减震支柱时，若发现减震支柱漏油，则意味着工作密封圈损坏，此时可用备用密封圈替换工作密封圈。更换备用密封圈时，将减震支柱下端伸出，露出密封圈安装段，将工作密封圈剪断，清理密封槽，然后将备用密封圈放入工作密封槽。波音公司飞机起落架备用密封圈采用技术方案 b 作为解决方案。

4.2.6　油气式减震器维护

油、气充灌是减震器维护的关键工作。为保证飞机减震器的工作性能，减震器油、气充灌量有严格的规定。如果油、气充灌量不符合规定，减震器就会变得过软或过硬，减震器工作特性曲线将发生变化，影响其减震性能。

1. 油气式减震器充灌标准

1）油量充灌标准

减震器油量充灌的正常标准是：当减震支柱完全压缩时，与减震支柱上端的充气口平齐即可。充油量是否符合标准，直接影响后续进行的充气效果，最终影响飞机减震器总体性能。为确保充油量正常，进行充油操作时必须进行排气操作。

2）气体充灌标准

减震器充气标准必须依照飞机制造商给出的勤务曲线图确定，该曲线图在飞机维护手册（AMM）中给出。为方便勤务的实施，机务人员在维护时可在飞机轮舱的侧板上找到该图。需要注意的是，减震器气体充灌压力会受气温影响，因此气体充灌曲线不是单一曲线。对于最大起飞重量较小的飞机（如 B737 系列飞机），可将不同充气曲线绘制在一起，形成一条粗线，称之为"勤务带"（如图 4.2-13 所示）。进行充气勤务时，减震器停机工作点（由充气压力和减震器镜面高度确定）应处于勤务带内，且靠近勤务带右上边界。

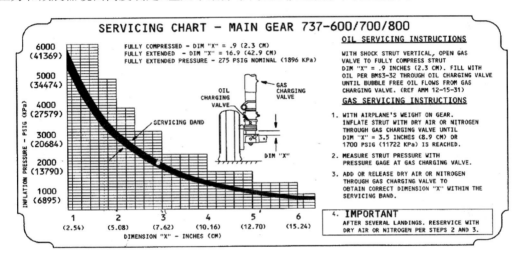

图 4.2-13　某型飞机主减震支柱充气勤务带

而对于最大起飞重量较大的飞机（如 B787 等飞机），温度变化对减震器性能影响较大，应根据环境温度精确控制充气压力，因此减震器勤务图提供不同温度下的充气曲线（如图 4.2-14 所示）。勤务飞机时，应根据环境温度选择相应的充气曲线进行充气勤务。

2. 油气减震充灌不正常的危害

如果在维护减震器时充油量和充气量不正确，将影响减震器的减震效果。在勤务减震支柱时，首先进行充油操作，然后进行充气操作，我们逐一分析可能出现的不正常情况。

1）充油量正常，充气出现偏差

在充油阶段，按照充油标准进行勤务，并正确进行排气操作，减震支柱内油量符合正常标准，但在充气环节由于某种原因出现偏差，会导致充气后镜面高度偏离勤务曲线。若镜面高度低于充气勤务曲线正确值，则充气量过低；若镜面高度高于充气勤务曲线确定值，则充气量过大。飞机在着陆接地前，起落架减震支柱处于完全伸张状态，可等效为气体初始体积相同，但预充气压力过低或过高。

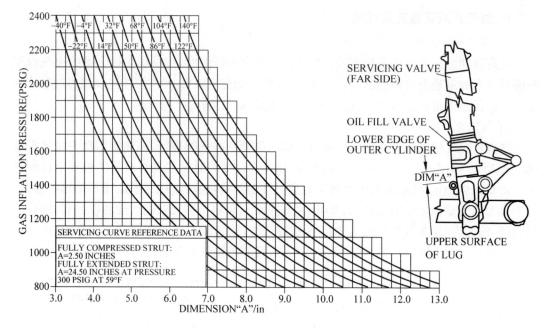

图 4.2-14　对应不同温度的充气勤务曲线

　　当充气量过小(即充气压力过低)时,气体吸收着陆撞击动能的能力变差,减震器变软。当减震器完全被压缩时,气体吸收的能量比充气量正常时小,同时轮胎完全被压缩吸收的能量并未增加,因此,当飞机粗猛着陆的撞击动能大于规定的最大能量时,减震支柱要产生刚性撞击。

　　当充气量过大(即充气压力过高)时,气体抵抗压缩变形的能力增加,减震器变硬。当飞机着陆对减震器进行压缩时,减震器吸收同样的撞击动能时,压缩量较气压正常时小,而载荷较大。这样,即使在正常着陆和滑行时,撞击载荷也较大,飞机各部分结构就容易因疲劳而提前损坏。

　　2) 充油量少,充气符合勤务曲线

　　如果在充油勤务阶段出现偏差,则导致充灌油液低于正常充灌量(进行油液勤务时,起落架处于完全压缩状态,不可能出现充油量过大问题),而在充气环节按照充气勤务曲线进行充气到正常的镜面高度。当飞机在地面滑行时,减震支柱性能还能满足要求。但是在飞机着陆时,减震器处于完全伸张状态,由于油量过少,气体的初始体积相应变大。减震支柱同样压缩量所对应的气体压缩率变小,气体压力增加率随之变小,减震器变软。重着陆时可能出现减震支柱刚性撞击现象。

　　如果加注油量过少,油平面比隔板低得较多,则减震器工作时,油液可能不产生热耗作用,因而飞机会产生较强烈的颠簸跳动;在飞机着陆的撞击动能较大时,减震器的压缩量较大,油液还可能与隔板撞击,使减震器的载荷突然增大。

　　从以上分析可以看出,减震器工作特性受油气充灌量影响较大,只有在油、气充灌量均正常时,才具有最佳的减震性能。因此,在进行减震器油气充灌勤务时,必须严格按照勤务程序进行,确保减震器油气充灌量满足标准。

3. 油气式减震器勤务

1) 油气式减震支柱的检查

油气式减震器需要定期检查,检查内容包括减震器内油液的泄漏情况、安装连接处的裂纹和损伤、腐蚀和转动点的磨损,除此以外,下列检查也是必要的:

(1) 用在专门清洗液中浸泡过的棉布经常擦洗内筒外露表面(通常称为"镜面"),避免尘土和沙砾对内筒下端封严件的损伤,同时也便于检查镜面有无划伤、裂纹或腐蚀;

(2) 要经常对照飞机维护手册中(或轮舱内)的充气勤务曲线来检查内筒的伸出量(即镜面高度)是否正常,判断减震器油气冲灌情况;

(3) 应经常检看减震器是否漏油,如果漏油,应更换密封件;

(4) 应检查防扭臂、减摆器连接处是否有裂纹、磨损及其他损伤;

(5) 根据维护计划,定期对起落架所有运动部分进行润滑。

2) 减震器的充灌

所有减震器都有一个标牌,上面注明了减震器内灌充的油液和充气的简要说明。标牌上标明了该减震器所使用的油液和气体的标准规格,并提示勤务人员按照标准方法进行减震器灌充。

下面是灌充的基本程序:

(1) 拆下充气活门盖,缓慢释放气体压力;

(2) 气压完全释放后,拆下充气活门;

(3) 在充气口接上透明软管,软管的自由端放入干净的油桶中;

(4) 将充油管接在减震器下部的充油口上,起动油泵(或用手摇泵)将油液充灌到减震支柱内;

(5) 观察充气口所接软管内油液流动状况,当发现油液中完全没有气泡且排出的油液清洁时,停止充油;

(6) 关闭充油阀,卸下充油软管,在充油嘴上安装防尘帽;

(7) 卸下充气软管,安装充气活门;

(8) 按照充气曲线给减震器充气到规定的压力,用压力表测量充灌压力,然后用直尺测量镜面高度;

(9) 根据需要,充气(或放气)使镜面高度值达到充气曲线的标准。

注1:以上充灌程序仅供参考,具体工作时应严格按照具体机型维护手册给出的充灌程序进行;

注2:减震支柱在勤务后,应在后续两到三个起落后要检查镜面高度是否正常。

4.3　收放系统

为了减小飞行阻力,现代飞机的起落架大多是可以收放的,以提高飞机飞行速度、增大航程和改善飞行性能。现代飞机起落架收放系统一般以液压为正常收放动力源,以液压、冷气或电力作为备用动力源。起落架收放系统能否正常工作直接影响到飞机和旅客的安全。

4.3.1　起落架收放概述

1. 起落架收放类型

设置起落架收放形式时,不但要考虑飞机内部空间(设置起落架舱)的限制,更要考虑应急放下起落架时的操作问题。

1)前起落架

为了便于在紧急情况下将起落架放出,一般飞机的前起落架向前收入前机身,而某些重型运输机的前起落架是侧向收起的。

2)主起落架

主起落架的收放形式大致可分为沿翼展方向收放和沿翼弦方向收放两种。

(1)沿翼展方向

沿翼展方向有内收和外收两种形式。由于机翼根部厚度较大,起落架通常向内收入机翼根部或机身内。有的飞机为了在翼根处安装油箱或其他原因,起落架向外收入机翼。为了便于将起落架收入空间相对有限的轮舱,有些飞机起落架上装有转轮或转轮架机构,如图4.3-1所示。

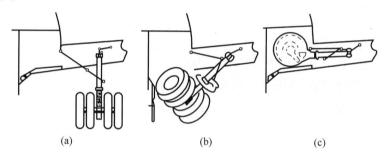

图 4.3-1　主起落架收放时支柱旋转示意图

(a)起落架放下;(b)收放过程中支柱旋转;(c)起落架收上

(2)沿翼弦方向

沿翼弦方向收起落架主要是将起落架向前收入机翼或发动机短舱内的起落架舱。由于机轮直径较大而机翼相对较薄,对单轮式起落架应设置轮柱旋转机构,将机轮转平后收入机翼。

现代民航飞机多为下单翼飞机,在机翼根部有机翼-机身整流包皮,为容纳起落架提供了良好的空间,因此其主起落架大多采用沿翼展方向内收的方式。对于大多数小车式起落架,收起时必须将轮架转动一定角度,便于适应轮舱内的空间,如图4.3-2所示。

2. 对收放系统的要求

为了安全,对起落架收放系统有如下要求:

(1)起落架在收上位和放下位(无论在空中还是地面)都必须可靠锁定;

(2)必须设置起落架位置指示器(以及驱动指示器所需的开关)或其他措施,通知驾驶员起落架已经锁定在放下(或收上)位置,并有防"误指示"措施;

(3)当飞机准备着陆时,若起落架没有放下锁定,必须向驾驶员发出持续(或重复的)音响警告,该警告不能很容易被驾驶员关断;

(4)收放机构应按一定顺序工作,防止相互干扰;

(5)当正常收放系统发生故障时,必须有起落架应急放下措施;

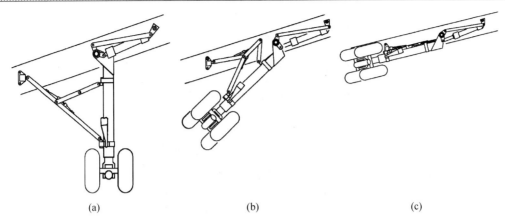

图 4.3-2　小车式主起落架收放时轮架转动示意图

(a) 起落架放下；(b) 收放过程中轮架转动；(c) 起落架收上

(6) 为了防止飞机在地面时起落架被意外收起，系统应设置地面防收安全措施。

4.3.2　起落架锁机构

收放位置锁用来把起落架锁定在收上和放下位置，以防止起落架在飞行中自动放下和受到撞击时自动收起。起落架收放位置锁通常有两种形式：挂钩式锁和撑杆式锁。

1. 挂钩式锁

挂钩式锁主要由锁钩、锁簧和锁滚轮(或称锁扣)组成。通常由锁作动筒、摇臂及连杆作动。当锁滚轮进入到锁钩内即为入锁状态；无液压时，锁簧可保持其处于锁定状态。主起落架收上位置锁通常采用挂钩式锁机构，如图 4.3-3 所示。

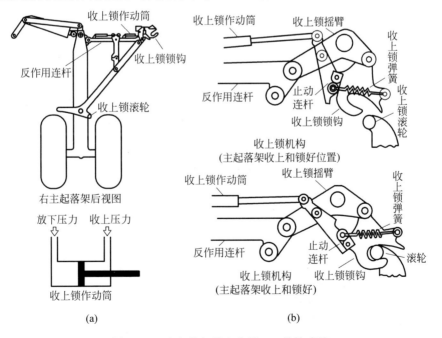

图 4.3-3　主起落架的上位锁——挂钩式锁

(a) 上位锁作动筒；(b) 上位锁工作；(c) 上位锁细节特写

(c)

图 4.3-3(续)

2. 撑杆式锁

撑杆式锁又称为过中心锁,由上锁连杆、下锁连杆、锁簧及开锁作动筒组成。撑杆式锁由锁簧保持锁定,由开锁作动筒负责开锁,如图 4.3-4 所示。

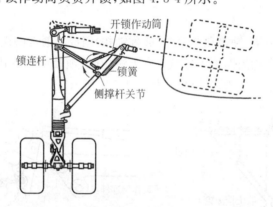

图 4.3-4　主起落架的下位锁——撑杆式锁

锁连杆与阻力杆侧撑杆的中央铰接点铰接。其锁定原理是:通过限制侧撑杆的折叠而使起落架锁定。当起落架放下时,上侧撑杆和下侧撑杆运动到过中心状态并被锁连杆保持在过中心位,即进入锁定状态。收起落架时,开锁作动筒在液压油作用下拉动锁连杆,锁连杆克服锁定弹簧的张力,将侧撑杆由过中心锁定位拉开,完成解锁;起落架在收放作动筒的推动下,将侧撑杆折叠起来,起落架便被收起。

现代飞机主起落架下位锁采用撑杆式锁,而前起落架上位锁和下位锁均为撑杆式锁。

4.3.3　收放系统的工作原理

1. 起落架收放顺序

起落架收放系统可控制飞机起落架收放的顺序。在起落架收放时,需要作动的部件除了起落架本身外,还包括舱门。起落架收放时,舱门与起落架的运动顺序要协调。收起落架时,一般动作顺序为:舱门开锁,舱门作动筒将舱门打开;起落架下位锁作动筒打开下位锁,起落架在收放作动筒作用下收起,并锁定在收上位;舱门作动筒将舱门关闭并锁定。放起落架时,顺序相反:先开舱门,然后开上位锁、放起落架并锁定,最后关上舱门。起落架收放顺序因机型差异而略有不同。图 4.3-5 为某型飞机起落架放下顺序示意图。

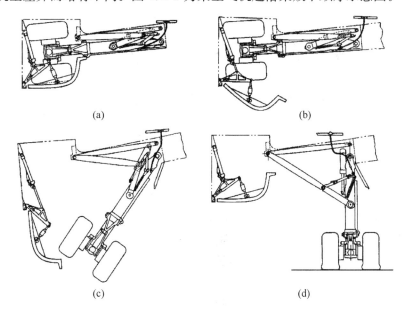

图 4.3-5 飞机起落架放下顺序示意图(收上顺序与之相反)

(a) 收上锁定;(b) 开舱门;(c) 放起落架;(d) 放下锁定

2. 起落架收放系统

实现顺序控制的方法较多,常用的方法有机控顺序阀法和液压延时法。

1) 机控顺序阀收放系统

机控顺序阀法利用机控顺序阀(即机控单向阀)控制作动筒的工作顺序(原理参见本书 2.4.2 节"方向控制元件"中的"机控单向阀")。采用机控顺序阀的起落架收放系统原理如图 4.3-6 所示。该收放系统由选择阀、顺序阀、作动筒、上位锁、下位锁、管路及一些液压附件组成。下面以起落架收上过程为例说明起落架顺序控制的工作情况。

把选择阀扳到"收上"位置,压力油直接进入起落架收上油路,液体流到 8 个部件:机控顺序阀 C 和 D;三个起落架下位锁;前起落架作动筒和两个主起落架作动筒。

注意:当液压油刚刚流进顺序阀 C 和 D 时,由于顺序阀是关闭的,这时压力油不能流入舱门作动筒,因而舱门不能被关闭。压力油进入三个下位锁作动筒,下位锁打开,此时起落架开始收上。因为前起落架的作动筒尺寸小,所以首先收好并使收上锁锁上;另外,因为前起落架舱门由前起落架联动装置单独操纵,所以舱门也随之关闭。同时,主起落架仍在收上过程中,并将每个主起落架作动筒放下端的液体挤出去。此时,油液畅通无阻地通过单向限流阀,压开顺序阀 A 和 B,并流经起落架选择阀进入液压系统的回油管路。最后,当主起落架达到完全收上位置并且使收上锁锁好时,传动机构的连杆推动顺序阀 C 和 D 的作动杆,打开顺序阀内的活门并使压力油进入舱门作动筒,关闭起落架舱门。

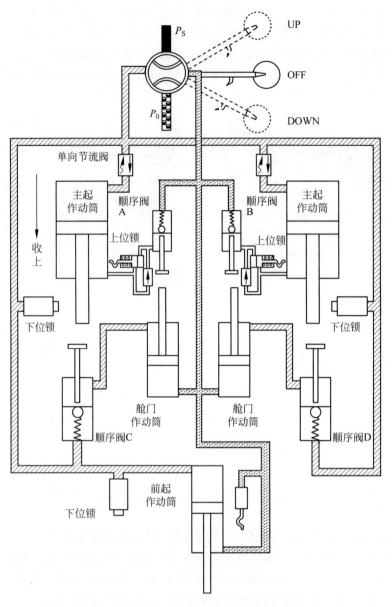

图 4.3-6　机控顺序阀起落架收放系统原理

2) 液压延时器起落架收放系统

液压延时器起落架收放系统利用液压延时回路实现顺序控制,原理参见 2.4.3 节"压力控制元件"中的"液压延时器"。液压延时器顺序控制的主要元件是液压传压筒,因此又称为"传压筒式"顺序控制。图 4.3-7 所示的起落架收放系统采用了液压延时原理。

下面以起落架放下为例说明该系统的工作原理:当起落架收放手柄扳到"DOWN"位时,压力油经过选择活门进入起落架收放作动筒的放下端、上位锁作动筒的开锁端、下位锁作动筒的锁定端;在传压筒内活塞及其下游节流活门的共同作用下,起落架收放作动筒收上端的压力较高,并因收放作动筒活塞面积差引起起落架被抬起,有利于上位锁开锁;当上位锁完全打开,且传压筒运动到头时,收放作动筒收上端压力下降,起落架以正常方式放下;

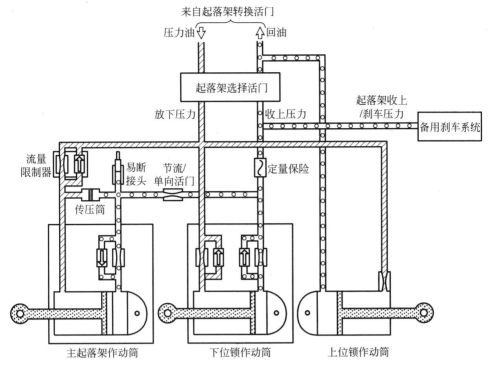

图 4.3-7　液压延时式起落架收放系统原理

放下管路上的节流阀起到限制放下速度的目的。当起落架到达全伸展放下位时,下位锁作动筒强迫下位锁支柱进入过中立位,将起落架锁住。

图 4.3-6 和图 4.3-7 给出的起落架收放系统的顺序控制较为简单,主要体现在对起落架舱门运动的控制。其中图 4.3-6 系统中起落架放下后,舱门没有关闭,处于打开状态;图 4.3-7 所示系统因主起落架没有舱门而没有舱门顺序控制部分,大大简化了系统。

现代大型民航飞机的主起落架舱门会在起落架放下后再次关闭舱门,因此顺序控制较为复杂。收起落架的动作顺序为:打开舱门→打开起落架下位锁→收起落架→上位锁锁定→关闭舱门;放下起落架的动作顺序为:打开舱门→打开起落架上位锁→放起落架→下位锁锁定→关闭舱门。为了实现复杂的顺序控制,图 4.3-6 中简单的机控顺序阀已不能满足要求。目前有两种技术解决方案,一种是采用多位舱门控制顺序阀,该阀具有"关闭""运动"和"打开"三个位置,如图 4.3-8 所示;另一种采用电子控制元件(如空客 A320 的 LGCIU 组件)向"舱门选择活门"发送控制信号,从而进行精确顺序控制。

4.3.4　指示和警告系统

CCAR-25 部规定:如果采用可收放起落架,必须有起落架位置指示器或其他手段来通知驾驶员,起落架已锁定在放下(或收上)位置。起落架指示系统必须能够防止有害的误指示,例如:指示系统显示所有起落架已经放下锁住,但起落架并没有完全放下并锁住。飞机运行经验表明,驾驶员在已知起落架未放下的情况下进行着陆是危险的,但不会造成灾难性后果;若起落架未放下,而指示系统显示起落架已放下并锁定(即驾驶员不知道起落架未放下而进行着陆),则有可能导致灾难性后果。因此必须设计起落架指示和警告系统,在飞机着陆时,为驾驶员提供起落架位置指示和不安全警告信息。

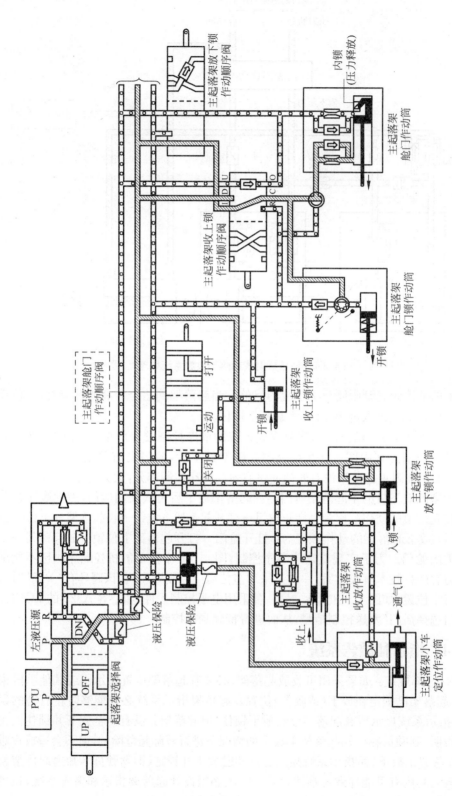

图 4.3-8 具有多位起落架舱门顺序阀的收放系统

1. 位置指示系统

起落架位置指示系统一般利用与起落架锁闩(或其等效装置)联动的开关来触发起落架位置指示。位置指示系统包括独立指示系统和集成指示系统。

1) 独立指示系统

(1) 发光指示器

发光指示器(可称为灯光指示系统)是现代民航飞机起落架位置指示的常用方式。为便于提示和警告驾驶员,灯光指示系统按以下原则设置:①当起落架处于正确的着陆位置时(起落架放下并锁定),绿色指示灯点亮;②当起落架没有锁定在起落架手柄所选择的位置时,红色警告灯点亮。图 4.3-9 为两种典型民航飞机的起落架发光指示器布置示意图。

波音飞机为每个起落架配置了两盏位置指示灯:红灯在上,绿灯在下,如图 4.3-9(a)所示。当起落架放下锁定时,下方的绿灯点亮;当起落架运动过程中,上方的红灯点亮;当起落架收上锁定时,全部指示灯熄灭。空客飞机为每个起落架配置了一个发光指示器,标有"UNLK"字符和"▽"标志,如图 4.3-9(b)所示。当起落架放下锁定时,"▽"标志发出绿光,当起落架处于运动过程中时,红色"UNLK"字符点亮;当起落架收上锁定时,指示器处于熄灭状态。

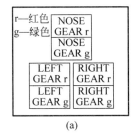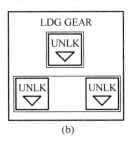

图 4.3-9 起落架灯光位置指示器

(a) 波音 737 飞机起落架指示;(b) 空客 A330 飞机起落架指示

(2) 备用指示

灯光指示信号会由于电气线路、终点电门及灯泡的故障而发生误指示现象,为确保安全,还应加装备用指示系统。备用指示可采用机械指示(配观察窗)或加装另一套指示灯。波音 737CL 飞机采用机械指示作为起落架备用指示系统,由副驾驶(或随机工程师)通过观察窗确认起落架是否放下锁定,机械指示信号通常直接安装在起落架下位锁处。图 4.3-10 所示为 B737CL 飞机主起落架下位锁机械指示装置:在主起落架侧撑杆关节处涂一条红色线,当起落架放下锁定时,侧撑杆伸直,观察到一条红色实线,而当此线变为虚线时,则表示起落架没有可靠锁定。

机械指示系统虽然能够在紧急情况下为机组提供起落架位置指示,但观察人员需进入客舱,不但观察不便,还会引起旅客的紧张情绪,因此波音 B737NG 取消了机械指示系统,而另配一套起落架位置指示灯,可以提高指示可靠度,并大幅简化了系统。

2) 集成指示系统(ECAM 或 EICAS 显示)

飞机中央仪表板(EICAS 或 ECAM)起落架系统的机轮页面集成了起落架位置指示系统。空客飞机 ECAM 系统采用多标志显示格式,每个起落架用"▽"显示,每个舱门用线段显示。起落架指示原则如下:起落架放下锁定用绿色"▽"表示,起落架在收放过程中用红色"▽"表示,起落架收上锁定时"▽"消失;舱门关闭时线段为绿色,舱门在运动过程中时,线段为琥珀色,舱门没有关闭时线段为琥珀色,如图 4.3-11 所示。

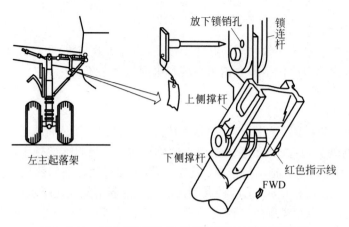

图 4.3-10　波音 B737CL 飞机主起落架放下机械指示

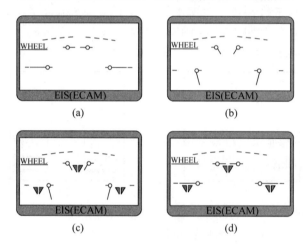

图 4.3-11　空客某型飞机 ECAM 起落架指示信息

(a) 起落架收上锁定；(b) 开舱门；(c) 起落架放下锁定；(d) 舱门关闭

　　波音飞机的 EICAS 起落架指示信息与空客飞机的 ECAM 指示信息不同：在正常模式下，采用单标志显示格式，即用一个方框显示所有起落架位置信息；当出现起落架指示信息错误时（起落架手柄位置与起落架位置不一致超过 40s），进入扩展模式，即用小方框显示每个起落架的位置信息的多标志显示模式，显示信息如图 4.3-12 所示。

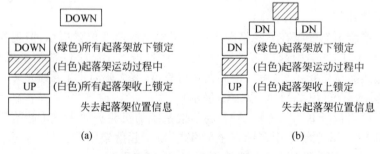

图 4.3-12　波音某型飞机 EICAS 起落架指示信息

(a) 正常模式指示示例及图例；(b) 扩展模式指示示例及图例

正常模式下,当所有起落架放下并锁定时,用绿色"DOWN"表示;当所有起落架收上锁定时,用白色"UP"表示;当起落架在运动过程中(没有锁定时),用带有白色剖面线的长方框显示;若系统不能获取起落架位置信息,显示白色长方框。拓展模式下,放下锁定的起落架用绿色"DN"显示;收上锁定的起落架用白色"UP"显示;起落架在运动过程中,用带有白色剖面线的小方框显示;若系统不能获取起落架位置信息,显示白色小方框。

2. 警告系统

为了确保飞机安全着陆,当飞机处于某种着陆状态而起落架的位置不正确时,警告系统会发出警告提醒驾驶员,警告系统一般包括灯光警告和音响警告。当出现起落架警告时,位于遮光面板上的主警告灯会亮起,直到起落架状态得到修正。

1) 灯光警告

现代大型民航飞机,其红色指示灯不但指示起落架的位置,同时也是非安全着陆警告灯。红灯点亮条件对应两种模式:①指示模式,即收放手柄位置与起落架位置不一致;②警告模式,即任一发动机油门杆在慢车位而起落架不在放下锁定位。

2) 起落架构型警告

当飞机处于着陆状态但起落架没有处于放下锁定位时,具有 ECAM 或 EICAS 的飞机将在其中央显示器上显示"CONFIG GEAR"(起落架构型)警告信息,提示驾驶员放下起落架。

3) 音响警告

为了进一步提醒驾驶员飞机处于较危险的状态,飞机上除了灯光警告和文字信息外,还需有音响警告系统,即着陆警告系统。

着陆警告系统根据飞机襟翼位置、油门杆位置和飞机的无线电高度判断飞机是否处于着陆状态:当飞机处于着陆状态且任意一个起落架没有放下并锁定时,系统会发出音响警告信号。

图 4.3-13 所示为波音 737 飞机着陆警告系统启动条件逻辑图。从图中可以看出,飞机着陆警告级别不同:当飞机高度较高,襟翼放下角度较小时,若发出音响警告,可人工停响;当高度下降到一定值后,警告喇叭将重新响起,且不可停响;另外,当襟翼角度放下较大时,无论油门处于多大角度,警告喇叭均会响起。

4.3.5　应急放下系统

为保证飞机能够安全着陆,民航飞机必须设计有起落架应急放下系统,作为起落架正常收放系统的备份,且应急放下系统与正常系统之间应相互独立。根据适航审定规章的相关条款,对应急放下系统的要求是:正常收放系统发生任何合理的失效时,应能放下起落架;任何单个的液压源、电源或等效能源失效时,应能放下起落架。换句话说,就是在起落架正常收放功能因单个能源系统丧失或其他可能的故障不能放下并锁住起落架时,能应急放下起落架并将起落架锁住。

现代民航飞机起落架应急放下系统采用以下几种措施:①人工机械开锁+靠重力和空气动力放下起落架;②备用动力开锁+靠重力和空气动力放下起落架;③备用动力开锁+备用动力放下起落架。

采用第一种应急措施的飞机,若正常收放系统不能将起落架放下时,由驾驶员通过机械装置应急打开起落架上位锁,起落架在自身重力作用下放出,在空气动力作用协助下完成放

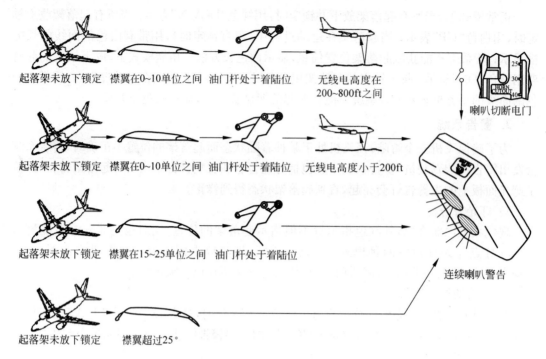

图 4.3-13 波音 B737 飞机着陆警告启动条件

下并锁定,这是最简单的应急放下解决方案,因此适用性较广。而第二种和第三种应急措施适用于大型和重型飞机,当起落架自身重量达到一定时,起落架对上位锁的压力增大,仅靠驾驶员的体力已经很难打开,因此需采用动力应急开锁措施。在此着重介绍第一种应急放下措施。

图 4.3-14 所示为某型飞机起落架人工放下系统示意图,在驾驶舱地板上设有起落架应急放下手柄接近盖板,盖板下设置三个应急放起落架手柄,通过钢索和机械连杆与起落架上位锁的锁钩相连。

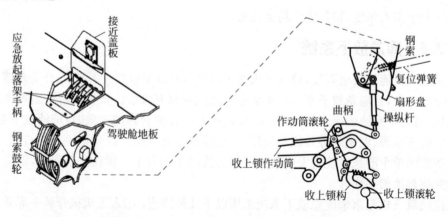

图 4.3-14 典型飞机起落架人工放下系统的原理

当起落架收放系统发生故障时,首先将起落架收放手柄扳到"OFF"位,然后打开应急释放起落架手柄的接近盖板,此时接近盖板底部的电门使起落架收放选择活门中的旁通活门作动,将起落架收放作动筒两端油液旁通,防止起落架放下时产生液锁;然后由驾驶员拉动应急放起落架手柄(拉动钢索需要 60～90lbf),打开起落架上位锁,起落架靠自身的重力和迎面气流的吹动而放下。

图 4.3-15 所示为另一种类型飞机起落架人工应急放下系统原理。应急放下手柄位于驾驶舱中央操纵台后部,通过传动杆、钢索、摇臂与起落架收放系统液压旁通阀、起落架舱门上位锁、起落架上位锁相连。

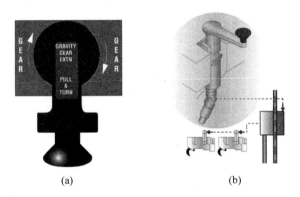

图 4.3-15 另一种类型飞机起落架人工放下系统的原理
(a) 手柄;(b) 放下系统简图

当需要应急放下起落架时,驾驶员拉出手柄并顺时针旋转(旋转圈数因具体机型而异),手柄通过内部机械机构,首先切断供向起落架收放系统的液压油、旁通起落架正常收放系统,做好应急放起落架的准备工作;然后继续转动手柄,通过机械机构打开舱门上位锁和起落架上位锁,起落架依靠自身重力和空气动力放下并锁定。由于应急放下起落架时将起落架收放系统液压油管路旁通,因此起落架放下后,舱门将不能被关闭,保持在打开位。

4.3.6　地面防收安全措施

飞机在地面停放时,要有地面防收装置,以防止起落架意外地收起和(或)舱门意外关闭,造成人员伤亡和设备损坏。起落架的防收措施有以下几种。

(1) 起落架手柄不能直接扳动。

如图 4.3-16 所示,起落架手柄在"UP"(收上)、"DOWN"(放下)或"OFF"(关断)位置时,都有卡槽使之固定,防止由于维护人员的触碰而做动起落架。在空中,驾驶员收放起落架时,要拉出手柄才能扳动起落架手柄。

(2) 利用手柄锁,起落架手柄在地面不能扳到收上位。

起落架手柄锁的继电器由飞机的"空/地"电门控制。当飞机在地面停放时,"空/地"电门发出信号,起落架手柄锁继电器断电,起落架手柄锁锁柱立起,使起落架手柄只能扳到"DOWN"(放下)位和"OFF"(关断)位。

为了防止因手柄锁发生故障而不能在空中收起起落架,收放手柄上装有超控扳机,该装置可在锁柱立起时,使手柄绕过锁柱被扳到"UP"(收上)位。

(3) 地面机械锁。

起落架的地面机械锁是防止起落架收起的最后防线。地面机械锁有锁销式和套筒式两

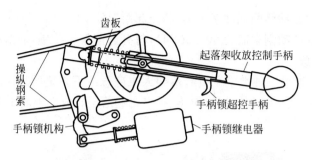

图 4.3-16 起落架控制手柄和手柄锁

种类型。

① 锁销式地面锁

锁销式地面锁(如图 4.3-17 所示)安装在起落架下位锁处,防止下位锁在开锁作动筒的作用下打开。飞机落地后,机务人员将锁销插入起落架下位锁撑杆的定位孔内,并挂上红色标签,标签上有"REMOVE BEFORE FLIGHT"文字,提醒相关人员注意。如果忘记解除地面锁,则飞机离地后会因起落架不能收起而返航。因此,航空公司运行程序要求:在起飞前,放行人员应将地面锁销取下,交给机组人员,确认后带入驾驶舱。

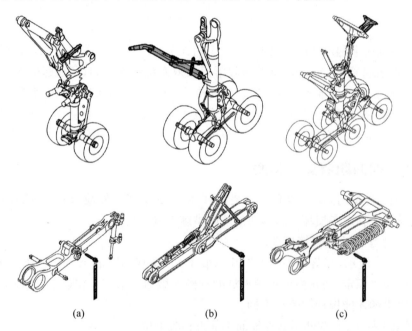

(a) (b) (c)

图 4.3-17 锁销式地面机械锁

(a) 前起落架及锁销;(b) 机翼起落架及锁销;(c) 机身起落架及锁销

② 套筒式地面锁

套筒式地面锁安装在下位锁开锁作动筒的活塞杆上,通过阻止下位锁作动筒活塞杆缩入而使下位锁保持在锁定位。当飞机落地后,机务人员将套筒夹在下位锁作动筒的活塞杆上,并用锁销固定,锁销上同样设置红色警示飘带,如图 4.3-18 所示。另外,套筒式地面锁还可用来锁定起落架舱门作动筒的活塞杆,防止舱门意外关上而造成事故。

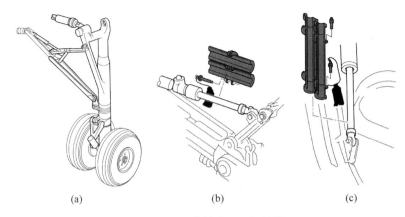

(a)　　　　　　　　　　(b)　　　　　　　　　　(c)

图 4.3-18　套筒式地面机械锁

(a) 安装套筒锁的主起落架；(b) 安装套筒的下位锁作动筒；(c) 安装套筒的舱门作动筒

4.3.7　起落架收放系统维护

起落架收放系统是起落架上的一个重要分系统，它能否正常工作关系到飞行安全。因此，对起落架收放系统要定期进行维护检查，并在需要的时候进行起落架收放试验。

1. 收放系统检查

对收放系统的检查主要包括：运动部件磨损检查，管路和部件的渗漏检查，管路和电缆的擦伤检查。同时应对舱门和轮胎进行相应检查，因为轮胎的擦伤痕迹或损伤意味着舱门存在不正确安装，需进行详细检查并根据需要对系统进行相应校装。

2. 收放系统校准

当收放系统出现运动干涉或在收放系统中安装新的部件后，应对整个系统进行仔细的调整和校准，校准的重点项目如下：

（1）起落架手柄与指示警告电门位置准确性；

（2）连杆机构及作动筒的行程；

（3）顺序活门机构和锁机构的动作准确性；

（4）舱门及起落架各部分与机体结构的间隙；

（5）应急放下系统的手柄位置、传动机构的正确性。

3. 收放试验

中国民用航空规章要求：必须通过起落架收放试验表明收放机构功能正常。在飞机服役期内，发生下列情况时要进行收放试验：更换有故障的部件；发生或怀疑有不正确的工作及发生硬着陆和重着陆。操作的程序、所需的特殊的设备，以及全部的详细说明都可以从相应的维护手册中得到。

在收放试验时，应着重检查以下项目：

（1）起落架工作是否正常（收放顺序是否正确）；

（2）舱门工作/安装是否正常；

（3）机轮与机舱的间隙是否合适；

(4) 连杆工作/安装是否正常；

(5) 锁、电门、警告设备及机械指示工作是否正常；

(6) 管路(软管)是否顺畅；

(7) 全部机构工作是否平稳(摩擦、卡滞、振动或有无异常声响)。

4.4 转弯系统

起落架的前轮转弯系统可以为飞机在地面机动滑行时提供方向控制。本节在重点介绍现代民航运输机液压驱动的前轮转弯系统的同时，还将介绍与此有关的前起落架支柱的结构特点、前轮稳定距概念和自动定中机构。

4.4.1 前轮稳定距

1. 前起落架的构造特点

为了使前轮能绕支柱轴线转动，支柱套筒式前起落架在结构上采取了一些措施。图4.4-1(a)表示一种支柱套筒式前起落架，前轮固定在减震支柱活塞杆下部的轮叉上，轮叉通过扭力臂与可绕支柱外筒转动的旋转筒相连。这样前轮便可连同轮叉、活塞杆、扭力臂和旋转筒等一起绕支柱轴线转动。支柱和旋转筒上分别有限动块，用来限制前轮的最大转角。图4.4-1(b)表示一种摇臂式前起落架，前轮可以连同轮叉、旋转臂一起绕支柱轴线转动。支柱和旋转臂上也有限动块。

对于装备转弯机构的大型飞机的前起落架，其最大转动角度由转弯机构的行程限制，而不采用限动块。

2. 前轮稳定距定义及作用

在各种型式的前起落架上，前轮的接地点都在其转动轴线与地面交点的后面。前轮接地点(即地面对前轮的反作用力着力点)至起落架转动轴线的垂直距离，叫做稳定距，用 t 表示，如图4.4-2所示。

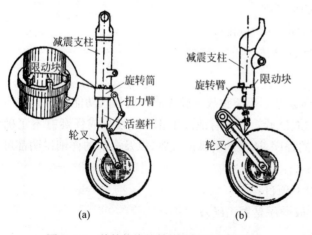

图4.4-1 前轮绕支柱轴线偏转的前起落架

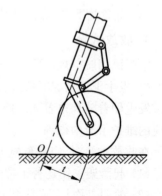

图4.4-2 前轮稳定距

有了稳定距,飞机滑行时,前轮的运动就可以保持方向稳定,如图4.4-3所示:当前轮因某种原因而偏转了一个角度θ时,作用于前轮的侧向摩擦力T对支柱轴线的力矩,就能使前轮转回到原来位置。

为了使飞机在地面滑行时能够灵活地转弯,也需要前轮具有稳定距。例如飞机在滑行中,利用单刹车使两边主轮的滚动阻力不等,形成转弯力矩而转弯时,如果前轮没有稳定距,前轮的侧向摩擦力对支柱轴线的力矩等于零,前轮不能偏转,只能被飞机带着向一侧滑动,这时前轮上的侧向摩擦力很大,转弯比较困难,如图4.4-4(a)所示;如果前轮有稳定距,则当飞机转弯时,作用在前轮上的侧向摩擦力对支柱轴线产生一个力矩,使前轮相应地偏转,这样飞机就比较容易转弯,如图4.4-4(b)所示。

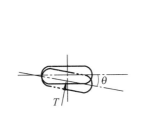
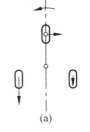
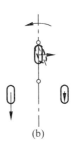

图4.4-3　保持前轮方向稳定性　　　　图4.4-4　稳定距对飞机在地面转弯的作用

3. 前轮稳定距获得方法

在构造上取得稳定距的方法主要有两种:一种是把前起落架支柱安装成斜的,如图4.4-5(a)所示;另一种是利用轮叉或其他构件将前轮向后伸出,如图4.4-5(b)、(c)所示;此外,还有同时采用上述两种方法的,如图4.4-5(d)所示。

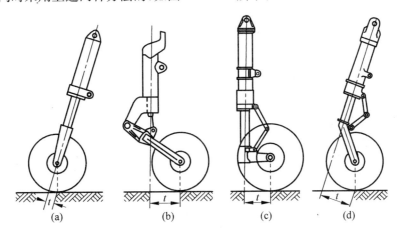

图4.4-5　飞机获得前轮稳定距的构造型式

稳定距的大小,对前三点飞机在地面运动的稳定性和前起落架支柱的受力有较大的影响:稳定距过小,地面运动的稳定性不好;稳定距过大,则支柱承受的弯矩会大大增加。现代民航客机为了减小前起落架支柱承受的弯矩,通常采用图4.4-6(a)所示的构造型式,即起落架支柱垂直,轮轴在起落架支柱的后方与支柱相交,替代图4.4-5(c)中的后伸轮叉,可以获得适当的前轮稳定距。

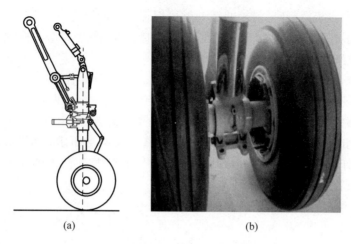

图 4.4-6　民航飞机获得前轮稳定距的典型构造

(a) 前轮侧视图；(b) 轮轴处特写

4.4.2　飞机转弯操纵

1. 飞机地面机动方式

飞机在地面的机动方式有两种，第一种方式是借助外力进行机动，即利用拖车将飞机推出停机位，也可用于飞机进出机库的牵引；第二种是靠自身动力进行地面机动，如在滑行道转弯、调头以及滑跑时调整方向，如图 4.4-7 所示。当飞机靠自身动力进行地面机动时，可通过两种方法进行转弯：通过主轮单刹车或调整左右发动机的推力(拉力)，使飞机转弯；通过前轮转弯机构，直接操纵前轮偏转，使飞机转弯。小型飞机通常使用主轮单刹车进行转弯，而中型及以上飞机仅通过主轮单刹车转弯比较困难，因此大多采用前轮转弯系统。

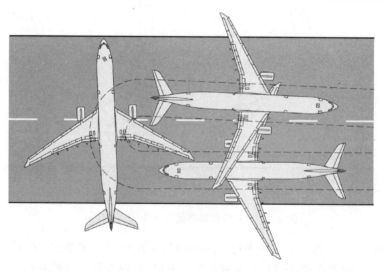

图 4.4-7　飞机地面机动调整方向(在跑道上进行 U 形转弯)

现代民航飞机在跑道上转弯时，需要考虑机轮转弯半径(决定所需跑道的宽度)和机体回转空间(决定机坪所需空间)。其中机轮转弯半径主要考虑前轮转弯半径，而机体回转空间则考虑机头、大翼翼尖和水平安定面尖端的回转半径,通常由大翼翼尖的回转半径决定。

飞机高速滑行时的方向控制比较简单,可通过前轮偏转控制。由于飞机滑行速度高,为防止高速转弯导致飞机侧倾,前轮转弯角度较小(一般±6°～±8°),通常由方向舵脚蹬操作;当飞机在停机坪低速滑行时,转弯半径相对较小,因此需要前轮转弯角度较大(一般±65°～±78°),通常由转弯手轮控制。

一般来说,配备双主轮的中小型飞机(如波音737系列和空客A320系列)的前轮最大转弯角度较大(可达75°以上),而采用小车式主轮的大型飞机(如波音787系列和空客A330系列)和采用多支柱主起落架的重型飞机(如波音747系列和空客A380系列),前轮最大转弯角度较小,一般为70°左右。

大型飞机和重型飞机机身尺寸大,加之前轮最大偏转角度小,使得飞机在跑道上进行转弯时,若仅操纵前轮转弯系统,将无法获得满意的转弯性能。为解决此问题,通常采用两种方法:第一种方法是当转弯操纵使前轮转动超过一定角度时,驾驶员可辅以发动机差动推力和主轮单刹车操作;第二种方法是为飞机的主轮加装转弯机构,当前轮转动超过一定角度时,操纵主轮偏转配合前轮进行转弯。

2. 前轮转弯操纵系统

1) 转弯系统类型

前轮转弯系统用于现代飞机在地面滑跑时的方向控制。根据控制信号不同,飞机的前轮转弯系统分为两种类型:机械液压转弯系统和电子液压转弯系统。

(1) 机械液压转弯系统

机械液压转弯系统采用转弯手轮(手柄)或方向舵脚蹬作为输入,通过钢索将转弯操纵信号传递到转弯计量活门,转弯计量活门将液压动力输送到转弯作动筒,驱动前轮转弯。前轮转动时,通过转弯套筒上的反馈钢索将机轮位置信号提供给转弯计量活门,实现手轮或脚蹬对前轮的伺服控制。

(2) 电子液压转弯系统

电子液压转弯系统与机械液压转弯控制系统的最大区别是采用电信号替代了机械信号,由控制电缆替代了传动钢索。电子液压转弯系统的主要功能元件是刹车转弯控制组件(简称为BSCU)。手轮发出的转弯指令被转换成电信号,经过电缆送到BSCU;信号经过BSCU处理,传递到液压组件中的转弯伺服活门;转弯伺服活门根据控制信号输送液压到转弯作动筒,驱动机轮转弯;转弯位置传感器将机轮位置信号反馈给BSCU,BSCU将反馈信号与控制信号进行比较运算,达到对机轮转弯精确控制的目的。

下面以机械液压转弯系统为例,介绍飞机前轮转弯系统的工作特点。

2) 机械液压转弯系统

图4.4-8为某型飞机前轮转弯系统组成。由图可见,飞机转弯系统包括输入机构(转弯手轮、脚蹬)、传动钢索、转弯计量活门、转弯作动筒和转弯套筒。

(1) 输入机构

转弯系统的输入机构包括转弯手轮和方向舵脚蹬。转弯手轮用于飞机低速滑行转弯操纵,前轮偏转角大,可获得较小的滑行转弯半径;方向舵脚蹬通过空中脱开机构在地面操纵前轮转弯,用于飞机高速滑行(起飞和着陆过程)时的方向修正转弯。转弯系统限制了脚蹬输入时前轮的最大偏转角,避免因操纵过大使飞机发生倾翻的危险。在地面操纵方向舵脚

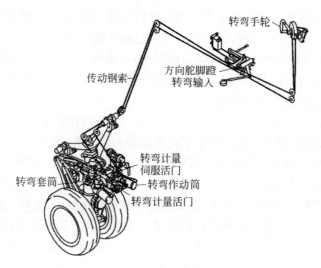

图 4.4-8　典型机械液压前轮转弯系统的组成

蹬时,方向舵也随着偏转;在空中时,空中脱开机构将脚蹬与转弯系统脱开。

空中脱开机构是一个由空/地感应机构(或空/地电门)控制的互联作动筒。当飞机在地面并且前起落架处于压缩状态时,互联作动筒伸出将脚蹬与前轮转弯机构连接;当飞机在空中时,互联作动筒缩入将它们分开。

(2) 转弯计量活门

转弯计量活门是典型的机械液压伺服阀。计量活门通过比较机构(一般为杠杆机构)接受控制钢索的操纵信号和反馈钢索的反馈信号,其差值使液压伺服阀阀口开度产生变化,控制供往转弯作动筒的液压动力。

(3) 转弯作动筒

转弯作动筒是前轮转弯的执行机构。该系统采用了双向单杆液压缸作为转弯作动筒,通过特殊的旋转活门与液压管路相连。当转弯角度小时,一个作动筒推,另一个作动筒拉,驱动转弯套筒转动;当转弯角度达到临界值,后拉作动筒的活塞杆缩入到达极限位置,此时旋转活门将该作动筒的两腔均接通高压油,使其处于差动连接状态,该作动筒由后拉工况转入前推工况,推动前轮达到最大转弯角度(作动筒的差动连接参见图 2.5-4)。

另一种类型的转弯作动筒为齿轮-齿条式转弯作动筒,如空客 A320 系列、空客 A300 系列飞机的转弯作动筒(如图 4.4-9 所示)。

(4) 转弯套筒

转弯套筒将转弯作动筒的动力通过扭力臂传递到轮轴,驱动前轮左右转动。转弯套筒上的钢索将机轮位置信号传递给转弯计量活门的比较机构,起到反馈的作用。

图 4.4-8 所示的前轮转弯系统的工作原理可简化为图 4.4-10 所示。从图中可以看出,前轮转弯系统是一套典型的机械-液压位置伺服系统。其工作原理是:当驾驶员转动手轮或蹬脚蹬时,控制信号通过控制钢索驱动计量伺服活门,打开油路,高压油到达两个转弯作动筒的不同腔,于是两个作动筒一个推一个拉,驱动前轮偏转;通过反馈钢索提供反馈信号,当反馈信号与控制信号偏差为零时,伺服活门回到中立位,此时,前轮偏转角度与手轮输入量相对应。

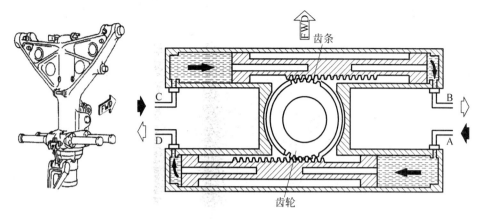

图 4.4-9 空客 A300 飞机前轮转弯作动筒(飞机右转弯情况)

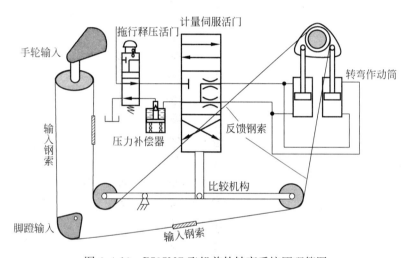

图 4.4-10 B737NG 飞机前轮转弯系统原理简图

3. 前轮转弯系统相关功能

现代飞机的前轮转弯系统不但具有正常转弯操纵功能,同时还具有中立减摆、拖行释压、超压释压等相关功能。

1) 中立减摆功能

(1) 前轮摆振现象

由于前轮可以自由转动,前轮支柱、轮胎又存在一定的弹性,当飞机滑跑速度超过某一临界速度时,会出现前轮左右剧烈偏摆的自激振动——摆振。摆振会引起轮胎撕裂、支柱折断,酿成严重事故。

摆振的发生过程是这样的:当前轮受到某种扰动而偏转一个角度后,机轮就离开滑行方向产生侧向偏转,支柱变形,轮轴随之倾斜。支柱的弹性恢复力使机轮偏向原来的运动方向,同时机轮向反方向偏转。此后机轮的运动路线是一条 S 形的轨迹,形成周期性的摆振,如图 4.4-11 所示。

当滑行速度超过临界值,激振力大于阻尼力时,振动发散,最终造成结构破坏。消除前轮摆振的措施是加装液压减摆器。

（2）液压减摆器

液压减摆器是为了防止前轮摆振而设置的阻尼机构,它并不限制前轮的转动,只是减小摆动的速度,吸收摆动产生的冲击能量,阻止摆动增大。常见的液压减摆器有活塞式减摆器和旋板式减摆器,如图 4.4-12 所示。它们的工作原理都是利用油液高速流过小孔产生阻尼,把摆振能量转换成热量耗散掉来防止摆振的。

活塞式减摆器由油缸和活塞组成,活塞的两侧充满油液。当前轮发生摆振时,前起落架的转动经传动机构传至拨叉,拨叉推动活塞移动,活塞在油缸内移动迫使油液经过活塞上的小孔高速流动摩擦,把摆振能量变为热能耗散掉。

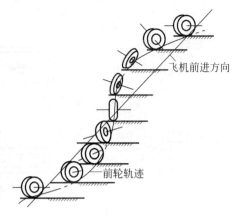

图 4.4-11　前轮摆振时机轮运动轨迹

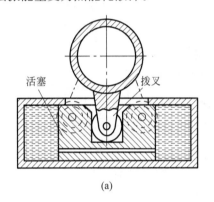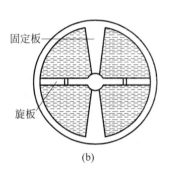

(a)　　　　　　　　　　　(b)

图 4.4-12　液压减摆器的原理

(a) 活塞式减摆器；(b) 旋板式减摆器

旋板式减摆器内的固定板和旋板把油室分成四个充满油液的密封腔。当前轮发生摆振时,前起落架的转动经传动机构变为旋板的转动,油室间油液通过旋板上的小孔摩擦消耗摆振能量。

（3）中立减摆

目前具有前轮转弯系统的民航机往往不安装独立的液压减摆器,而是利用转弯系统的中立减摆功能。"中立"是指伺服控制阀的阀芯处于中立位置,此时转弯作动筒的活塞两端油腔内的油液通过阀芯内的预开口(节流孔)相互串通,并通过回油管路上的压力补偿器回油(参见图 4.4-10)。当前轮发生摆振时,转弯作动筒起到活塞减摆器的作用：油液被作动筒活塞挤压,经管路流向计量活门,通过计量活门内的阻尼孔产生摩擦热耗作用,并在压力补偿器的作用下进入作动筒的低压腔,确保作动筒内始终充满油液。

2）拖行释压功能

前轮转弯系统本来是用来协助驾驶员进行前轮转弯的,但是当拖行飞机时,前轮转弯液压作用力又会对被拖行飞机的转弯产生阻碍。当拖行飞机时,若拖车带动飞机转弯,则机轮偏转带动转弯套筒上的钢索转动,转弯计量活门将在比较机构连杆的作用下打开,若此时转弯系统管路中有液压压力,高压油将驱动转弯作动筒使前轮向相反方向转动,导致起落架结构损坏。

因此应在系统供压管路上设置拖行释压活门(原理如图 4.4-10 所示)。拖行释压活门的控制手柄称为拖行手柄,如图 4.4-13 所示。在拖飞机前,将拖行手柄扳到"拖行"位,并插入插销将其锁定。飞机拖行完成并将拖把取下后,应拔下插销,将拖行释压活门复位,否则飞机将不能实现转弯操纵。

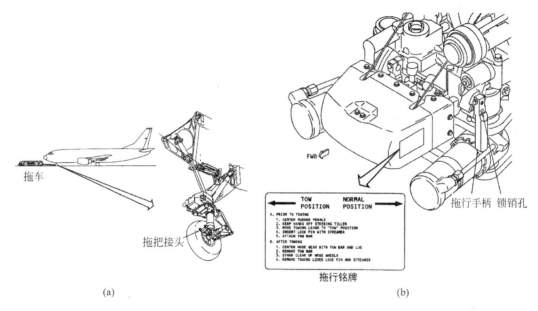

图 4.4-13 飞机拖行和拖行释压活门

(a)飞机拖行;(b)拖行释压活门

维护手册中规定,当前起落架减震支柱镜面高度超过规定值时,不允许拖行飞机。这是因为此时飞机重心太靠后,拖行可能造成飞机后倾;减震支柱内上、下轴承距离太近,拖行会造成前起落架弯矩过大,发生损坏。另外,前轮支柱中的定中凸轮(详见 4.4.3 节)可能相互接触,在拖行转弯时,定中凸轮可能遭到破坏。

3)超压释压功能

前轮转弯系统中转弯作动筒内的油液,通过转弯计量活门内的阻尼孔与回油管路相通,避免了转弯作动筒出现超压情况,即具有超压释压功能。

4. 主轮转弯操纵

对于某些重型飞机,为减小飞机转弯时主起落架所受侧向载荷,减小因主轮侧滑而造成的轮胎刮擦损伤,其主起落架也可以转弯。主起落架转弯还可以使飞机减小转弯半径,减小操纵飞机转弯时的力。

1)主轮转弯形式

民航飞机主起落架转弯有两种形式:一种是旋转主轮小车整体转弯,如波音 B747 系列飞机机身起落架转弯(参见 4.1-6(a));另一种是利用转向作动筒驱动主轮小车的后两个机轮转动,如波音 B777 系列飞机的主轮转弯和空客 A380 飞机的机身起落架主轮转弯(参见图 4.1-6(b))。

2) 主轮转弯控制逻辑

　　当飞机转弯时,主轮转弯控制组件接收前轮转弯手轮的控制信号,并以前轮转动角度为输入参数,控制主轮转动角度,使主轮配合前轮转弯。图 4.4-14 为波音 747-8 飞机机身起落架转弯控制律。

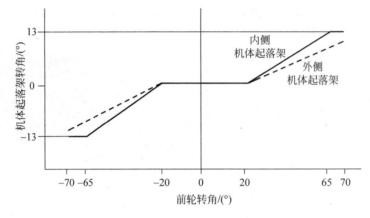

图 4.4-14　波音 747-8 飞机机身起落架转弯控制律

　　从图 4.4-14 可以看出,当前轮转弯角度小于 20°时,机身起落架轮架偏转角度为零;当前轮转弯角度大于 20°时,主轮转弯控制系统向主轮转弯作动筒控制组件发出控制信息,机身起落架主轮开始偏转。由于转弯时两个机身起落架主轮与飞机转弯中心的距离不同,因此两个机身起落架主轮随前轮转动的角度不同。以飞机向右转弯为例,右机身起落架主轮向右转动角度将大于左机身起落架主轮向右转动角度。当前轮转动角度达到 65°时,右侧机身起落架主轮转动角度达到最大 13°,以后便保持不变;当前轮转动角度达到最大 70°时,左侧机身起落架主轮转动角度达到 11.5°,此时飞机转弯情况如图 4.4-15 所示。

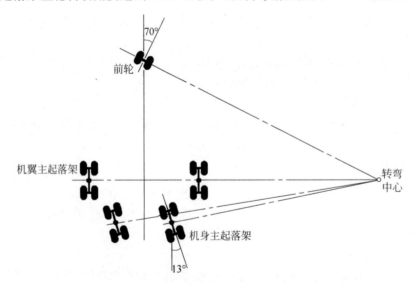

图 4.4-15　波音 B747-8 飞机机身起落架协助转弯操纵示意图
注:此图前轮主轮距小于实际轮距,因此前轮偏转角度仅为示意。

由于飞机高速滑行时,不可能操纵前轮进行大角度转弯,因此前轮转弯角度也可作为主轮转弯功能的锁定/解锁信号,波音 B777 飞机即采用此控制逻辑。图 4.4-16 显示,主轮转弯控制组件(MGSCU)是 B777 飞机主轮转弯系统的核心部件,该部件接收转弯手轮提供的前轮转弯信号,并根据内部设置的"主轮转弯预位和解锁逻辑"电路和预设的"主轮转弯控制逻辑"将控制信号输送到主轮转弯/锁定作动筒。

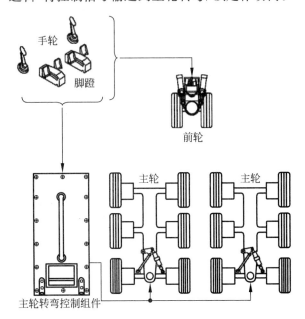

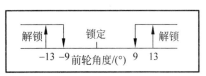

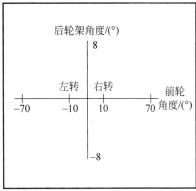

图 4.4-16　波音 B777 飞机主轮转弯系统原理图及控制逻辑

　　主轮预位和解锁逻辑电路控制"预位继电器"和"锁定继电器"。当前轮转角大于 13°时,"预位继电器"将信号送到主轮转弯/锁定作动筒,使其解锁,并接收主轮转弯控制组件发出的转弯信号;当前轮转弯角度小于 9°时,"锁定继电器"将发送信号给主轮转弯/锁定作动筒,将其锁死。当飞机起飞滑跑时,若主轮转弯/锁定作动筒没有将主轮锁死,则主轮转弯控制组件将发出"CONFIG GEAR STEERING"警告信号。

4.4.3　自动定中机构

　　自动定中机构的作用是在前轮离地后和接地前,使前轮保持在中立位置,以便顺利地收入轮舱和正常接地。现代飞机通常采用凸轮式自动定中机构。凸轮式自动定中机构简称凸轮机构。它安装在前起落架减震支柱的内部,由上、下凸轮组成,如图 4.4-17 所示。

　　下凸轮固定在减震支柱外筒内部,它不能左右转动,也不能上下移动。上凸轮的上端与减震支柱内筒底部贴合,下端用连杆与轮叉相连,它可以与减震支柱内筒一起上下运动,前轮偏转时,又可以与轮叉和前轮一起绕支柱轴线转动。

　　在飞机起飞离地后或着陆接地前,由于前轮没有

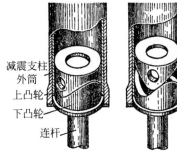

图 4.4-17　凸轮式定中机构原理图

受到垂直载荷的作用,减震支柱内的气体压力使上下凸轮啮合,将前轮保持在中立位置;如果有侧风,或在飞机转弯时前轮上有侧向惯性力,则只有当它们大到足以克服减震支柱内的高压气体压力和上下凸轮之间的摩擦力等的作用时,前轮才会偏转;而且,外力消失后,在高压气体压力作用下,前轮又能恢复至中立位置。飞机在地面滑行时,减震支柱在垂直载荷作用下受到压缩,上下凸轮脱开,便于前轮左右偏转。

　　根据凸轮机构的工作特点可知,如果减震支柱内气体压力过小、支柱内部过脏或锈蚀、旋转臂的活动部位脏污,都会使凸轮机构的效能降低,甚至失去作用。图 4.4-18 与图 4.4-19 给出了前起落架中定中凸轮的安装和工作情况。

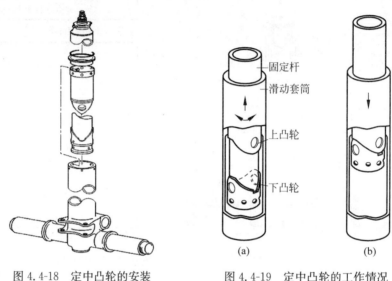

图 4.4-18　定中凸轮的安装　　　图 4.4-19　定中凸轮的工作情况
(a) 地面脱开啮合；(b) 空中啮合

4.5　机轮和刹车系统

　　机轮由轮毂和轮胎装配而成,其主要作用是在地面支持飞机的重量,减少飞机在地面运动时的阻力,吸收飞机着陆和地面运动时的一部分撞击能量。主起落架机轮上装有刹车装置,可用来缩短飞机着陆的滑跑距离,并使飞机在地面具有良好的机动性。刹车系统通过控制刹车装置压力获得最高刹车效率。

4.5.1　轮毂

　　轮毂通常由镁合金或铝合金锻造成型,与同重量的钢制轮毂相比,具有较大的刚度,在同样的受热情况下,温度升高也较少。后一特点对高速飞机来说是尤为重要的。因为刹车时,有大量的热传给轮毂,如果轮毂温度升高得很多,就容易使轮胎(特别是有内胎的轮胎)受高温影响而损坏。

　　轮毂主要有三种类型：固定轮缘式轮毂、可卸轮缘式轮毂和分离式轮毂。

1. 固定轮缘式轮毂

中间下凹的固定轮缘式轮毂在早期飞机以及某些轻型飞机上使用,其构造如图 4.5-1

所示。由于轮缘固定,在装配轮胎时存在一定的困难,尤其是当飞机向大型化发展后,轮缘高度和轮胎钢丝圈的强度都相应增大,固定轮缘式轮毂便被拆装容易的可卸轮缘式轮毂替代。

2. 可卸轮缘式轮毂

可卸轮缘式轮毂的构造如图 4.5-2 所示。轮毂由铸造的轮毂本体、可拆卸式轮缘和轮缘固定卡环构成。可卸轮缘式轮毂一般配备低压轮胎。拆卸轮胎时,应将轮胎彻底放气,拆下固定卡环,将轮缘从轮毂本体上拉出,然后可将轮胎快速拆下。

由于可卸轮缘式轮毂由固定卡环承受轮胎的压力,因此一旦卡环出现缺陷,机轮容易爆炸,对设备和人员造成伤害。因此维护采用可卸轮缘式轮毂的机轮应格外小心:将机轮从飞机上拆卸前必须彻底放气;充气时要做好安全防护措施,将机轮放置在充气笼内进行充气。

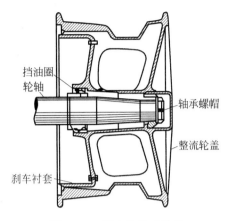

图 4.5-1　固定轮缘式轮毂

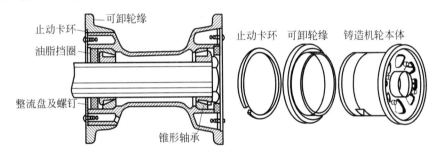

图 4.5-2　可卸轮缘式轮毂

目前,民航飞机的机轮已采用安全性更高、维护性能更好的分离式轮毂取代了可卸轮缘式轮毂。

3. 分离式轮毂

分离式轮毂由内侧和外侧半轮毂通过高强度连接螺栓和自锁螺帽连接在一起。连接螺栓数量多、强度高,可保证分离式轮毂机轮连接牢固。由于刹车装置安装在主轮的内侧轮毂中,因此主轮内侧轮毂的深度要大于外侧轮毂的深度,如图 4.5-3 所示。

分离式轮毂配合无内胎轮胎使用,靠轮胎的胎缘在内部气体压力作用下紧压在轮缘上,并在两个半机轮的分离处加装 O 形密封圈以增加密封效果。分离式机轮的充气嘴直接装在轮毂上,这样即使出现轮胎错线(即轮胎充气压力低导致轮胎在轮毂上相对错动现象),充气嘴也不会受到弯折、破坏。

为了提高机轮的安全性,现代民航飞机的分离式轮毂上设有热熔塞、安全释压阀、胎压传感器、刹车隔热套等装置,有时在轮毂上还会设置平衡块,以确保机轮的平衡性。

1) 热熔塞

适航规章 CCAR25 部规定,对于装有刹车装置的机轮,必须设置相应装置防止机轮由于刹车温度升高而导致的机轮失效和轮胎爆裂。目前普遍采用在轮毂上设置热熔塞的方式予以解

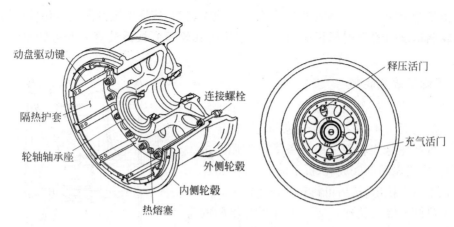

图 4.5-3　分离式轮毂

决。热熔塞是安装在轮毂上的空心螺钉,在空心处浇铸有易熔金属(熔化温度约150℃)。

飞机猛烈刹车时,刹车装置产生大量的热,刹车盘温度升高,并将热量传递给轮毂和轮胎。当轮毂温度过高时,轮胎也会由于高温导致强度降低,存在爆胎危险,而飞机高速滑行时爆胎是非常危险的。当轮毂温度上升到一定时,热熔塞中的易熔金属熔化,缓慢将气体放出,从而防止飞机爆胎。因热熔塞熔化而放气的轮胎应报废,轮毂应进行硬度检查以确定是否报废。

2) 安全释压阀

热熔塞可防止机轮在高温下爆胎,仅对装备刹车装置的机轮有效。为了防止轮胎因充气压力过高而发生爆胎,飞机轮毂还应安装压力敏感装置——超压释压活门。超压释压活门的设定压力一般是轮胎额度工作压力的2倍左右,例如某型飞机主轮充气压力为210psi,其超压释压活门调定压力为375~450psi。超压释压活门一般在轮胎充气时保护轮胎,若轮胎充气压力达到超压释压活门调定压力时,活门打开,释放压力,以确保轮胎安全。

3) 胎压传感器

现代民航机通常设置轮胎压力指示系统,通过安装在轮毂上的胎压传感器测量机轮压力,并将其发送到轮胎压力指示系统,最终显示在 ECAM 或 EICAS 的起落架系统页面,便于飞行机组监控轮胎压力。

4) 隔热护套

由于轮毂材料为导热性能较好的铝合金或铝镁合金,为了隔离刹车装置对轮毂的热辐射,在分离轮毂的内侧半轮毂上安装了由不锈钢材料制成的隔热护套,同时安装有用于驱动刹车盘动盘的驱动键。驱动键沿周向均布在轮毂内,通过埋头螺钉与轮毂相固定,隔热护套夹在驱动键和轮毂本体之间(如图 4.5-3 所示)。

4.5.2　航空轮胎

1. 航空轮胎的特点

轮胎安装在轮毂上,在轮毂与地面之间形成充气缓冲层,主要有以下作用:支持飞机重量;吸收飞机滑行中的颠簸跳动;缓冲飞机着陆冲击并帮助吸收撞击能量;产生必要的刹车结合力以便飞机在着陆时使飞机停住。与普通车辆配备的轮胎相比,航空轮胎具有高速、高载以及高压等特点。

1）高速高载

航空轮胎要承受更高的载荷和更大的速度。图 4.5-4 给出了各种常用轮胎的工作特性（使用载荷和工作速度）。从图中可以看出，航空轮胎在使用载荷和工作速度上都远远超过其他轮胎，最高速度可达 450km/h，单个轮胎最高静负荷可超过 30t。以空客 A380 飞机为例，最大起飞重量超过 500t，主起落架装备 20 个机轮，每个机轮能在 378km/h 的速度下承受 33t 载荷。不仅如此，航空轮胎还要承受飞机在着陆时巨大的冲击和刹车时轮胎与地面摩擦产生的高温。

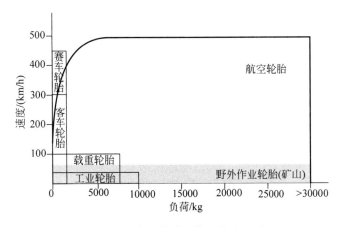

图 4.5-4　各种轮胎工作环境对比图

由于航空轮胎必须承受着陆时巨大的冲击载荷，因此轮胎的变形量大于普通车辆轮胎，即轮胎胎体的挠性很大，工作时下沉率是普通汽车轮胎的 2～3 倍，增加了轮胎内部应变和应力。轮胎挠性增大，导致飞机滚动时轮胎压缩、伸张的变形量较大，使得轮胎高速滑行时胎壁承受较大的交变载荷，轮胎迅速发热。另外，飞机高速滑跑时，轮胎所受惯性离心载荷也非常大。因此航空轮胎设计中，要综合考虑轮胎承受的静载荷、着陆冲击动载荷、轮胎滚动热载荷以及惯性力载荷。

2）高压

虽然承受了巨大的载荷，但由于飞机空间有限，航空轮胎的尺寸通常不大，因此航空轮胎充气压力非常高。目前民航飞机轮胎充气压力通常为 200psi 左右（一般乘用车轮胎压力普遍在 50psi 以下），而军用飞机轮胎充气压力更高，舰载飞机轮胎的充气压力可达 400psi 以上，已属于超高压轮胎范畴。

由于航空轮胎充气压力高，爆胎时具有很大的破坏性，因此相关标准对航空轮胎的超压性能提出了具体要求：对于新轮胎，在充气至 4 倍额定压力并保持压力 3s，不应出现爆破、鼓包、脱层、钢丝或帘线断裂。对于翻新的轮胎，耐压试验的压力为额定压力的 3 倍，其他条件与新轮胎相同。

超高的轮胎充气压力导致飞机对跑道强度提出了更高的要求。为了准确表示飞机轮胎对跑道压强和跑道强度之间的关系，国际民航组织规定使用飞机等级序号（aircraft classification number，ACN）和道面等级序号（pavement classification number，PCN）方法来决定该型飞机是否可以在指定的跑道上起降。

　　ACN值取决于飞机的实际重量、起落架轮胎的内压力、轮胎与地面接触的面积以及主起落架机轮间距等参数,由飞机制造厂计算给出。ACN值和飞机的总重只有间接关系,如B747飞机由于主起落架有16个机轮承重,其ACN值为55;B707的ACN值为49,但B707总重只有B747的40%,两者ACN值却相差不大。PCN值由道面性质、道面基础的承载强度经技术评估得出,每条跑道都有一个PCN值。当ACN值小于PCN值时,该型飞机可以无限制地使用该跑道。

2. 航空轮胎的类型

1) 有内胎轮胎和无内胎轮胎

　　航空轮胎分为有内胎轮胎和无内胎轮胎两大类型。有内胎轮胎的气密性由内胎保证,无内胎轮胎的气密性由轮胎内层气密橡胶层和轮毂及轮胎与轮毂接合面的压紧保证。相对于有内胎轮胎,无内胎轮胎重量更轻,轮胎刺穿后漏气损失小,机轮滑跑时轮胎温度上升幅度可下降约10℃。这可使无内胎轮胎具有更长的使用寿命或更高的使用速度。目前民航飞机普遍采用无内胎轮胎,无内胎轮胎应配合分离式轮毂使用。

2) 斜交线轮胎和子午线轮胎

　　航空无内胎轮胎有斜交线轮胎(结构如图4.5-5所示)和子午线轮胎(结构如图4.5-6所示)两种类型。两种轮胎均由外层胎面、胎体帘线层框架和内层胎面构成,它们的区别主要体现在帘线层的结构上。

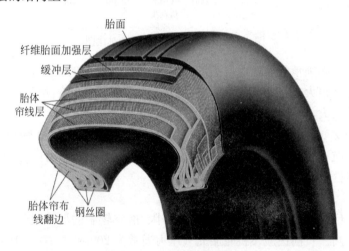

图4.5-5　航空斜交线轮胎

　　航空斜交线轮胎的胎体框架主体是胎体帘线层,一般由十几层帘线构成。胎体帘线层绕过钢丝圈并转过来贴在轮胎的侧壁上,将胎体全部缠绕包裹起来,相邻的两层帘线层成一定角度交互铺设(一般约为90°)。由于帘线层数较多且相互交叉,因此斜交线轮胎的胎壁较厚,强度较高,具有良好的抗割伤和抗穿刺能力。

　　子午线轮胎的胎体框架由胎体帘线层和胎面帘线层构成,其中胎体帘线层与钢丝圈成90°缠绕,通常不超过10层;胎面帘线层缠绕在胎体帘线层外面,与胎体帘线层成90°,层数也在10层以下。由于胎体帘线层数少,因此子午线轮胎的胎壁较薄,抗穿刺能力较斜交线轮胎差。由于子午线轮胎具有较强的胎面帘线层,轮胎高速滚动时由离心力产生的轮胎膨胀量小于斜交线轮胎,加之轮胎侧壁较薄,使得子午线轮胎在滑跑时发热量小,因此获得良

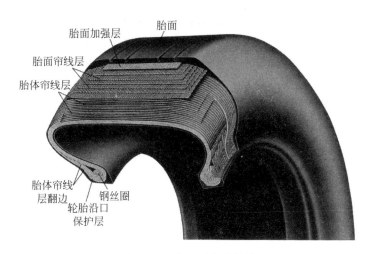

图 4.5-6　航空子午线轮胎

好的速度特性。

航空子午线轮胎与斜交线轮胎相比,具有以下优点。

(1) 重量轻。用子午线结构取代斜交结构时,航空轮胎规格越大,重量减轻越多,例如空客 A380 改用子午线轮胎后,轮胎总重量减轻 360kg,平均每条轮胎减轻 16.4kg。

(2) 工作性能好。滚动阻力小,速度特性好,行驶温度低;抓着力大,抗侧滑;缓冲性能好,可减轻振动对机械部件的损坏;飞机高速着陆、长距离滑跑时轮胎防爆破性能好。

(3) 轮胎使用寿命长。航空子午线轮胎的耐磨耗性能较航空斜交轮胎提高约 50%,且轮胎耐久性能和抗切割性能都较好,可提高翻新性能和飞机安全性能。

(4) 乘坐舒适性好。航空子午线轮胎胎体具有很好的弹性,能更好地减缓跑道冲击,并能减小飞机长时间停放时胎体产生的变形。

(5) 牵引效果好。承受载荷时,航空子午线轮胎胎面接地部位压力分布均匀,与路面的滑移量小,牵引效果比斜交航空轮胎好。

3) NZG 子午线轮胎

航空轮胎的胎体帘线层的材料对轮胎性能有较大影响,在 2000 年 7 月"协和"飞机发生空难之前,航空轮胎的胎体帘线主要采用尼龙材料。由尼龙帘线构成的轮胎在工作时膨胀率高,在受到外来物撞击和切割时,容易爆胎。为了提高飞机轮胎抗爆胎性能,米其林公司设计了新型子午线轮胎,该型轮胎采用芳纶纤维(即凯夫拉)作为帘线材料,并对帘线层进行了重新设计,使得轮胎在工作时的膨胀率大大降低,因此该型轮胎又被称为近零膨胀(near zero growth,NZG)子午线轮胎。NZG 轮胎与斜交线轮胎和普通子午线轮胎的性能差异主要体现在轮胎膨胀率上,具体如表 4.5-1 所示。

表 4.5-1　三种不同轮胎膨胀率对比

轮 胎 类 型	轮胎工作时轮胎半径增长率(速度 0~195 节)/%		
	离心力因素	充气压力因素	合计
斜交线轮胎	+4	+8	+12
子午线轮胎(尼龙)	+2	+6	+8
子午线轮胎(NZG)	+1	+2	+3

由于 NZG 子午线轮胎用芳纶纤维作为帘线主体材料,并且改进了帘线缠绕结构,从而使轮胎的膨胀率只有 3%。试验表明,在承受"协和"飞机工作负荷(近 23 t)的条件下,NZG 子午线轮胎和斜交轮胎分别以低速(20 km/h)和高速(324 和 382 km/h)碾过 30 cm 长的锐利钢刃,NZG 子午线轮胎无漏气和掉屑,表现出良好的抗外物损伤性能,而作为参照的斜交轮胎则爆破。目前,众多民航飞机和军用飞机均已装备 NZG 子午线轮胎。

3. 航空轮胎的构造

无论是航空斜交线轮胎还是航空子午线轮胎,其构造大致相同,均由胎面、胎体(各种帘线层)、侧壁、胎缘和轮胎内层等五大部分组成,如图 4.5-7 所示。

1) 胎面

胎面由耐磨的合成橡胶制成,可保护胎体的帘线层。为了提高轮胎的耐久性和抗冲击特性,胎面下是缓冲层和尼龙制成的保护层和加强层。为了提高轮胎在各种使用条件下与跑道之间的结合力,胎面上开一定深度的胎纹:对于在铺装硬道面上使用的轮胎,胎纹沿圆周方向,主要是防止轮胎出现滑水现象;而对于在非铺装跑道上使用的机轮,一般可开菱形花纹(又称为全天候花纹)。目前民航飞机装备的轮胎均为圆周花纹轮胎,胎面一般有四条沟槽,如图 4.5-8 所示。

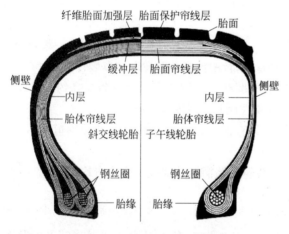

图 4.5-7　航空轮胎构造断面

图 4.5-8　航空轮胎的胎面

2) 胎体帘线

胎体帘线层是轮胎的骨架。帘线层的材料和缠绕结构决定了轮胎的性能。轮胎帘线材料有尼龙和芳纶(即凯夫拉纤维)两种,尼龙帘线在航空轮胎中的应用始于 1947 年,而芳纶材料作为轮胎帘线始于 2001 年。航空斜交线轮胎、航空子午线轮胎和 NZG 轮胎在胎体帘线层的构造上存在较大差异,如表 4.5-2 所示。

表 4.5-2　三种不同轮胎的胎体帘线构造对比

胎 体 构 造	斜交线轮胎(尼龙)	子午线轮胎(尼龙)	子午线轮胎(NZG)
胎缘钢丝圈数	4～6	2	2
胎体帘线层数	18	7	4
胎面帘线层数	0	9	7
胎面保护层数	2	1	1

3）轮胎侧壁

轮胎侧壁是胎体侧壁帘线的主要保护层，它能防止帘线损坏和暴露，还可提高胎体的强度。

（1）侧壁导流器

当采用发动机尾吊布局的飞机在积水跑道着陆时，前轮溅起的水花有可能被吸进发动机。为解决此问题，可在轮胎的侧壁上设计导流器，如图 4.5-9(a)所示。当装有导流器轮胎的飞机（如图 4.5-9(b)所示）在积水跑道滑跑时，前轮侧壁上的导流器可将跑道上的水折向侧边，从而避免将水溅入发动机。

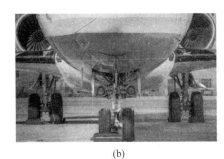

(a)　　　　　　　　　　　　　　　　　(b)

图 4.5-9　带有侧壁导流器的航空轮胎

(a) 轮胎侧壁导流器细节；(b) 安装在飞机前轮上的轮胎

（2）侧壁通气孔

根据相关技术标准，对于充气压力高于 100psi 的无内胎轮胎，应在胎壁上设置通气孔。通气孔是在生产加工过程中使用直径约为 1.5mm 的工具刺穿胎侧壁橡胶层形成的，通常位于轮胎侧壁靠近胎缘区域，其深度不能达到气密内层。根据规定，轮胎通气孔应用非红色（一般选用绿色或灰色）作为标记，如图 4.5-10 所示。

轮胎通气孔的作用是为胎体内的空气提供排出的通道。胎体内的空气可以是生产加工后存在胎体帘线中的残留空气，也可以是通过内衬层正常渗漏并在胎体内积聚的空气。若没用通气孔作为空气排出的自由通道，胎体内的空气会导致轮胎胎面橡胶或侧壁橡胶的松弛或隆起。

4）胎缘

胎缘包括钢丝圈和胎缘涂胶包边布。钢丝圈是轮胎的骨架，有高的抗拉强度和刚度，通过它把载荷传递给轮毂。胎缘涂胶包边布形成胎口断面形状，可以防磨并与轮毂的轮缘紧密贴合，防止无内胎轮胎漏气。

图 4.5-10　轮胎侧壁通气孔

5）内层

轮胎内层采用特殊的丁基橡胶制成，其气密性能比普通橡胶高 5～7 倍，其作用相当于内胎。取消内胎后，减少了内胎和外胎之间的摩擦，可使轮胎滚动时产生的热量降低，提高轮胎性能和使用寿命。

4. 轮胎标识

轮胎具有某些印在其侧壁用于识别的标识，如图 4.5-11 所示。这些标记将随着制造厂家的不同而不同,但通常包括轮胎规格(尺寸)、帘线层级(或实际层数)、制造日期和产品序号、无内胎轮胎标记、额定速度、额定负荷和模型花纹深度、制造厂名称和商标、执行标准号、零件号等。另外还应有平衡标记、磨损标记、轮胎翻新型式和次数标识等。

1) 零件号和尺寸标识

零件号是识别轮胎的唯一正确标记(如 4210N00034),尺寸标记给出轮胎的尺寸规格,一般标识法为:外径×宽度-内径(如 19.5×6.75-8,表示轮胎外径为 19.5in,宽度为 6.75in,内径为 8in)。

2) 平衡标记

机轮工作时高速滚动,必须具有极高的动平衡性能。作为机轮的主要部件,轮胎的平衡性能对机轮整体平衡性能具有直接影响,而轮胎本身不可能是完美动平衡的,同样轮毂本身也不是完全动平衡的。为了保证机轮装配后的动平衡性能,轮胎制造厂在轮胎上标注平衡标记(一般为轻点),在装配时与轮毂上的充气嘴对齐,可使装配好的机轮更接近于平衡。平衡标记标为红色圆点,标注在轮胎靠近胎缘处,如图 4.5-12 所示。

图 4.5-11　航空轮胎的标识

图 4.5-12　航空轮胎平衡标记

如果装配轮胎时发现没有轻点标记(或轻点标记已经磨损不见),则以轮胎零件号的右侧边缘作为轮胎标记,使其对准轮毂的重点标记。

3) 磨损标记

它是用以观察胎面在使用中的磨损程度及更换轮胎的磨损标准,是位于胎面纵向花纹底部的横隔橡胶条。一般轮胎使用到胎面与标记齐平时应更换(除维护手册另有规定外)。

5. 轮胎储存

1) 存储条件

轮胎属于橡胶制品,接触强烈的光线(紫外线)和热量、臭氧以及各种化工品将导致轮胎出现裂纹并导致整体性能退化。因此储存时必须使轮胎远离过热、潮湿和强光环境,即轮胎必须存放在阴凉、干燥的暗室内(温度介于 0~40℃)。整个环境中空气流通速度不能过快,严禁使用鼓风机等设备,同时注意使轮胎远离散热器、蒸气管线、电动机等热源。

在存放过程中,应避免滑油、燃油、乙二醇或液压油等对轮胎的侵蚀,因为所有这些液体对橡胶都是有害的,在使用中应该立即擦掉无意中溅到或滴到轮胎上的任何液体。

2）存储设备

当轮胎堆叠存放时，可能导致轮胎扭曲，胎缘受压，安装时无法正常膨胀，严重时，可导致机轮装配后无法正常充气；另外，堆叠存放可导致胎冠沟槽发生应力集中，影响使用寿命。所以轮胎存放时，尽可能使用轮胎架，如图 4.5-13 所示。

若因条件所限，必须进行堆叠存储时，必须满足以下条件：①存放时间不超过 6 个月。②限制堆叠层数，对于直径 40in 以上（含 40in）的轮胎，堆叠数量不超过 3 个；直径小于 40in 的轮胎，堆叠数量不超过 4 个。

3）存储时间

轮胎自生产制造之日起，轮胎储存和使用时间之和不应超过 5 年。当轮胎存储时间超过 1 年时，最好定期进行转动，防止胎冠区域发生变形。

对于装配好的轮胎，存储时应将轮胎充气至工作压力的 1/4 或 40psi。若储存时间超过 12 个月，整个轮胎轮毂组件都应送至轮胎车间重新检查。

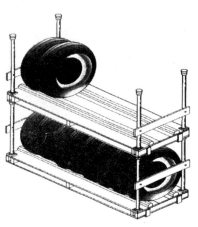

图 4.5-13　航空轮胎的存储架

4.5.3　机轮装配

1. 机轮拆装

机轮的拆装应严格按照飞机维护手册给出的标准程序进行，同时注意在拆卸机轮前应给机轮放气，这是防止轮毂连接部分损坏造成人员和设备损伤的安全措施。

另外，在安装机轮时，轮轴螺母不要拧得过紧。否则，刹车过程中轮毂温度升高会沿轮轴方向膨胀，把轴承压得很紧（因为铝、镁合金制的轮毂沿轴向的膨胀量比钢制轮轴大），使轴承的摩擦力大大增加，发热量增大，轴承产生的阻滚力矩也急剧增大。严重时，还可能使轴承、轮轴等零件熔焊在一起。

2. 轮胎装配

轮胎装配不但影响机轮的气密性，还影响机轮的平衡性并最终影响机轮的性能和安全。在装配前要对轮毂、轮胎进行仔细检查，确保完好无质量缺陷，装配中要注意密封、平衡和连接问题，装配后应进行充气试验。目前民航飞机已经很少采用有内胎轮胎，在此仅介绍无内胎轮胎的装配要点。

1）安装前的检查和预防保护措施

检查轮胎、轮毂及所有配件（螺栓、密封圈、气门嘴等）合格，并检查轮胎内无任何残留物；轮毂表面及轮缘处没有杂物；准备正确的装配设备和工具及工作卡；机轮应放在无油污的橡胶或毡垫上。

2）无内胎轮胎的装配

（1）确保气密性

分离式轮毂中间的 O 形密封圈状态对保持机轮的密封性相当重要。装配机轮时，应首先润滑 O 形密封圈并保证将其无扭曲地安放在半个轮毂的凹槽内，如图 4.5-14 所示。

装轮胎时,保证轮毂的轮缘部位干净和干燥,安放另一半轮毂时要小心,防止密封圈错位。

图 4.5-14　安装分离式机轮的 O 形密封圈

（2）确保平衡性

装配轮毂时,应使两半机轮的轻边（轮缘标有"L"）互成 180° 角,并保证轮胎的平衡标记（轻点）与轮毂上的气门嘴对准,这将确保装配好的机轮具有良好的平衡性能。

（3）确保安全性

由于轮胎充气压力很高,轮胎胎缘对轮毂的侧压力非常大,因此必须选用高强度连接螺栓并确保连接力矩。装配时,应对连接轮毂的螺帽、垫圈和螺栓的转动面仔细润滑,并按规定扭矩对称地拧紧。

机轮装配完成后,应对轮胎进行充气。充气时为避免由于装配缺陷导致轮胎爆裂,应将轮胎放在充气安全笼内（如图 4.5-15 所示）,缓慢充气到标准压力,最后装上气门嘴罩,充气后在轮毂和轮胎之间标上"错线"标记。

航空轮胎必须充入干燥清洁的氮气。氮气属于惰性气体,分子尺寸大于空气中的其他分子,用氮气充填轮胎,不但可避免氧气对轮胎内层橡胶的氧化作用,还可使轮胎漏气速率减少 30%～40%。

另外,轮胎充氮气也可提高轮胎的防爆特性。导致爆胎的原因很多,安装热熔塞也不可能完全阻止轮胎爆胎。氮气的热胀冷缩性较小,因此轮胎的压力受温度变化影响较小。试验数据表明,当轮胎内氮气浓度达到 95% 以上时,轮胎内温度达到 670℉（355℃）以上时,轮胎的压力将不随温度变化而变化。因此,FAA 在规章中明确要求:轮胎内必须充干燥清洁的氮气并保证轮胎内氧气的浓度（体积含量）不超过 5%。

图 4.5-15　航空轮胎充气安全笼

3）轮胎试验

通常无论是对有内胎或无内胎的轮胎,都应进行耐压试验,但在时间不充裕的情况下有时允许对无内胎轮胎进行浸水试验。试验前应考虑尼龙轮胎的弹性变形引起的压力损失和无内胎轮胎的排气问题。

（1）轮胎排气

当无内胎轮胎第一次充气时,必须考虑轮胎的胎体排气问题。无内胎轮胎的排气分为三个阶段:

第一阶段,轮胎充气后,胎体内的残留空气迅速排出（大约持续 20min 左右）;

第二阶段,胎体内残留空气缓慢渗出（可持续数小时）;

第三阶段,气体通过内层正常渗透产生,是一个持续过程。因此,对无内胎轮胎,试验应在第一阶段排气停止后进行,否则会对试验结果产生较大影响。

（2）耐压试验

耐压试验的目的是检查装配机轮的气密性，同时对轮胎进行预伸张。轮胎未经预伸张的机轮不能装在飞机上使用。

试验时，将轮胎充气到标准压力，确保气门嘴无泄漏；停放 12h，轮胎压力下降不应超过 10%，否则机轮应重新装配。

将轮胎补气到标准压力值，再经 12h，检查其压力降不应超过 2.5%，超过则不能使用。试验后，将压力降低至 25% 以便储存和运输。

注意：试验时应根据环境温度的变化对压力进行修正，一般的修正方法是：$\Delta t = 3℃$ 对应 ΔP 改变 1%。

（3）浸水试验

在紧急情况下可用浸水试验检查机轮的泄漏情况。使机轮呈垂直状态，让机轮下部浸入水中（不能浸到轴承），观察气泡。若发现有连续气泡产生，则不能使用。这样的试验，对轮胎不能达到预伸张目的。

4.5.4 机轮维护

机轮的正确维护对飞机的安全非常重要，意外的爆胎会威胁飞机机体、油箱和发动机的安全。对机轮（轮胎和轮毂）的恰当维护，能够预防大量的轮胎故障以及机轮的提前拆卸。对飞机机轮的维护，除了目视检查轮毂和轮胎的状态外，主要是定期检查轮胎的充气压力。另外，对于长时间停放的飞机，应防止其轮胎变形。

1. 机轮检查

1）轮毂检查

应定期对轮毂进行检查，包括轮毂外伤检查，如是否有裂纹、腐蚀、变形和划伤，连接螺栓、充气嘴和轮轴保险的状态；对于热熔塞熔化或有其他过热痕迹的轮毂，应拆下检查硬度；定期用轮轴千斤顶使机轮离地，检查机轮自由转动情况及轴向间隙。

2）轮胎检查

每次飞行前都应该对飞机轮胎进行仔细的目视检查，如果可能的话要转动机轮以确保检查整个轮胎表面。检查项目包括损伤检查和磨损检查。损伤检查包括胎面上是否有嵌入的石头、异物，是否有切口和划痕；检查轮胎侧壁上是否有鼓包；检查轮胎是否有过热迹象，是否有受油液污染引起的海绵性损伤。检查时，应依据轮胎使用的技术规定，对损伤进行相应的处理。

轮胎的磨损检查包括正常磨损程度检查和平磨痕检查。正常磨损由正常的使用造成，各型轮胎均有正常磨损程度的标准，一般当胎面花纹深度减小到不能有效消除轮胎滑水现象时，应更换轮胎。轮胎磨损标准如图 4.5-16 所示。

平磨痕由严重的摩擦或拖胎烧伤引起，造成的原因主要有过度刹车、硬着陆和轮胎滑水等。平磨痕会影响机轮滚动的平稳性。

3）轮胎翻修

飞机轮胎达到磨损标准后，必须进行更换。但轮胎是允许进行翻修的，翻修后达到使用标准的可以继续使用。轮胎翻修可延长轮胎的使用寿命，提高轮胎的经济性。

根据轮胎检查情况，确认轮胎是否需要翻修胎面，出现下列情况时需要翻修：

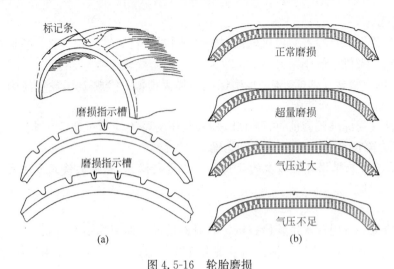

图 4.5-16　轮胎磨损

(a) 磨损标记条和指示槽；(b) 轮胎磨损情况

(1) 存在必须修补的多处割伤(若修补割伤的费用是胎面翻修费用的50%或更多时,则认为对这样的轮胎进行胎面翻修是更为经济的);

(2) 胎面存在80%或更多的胎面磨损;

(3) 存在一处或多处不可恢复的平面压痕。需要注意的是,轮胎的翻修次数并不是无限的,应根据航空规章或轮胎制造厂的最新要求确定轮胎的可翻修次数(一般不超过6次)。

2. 轮胎压力检查

轮胎充气压力对轮胎性能的正确发挥,对飞机减震性能和飞机结构的受力起着至关重要的作用,因此维护中要确保轮胎压力在正确的范围内。

1) 充气压力的确定

轮胎制造厂为每种轮胎都规定了额定充气压力,它适用于不承受载荷的冷轮胎。当轮胎承受附加重量时,轮胎的充气压力通过给额定充气压力加上一个压力修正值来确定(正常情况下为4%)。通常规定高于承载充气压力5%~10%的容差并允许轮胎压力达到该最大值。某一特定飞机轮胎的承载充气压力可在维护手册中给出,可以是规定的最大和最小充气压力,也可以是绘制的充气压力-重量函数曲线。

(1) 充气压力不足的危害

首先,充气压力不足会导致轮胎"错线"。轮胎充气压力过低,会导致轮胎胎缘与轮毂压紧力不足,当飞机着陆并使用刹车时,轮胎容易在轮毂上产生错动或打滑。当轮胎错动时,有内胎轮胎的内胎气门嘴会倾斜甚至被切断。为了能够探测到轮胎在轮毂上的错动,大多数轮胎的下壁压制了标记。标记通常从轮缘开始并向外延伸到要滚花之间的表面上。该标记的宽度表示允许有内胎的轮胎的最大圆周移动量。当轮胎发生错动时,轮胎和轮毂上的标记线错开,因此将这种现象称为"错线"。

对于有内胎轮胎错线超过标记宽度时,应拆下机轮,进行重新装配。装配前应检查内胎气门嘴情况,确保没有损坏。对于无内胎轮胎,错线危害较小,应检查胎缘状态,并充气至正常承载压力。当轮胎重新装配后,应用合适的溶剂除去旧标记,并设置新标记。

其次,充气压力低会导致飞机减震性能下降。轮胎压力降低,着陆时轮胎能吸收的撞击动能减少,加剧了减震支柱的负担,造成着陆冲击力增大,危害与重着陆类似。当一个轮胎充气压力过低时,会增加同一轮轴上另一个轮胎的负荷,加快其损坏程度。

再有,轮胎充气压力过低,会增加爆胎危险。轮胎压力过低时,轮胎会折曲在轮缘上,损坏轮胎的下侧壁、胎缘和轮缘,同时会造成胎体帘线受力过大而断裂,导致机轮爆胎;充气严重不足可引起帘线层过量弯曲,产生过大的热量和应变,造成帘线松弛和疲劳,最终导致爆胎现象发生;压力过低还能造成轮胎的胎面边缘(亦可称为轮胎肩部)过快或不均匀的磨损。

(2) 充气压力过高的危害

充气压力过高对轮胎也会造成一定的危害,例如轮胎顶部快速磨损,严重降低轮胎使用寿命;轮胎抗冲击能力下降,容易受到割伤、划伤和遇到撞击而发生爆胎;轮胎过硬,导致轮缘受力过大而损坏等。

综上所述,保证轮胎充气压力正确,可以:①防止由于过热而造成的轮胎损坏;②防止同轴的轮胎过载;③减少轮胎的疲劳,延长使用寿命;④提高轮胎的起落滑跑和减震性能。

2) 充气压力的检查

虽然轮胎内层橡胶具有很好的密封性,但轮胎还会出现压力渗漏。在正常情况下,轮胎每 24h 的压力损失会大于 2%。目前行业内认为轮胎每天压力损失不超过 5% 是可以接受的,因此应该每天对轮胎压力进行监控。不同压力损失率下的轮胎压力变化规律如图 4.5-17 所示。

检查充气压力要用在校准期内的轮胎压力表测量。压力表的量程应是被测轮胎压力的两倍左右,即轮胎压力指示应在压力表的中央,以确保测量的读数精度。当测量轮胎压力时,应记录环境温度、日期和实际压力。通常建议采用行业认可的记号笔将检查信息标记在被测轮胎的充气嘴附近,如图 4.5-18 所示。

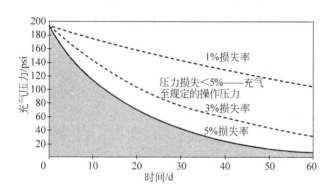

图 4.5-17　不同压力损失率下的轮胎压力变化曲线

图 4.5-18　标记在轮胎上的记录信息

轮胎压力检查包括冷轮胎压力检查和热轮胎压力检查。所谓冷轮胎是指已经冷却至环境温度的轮胎,通常是轮胎已在环境温度下静态放置 3h 并且没有直接的日光照射,而热轮胎是指来不及冷却的轮胎。

(1) 冷轮胎压力检查

冷轮胎压力检查是正常监控轮胎压力的方式,对于日常连续运行的飞机,应该每天检查一次轮胎压力;对于非连续运行的飞机,则应在航前检查轮胎压力。根据轮胎实测压力与轮胎承载压力的差异,存在五种级别:压力过高、压力正常、意外压力损失、压力损失和严重压力损失。各压力差异级别范围和相应的处理措施详见表 4.5-3。

表 4.5-3　轮胎压力损失级别及处理措施

序号	实测压力与轮胎承载压力关系	压力差异级别	推荐处理措施
1	＞105％	压力过高	• 对于超压轮胎不要急于调整; • 记录相关数据(压力、温度、日期); • 24 小时后,重新检查轮胎压力,若轮胎压力仍然＞105％,将压力调整至正常操作压力
2	100％～105％	压力正常	不用采取措施
	95％～100％		重新充气至正常操作压力
3	90％～94％	意外压力损失	• 将轮胎充气至正常操作压力。 • 记录相关数据(压力/温度/日期)。 • 24 小时后,重新检查轮胎压力,若: 　——压力损失＜5％,接受轮胎; 　——压力损失＞5％,拆下机轮[1],更换新的机轮
4	80％～89％	压力损失	• 拆下轮胎和轮毂组件。 • 充气至正常操作压力,若 24 小时内: 　——压力损失＜5％,接受轮胎; 　——压力损失＞5％,检查压力损失原因[2]
5	＜79％	严重压力损失	• 拆下轮胎和轮毂组件; • 拆下对侧的轮胎和轮毂组件[3]; • 在轮胎上标注拆下原因[4]; • 更换新的机轮
注释	注 1:检查轮胎损失原因,若查不出原因,标上拆胎原因,将其送至厂家或授权的修理单位检查修理。 注 2:若查不出原因,标上拆胎原因,将其送至厂家或授权的修理单位检查修理。 注 3:若能够确认轮胎压力损失发生在飞机停场后且飞机没有再次移动,可不用拆下对侧机轮。 注 4:将其送至厂家或授权的修理单位检查修理。		

(2) 热轮胎压力检查

热轮胎压力检查是指当飞机着陆后轮胎没有充分冷却,就需要测量其充气压力。此时应该检查并记录每个轮胎的压力,与同一支柱上充气压力最高的轮胎压力进行比较。若发现某个轮胎的充气压力比充气最高轮胎的压力值低(达到或超过)10％,则对该轮胎重新进行充气至最大压力;但是如果下一次检查时同样的损失仍然很明显,应拆下机轮,报废该轮胎。

另外,检查轮胎压力时,应对成对轮胎(无论是主轮还是前轮)的充气压力的差别引起注意,因为这个压力差意味着一个轮胎承受的载荷大于另一轮胎的载荷。如果压力差大于 5psi,则应记录在值班记录本上。以后每次充气检查时,都应查看该记录本。用这种方法,经常能提前发现即将失效的轮胎。

3) 充气程序

当机轮轮胎压力低于承载压力时,应严格按照飞机维护手册中给定的充气程序进行充气。为确保安全,充气小车上应有气体减压器,且必须采用旋紧式充气工具,如图 4.5-19 所示。

机轮充气典型程序如下:

(1) 根据飞机维护手册确定轮胎充气压力,并将充气小车的压力调到所需压力;

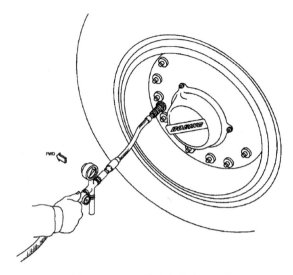

图 4.5-19 机轮充气勤务工具

（2）拧下气门盖，将充气接头连接到充气门，打开充气小车关断阀，慢慢给轮胎充气至所需压力；

（3）断开气源，检查充气门有无泄漏，重新装上气门盖。

3. 轮胎变形预防

尼龙帘线轮胎（尤其是斜交线轮胎）在静载荷作用下会在胎面上出现平面压痕，平面压痕的大小随轮胎内压力下降量和轮胎承受的总重的不同而不同。任何平面压痕都能引起强烈的振动，从而使驾驶员及旅客感到不舒服。

一般来说，平面压痕会在滑行结束时消失。如果压痕没有消失，应对轮胎进行超充压整形：将轮胎超充压 25% 或 50%，使轮胎转动到压扁处向上，保持压力 1h，或者使飞机在跑道上滑行或拖行，直到完成整形为止。

对于长时间停放的飞机，应预防压痕的出现：对于停机时间在 3d 以上的飞机，应该每 48h 移动一次或者把飞机顶起；在机库里的飞机（停场超过 14d）必须顶起，以使轮胎不承受重量。

4.5.5 刹车装置

飞机着陆接地时，具有较大的水平分速度，但滑跑过程中，气动阻力与机轮滚动阻力对飞机的减速作用却比较小。如果不设法增大飞机的阻力，使之迅速减速，着陆滑跑距离与滑跑时间势必很长。现代飞机都装备有着陆减速装置，包括发动机反推、飞机地面减速板和机轮刹车装置。目前机轮刹车装置是最主要且应用得最广泛的一种着陆减速装置。

1. 刹车减速原理

驾驶员操纵刹车时，高压油液（或气体）进入固定在轮轴上的刹车盘（如图 4.5-20 所示），推动刹车盘上的刹车片，使它紧压在轮毂内的刹车套上。由于摩擦面之间的摩擦作用，增大了阻止机轮滚动的力矩，所以机轮在滚动中受到的地面摩擦力显著增大，飞机的滑跑速度随之减小。驾驶员刹车越重，进入刹车盘的油液或高压气体的压力就越大，刹车片与刹车套之间也就压得越紧,阻止机轮滚动的力矩越大,作用在机轮上的地面摩擦力也越大。

图 4.5-20　刹车减速原理

可见,驾驶员可以通过加大刹车压力的方法,有效地缩短飞机的着陆滑跑距离。使用机轮刹车装置,大约可使飞机着陆滑跑距离缩短一半。这时飞机沿水平方向运动的动能,主要是通过刹车装置摩擦面的摩擦,转变为热能而逐渐消散掉的。

必须指出,地面摩擦力的增大是有限度的。随着刹车压力的增大,地面摩擦力增大到某一极限值时,即使继续加大刹车压力,它也不会再增加。这时机轮与跑道之间产生相对滑动,即出现通常所说的"拖胎"(即飞机拖着轮胎向前滑动)现象。机轮刚要出现拖胎时的这个极限地面摩擦力,称为机轮与地面之间的结合力 $T_{结合}$。当飞机轮胎完全停止转动而在跑道上滑动时,称为"完全拖胎";当飞机轮胎仍存在一定滚动,但轮胎边缘的滚动线速度(即轮速)低于飞机滑行速度时,称为"部分拖胎"。

发生拖胎后,一方面由于有滑动时的摩擦力比结合力小,着陆滑跑距离不能有效地缩短;另一方面,飞机向前运动的动能有很大一部分要由轮胎与地面之间的摩擦作用来消耗,轮胎会被严重磨损,如图 4.5-21(a)所示。拖胎严重时,甚至导致轮胎爆破,如图 4.5-21(b)所示。

(a)　　　　　　　　　　　　(b)

图 4.5-21　机轮拖胎损伤示例

(a) 拖胎后严重磨损的机轮；(b) 拖胎后爆胎的机轮

飞机着陆滑跑过程中,为尽可能地缩短滑跑距离,刹车装置应产生足够的刹车摩擦力矩;而为了防止拖胎,应该尽可能控制刹车压力,使轮胎地面摩擦力尽量接近结合力。

对于轻型飞机,驾驶员可采用"点刹"的方法控制刹车压力。"点刹"的特点是:在短时间内允许刹车压力略为超过临界刹车压力,比较容易控制,但机轮会与地面产生相对滑动,轮胎磨损比较严重。

随着航空技术的发展,近代高速和重型飞机普遍配备了刹车压力自动调节装置——防滞刹车系统。根据防滞工作原理的差异,防滞系统可分为"惯性防滞系统"和"电子式防滞系统"两大类(原理详见 4.5.6 节"防滞刹车系统")。

2. 刹车装置型式

刹车装置是现代民航飞机刹车系统的重要组件,应能产生足够的刹车力矩,以保证获得高的刹车效率,并在规定的时间内吸收和消耗完着陆滑跑时飞机的大部分动能。

为了满足这个要求,刹车装置除了结构型式与尺寸必须合适外,还必须具有良好的冷却性能。同时,互相摩擦的材料,在温度和压力比较高的情况下,应能保持良好的耐磨、抗压性能,而且摩擦系数不应显著减小。

此外,刹车装置还必须具有良好的灵敏性,即刹车与解除刹车的动作要迅速。这一要求主要是通过改善刹车系统的工作性能来满足的。目前飞机上采用的刹车装置主要有弯块式、胶囊式和圆盘式三种。

1) 弯块式刹车盘

图 4.5-22 表示出一种弯块式刹车盘的构造。它的主体与轮轴固定,弯块一端用螺栓铰接在主体上,另一端与作动筒相连。不刹车时,弯块与刹车套之间保持有一定的间隙(刹车间隙),它的大小可以通过调整螺钉进行调整。刹车时,高压油液推动作动筒内的带杆活塞,使弯块压住刹车套,利用弯块与刹车套之间的摩擦力形成刹车力矩。解除刹车时,压力消失,弹簧将弯块拉回到原来位置。

从弯块式刹车盘的工作过程可以看出,如果机轮旋转方向与弯块张开方向一致,作用在弯块上的摩擦力是帮助弯块张开的(图 4.5-22(a)),它使弯块与刹车套压得更紧,因而能加大刹车力矩(此作用称为助动作用);反之,如果机轮旋转方向与弯块张开方向相反,摩擦力就要阻碍弯块张开(图 4.5-22(b)),使刹车力矩减小。安装弯块式刹车盘时,必须注意它的张开方向,不要装错。

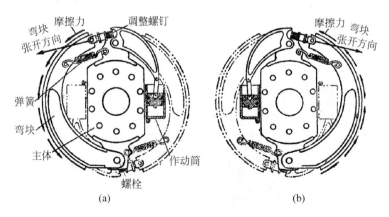

图 4.5-22　弯块式刹车盘

(a) 弯块正确安装; (b) 弯块反向安装

此外,应注意保持刹车间隙适当。间隙过小,弯块与刹车套可能因振动等原因而自动接触,一旦接触,由于助动作用,滑行中机轮就会发生卡滞现象;间隙过大,则会使刹车工作的灵敏性降低。

2) 胶囊式刹车盘

图 4.5-23 所示为一种胶囊式刹车盘的构造。它由主体、胶囊、刹车片及弹簧片等组成。主体由镁合金制成,固定在轮轴上,它的四周有带卡槽的外环;刹车片利用弹簧片卡在外环的卡槽内;胶囊安装在主体与刹车片之间。

刹车时,高压油液进入胶囊,使胶囊鼓起,把刹车片紧压在刹车套上,产生摩擦力,形成刹车力矩。解除刹车时,胶囊收缩,刹车片靠弹簧片的弹力恢复到原来位置。

从胶囊式刹车盘的工作原理与构造特点中可以看出,它与弯块式(助动式)刹车盘相比,具有摩擦面积大(在外廓尺寸相同的情况下)、磨损均匀、刹车工作柔和,且不易产生卡滞等优点。它的主要缺点是,刹车时需要向胶囊内输送较多的油液,因而工作灵敏性较差(尤其是大型刹车盘)。

随着飞机尺寸的增大,飞机着陆水平动能越来越大,对刹车装置性能的要求越来越高,而上述刹车装置由于自身结构特点的限制,不能提供更大的摩擦面积以达到所需的刹车力矩,因此人们便发明了圆盘式刹车装置。

图 4.5-23　胶囊式刹车盘

3) 圆盘式刹车装置

圆盘式刹车装置可以在不增大结构尺寸的情况下提供更大的摩擦面积,以得到更高的刹车效率,满足现代大型飞机着陆减速的需要。根据刹车盘的数目不同,此种刹车装置又可分为单盘式刹车装置和多盘式刹车装置。

(1) 单盘式刹车装置

当飞机刹车能量较小时,可采用单圆盘刹车装置。单圆盘刹车装置通常由刹车盘和刹车卡钳组成。刹车盘随机轮转动,刹车卡钳由装有固定刹车片背板和装有活动刹车片的刹车作动筒构成。刹车盘与机轮的连接方式有两种:第一种刹车盘由轮毂内的花键驱动,并可在花键上滑动,称为浮动式刹车盘;第二种刹车盘通过螺栓与机轮固定在一起,没有轴向移动量,称为固定式刹车盘,如图 4.5-24 所示。固定式单盘刹车装置在结构和工作原理上与目前汽车的盘式刹车装置相似。

(a)　　　　　　　(b)　　　　　　　(c)

图 4.5-24　单盘式刹车装置
(a) 刹车安装示例;(b) 刹车盘组件;(c) 刹车卡钳

（2）多盘式刹车装置

当飞机所需刹车能量增大时，可采用多盘式刹车装置。由于多盘式刹车装置采用了多个刹车盘片，且刹车盘片之间为全接触摩擦，因此能够提供更大的刹车摩擦力，吸收更多的刹车能量，它是现代飞机普遍采用的刹车装置，如图4.5-25所示。

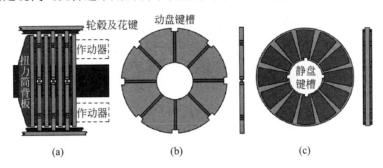

图4.5-25　多盘式刹车装置构造简图
(a) 刹车盘排列方式；(b) 动盘；(c) 静盘

多盘式刹车装置采用浮动式动盘，由机轮轮毂的花键驱动（如图4.5-25（a）所示），动盘的周边开有键槽（如图4.5-25（b）所示）。静盘夹在动盘之间，其内开有键槽（如图4.5-25（c）所示），由扭力筒上的花键驱动。扭力筒和由作动器驱动的压力盘相当于单盘式刹车装置的卡钳，扭力筒背板和压力盘上均装有刹车摩擦片。当驾驶员实施刹车时，刹车作动器推动压力盘压向动盘，动盘在轮毂花键上滑动，依次将所有静盘和动盘压向扭力筒背板，扭力筒背板为刹车提供支撑，与压力盘共同作用将刹车盘压紧，产生的摩擦力矩使机轮阻滚力矩增加，达到刹车的目的。

多盘式刹车装置的性能取决于刹车盘的数目和材料，同时也受刹车作动器性能的影响。下面重点介绍多盘式刹车装置的刹车盘组件和刹车作动装置。

3. 刹车盘组件

现代民航飞机所需的最大刹车性能不是以满足飞机着陆所需刹车性能为准，而是以飞机中断起飞(RTO)时所需要的刹车性能为准。现代民航飞机最大着陆起飞重量大，中断起飞决断速度高，因此对刹车装置提出了严酷要求。

实施刹车时，飞机巨大的滑行动能被刹车盘之间的摩擦作用所消耗并转为摩擦热。由于刹车实施的时间较短，刹车产生的巨大热能将被刹车盘片直接吸收，并在飞机停稳后慢慢消散。温度对刹车盘片的摩擦系数和强度有很大影响。为了减小在刹车实施过程中刹车盘的性能衰减幅度，对刹车组件的要求是：①能吸收大量的摩擦热且温升较低，即热容要大；②在高温下其强度、耐磨性能不能下降过大。

目前民航飞机装备的多盘式刹车装置所采用的刹车盘组件有金属材料刹车组件和碳/碳复合材料刹车组件两种类型。

1）金属刹车组件

金属刹车盘是较为传统的刹车装置，刹车摩擦材料为粉末烧结的金属陶瓷片和钢板。图4.5-26所示为配备了金属刹车盘的多盘式刹车装置。

金属刹车组件的动盘由安装在蛛型架上的优质钢板摩擦块制成。钢板摩擦块的两侧开有窄槽，卡在蛛型架的支臂上；然后将顶部开有凹槽的连接块铆接在蛛型架支臂的顶端，对

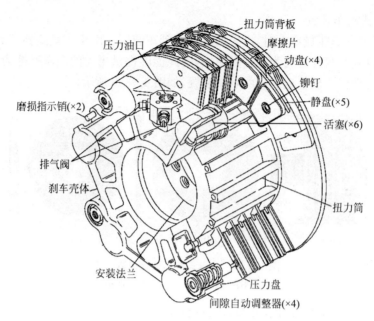

图 4.5-26　采用金属刹车盘的多盘式刹车

相邻的钢板摩擦块进行限位,并形成驱动键槽。由于动盘由分散的钢板摩擦块构成,可提供良好的通风散热性能。静盘由铆接在钢板骨架上的金属陶瓷摩擦块构成,可提供良好的摩擦性能。在扭力筒背板和压力盘上也装有金属陶瓷摩擦块。金属陶瓷材料脆性大,当刹车片磨损较大时,剩余的摩擦块变薄,在巨大的刹车作用力下容易发生碎裂,可能造成刹车盘卡住的事故。因此更换金属刹车盘前,刹车盘片应保留足够的剩余厚度,以满足能够实施最大能量中断起飞刹车的需要。

现代民航飞机刹车时,刹车盘摩擦表面的温度高达 1000～1300℃,已经接近金属刹车盘的使用极限。动盘钢板在高温下的热强度下降,在热应力和离心力作用下,刹车盘容易翘曲、变形,甚至开裂,摩擦性能不稳定,并可出现刹车盘在高温下熔融粘结现象。因此,金属刹车组件已经逐渐被更高性能的碳/碳复合材料刹车所替代。

2) 碳/碳刹车组件

碳/碳刹车组件采用碳/碳复合材料制作刹车盘。所谓碳/碳复合材料,就是以碳纤维基体材料为骨架,经高温碳颗粒沉积加强处理的复合材料。碳/碳复合材料具有更高的热容量和高温摩擦性能,且重量轻,适合飞机刹车的工作要求,首先在"协和"飞机上采用,后来在民航客机上广泛应用(图 4.5-27 所示为采用碳/碳复合材料的刹车装置)。

与金属刹车组件相比,碳/碳刹车组件具有以下优点。

(1) 构造简单。

与金属刹车组件不同,碳/碳刹车盘组件的动盘和静盘由同样的材料构成。碳/碳复合材料强度高,尤其是高温热强度是钢的两倍以上,因此材料本身就可以制作成结构件,不需要骨架支撑,因此碳/碳刹车盘组件结构简单。这使得碳/碳刹车盘组件具有很高的结构可靠性和可维修性,可实施二合一翻修,提高了刹车盘的经济寿命。

(2) 重量轻。

碳/碳刹车组件材料的密度约为 $1.8g/cm^3$,仅为金属刹车组件材料的 1/4。装备碳/碳

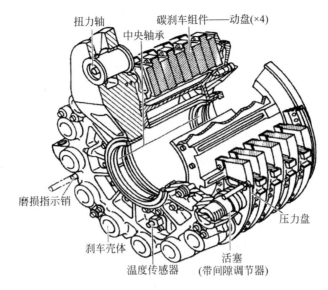

扭力轴 碳刹车组件——动盘(×4)
中央轴承
磨损指示销
刹车壳体
温度传感器
活塞
(带间隙调节器)
压力盘

图 4.5-27 采用碳/碳刹车组件的盘式刹车装置

刹车盘的刹车组件比装备金属刹车盘的刹车组件减重 40%。以波音 B747 为例,采用碳/碳刹车装置可减重 600kg 以上,提高了飞机业载和燃油经济性。

(3) 热稳定性好。

碳/碳刹车组件材料具有很高的热稳定性。当温度超过 2000℃时,不会发生熔融粘结,也不会出现翘曲变形;碳/碳刹车组件材料的比热容大,是金属刹车组件材料的 2.5 倍,具有良好的吸热功能,提高了刹车组件的储热能力,减低刹车工作温度,从而提高了刹车性能和安全裕度,增加了刹车安全性。

(4) 刹车性能好。

碳/碳刹车组件材料在很大的温度范围内具有相对稳定的摩擦系数,使得飞机刹车过程柔和,刹车舒适性能好。刹车盘磨损率低,使用寿命长,一般可达到金属刹车组件的两倍以上,提高了刹车的经济性。

4. 刹车作动装置

刹车作动装置的功用是根据驾驶员的刹车指令向刹车盘组件施加刹车压紧力,目前有液压刹车作动装置和电刹车作动装置两大类型。

1) 液压刹车作动装置

液压刹车作动装置是传统的刹车作动装置,其主要元件是刹车作动筒。由于刹车作动筒与其他附件(如刹车间隙自动调节器、刹车磨损指示销、刹车作动筒排气阀及刹车温度传感器等元件)被容纳在一个壳体中,因此又被称做"刹车壳体"。

(1) 刹车作动筒

刹车作动筒(又可称做刹车活塞)是刹车作动装置的执行机构,多个作动筒均匀地分布在刹车壳体的圆周上(见图 4.5-26 和图 4.5-27),以便提供稳定的刹车作动力。刹车作动筒是单作用式(即单向式)作动筒。在松刹车时液压油靠复位弹簧压回。盘式刹车装置的复位弹簧装在间隙自动调整器内,松刹车时可自动调节刹车间隙,使之保持规定值。

早期的刹车作动筒多由铝合金制造,由于铝合金强度较低,一般制成实心结构。当飞机刹车时,产生的摩擦热可由作动筒体传导到刹车系统的油液中,导致油温过高,油液变质。为防止这种情况发生,在作动筒顶部加装石棉隔热块阻止热量的传导。

现在的刹车作动筒采用高强度不锈钢薄壁结构,由于不锈钢导热能力低,加之筒壁很薄,传导热量很少,就不必采用对人体有害的石棉隔热块了。

（2）间隙自动调整器

刹车间隙的大小直接影响刹车性能:间隙过大,刹车不灵敏,即刹车反应迟钝;间隙过小,松刹车不灵,严重时可导致刹车动盘、静盘咬合,防滞系统失效,损坏刹车装置。

刹车间隙自动调整器可随刹车盘磨损量的增大自动调节刹车间隙,常见的间隙自动调整器有调节管式和摩擦式两大类。图 4.5-28 给出了调节管式间隙调整器的具体构造。

刹车装置更换新刹车片后,必须调整刹车间隙自动调节器,否则刹车间隙将过小;保持复位弹簧润滑,防止因弹簧卡滞造成压力盘回程不一致。压力盘回程不一致将导致摩擦片偏磨,降低刹车效率和刹车装置使用寿命。

另外对于摩擦式间隙自动调整器,摩擦套的摩擦力应保持在合适的范围内（$F_{摩擦} = (2\sim3)F_{弹簧}$）。

（3）磨损指示销

随着飞机刹车的使用,刹车片将不断磨损。中国民用航空规章 CCAR-25 部规定,刹车装置的磨损限制应当保证在更换刹车片前,能够实施一次最大能量的中断起飞刹车。也就是说,若刹车片磨损到不能在一次最大能量的中断起飞中将飞机刹住,飞机便不满足适航要求。为了便于在维护中随时检查刹车片的磨损量,刹车装置上设置了磨损指示销,可使机务人员在不拆卸刹车装置的情况下检查刹车片的磨损情况,其具体结构如图 4.5-29 所示。

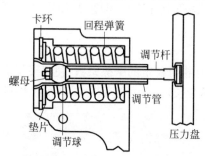

图 4.5-28 调节管式间隙自动调节器

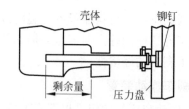

图 4.5-29 刹车磨损指示销的结构

检查刹车磨损量的正确操作是:

① 给刹车系统增压至工作压力。

② 测量磨损指示销的长度:指示销的长度为刹车片可用剩余磨损量,当指示销与刹车壳体底座齐平时,应更换刹车片。

③ 更换刹车片后,应根据刹车片的排列次序确定刹车片的最大允许磨损量,调整磨损指示销的长度。

（4）排气阀

当刹车系统混入空气时,刹车脚蹬便会松软（刹车不灵）。解决刹车松软的方法是给刹车系统排气,刹车装置上的排气阀便是为此目的设置的。

刹车系统排气的具体操作步骤如下:

① 连接自由软管到排气阀；

② 将软管自由端放入装有同样油液的半满的容器中；

③ 缓慢操纵刹车系统，松开排气阀上的排气螺钉将油液放出，空气随油液排出；

④ 当没有气泡溢出时，将排气螺钉拧紧，取下排气管。

注意：当实施排气时，应将刹车软管上游的液压保险的人工旁通手柄扳到旁通位，直到排气结束。

（5）刹车温度传感器

刹车温度传感器用于探测刹车组件温度，将其送到刹车温度监控组件，最终显示在驾驶舱内。当刹车温度过高时，刹车过热指示灯点亮，提示此时不能设置停留刹车，防止刹车片发生熔焊，损坏刹车装置，并使防滞刹车系统失效。

对于装备有刹车冷却风扇的机型，刹车过热指示灯亦是风扇控制开关，可以控制刹车冷却风扇的工作。

2）电刹车作动装置

波音 B787 飞机的刹车系统为全电刹车控制系统，用电刹车作动装置取代了传统的液压刹车作动装置，代表了民航飞机刹车技术的最新发展趋势。图 4.5-30 所示为波音 B787 飞机采用的电刹车作动装置。

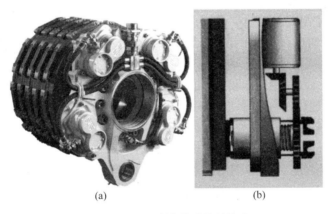

(a)　　　　　　　　　(b)

图 4.5-30　电刹车作动装置构造

（a）电刹车组件；（b）电刹车作动器原理

与液压刹车作动装置相比，电刹车作动装置采用电刹车作动器替代了传统的液压刹车作动筒（如图 4.5-30（b）所示）。电刹车作动器由高性能电动机、低惯性齿轮减速器和高精度滚珠丝杠构成。电动机由电动刹车控制系统驱动，减速器将电机转速降低后传递给滚珠丝杠，滚珠丝杠将旋转运动变成直线运动，将刹车盘组件压紧，实施刹车。

波音 B787 全电传电动刹车控制系统采用全数字化防滞刹车控制器取代液压刹车调压器和防滞阀，用导线束替代液压管路。通过控制供向电动机的电流大小间接地控制刹车压紧力，使得整个刹车系统大为简化，系统冗余设计更加方便。波音 B787 的每个电刹车作动装置均配置了 4 个刹车作动器，每个作动器电机输出功率为 1.25kW。

与传统液压刹车装置相比，采用电刹车装置有以下优点。

（1）系统重量减轻。

刹车作动层面，用机电作动器替代了充有高压油的液压作动器，重量大大减轻。刹车控制系统层面,用导线取代了高压刹车管路,取消了构造复杂的液压控制元件(刹车调压器,防滞控制活门,液压保险,转换活门,刹车储压器等),整个刹车系统重量大幅减轻。

(2)刹车性能提高。

采用电刹车作动器,提高了防滞刹车时的灵敏性和控制精度,刹车更加柔和,轮胎磨损程度小,提高了刹车装置和轮胎的使用寿命。

(3)系统维修性提高。

电刹车作动系统采用模块化设计,便于加装故障监控和健康监控组件,可为系统排故和修理提供信息。另外,系统减少了刹车储压器等多个液压航线可更换件(LRU),消除了液压泄漏,提高了系统可靠性和可维护性。

5. 刹车装置的维护和修理

由于目前配备电动刹车装置的飞机型号较少,因此仍以液压刹车装置作为维护和修理的介绍典型。

1)刹车装置的维护

(1)刹车装置的检查

① **污染防护**:确保刹车装置不受燃油、滑油、油脂、除漆剂、除冰液等液体的污染。

② **目视检查**:检查刹车管路状态;检查刹车装置有无泄漏、外部损伤和磨损;检查刹车片组件是否有过热迹象。

③ **功能检查**:通过磨损指示销检查刹车片剩余量;定期为刹车装置排气等。

(2)刹车过热(或失火)的处理

当长时间或大强度使用刹车装置(如中断起飞)时,刹车装置会过热、燃烧甚至会造成机轮组件爆裂。轮胎过热或燃烧时,应用正确的灭火剂缓慢冷却机轮,防止出现机轮因冷却不一致而造成的轮毂金属收缩、爆裂情况。用不正确的灭火剂对刹车灭火会出现严重的事故,甚至是死亡事故。

机轮过热、燃烧发生后,允许短时间着火,并在试图灭火之前观察火势的进展情况和判断着火原因:机轮上油脂燃烧,让油脂自己烧掉产生的损伤可能比试图熄灭它而造成的损伤要小;液压油泄漏着火,应立即用干粉灭火剂灭火。

灭火时应注意人身安全,灭火人员不能从轮毂碎片飞散区和轮胎碎片飞散区接近机轮,必须按照图4.5-31所示的接近通道接近机轮进行灭火。由于轮毂碎片飞散的危险范围大于80m,轮胎碎片飞散区的危险半径大于7m,因此在进行灭火操作时,要确保以上危险区域内无人员进入。当机轮和刹车完全冷却下来后,相关人员可接近机轮进行相关后续检查。

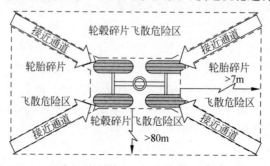

图4.5-31　飞机轮胎灭火时的危险区和接近通道

2）刹车装置的修理

当刹车装置的剩余磨损量达到翻修标准时,应拆下刹车组件进行检查和翻修。刹车装置的翻修应按相关技术资料进行。

3）刹车装置试验

正常情况下,刹车装置完成翻修并被安装在飞机上,且飞机仍被顶起时,应该试验刹车装置。试验时,应该实施几次刹车后释放刹车,确认:增压时没有泄漏并且刹车能限制机轮运动;释放刹车时能让机轮自由转动。松刹车时保证机轮能够自由转动非常重要,因为刹车卡滞将导致刹车片过热,并增加起飞滑跑距离。

4.5.6　液压刹车系统

刹车系统用来控制机轮刹车装置的工作。目前民航飞机主流刹车系统普遍采用液压作为刹车动力,只有波音 B787 飞机采用电刹车系统。

由机轮刹车减速原理可知,飞机着陆滑跑过程中,刹车压力必须根据外界条件的变化随时进行调节。刹车系统的中心问题就是调节刹车压力,因此刹车系统都装有刹车调节器等附件;为了在刹车过程中获得理想的刹车效率,现代刹车系统普遍采用防滞刹车系统,在刹车过程中自动精确控制刹车压力。

图 4.5-32 所示为某型飞机刹车系统原理图,从图中可以看出,现代飞机的刹车系统主要由以下分系统组成。

（1）正常刹车系统：主要由刹车蓄压器、正常刹车调压器、液压保险器等部件组成。

（2）备用刹车系统：主刹车系统失效时,通过转换阀提供备用刹车。

（3）防滞刹车系统：由防滞传感器、防滞控制器、防滞控制阀组成,精确控制刹车压力,达到最高的刹车效率。

（4）自动刹车系统：在飞机着陆前,将自动刹车预位,不需驾驶员用脚操纵刹车踏板。

（5）停留刹车系统：飞机停场时,将飞机刹住,停留刹车压力源为刹车蓄压器。

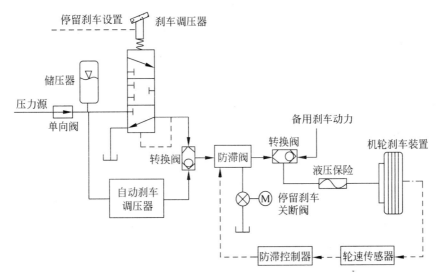

图 4.5-32　飞机刹车系统原理图

通过对刹车系统的分析可知,正常刹车是飞机刹车系统的主干部分,由驾驶员直接控制刹车压力,可以说,其他刹车分系统都是为改善主刹车系统的性能而发展的。下面首先讨论主刹车系统的工作原理,然后再考虑其他分系统。

1. 正常刹车系统

图 4.5-32 所示的飞机刹车系统可简化为只具有关键元件的正常刹车系统,如图 4.5-33 所示。正常刹车系统可以追溯到最早的压力刹车系统。当时液压源能提供的刹车流量较小,为了提高刹车效能,在刹车调压器和刹车作动筒之间装有流量放大器。

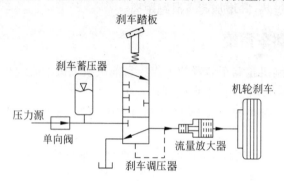

图 4.5-33 正常刹车系统原理图

正常刹车系统的工作原理:驾驶员踩下刹车脚蹬,系统压力经刹车调压器流向流量放大器,刹车压力与驾驶员的脚蹬力成正比;流量经过流量放大器后,供向刹车作动筒,加快刹车反应速度,使机轮内的刹车装置(刹车片相接触摩擦)产生刹车力矩,使飞机减速;当驾驶员松开刹车后,在复位弹簧的作用下松开刹车,油液经原路返回,经过刹车调压器回油箱。其中的流量放大器还起到液压保险器的作用。

刹车调压器又称为刹车计量活门,其性质是由刹车踏板控制的可调减压器。驾驶员通过刹车踏板控制油路流通面积(阀口开度),使刹车压力与脚蹬力成正比。

刹车蓄压器为刹车工作储存液压能量,抑制压力波动以及确保瞬时液压油进入刹车组件中。同时,当正常刹车系统失效或进行停留刹车时,刹车蓄压器可作为备用刹车源。

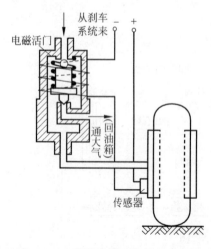

图 4.5-34 惯性防滞系统工作原理图

2. 备用刹车系统

当正常刹车系统发生故障时,可将备用刹车动力源通过备用刹车转换活门送到刹车装置,进行备用刹车,参见图 4.5-32。

3. 防滞刹车系统

根据工作原理的差异,防滞刹车系统分为惯性防滞刹车系统和电子式防滞刹车系统两大类。

1) 惯性防滞刹车系统

惯性防滞刹车系统是在一般刹车系统的基础上添加惯性传感器(也叫拖胎传感器)和电磁活门两个附件,如图 4.5-34 所示。拖胎传感器固定在刹车盘或轮轴上,电磁活门安装在刹车系统的工作管路中。

拖胎传感器内部有一个随机轮转动的惯性飞轮。当飞机出现拖胎时,惯性飞轮感受到机轮滚动角速度下降,向电磁活门发出拖胎信号。

在着陆滑跑过程中使用刹车时,从刹车系统输出的高压气体或油液经电磁活门进入刹车盘。当刹车压力过大而使机轮拖胎时,机轮便具有较大的负角加速度。传感器感受到机轮的负角加速度后,即操纵一个电门,将电磁活门中线圈的电路接通。活门便在电磁吸引力作用下,打开放气(回油)路,堵住来气(来油)路。于是,刹车盘内高压气体(油液)的压力迅速降低。

当拖胎解除且机轮恢复正常滚动后,被传感器接通的电路立即断开,电磁吸引力消失,活门在弹簧作用下恢复原位,重新打开来气(来油)路,关闭放气(回油)路,刹车压力重新增大。当机轮再次进入拖胎时,传感器又操纵电磁活门来减小刹车压力。如此周而复始,便可使刹车压力围绕着临界刹车压力作有规律的变化,以获得高的刹车效率。

2) 电子式防滞刹车系统

惯性传感器式防滞系统在机轮具有一定的负角加速度后才能输出控制信号,且执行机构为普通的两位三通电磁阀,控制精度较低。现代民航飞机多采用控制精度高的电子式防滞刹车系统。

(1) 机轮滑移率和刹车效率

当飞机滑行时,飞机的速度($V_机$)与机轮的滚动速度($V_轮$)并不相同,这一偏差的大小可以用机轮的滑移率表示:

$$滑移率 = (V_机 - V_轮)/V_机 \tag{4.5-1}$$

当机轮滑移率=0时,飞机没有拖胎;而机轮滑移率=1时,飞机处于完全拖胎状态,轮胎将受到极大的磨损,甚至发生爆胎。经过试验,发现刹车效率与滑移率的关系如图4.5-35所示。

无论刹车条件如何变化,在滑移率=0.15~0.25时刹车效率最高。如果在飞机滑行时能很好地控制机轮的滑移率,将得到最高的刹车效率,且具有控制精度高的优点。现代伺服技术的发展,为电子式防滞系统的使用打下了理论基础,提供了实现手段。

(2) 电子式防滞刹车系统组成

图4.5-36为电子式防滞刹车系统组成原理图:轮速传感器感受机轮滚动速度,传递到防滞控制器;防滞控制器根据轮速、飞机滑行速度计算机轮的滑移率,与理想滑移率比较,发出控制信号到防滞阀;防滞阀根据防滞控制器的控制信号,连续控制供向刹车装置的油液压力,使机轮的滑移率等于理想滑移率,从而达到最高的刹车效率。

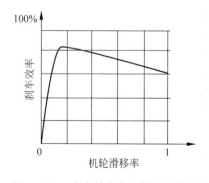

图 4.5-35　刹车效率与机轮滑移率的
　　　　　　关系曲线

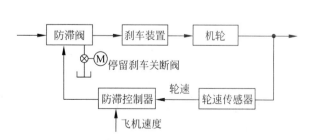

图 4.5-36　电子式防滞系统原理图

电子式防滞刹车系统由三个主要元件组成：轮速传感器、防滞控制器和防滞阀。

轮速传感器(轮速发电机)是测量轮速的敏感元件，它是一个很小的发电机，装在机轮轴上，如图 4.5-37 所示。发电机的转子由主轴通过机轮传动套来带动，机轮转动时，发电机发出电信号，其强度表示轮速的大小。

防滞控制器接收来自轮速电机的轮速信号、飞机滑行速度信号，并依此计算出机轮的滑移率。防滞控制器将瞬时滑移率与预先设定的理想滑移率比较，根据偏差情况发出控制信号到防滞阀。防滞阀为典型的电液伺服阀，原理如图 4.5-38 所示，其功用是根据防滞控制信号控制供向刹车装置的油液压力。

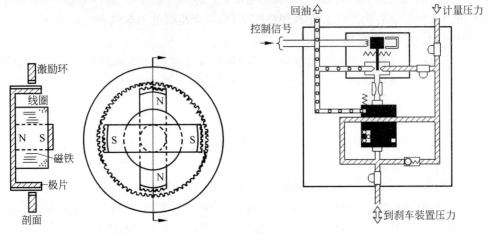

图 4.5-37　轮速传感器原理图　　　　图 4.5-38　防滞阀原理图

(3) 电子式防滞刹车系统的功用

飞机从下滑直到在跑道上停稳的过程中，电子式防滞刹车系统起着不同的作用：接地保护功能、锁轮保护功能、正常防滞功能、人工刹车功能，具体如图 4.5-39 所示。

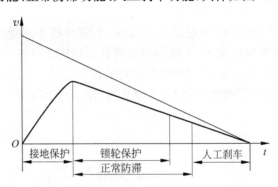

图 4.5-39　飞机着陆时刹车系统工作过程

① 接地保护功能

飞机下滑即将接地时，轮胎是静止的，若此时驾驶员踩下刹车，将使机轮瞬间严重拖胎。接地保护电路的功能是在飞机即将接地瞬间解脱刹车的作用(虽然已经实施刹车)。当飞机主轮触地且机轮滚动速度达到刹车允许速度时，接地保护电路断开。

② 锁轮保护功能

当飞机通过局部积冰(水)的跑道时,由于机轮轮胎与地面的摩擦力不够会发生拖胎现象。如果正常防滞控制不能将其解除,就需要由锁轮保护电路发出超控信号,使刹车管路释压,且释压时间比解除正常拖胎的时间要长,这是为了给这个机轮一个加速的时间。

锁轮保护电路监测两个同侧机轮的速度差,当两个轮速相差一定值时,锁轮保护电路工作。在飞机平均轮速低于某一定值时,锁轮保护电路断开。

③ 正常防滞功能

飞机在滑跑刹车时,由正常防滞刹车系统控制刹车状态,当飞机的轮速低于某一定值时,正常防滞电路脱开,刹车压力由驾驶员刹车调压器决定。

④ 人工刹车功能

当飞机轮速低于某一定值时,正常防滞电路将脱开,由驾驶员进行人工刹车。在刹车过程中,驾驶员可利用电门脱开防滞刹车系统,进行人工刹车;当防滞刹车系统发生故障时,自动脱开并转换人工控制。

4. 自动刹车系统

自动刹车系统通过自动刹车调压器调节刹车压力。自动刹车调压器与正常刹车调压器并联,通过转换阀接入正常刹车系统。

图 4.5-40(a)所示的波音飞机自动刹车控制面板显示自动刹车具有两个模式:着陆自动刹车模式和 RTO(中断起飞)模式。着陆自动刹车模式有多个挡位(如 1、2、3 挡和 MAX(最大)挡),对应不同的飞机减速率(如图 4.5-40(b)所示)。在飞机着陆前,飞行员可通过自动刹车旋钮调定飞机自动刹车压力,获得所需的飞机减速率。

自动刹车调压器也称为自动刹车压力控制组件。在自动刹车操作过程中,它利用来自防滞/自动刹车控制组件的控制信号,调节供向刹车装置的油液压力,使飞机获得不同的减速率,如图 4.5-40(b)所示。自动刹车系统的工作过程与正常刹车相类似,相当于用该组件代替人工操纵的刹车调压器。自动刹车最大减速率小于人工刹车最大减速率。

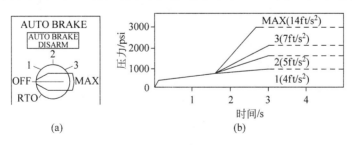

图 4.5-40　波音公司飞机自动刹车控制面板及各挡对应刹车减速率
(a) 自动刹车控制面板;(b) 实施自动刹车时的刹车压力变化及飞机减速率

在飞机起飞前,驾驶员可通过将自动刹车旋钮扳到"RTO"位使中断起飞刹车预位。起飞前设置 RTO 预位时,应确保:①飞机防滞和自动刹车系统有效;②飞机轮速小于一定值(一般是 60 节);③发动机油门手柄处于慢车位。当飞机滑行速度达到起飞决断速度(V_1)驾驶员判断飞机不能正常起飞(如单发停车等)时,驾驶员收回油门,自动刹车系统将实施中断起飞刹车操纵。

图 4.5-41 所示为空客公司的自动刹车控制面板,面板上有"LO""MED"和"MAX"三个按钮,对应不同的飞机减速率,其中"LO"模式减速率为 $1.7\mathrm{m/s^2}$,"MED"模式减速率为 $3\mathrm{m/s^2}$,"MAX"模式减速率为 $10\mathrm{m/s^2}$ 。在飞机着陆前,驾驶员通过按压相应按钮选择着陆

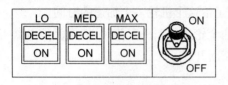

图 4.5-41　空客 A320 飞机自动刹车
控制面板

自动刹车减速率。当按钮按下后,其下部的"ON"发出蓝光,表示该减速模式已被选定且自动刹车系统已经处于预位;当飞机着陆后,系统按照预定规律进行刹车减速,当飞机减速率达到预定减速率时,按钮上部的"DECEL"等将发出绿光。在自动刹车过程中,驾驶员可通过按压选定的自动刹车按钮或踏下刹车脚蹬将自动刹车中断。

　　在飞机起飞前,驾驶员按下自动刹车"MAX"按钮,可启动中断起飞自动刹车模式。当飞机进行中断起飞时,自动刹车系统将实施最大减速率刹车。

5. 停留刹车系统

　　飞机停放时,为防止飞机发生意外移动,通常设有停留刹车系统。图 4.5-42 所示为波音 737 系列飞机停留刹车系统图:当设置停留刹车时,左座驾驶员双脚用力踏下刹车踏板,同时拉起停留刹车手柄,通过机械连杆机构(停留刹车棘爪)将刹车调压器锁定在刹车位,向刹车装置供压;控制电路向防滞阀回油路上的停留刹车关断阀马达(见图 4.5-36)供电,停留刹车关断阀关闭;当停留刹车关断阀完全关闭时,红色(有些机型为琥珀色)"停留刹车警告灯"点亮,如图 4.5-43 所示。

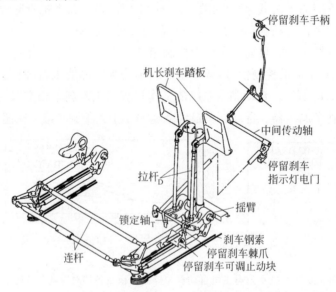

图 4.5-42　B737 系列飞机停留刹车系统原理

　　停留刹车时的刹车压力由刹车蓄压器提供。蓄压器预充气压力的高低、停留刹车设置压力高低和系统管路泄漏情况将决定停留刹车时间的长短。通过调整停留刹车的可调止动块位置,可调整停留刹车设置压力。

　　设置停留刹车时的注意事项:当刹车装置温度过高时,不能设停留刹车,防止刹车片在

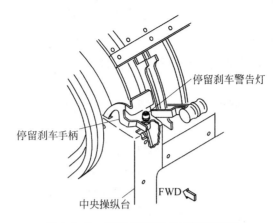

图 4.5-43 B737 系列飞机停留刹车灯

高温下咬合,松不开刹车。

　　空客系列飞机停留刹车操纵相对简单,在设置停留刹车时不需要操纵刹车踏板,仅需将停留刹车控制手柄(见图 4.5-44)拉起并旋转到"ON"位即可。当转动停留刹车手柄时,停留刹车手柄将停留刹车控制活门打开,将刹车蓄压器或黄系统的压力油液经过转换阀供向刹车装置,实施停留刹车。

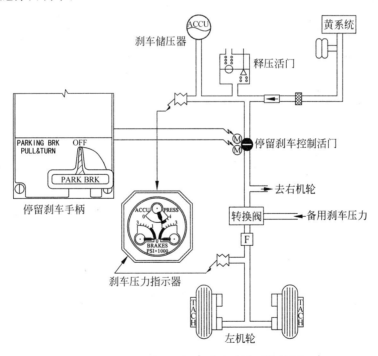

图 4.5-44 空客系列飞机停留刹车系统简图

　　当停留刹车控制活门处于打开位时,将向刹车转弯控制组件(BSCU)和备用刹车控制组件(ABCU)发送超控信号,超控其他刹车模式。这使得空客飞机的停留刹车模式优先级别高于其他刹车模式,因此又被称为"终极刹车模式",它不仅可用于地面停留刹车,亦可作为紧急情况下的应急刹车。

6. 收上刹车系统

当机轮收入轮舱时,必须使其停止转动。快速转动的机轮进入轮舱后会引起振动,若轮胎胎面破损,还会对轮舱内设备造成一定程度的损害。

1) 主轮收上刹车

波音飞机主起落架一般配备有收上刹车系统。起落架收上管路上有一条通向刹车系统的压力管路,当起落架手柄扳到"UP"位时,高压油液经过该管路为刹车系统供油,将主轮刹住(参见图 4.3-7)。

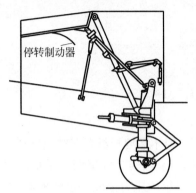

图 4.5-45　前起落架收上刹车系统

空客飞机刹车系统具有"空中刹车"模式。当飞机处于空中状态时,BSCU 发出刹车控制信号,对主轮实施若干秒刹车,使机轮停转,安全收入轮舱。

2) 前轮收上刹车

由于前起落架没有刹车装置,因此前轮收起时,不能通过刹车系统将机轮刹住。通常采用的方法是在前轮舱内设置摩擦块,作为机轮停转制动器,如图 4.5-45 所示。前起落架收上并锁定时,前轮与制动器的摩擦块(有些飞机,如空客 A320 飞机,采用的是柔性摩擦带)之间的摩擦力使轮胎停止转动。

7. 刹车系统的维护

刹车系统的正常工作对飞机非常重要,所以在日常维护中要仔细检查,并注意以下事项:

(1) 检查系统渗漏时,应在系统工作压力下进行;

(2) 在拧紧松动的接头时,必须将压力断开;

(3) 检查刹车软管是否老化、开裂,是否腐蚀;

(4) 防止空气进入刹车系统,刹车系统的排气操作参见刹车装置一节。

第5章

飞行操纵系统

5.1 操纵系统概述

飞机飞行操纵系统是飞机上的主要系统之一,它的工作性能好坏直接影响着飞机飞行的性能,对于民航飞机来说,更在很大程度上影响飞机的安全性和乘坐品质。

5.1.1 操纵系统的定义及分类

1. 飞行操纵系统的定义

飞机飞行操纵系统是飞机上用来传递操纵指令、驱动舵面运动的所有部件和装置的总合,用于飞机飞行姿态、气动外形、乘坐品质的控制。驾驶员通过操纵飞机的各舵面和调整片实现飞机绕纵轴、横轴和立轴旋转(如图5.1-1所示),以完成对飞机飞行姿态和飞行轨迹的控制。

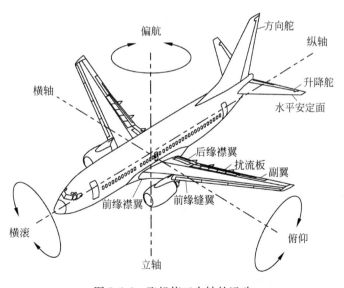

图 5.1-1 飞机绕三个轴的运动

根据定义,飞行操纵系统可分为三个环节,即:中央操纵机构,用于产生操纵指令,包括手操纵机构和脚操纵机构;传动机构,用于传递操纵指令;驱动机构,用于驱动舵面运动。

表 5.1-1 给出了飞行操纵系统各环节的详细信息。

表 5.1-1　飞行操纵系统构成

中央操纵机构	→	传动机构	→	驱动机构	→	舵面	
手操纵机构		机械传动		人力驱动		主操纵	副翼
							升降舵
	⇨	电传操纵	⇨	液压助力	⇨		方向舵
脚操纵机构						辅助操纵	襟翼、缝翼
		光传操纵		电动助力			扰流板
							安定面

2. 飞行操纵系统分类

飞行操纵系统分类的方法较多,一般按照操纵信号来源、信号传递方式和驱动舵面运动的方式三种方法分类。

1) 根据信号来源分类

根据操纵信号的来源,现今飞机飞行操纵系统可以分为两大类:人工飞行操纵系统和自动飞行控制系统。人工飞行操纵系统,其操纵信号是由驾驶员发出的,而自动飞行控制系统,其操纵信号是由系统本身产生的。自动飞行控制系统是对飞机实施自动和半自动控制,协助驾驶员工作或自动控制飞机对扰动的响应,如自动驾驶仪、发动机油门自动控制、结构振动模态抑制系统都属于自动飞行控制系统。

2) 根据信号传递方式分类

根据操纵信号传递的方式,操纵系统可以分为机械操纵系统和电传操纵系统。机械操纵系统的操纵信号由钢索、传动杆等机械部件传动,而电传操纵系统的操纵信号通过电缆传动。目前正在研究的传动方式为光传操纵系统,操纵信号为在光缆中的光信号。

3) 根据驱动舵面方式分类

根据驱动舵面的方式,操纵系统可分为简单机械操纵系统和助力操纵系统。简单机械操纵系统依靠驾驶员体力克服铰链力矩驱动舵面运动,分为软式操纵系统和硬式操纵系统。简单机械操纵系统构造比较简单,主要由驾驶杆、脚蹬、钢索、滑轮、传动杆、摇臂等主要元件组成。

随着飞机尺寸和重量的增加以及飞行速度的不断提高,即使使用了气动补偿,驾驶杆力仍不足以克服铰链力矩,于是 20 世纪 30 年代末出现了液压助力器,实现了助力操纵。目前飞机舵面的驱动装置除了传统的液压助力器外,还有电动驱动装置。

另外,根据舵面类型不同,操纵系统还可分成主操纵系统和辅助操纵系统。主操纵系统包括副翼操纵、升降舵操纵和方向舵操纵;辅助操纵系统包括增升装置、扰流板操纵和水平安定面配平操纵。

5.1.2　对操纵系统的要求

操纵系统除了应满足重量轻、制造简单、维护方便、具有足够的强度和刚度等要求外,还应满足以下一些特殊要求。

(1) 保证驾驶员手、脚操纵动作与人类运动本能相一致。这样可避免发生错误的操纵动作和分散驾驶员的注意力,同时还可以缩短驾驶员训练的时间。正确的操纵动作应是:驾驶盘(或驾驶杆)前推,机头应下俯,飞机下降,否则反之;驾驶盘向左转,飞机应向左侧倾斜,否则反之;踩右脚蹬,机头应向右偏转,否则反之。

(2) 驾驶杆(或驾驶盘)既可操纵升降舵又可操纵副翼,并要求在纵向或横向操纵时彼此互不干扰。

(3) 驾驶舱中的脚操纵机构应当能够进行调节,以适应不同身材的需要。

(4) 驾驶员是凭感觉来操纵飞机的,除感受过载大小之外,还要有合适的杆力和杆位移的感觉,其中杆力尤为重要;脚蹬力和脚蹬位移也是如此。

(5) 驾驶杆(或脚蹬)从配平位置偏转时,所需的操纵力应该均匀增加,并且力的指向总是与偏转方向相反,这样,驾驶杆(或脚蹬)就有自动回中(即回到配平位置)的趋势。驾驶杆力(或脚蹬力)应随飞行速度增加而增加,并随舵面偏转角度增大而增大。

(6) 为防止驾驶员无意识动杆及减轻驾驶员的疲劳,操纵系统的启动力应在合适的范围内。"启动力"是指飞机在飞行中舵面开始运动时所需的操纵力,包括操纵系统中的摩擦(其中包括助力器分油活门的摩擦)、预加载荷等。

(7) 操纵系统的间隙和系统的弹性变形会产生操纵延迟现象。延迟是很危险的,因此必须使操纵系统中的环节和接头数量最少,接头处的活动间隙量小及系统应有足够的刚度。

(8) 在中央操纵机构附近应有极限偏转角度止动器,以防止驾驶员用力过猛、操纵过量而使系统中某些部件或机体结构遭到损坏,凡是可以调整的限动装置应在调整好的位置上保证确实锁紧,或用保险丝保险。

(9) 飞机停在地面上时,为防止舵面被大风吹坏,所有舵面应用"锁"来固定。舵面锁紧系统应在飞机内部,不应采用外部锁紧装置,内锁紧装置应直接与舵面连接。为防止在起飞状态下舵面仍处于锁定状态,要求必须在所有舵面都开锁后油门才能打开。

5.1.3 飞机飞行操纵系统的发展

随着科学技术的发展,高精尖技术首先在飞机上获得了应用,在此期间,操纵系统也发生了一系列变化。

1. 经典:机械操纵阶段

早期飞机操纵系统为简单机械操纵系统。随着飞机尺寸和重量的增加,飞行速度的不断提高,飞机的操纵越来越费力,即使采用了气动补偿,驾驶杆力仍不足以克服铰链力矩,因此在20世纪30年代首先在重型飞机的副翼操纵系统里采用了有回力的液压助力器。50年代初,又采用了无回力的液压助力器,实现了助力操纵。

伴随着超音速飞机的出现,飞机在高空超音速飞行,遇到了纵向静稳定性过大、动稳定性(气动阻尼)不足的问题。为解决这一问题,在飞机操纵系统中附加了自动增稳系统。增稳系统在增大飞机阻尼和改善动稳定性的同时,必然在一定程度上削弱了飞机操纵反应的灵敏度,从而降低了飞机的操纵性。为了消除这个缺点,在自动增稳系统的基础上研制出了控制增稳系统。控制增稳系统与增稳系统的不同之处在于它除了具有来自速率陀螺和加速度计起增稳作用的电气信号外,还综合了来自驾驶员操纵驾驶杆(脚蹬)的电指令信号。因此,控制增稳系统可以采用较高的反馈增益,以提高回路阻尼和增加飞机的稳定性;若驾驶员进行操纵,输出增控信号可使高阻尼信号减小,获得所需的响应,从而改善了飞机的操纵性和机动性。

2. 主流：电传操纵阶段

由于在复杂的机械系统中存在着摩擦、间隙和弹性变形,始终难以解决精微操纵信号的传递问题。20世纪70年代初,成功地实现了电传操纵(FBW)技术,它取代了不可逆助力操纵系统而成为主操纵系统。电传操纵系统是在控制增稳系统基础上发展的必然产物,微电子技术和计算机科学的发展、可靠性理论和余度技术的建立为电传操纵系统奠定了基础,余度系统赋予它较高的安全可靠性。多余度电传操纵系统在现代民航飞机中已获得大范围的应用,例如A320、A380、A350、B777、B787等民航客机,采用了现代主流飞行操纵系统。

3. 未来：光传操纵阶段

考虑到电传操纵存在着单通道可靠性较低、易受雷击和电磁脉冲干扰等问题,另外一种更为先进的操纵系统已在20世纪70年代开始研制,这就是光传操纵(FBL)系统。光传操纵系统以光代替电作为传输载体,以光导纤维作为物理传输媒质,是在计算机之间或计算机与远距离终端(如舵机等)之间传递指令和反馈信息的飞行控制系统。传递操纵指令的主要元件是光导纤维,它具有抗射频、核爆炸、电磁及噪声能力强,故障隔离性能好,传输数字信号速率高,频带宽、功率小和重量轻等优点,因此光传操纵系统是未来飞机飞行操纵系统发展的必然趋势。

5.2 中央操纵机构

飞机主操纵系统是由中央操纵机构、传动系统和驱动装置组成的。由驾驶员手脚直接操纵的部分叫做中央操纵机构,它分为手操纵机构和脚操纵机构两大部分。

5.2.1 手操纵机构

1. 机械手操纵机构

1) 驾驶杆式手操纵机构

图5.2-1表示一种驾驶杆式手操纵机构。前推或后拉驾驶杆时,驾驶杆绕着轴线 a—a 转动,经传动杆1和摇臂1等构件的传动,可操纵升降舵;左右压杆时,驾驶杆绕轴线 b—b 转动,这时扭力管和摇臂2都随之转动,经传动杆2等构件的传动,即可操纵副翼。

驾驶杆式手操纵机构虽然要操纵两个舵面——升降舵和副翼,但两者不会互相干扰。也就是说,单独操纵某一舵面时,另一舵面既不随之偏转,也不妨碍被操纵舵面的动作。

从图5.2-1中可以看出,当驾驶杆前后运动时,扭力管并不转动,因而不会去传动副翼。驾驶杆左右摆动时,除了扭力管转动外,驾驶杆下端还要带着传动杆1左右摆动。因为传动杆1与摇臂1的连

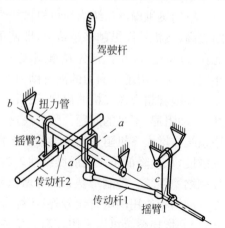

图5.2-1　驾驶杆式手操纵机构

接点 c 位于轴线 b—b 上,驾驶杆左右摆时,传动杆沿着以 b—b 线为中心轴、以 c 点为顶点的锥面运动(图 5.2-2)。由于圆锥体的顶点 c 到底部周缘上任一点(例如 1、2、3、4、5 各点)的距离是相等的,并且 c 点采用的是可自由转动的球形接头,所以当驾驶杆左右摆动时,摇臂 1 不会绕其支点前后转动,因而升降舵不会偏转。

2) 驾驶盘式手操纵机构

图 5.2-3 表示一种驾驶盘式手操纵机构。驾驶盘在操纵时,通过内部的齿轮传动装置带动驾驶杆内的一根扭力管转动,扭力管通过一个万向接头带动副翼操纵钢索轮,提供操纵副翼的信号,前推或后拉驾驶盘时,可操纵升降舵。

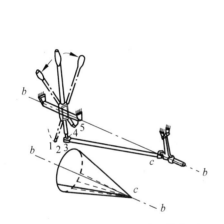

图 5.2-2　驾驶杆式手操纵机构的原理

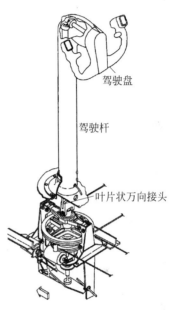

图 5.2-3　驾驶盘式手操纵机构

这种驾驶盘式手操纵机构,也能保证操纵升降舵与操纵副翼时互不干扰。左右转动驾驶盘时,通过叶片状的万向节头传递扭矩,驾驶杆不动,所以,不会使升降舵偏转;而前推或后拉驾驶盘时,由于有叶片状的万向接头,副翼控制钢索轮不会转动,钢索不会绷紧或放松,所以既不会使副翼偏转,也不会影响驾驶盘的前后动作。

上述两种手操纵机构相比,驾驶杆构造较简单,便于驾驶员一手操纵驾驶杆,一手操纵油门手柄,但是它不便于用增大驾驶杆倾斜角度的办法来减小操纵副翼时的杆力;驾驶盘式构造较复杂,但可通过增大驾驶盘的转角,使操纵副翼省力,当然,这时使副翼偏转一定角度所需的时间要相应增长。

因此,前者多用于机动性较好且操纵时费力较小(或装有助力器)的飞机,后者多用于操纵时费力较大且机动性要求较低的中型和大型飞机。

2. 电传手操纵机构

1) 侧杆式电传操纵机构

空客系列飞机的电传操纵系统采用"侧杆"操纵机构。所谓"侧杆"是"侧杆操纵器"的简称,是一种以输入为力信号、输出为电信号的小型侧置手操纵机构,如图 5.2-4 所示。

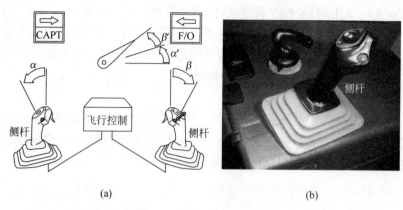

(a)　　　　　　　　　　(b)

图 5.2-4　侧杆式电传手操纵机构

(a) 侧杆操纵器的原理；(b) 某型飞机侧杆操纵器特写

这种手操纵机构代替了传统的驾驶杆(或驾驶盘)。它前后、左右摆动发出互不干扰的电信号,通过电传操纵系统使飞机产生纵向和横向运动。其具体结构、力特性与驾驶员的生理特点、操纵感觉、飞机操纵性能有关。

由于侧杆操纵器重量轻,空间尺寸小,改善了驾驶员观察仪表的工作条件,克服了重力加速度给驾驶员带来的不必要困难,在操纵时,侧杆的输入杆力与舵面偏转角——对应,机长和副驾驶的操纵信号在舵面上产生叠加效果。

侧杆操纵机构之间没有机械连接装置,当机长(或副驾驶)操纵飞机时,另一侧的侧杆不会发生联动。另外,当自动驾驶仪操纵飞机舵面运动时,侧杆不会随动,驾驶员无法根据侧杆的状态判断飞机控制情况。

2) 驾驶盘式电传操纵机构

波音公司在 B777 飞机上开始采用电传操纵系统,其手操纵机构仍然采用传统的驾驶盘结构,如图 5.2-5 所示。驾驶员操纵驾驶盘时,杆力传感器将操纵信号变为操控电信号。由于两个驾驶盘之间存在机械连接,当机长(或副驾驶)操纵飞机时,另一侧的驾驶盘会同步随动,便于掌控飞机操纵动态。当自动驾驶仪衔接后,自动驾驶的操纵信号可通过反向驱动作动器操纵驾驶盘,驾驶员可根据驾驶盘的动态监控驾驶仪操纵情况。

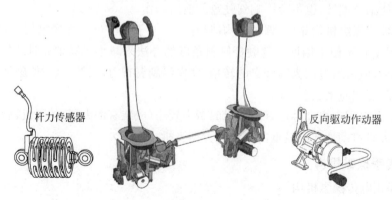

杆力传感器　　　　　　　　　　反向驱动作动器

图 5.2-5　驾驶盘式电传操纵机构

5.2.2 脚操纵机构

脚操纵机构有脚蹬平放式和脚蹬立放式两种类型。平放式脚蹬与驾驶杆配合使用,立放式脚蹬与驾驶盘配合使用。

1. 平放式脚蹬

图 5.2-6 表示一种脚蹬平放式脚操纵机构。图中的脚蹬安装在由两根横杆和两根脚蹬杆组成的平行四边形机构上。驾驶员蹬脚蹬时,两根横杆分别绕转轴 O 和 O' 转动(转轴固定在座舱底板上),经钢索(或传动杆)等的传动,使方向舵偏转。

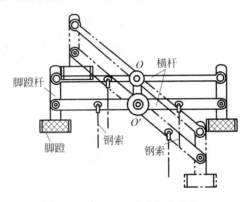

图 5.2-6 脚蹬平放式脚操纵机构

平行四边形机构的作用是保证在操纵方向舵时,脚蹬只作平移而不转动(如图中双点画线所示),便于驾驶员操纵。

2. 立放式脚蹬

图 5.2-7 所示为现代民航机采用的立放式脚蹬机构。脚蹬通过立杆、传动拉杆与方向舵钢索鼓轮相连。机长脚蹬和副驾驶脚蹬通过公共连杆相连,当机长或副驾驶操作方向舵

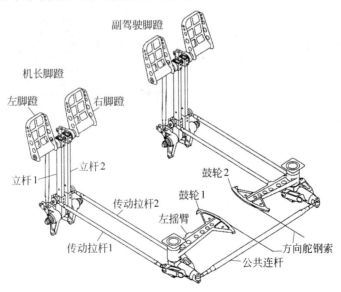

图 5.2-7 脚蹬立放式脚操纵机构

脚蹬时,另一侧脚蹬可同步随动。

当机长用左脚向前蹬左脚蹬时,左脚蹬向前,立杆 1 带动传动杆 1 向前,从而驱动左摇臂带动鼓轮 1 顺时针转动,驱动方向舵钢索转动,与此同时传动杆 2 向后拉,带动右脚蹬向后。

3. 脚蹬位置调节装置

现代飞机驾驶舱仪表板布局复杂,同时为保证驾驶员正常观察窗外情况,需要确保驾驶员的眼点位置固定(如图 5.2-8 所示)。眼点位置固定意味着驾驶员座椅的位置相对固定,因此,为保证不同身高的驾驶员能够正常操纵飞机,脚蹬的水平位置可进行前后微调。

图 5.2-8　现代民航飞机驾驶舱仪表板布局示意图

图 5.2-9 所示为某型民航飞机的驾驶员脚蹬位置调节机构。当驾驶员调整好座椅位置后,通过摇动脚蹬位置调节手轮,调节脚蹬的前后位置,直到获得最佳腿部操纵空间。

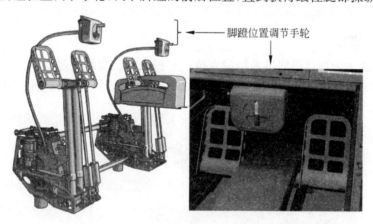

图 5.2-9　民航飞机脚蹬前后位置调节机构

5.3　传动系统

传动系统的作用是将操纵机构的信号传送到舵面或助力器。在简单机械操纵系统中,传动是由一些机械机构来完成的,称为传动机构。而在助力操纵系统和电传操纵系统中,传动是由一些机构和部件组成的,习惯上称为传动装置或传动系统。飞机操纵系统的进步有很大程度体现在传动系统的进步上。

5.3.1 机械传动机构

机械式传动机构包括软式传动机构和硬式传动机构,另外,某些飞机还会采用混合式传动机构。

1. 传动机构的特点

1) 软式传动机构

在软式传动机构中,操纵力只能靠钢索的张力传递,因此必须有两根钢索构成回路,轮流起作用,一根主动,另一根被动。

软式传动的优点:构造简单,尺寸较小,重量较轻,比较容易绕过机内设备。其缺点是钢索的刚度较小,受力后容易被拉长,使操纵灵敏度变差,并且在飞行中舵面容易产生颤振;钢索在转弯处绕过滑轮,产生较大的摩擦力,容易磨损。

2) 硬式传动机构

在硬式传动机构中,操纵力是由传动杆传递的,它既可以受拉又可以受压。传动杆由管件制成,它的拉压应力较小,因此变形也较小,即刚度较大。传动机构中的铰接点可以用滚珠轴承,滚珠轴承可以减小传动机构的摩擦力,并消除间隙。

硬式传动机构的优点是具有较佳的操纵灵敏度,飞行中舵面不容易振动。此外,硬式传动的生存力也较大一些,尤其是副翼的操纵,如一边传动杆完全损坏,仍可用另一边的副翼来进行横向操纵。

硬式传动的缺点在于:传动杆难于"绕"过飞机内部设备;由于需要大量的铰接而使构造复杂化,整个系统的重量加大。除此以外还必须使传动杆不与发动机的使用转速发生共振现象。

3) 混合式传动机构

所谓混合式传动机构,是根据飞机操纵系统的布置条件,在系统中同时采用软式传动机构元件和硬式传动机构元件。混合式传动机构兼有硬式和软式的特点。

在实际应用中,一般来说,对于机动性要求高的飞机(如歼击机),操纵系统应具有很好的跟随性,系统的摩擦、变形要小,故常采用硬式传动机构。而对于民航客机、运输机等机种,更侧重于飞机的安全稳定性,因不用强烈的机动飞行,故对操纵性的要求相对要低一些,从重量及空间利用等方面考虑,常采用软式或混合式传动机构。

2. 软式传动机构主要构件

1) 钢索

钢索是由钢丝编成的。它只能承受拉力,不能承受压力。所以,在软式传动机构中,都用两根钢索构成回路,以保证舵面能在两个相反的方向偏转。

(1) 钢索构造和规格

飞机操纵钢索的单体结构是钢丝,通常采用碳素钢或不锈钢制成,碳素钢钢索表面通常包锌镀锡。钢丝的直径决定了钢索的粗细尺寸,一束钢索按螺旋形或锥盘形扭织成股,然后以一股为中心,其余各股汇合编织而成为钢索。钢索的规格型号就是按所具有的钢丝股数和每股钢丝根数来识别,采用两位数编码。第一个数字是股数,第二个数字是每股的钢丝数。最广泛应用的航空钢索为 7×7 和 7×19 两类。

7×7 钢索由 7 股钢丝组成,每股含有 7 根钢丝。以一股为中心股,其余 6 股缠绕在外面,如图 5.3-1 所示。这种钢索具有中等柔曲度,一般用于舵面调整片操纵、发动机操纵和控制信息指示等处。

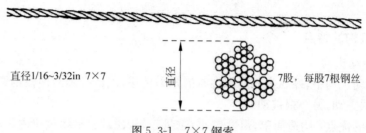

直径1/16~3/32in 7×7

直径　　7股,每股7根钢丝

图 5.3-1　7×7 钢索

7×19 钢索同样由 7 股钢丝组成,但每股含有 19 根钢丝。编织方法也是以一股为中心股,其余 6 股缠绕在外面,如图 5.3-2 所示。这种钢索柔曲度很好,所以通常用于主飞行操纵系统以及要在滑轮上经常运动的传动环节上。

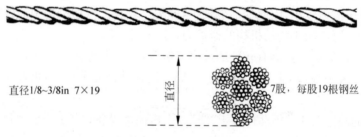

直径1/8~3/8in 7×19

直径　　7股,每股19根钢丝

图 5.3-2　7×19 钢索

航空操纵钢索的直径大小为规格区分,一般范围为 1/16～3/8in,钢索直径的正确测量方法如图 5.3-1 和图 5.3-2 所示。

名义直径相同的钢索,股数越多,它的柔性越好;名义直径相同,股数相同,钢丝数越多,柔性就越好。

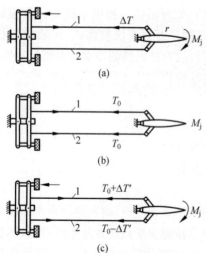

图 5.3-3　有预加张力和无预加张力的钢索,在传动中所受的张力

(2) 弹性间隙和钢索预紧

钢索承受拉力时,容易伸长。这样当驾驶员操纵舵面时,舵面的偏转会落后于驾驶杆或脚蹬的动作,就像操纵系统有了"间隙"一样。由于操纵系统的弹性变形而产生的"间隙"通常称为弹性间隙。钢索的弹性间隙太大,就会使操纵的灵敏性变差。

为了减小弹性间隙,操纵系统中的钢索在装配时都是预先拉紧的,预先拉紧的力称为预加张力。有预加张力的钢索能减小弹性间隙,这是因为:第一,钢索被预先拉紧后,就把各股钢丝绞紧,传动时钢索就不容易被拉长;第二,钢索在传动中张力增加得较少,如图 5.3-3 所示。

如果钢索没有预加张力(图 5.3-3(a)),驾驶员蹬舵时,舵面铰链力矩 M_j 完全由钢索的张力 ΔT 对舵

面转轴的力矩来平衡,即

$$\Delta T \cdot r = M_j \tag{5.3-1}$$

如果钢索存在预加张力 T_0,不蹬舵时两边钢索对舵面转轴的力矩是平衡的(图 5.3-3(b)),蹬舵时,钢索 1 的张力增大而钢索 2 的张力减小,对舵面上各力矩的平衡关系为

$$(T_0 + \Delta T') \cdot r = M_j' + (T_0 - \Delta T') \cdot r \tag{5.3-2}$$

化简后得

$$2\Delta T' \cdot r = M_j' \tag{5.3-3}$$

对比式(5.3-1)和式(5.3-3)可见,如果 $M_j = M_j'$,则 $\Delta T'$ 比 ΔT 小一半,因此在传动中,有预加张力的钢索的伸长量比无预加张力的钢索的伸长量小。

(3) 封闭钢索

某些大型飞机的操纵钢索传动路线很长并且很直,此时可考虑使用封闭式钢索。封闭式钢索由普通的挠性钢索和挤压在钢索上面的铝管组成,铝管将钢索封闭在里面。封闭式钢索结构具有以下优点:由温度引起的张力变化小于普通钢索;在给定负载下,伸长量也小于普通钢索。

封闭式钢索在发生下面情况时需要更换:包覆的铝管已磨透,暴露出磨损的钢索股线;包覆铝管有断裂;存在较大的磨损点。

(4) 钢索接头

钢索终端可以采取不同的接头方式,例如端杆式、眼圈式、衬套式和挂钩式等(如图 5.3-4 所示)。端杆式钢索接头通常为挤压(装配)型。螺杆接头、叉形接头、环眼接头与松紧螺套、摇臂机构或系统内的其他连动件相配套。单柄球头和双柄球头常用在扇形操纵盘或因空间限制需要特殊传递方式的部位。

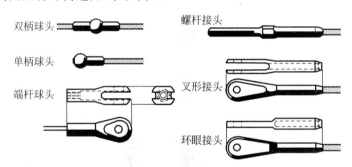

双柄球头　　螺杆接头

单柄球头

端杆球头　　叉形接头

环眼接头

图 5.3-4　钢索接头的形式

(5) 钢索的故障

钢索在使用中常见的故障有断丝、锈蚀。

位于滑轮部位的钢索,在传动中要反复受到弯曲和拉直作用,即经常要受到重复载荷,而且它还可能与滑轮产生相对滑动,因而滑轮部位的钢索比较容易断丝。除了滑轮,钢索导向器的位置也是断丝发生较多的地方(如图 5.3-5 所示)。因此,在维护工作中应着重检查以上部位。

检查钢索断丝的方法是用擦布沿着钢索长度方向擦拭,并检查擦布被断丝钩住的地方。彻底检查钢索时,要把

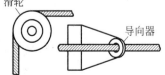

滑轮

导向器

图 5.3-5　钢索常见的断丝位置

舵面运动到最大行程的极限位置。这将显露出在滑轮、导向器和滑轮/扇形轮等区域的钢索。

当发现下列情况之一时,更换 7×7 钢索:

① 在钢索的 12in 长度内发现两根钢丝断裂;

② 整根钢索(两终端之间的整个长度)有 3 根或 3 根以上钢丝断裂;

③ 在被腐蚀的钢索上有一根钢丝断裂。

当发现下列情况之一时,更换 7×19 钢索:

① 在钢索的 12in 范围内,有 4 根钢丝断裂;

② 整根钢索有 6 根或 6 根以上钢丝断裂;

③ 被腐蚀的钢索上有一根钢丝断裂。

钢索锈蚀可以通过目视检查发现。如果发现钢索表面锈蚀,要卸除钢索的张力,然后将钢索反向扭转,使之张开,目视检查内部的钢索股是否锈蚀。如果内部钢索股锈蚀,表明钢索已经损坏,需要更换钢索。如果内部没有锈蚀,就用编织粗糙的抹布或纤维刷子清除外部锈蚀。切勿用金属丝或溶剂对钢索除锈,因为金属丝内可能混有其他金属颗粒,会导致钢索进一步锈蚀;溶剂会除去钢索内部的润滑剂,这也会使钢索进一步锈蚀。钢索进行彻底清洁之后,涂上防锈剂,能保护并润滑钢索。

2) 松紧螺套

松紧螺套与螺纹接头相配合,可用来调整钢索的预加张力(如图 5.3-6 所示)。它由两个带相反螺纹的钢索螺杆头式接头和一个两端带相反内螺纹的螺套组成。在螺套左螺纹的一端外部,刻有一道槽或滚花。转动螺套,即可使两根螺杆同时缩进或伸出,使钢索绷紧或放松。

松紧螺套装配注意事项:

(1) 将螺套两端的接头同时拧上螺纹;

(2) 调整后检查拧入深度,露在套外的螺纹不得超过三牙;

(3) 完成工作后,按规定打保险。

3) 钢索连接器

钢索连接器与带柄球接头配合,可使钢索从一个系统中快速地连接或拆卸。图 5.3-7 所示为钢索连接器的一种型式。这种型式连接器为快卸型,通过压缩弹簧,可进行连接或拆卸。

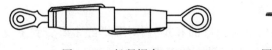

图 5.3-6　松紧螺套

图 5.3-7　弹簧式钢索连接器(快卸型)

4) 滑轮和扇形轮

滑轮(如图 5.3-8(a)所示)通常用酚醛树脂(胶木)或硬铝制成,它用来支持钢索和改变钢索的运动方向,为了减小摩擦在支点处装有滚珠轴承。

扇形轮也叫扇形摇臂,如图 5.3-8(b)和(c)所示,它除了具有滑轮的作用外,还可以改变

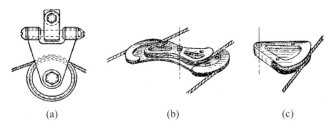

图 5.3-8 滑轮和扇形轮

（a）滑轮；（b）双扇形轮；（c）单扇形轮

力的大小，也可以实现软式传动与硬式传动的转换。

5）钢索导向装置

导索环可以由非金属材料或金属材料制造。在钢索通过隔板或其他金属零件上的孔时，导索环将钢索包起来进行保护。导索环轴线与钢索直线之间的偏斜不能大于 3°。

密封导索装置安装在钢索穿过增压隔框等需要密封的地方。密封导索装置紧紧地夹住钢索，足以防止过多的泄漏，但又不阻碍钢索的运动。此装置必须定期检查，看是否出现过度磨损以及固定卡环是否脱出。

滑轮导向器用来给钢索导向，护挡装置把通过滑轮的钢索保持在应有的位置上，以防止钢索松脱、卡阻。图 5.3-9 所示为几种常用的钢索导向装置。

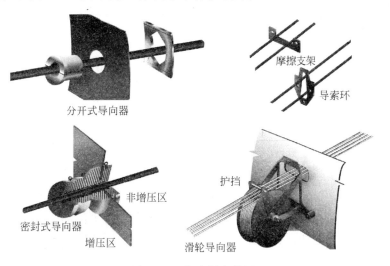

分开式导向器

摩擦支架

导索环

非增压区

密封式导向器

增压区

护挡

滑轮导向器

图 5.3-9 钢索导向装置

6）钢索张力补偿器

由于飞机机体上的外载荷的变化和周围气温变化的影响，飞机机体结构和飞机操纵系统之间会产生不同程度的相对变形，因而钢索可能会变松或过紧。钢索变松将出现弹性间隙，钢索过紧将产生附加摩擦。钢索张力补偿器的功用正是保持钢索的正确张力，而不受上述因素的影响。某型飞机的钢索张力补偿器如图 5.3-10 所示。

滑架承受弹簧的作用可以保持钢索的正确张力。滑管顶端有一个张力指示孔，当这个指示孔刚好全部漏出时，钢索的张力是正确的，不需要张力器或其他设备测量张力。

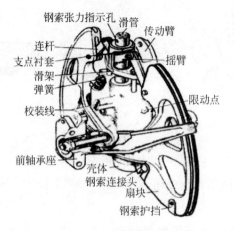

图 5.3-10　钢索张力补偿器

3. 硬式传动机构主要构件

1）传动杆

传动杆又称为推拉杆。与软式传动机构的钢索相比,传动杆具有以下优点:一是不存在张力随环境变化的麻烦;二是构造简单,只靠一根管材就能传递拉力和推力。传动杆的杆身由铝合金或钢质管材制成,两端有接头,其一端的接头通常是可以调整的(如图5.3-11所示)。在调整传动杆长度时,为了防止接头的螺杆长度调出过多,而使螺纹的结合圈数过少,在管件端部应有检查小孔。把传动杆调长时,接头螺杆的末端不应超过小孔的位置。

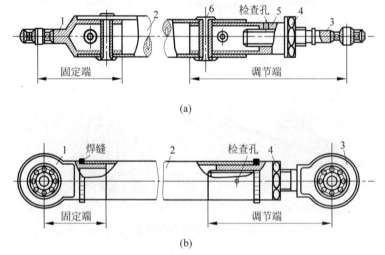

图 5.3-11　典型传动杆构造

（a）铝铆接传动杆;（b）钢焊接传动杆

1—耳环套筒;2—管件;3—耳环螺栓;4—锁紧螺母;5—耳环套筒;6—空心铆钉

空心的传动杆要求有排水孔,因为潮气能从接头的连接处进入到杆的内腔,然后凝聚成水,除可能发生锈蚀和增加杆的重量外,由于水能结成冰后膨胀而使杆损坏。排水孔必须足够大,在水结冰之前就可以排除掉,但也不能过大以致过度削弱杆的强度。因此在维护中不应使小孔堵塞或扩孔。

　　由于传动杆一般是细长杆,因此,当受到压力时就可能发生失稳现象,称为失去总稳定性(又称杆轴失稳)。压杆时发生失稳现象就意味着杆已损坏。为了减小传动杆失稳现象,其长度一般不超过 2m。

　　2) 摇臂

　　(1) 摇臂的类型

　　摇臂通常由铝合金材料制成,在与传动杆和支座的连接处都装有轴承。摇臂按臂数可分为单摇臂、双摇臂和复合摇臂三类(如图 5.3-12 所示)。

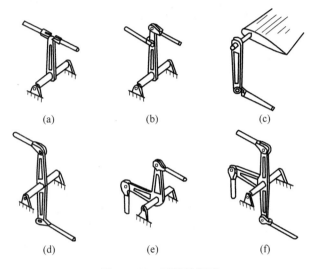

图 5.3-12　摇臂的类型

　　单摇臂最简单的作用是支持传动杆(如图 5.3-12(a)所示);当固定在单摇臂上的两根传动杆高度位置不同时,可改变传动力的大小(如图 5.3-12(b)所示)。图 5.3-12(c)所示的单摇臂为操纵摇臂,其一端固定在舵面转轴上,另一端与传动杆相连,利用传动杆驱动舵面偏转。

　　双摇臂相当于两个单摇臂固定在一起,两臂之间的夹角可以是 180°(如图 5.3-12(d)所示),有的小于 180°(如图 5.3-12(e)所示)。双摇臂除了可以支持传动杆外,还可改变传动杆的运动方向、改变传动力的大小。复摇臂(如图 5.3-12(f)所示)除了具有与双摇臂相同的作用外,还可用来同时传动几根传动杆。

　　以上各种摇臂中,仅起支持作用的单摇臂在传动时不承受弯矩,其他摇臂都要承受弯矩。为了使摇臂在传动时不致产生显著的弹性变形,承受弯矩的摇臂刚度比较大,维护工作中不得任意改换。

　　(2) 摇臂的作用

　　综上所述,摇臂主要有以下作用:

　　① 支持传动杆;

　　② 放大或缩小力;

　　③ 放大或缩小传动杆的位移;

　　④ 放大或缩小传动杆的运动速度;

　　⑤ 改变传动杆运动方向;

⑥ 实现差动操纵。

有些飞机的副翼是差动的。所谓差动,就是当驾驶杆左右偏转同一角度时,副翼上下偏转的角度不同。这样做的目的是消除由于副翼偏转造成的两机翼阻力差,消除不必要的偏航。实现差动操纵最简单的机构是差动摇臂,如图 5.3-13 所示。

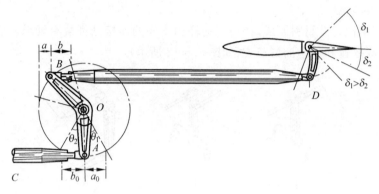

图 5.3-13　差动摇臂的工作原理

差动摇臂的输入臂 OA 经传动杆 AC 与驾驶杆相连,输出臂 OB 经传动杆 BD 与舵面相连,当驾驶杆在中立位置时,输入臂 OA 与传动杆 AC 垂直;输出 OB 与传动杆 BD 不成直角,而成 $90°-\alpha$ 角。

当传动杆 AC 从中立位置向前或向后移动同样的距离($a_0=b_0$)时,输入臂 OA 前、后移动的转角是相等的,因而输出臂 OB 前、后移动的转角也相等($\theta_1=\theta_2$)。但从图中可以看出,这时传动杆 BD 向后移动的距离却大于向前移动的距离($b>a$),所以舵面向上的偏转角 δ_2 就大于向下的偏转角 δ_1。

如果当驾驶杆在中立位时,传动杆 AC 与 OA 臂也不成直角,则差动效果更大。

3)导向滑轮

导向滑轮是由三个或四个小滑轮及其支架所组成(如图 5.3-14 所示)。

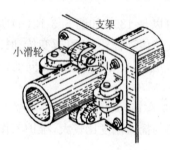

图 5.3-14　导向滑轮

它的功用是:①支持传动杆,提高传动杆受压时的杆轴临界应力,使传动杆不至于过早地失去总稳定性;②增大传动杆的固有频率,防止传动杆发生共振。

在传动中,传动杆要与导向滑轮摩擦,故维护中应注意检查,防止磨损。

导向滑轮的应用场合与封闭式钢索类似。当传动杆所在的传动路径较长时,若采用多段传动杆,将增加对支撑摇臂的需求(设置摇臂不但增加结构重量和复杂程度,还会增加日后的调整和维护工作量)。此时可考虑采用单根较长的传动杆,中间合适位置设置导向滑轮,简化系统重量和维护工作量(导向滑轮占用空间较少,维护量少于摇臂接头,所需接近口盖尺寸也较小)。

4. 混合式传动机构的主要构件

现代民航飞机的操纵系统传动机构中,可能同时采用硬式传动机构元件和软式传动机构元件,构成混合式传动机构。在混合式传动机构中,可利用扭力管等形式的构件实现软、硬构件间力的传递。扭力管安装在操纵系统中需要有角运动或扭转运动的地方,如图5.3-15所示。

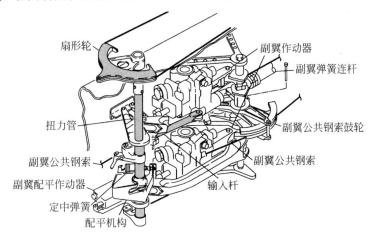

图 5.3-15　混合式传动机构

5. 传动系数和非线性机构

1) 操纵系统的传动系数

（1）传动系数的定义

驾驶杆（或脚蹬）移动的距离,简单称为杆位移,又称杆行程。它与舵面偏转角度有一定的对应关系。这个对应关系是用传动系数 K 来表示的。

所谓传动系数 K 是指舵偏角 $\Delta\delta$ 与杆位移 Δx 的比值（如图5.3-16所示）,即

$$K = \frac{\Delta\delta}{\Delta x} \tag{5.3-4}$$

驾驶杆杆力和舵面铰链力矩之间也存在一定的关系,如果不计系统的摩擦力,则驾驶杆输入的功等于克服舵面偏转的功,即

$$F \cdot \Delta x = m_{\mathrm{j}} \cdot \Delta\delta \tag{5.3-5}$$

由此可得传动系数的另一个表达式:

$$K = \frac{F}{M_{\mathrm{j}}} \tag{5.3-6}$$

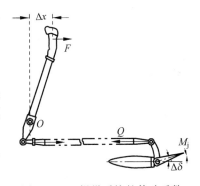

图 5.3-16　操纵系统的传动系数

（2）传动系数的含义

根据式(5.3-4),传动系数表示:单位杆位移对应的舵偏角的大小。因此,操纵系统的传动系数大,飞机操纵灵敏性好;传动系数小,飞机操纵灵敏性差。

而根据式(5.3-6),传动系数又表示克服单位铰链力矩所需杆力的大小,即传动系数大,操纵飞机费力;操纵系数小,操纵飞机省力。

由此可得出以下结论:操纵灵敏性较高的轻型飞机的传动系数一般较大,而操纵灵敏性较低而舵面较大的运输机的传动系数一般较小。

2) 改变传动比和传动系数的机构——非线性传动机构

操纵系统中,如果没有特殊的机构来改变传动系数,舵偏角 δ 随杆行程 x 的变化近似地成直线关系(图5.3-17中直线1、2),即线性关系。

线性传动的操纵系统对低速飞机比较合适,但往往不能满足高速飞机的操纵性要求。因为高速飞机的飞行速度范围很大,传动系数较大的操纵系统只能满足小速度飞行时的操纵性要求,而不能满足大速度飞行时的要求;传动系数较小的操纵系统只能满足大速度飞行时的操纵性要求,而不能满足小速度飞行时的要求。

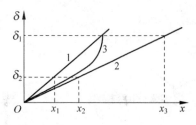

图 5.3-17　杆行程与舵偏角的关系

例如,在小速度飞行时,由于动压较小,舵面效能比较低,需要较大的舵面偏转角才能操纵飞机做一定的机动动作,对于采用如直线 2 那样的传动关系的操纵系统来说,需要的杆行程很大,操纵显得过于迟钝,只有采用如直线 1 那样的传动关系的操纵系统,需要的杆行程才较合适。

在大速度飞行的情况下,由于动压较大,舵面效能比较高,不需要很大的舵偏角,对于采用如直线 1 那样的传动关系的操纵系统来说,需要的杆行程很小,操纵显得过于灵敏,很难准确操纵,只有采用如直线 2 那样的传动关系的操纵系统,需要的杆行程才较合适。

而现在的飞机上不可能安装多套传动系数各异的操纵系统来满足上述需要,因此在操纵系统中设置了专门的非线性传动机构,靠它来改变整个操纵系统的传动系数,以满足高速飞机的操纵性要求。装有非线性传动机构的操纵系统,杆行程与舵面偏角之间成曲线关系。曲线的形状通常如图 5.3-17 中曲线 3 所示。这样,在舵面偏角较小时,杆行程较大($x_3 > x_1$),便于驾驶员准确地操纵飞机,而在舵偏角较大时,杆行程又不至于过大($x_4 < x_2$)。

5.3.2　电传操纵系统

1. 电传操纵系统的提出

由于在机械传动系统中存在着摩擦、间隙和弹性变形,始终难以解决精微操纵信号的传递问题。20 世纪 70 年代初,成功地实现了电传操纵系统,它取代不可逆助力操纵系统而成为主操纵系统。电传操纵系统是控制增稳系统发展的必然产物。若把操纵权限全部赋予控制增稳系统,并使电信号替代机械信号而工作,机械系统处于备用地位,这就是"准电传操纵系统";若再把备用机械操纵系统取消,就成为"纯电传操纵系统",简称为"电传操纵系统"。

电传操纵系统遇到的最大问题是可靠性较低:单通道电传操纵系统的故障率 $\lambda = 1 \times 10^{-3}$/飞行小时,而机械传动系统的可靠性较高。为使电传操纵系统具有不低于机械传动系统的可靠性,当时世界各国均规定 1×10^{-7}/飞行小时作为电传操纵系统的可靠性指标。

为了保证电传操纵系统的可靠性,需要采用余度技术,即引入多重系统。根据可靠性计算,若电传操纵系统具有四余度,则故障率可满足要求。

可见电传操纵系统是现代技术发展的综合产物,微电子技术和计算机科学的发展、可靠性理论和余度技术的建立为电传操纵系统奠定了基础,余度系统赋予它较高的安全可靠性。电传操纵系统分为模拟电传操纵系统和数字电传操纵系统,其中模拟电传操纵系统为早期军用飞机采用,现代民航飞机的电传操纵系统均为数字电传操纵系统。

2. 电传操纵系统的组成及原理

1) 系统组成

电传操纵系统主要由驾驶杆或侧杆(含杆力传感器)、前置放大器(含指令模型)、传感器、机载计算机和执行机构组成,如图 5.3-18 所示。

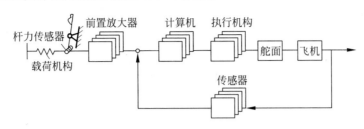

图 5.3-18 四余度电传操纵系统简图

电传操纵系统是把驾驶员发出的操纵指令变换为电信号并与飞机运动传感器返回来的信号综合,经过计算机处理,把计算结果通过电缆(导线)输送给操纵面作动器,对飞机进行全权限操纵的一种人工飞行操纵系统。

2)系统工作原理

图 5.3-19 为四余度电传操纵系统原理图,它由 A、B、C、D 四套完全相同的单通道电传操纵系统按一定关系组合而成。

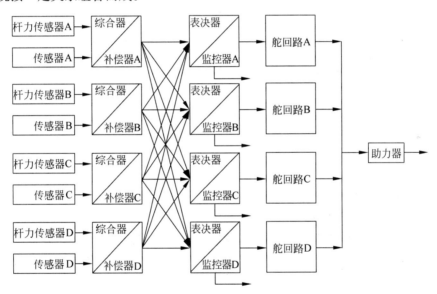

图 5.3-19 四余度电传操纵系统原理图

(1)故障监控+信号表决

图中表决器/监控器用来监视、判别四个输入信号中有无故障信号,并从中选择正确的无故障信号。如果四个输入中任何一个被检测出是故障信号后,则系统自动隔离这个故障信号,不使它再输入到后面的舵回路中去。

(2)双故障安全(故障隔离+系统重组)

当四套系统都工作正常时,驾驶员操纵驾驶杆经杆力传感器 A、B、C、D 产生四个同样的电指令信号,分别输入到相应的综合器/补偿器、表决器/监控器中,通过四个表决器/监控器的作用,分别输出一个正确的无故障信号加到相应的舵回路,四个舵回路的输出通过机械装置共同操纵一个助力器,使舵面偏转,以操纵飞机产生相应的运动。

如果某一个通道中的杆力传感器或其他部件出现故障,则输入到每个表决器/监控器的四个输入信号中有一个是故障信号,此时由于表决器/监控器的作用,将隔离这个故障信号。因此每个表决器/监控器按规定的表决方式选出工作信号,并将其输至舵回路。于是飞机仍按驾驶员的操纵意图作相应运动;如果某一通道的舵回路出现故障,它本身能自动切除与助力器的联系(因舵回路是采用余度舵机),这样到助力器去的仍是一个正确无故障信号;同样,如果系统中某一通道再出现故障,电传操纵系统仍能正常工作,而且不会降低系统的性能。由此可见四余度电传操纵系统具有双故障安全等级,故它又称双故障/安全电传操纵系统。

综上所述,电传操纵系统可定义为:驾驶员的操纵指令信号只通过导线(或总线)传给计算机,经其计算(按预定的规律)产生输出指令,操纵舵面偏转,以实现对飞机的操纵。显然它是一种人工操纵系统,其安全可靠性是由余度技术来保证的。

3) 民航飞机电传操纵系统实施

英美联合研制的"协和"号飞机是第一架采用电传操纵系统的民用飞机,此后空中客车公司在 A320 系列飞机中采用了电传操纵系统,B777 飞机为波音公司第一架采用电传操纵系统的飞机,这构成了民航飞机电传操纵系统的两大技术系列。

现代民航飞机电传系统的飞行控制计算机执行电传操作系统的核心功能,按照预定的飞行控制法则(control law,亦可称为"控制律")对各飞行操纵面进行控制。虽然各飞机制造商采用的电传操纵技术案不同,但是控制法则和各模式具有一定的相似性,具体如图 5.3-20 所示。

电传操纵系统控制法则一般包括:正常法则、备用法则、直接法则,分别对应正常模式、备用模式和直接模式,并具有最终的机械模式。

正常法则:在正常模式下,提供基本控制法则,加上提高操纵品质和避免超过某种姿态和姿态速率的保护。当计算机、传感器或作动动力通道出现双故障时,正常法则将转换到备用法则,启动备用模式。

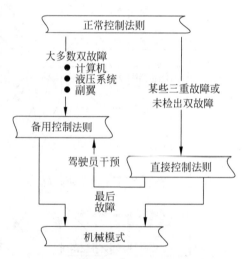

图 5.3-20　典型电传操纵系统控制法则相互关系

备用法则:在备用模式下,提供基本控制法则,但没有正常模式所提供的提高操纵品质的特性与保护。若再发生一次故障,备用模式将转换到机械模式。

直接法则:提供包括从驾驶杆直接传递信号到操纵面的控制、人工配平以及某些与飞机重心和飞机系统构型有关的限制功能。在某些特定场合,可通过驾驶员干预而接通备用模式。当再次发生故障时,将导致切换到机械模式。

机械模式:包括俯仰配平和方向舵脚蹬控制的飞机基本人工控制,用以帮助恢复飞机电气系统,或者在条件许可的情况下机械操纵飞机着陆。

飞机从地面起飞经空中飞行到地面着陆的整个飞行剖面内,飞行操纵按不同飞行阶段执行不同控制法则:地面阶段处于地面模式,执行"地面法则";飞行阶段处于飞行模式,执行"飞行法则";落地前阶段处于改平模式,执行"改平法则";落地后再次切换为地面模式。在地面模式下,驾驶杆与舵面面之间处于直接连接模式;当飞机主减震支柱处于伸张状态时,起动飞行模式;飞机处于飞行模式且飞行高度低于特定值时,飞机准备着陆,进入改平模式;当飞机在改平模式下主减震支柱压缩,飞机再次进入地面模式。其中在飞行模式和改平模式下,飞行操纵系统具有俯仰姿态保护、过载保护、侧滑角度保护、高速保护、失速保护(又称迎角保护)等相关保护功能,具体如图5.3-21所示。

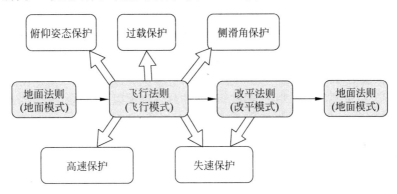

图 5.3-21　不同飞行阶对应的控制法则和相应保护功能

图 5.3-22 给出了空客 A320 飞机电传操纵系统简化原理图。A320 操纵系统采用 9 台飞控计算机,其中 2 台升降舵/副翼计算机(ELAC)、3 台扰流板/升降舵计算机(SEC)、2 台飞行增稳计算机(FAC)和 2 台襟翼/缝翼计算机(SFCC)。这 9 台飞控计算机完成对升降舵、副翼、扰流板、偏航阻尼器、襟翼和缝翼的控制。A320 飞机的方向舵和水平安定面配平仍为机械操纵控制。

飞控计算机采用不同的结构和不用的硬件,内部采用不同软件执行指令和监控功能,所用的电源和信号通路进行分散隔离。从 A320 飞机投入使用情况看,当出现所有计算机都发生故障这种极不可能的情况时,飞机仍可飞行和着陆。

图 5.3-23 给出了波音 B777 飞机电传操纵系统原理简图,系统包括 3 台主飞控计算机(PFC),其中每一台有 3 个由不相似硬件、但有相同软件组成的相似控制通路。

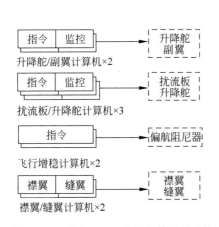

图 5.3-22　空客 A320 飞机电传操纵系统原理简图

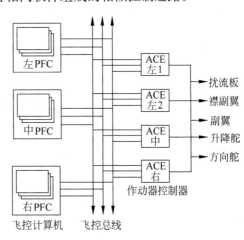

图 5.3-23　波音 B777 飞机电传操纵系统原理简图

每一通路在一个工作周期中有各自的任务,供电后这些任务被不断循环。应用表决技术检测通路间的偏差或不一致,而采用的比较技术随数据形式不同而不同。通过多路ARINC629总线实现与舵面作动器控制器(ACE)的联系。ACE直接驱动飞控作动器。飞行控制系统由单独的飞控直流电系统供电。

4) 电传操纵系统优点

(1) 减轻了操纵系统的重量、体积,节省操纵系统设计和安装时间。

电传操纵系统用电缆替代了钢索、滑轮(传动杆、摇臂)等机械元件,操纵系统的重量、体积随着减小。另外,设计操纵系统的重点工作转向飞行控制计算机和飞行控制律的设计,不用考虑机体空间和相对位置(这是设计机械传动机构必须考虑的环节)的影响,节省了系统设计、安装和校装的时间。

(2) 消除了机械操纵系统中的摩擦、间隙、非线性因素以及飞机结构变形的影响。

电传信号可以消除机械操纵系统中的摩擦、间隙和非线性因素,这就改善了精微操纵信号的传递。此外,机械操纵系统对飞机结构的变化是非常敏感的,设计师必须尽最大努力使这种影响减到最小,采用电传操纵系统后,这种影响自然消失了。

(3) 简化了主操纵系统与自动驾驶仪的组合。

因为电气组合简单,所以电传操纵系统与自动飞行控制系统(自动驾驶仪)的结合是很方便而且易于实现的。

(4) 可采用小侧杆操纵机构。

采用小侧杆操纵机构可减轻驾驶员的工作负担,同时驾驶员观察仪表的视线不再受中央驾驶杆的影响,另外也消除了重力加速度对驾驶员给驾驶杆输入量的影响。

(5) 飞机操稳特性不仅得到根本改善,且可以发生质的变化。

电传操纵系统不仅能改善飞机的稳定性、操纵性,而且能改善机动性,这是这种系统最突出的优点。正是因为有了这个优点,电传操纵系统才有可能成为设计随控布局飞机的基础,使飞机的性能发生质的变化。

5) 电传操纵系统存在的问题

(1) 电传操纵系统成本较高。

由于单通道电传操纵系统中的电子元件质量和设计因素关系,故单通道系统的可靠性不够高。所以目前均采用三余度或四余度电传操纵系统,并利用非相似余度技术设计分系统,所有这些导致电传操纵系统成本高于普通的机械操纵系统。

(2) 系统易受雷击和电磁脉冲波干扰影响。

据统计,飞行中的平均雷击率为 7×10^{-7}/飞行小时,因此电传操纵系统需要解决雷击和电磁脉冲干扰的损害。此外,由于现代飞机越来越多地采用复合材料,其使用率可达30%左右。这样系统中的电子元件失去飞机金属蒙皮的屏蔽保护,故抗电磁干扰和抗辐射问题更为突出。目前唯一能彻底解决这些问题的办法是采用光纤作为传输线路。因为光纤不向外辐射能量;不存在金属导线所固有的环流及由此产生的瞬间扰动;对核辐射电磁干扰不敏感;可以隔离通道之间故障的影响。随着光纤技术和数字式电传操纵系统的发展,未来飞机上将出现光传操纵系统(FBL)。按功能来说,光传操纵系统就是应用光纤技术实现信号传递的操纵系统。当然,这种系统还有强度、成本问题、地面环境试验问题及光纤维和飞机结构组合等问题有待进一步解决。

5.4 舵面驱动装置

早期飞机操纵系统靠驾驶员的体力克服铰链力矩,即利用钢索或传动杆将驾驶员作用在驾驶杆或脚蹬上的力传递到舵面的操纵摇臂,克服铰链力矩从而驱动舵面偏转。众所周知,舵面铰链力矩随着飞机舵面尺寸和飞行速度的增大而增大,当铰链力矩达到一定程度,驾驶杆(或脚蹬)上的力将超过驾驶员能够承受的范围。

为了将驾驶杆(或脚蹬)力保持在一定范围内,满足操纵系统对操纵力的要求,可采取两种方法:采用舵面空气动力补偿装置,减小铰链力矩,相应减小操纵力;采用助力驱动装置,协助驾驶员克服铰链力矩。舵面空气动力补偿在《飞行原理》部分中有详细阐述,本节只介绍助力驱动装置,主要是液压驱动装置、电静液驱动装置和电动驱动装置。

5.4.1 液压驱动装置

1. 助力操纵系统的类型

采用液压助力协助驾驶员克服舵面铰链力矩的操纵系统称为助力机械操纵系统。助力机械操纵系统分为可逆助力机械操纵系统和不可逆助力机械操纵系统。可逆助力操纵系统又叫有回力的助力操纵系统,助力器工作时,为使驾驶员感觉到飞行速度和高度的变化,要将舵面上的空气动力载荷通过"回力杆"传一部分到驾驶杆上去;不可逆的助力操纵系统又叫无回力助力操纵系统,它的液压助力器工作时,舵面传来的载荷全部由液压助力器承受。

1) 有回力的助力操纵系统

有回力的助力操纵系统,通常是利用回力连杆把舵面传来的一部分载荷传给驾驶杆的。如图 5.4-1 所示,舵面传来的载荷 P 传到摇臂 CD 以后,在 D 端把一部分力 P_2 传给液压助力器,在 C 端则将一部分力 P_1 通过回力连杆以及其他传力机构传给驾驶杆。

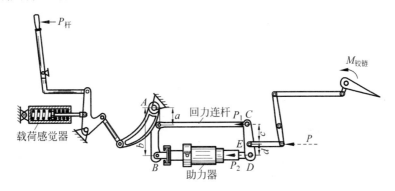

图 5.4-1 有回力的助力操纵系统

根据杠杆原理不难看出,摇臂 CD 上的接点 E 越是靠近 D,则助力器承受的力越大,而回力连杆传递的力就越小。如果 E 点与 D 点重合,则力 P 全部由助力器承受,回力连杆不起作用。这样,助力操纵系统就变成无回力的了。

回力的大小是由传动机构中的摇臂和传动杆的连接关系决定的。小的回力比可以在舵面铰链力矩很大的情况下(如低空、高速飞行中急剧偏转舵面),保证驾驶杆力不致过大,但在舵面铰链力矩较小的时候,会使驾驶杆变得过"轻",这对驾驶员凭杆力来操纵飞机是不利的。因此,在有回力的助力操纵系统中往往还装设载荷感觉器,来适当增加驾驶杆力和起到自动定中作用。

有回力的助力操纵系统在松杆飞行时,如果飞机遇到强烈的不稳定气流,则舵面在突加的阵风载荷作用下可以自动偏转,因而能避免结构受力过大。

2) 无回力的助力操纵系统

在无回力的助力操纵系统中,液压助力器的一端直接与通向舵面的传动机构相连(图5.4-2),舵面传来的载荷全部由助力器承受。这种操纵系统的驾驶杆力是由载荷感觉器产生的。载荷感觉器和其他一些附件配合工作,能使驾驶杆力随舵面偏转角、飞行速度、高度等条件的变化而变化。

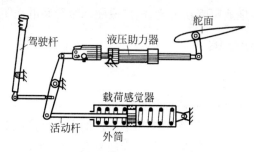

图 5.4-2　无回力液压助力系统图

装有无回力的助力操纵系统的飞机,在飞行中即使放松驾驶杆,舵面在空气动力的作用下也不能自由偏转。因此,只要将液压助力器安装在舵面附近,减少助力器以后的传动机构的连接点,就可减少舵面的活动间隙,从而有效地防止机翼或尾翼颤振。但是,舵面受阵风载荷后不能自动偏转,这对于结构受力是不利的。

2. 液压助力器

液压助力器是一种以液压源作为工作能源的执行操纵指令的机械液压位置伺服功率放大装置,助力器输出的机械位移与输入指令的机械位移量成正比。

1) 助力器的构造

助力器一般由液压放大器、执行元件和比较机构组成。液压放大器是一种起功率放大作用的元件,下文中的控制阀(配油阀或配油柱塞)是一种典型的滑阀式液压放大器。液压执行元件实际上是一种液压作动筒,其原理在液压系统中已介绍,在此不详细说明,其主要作用是在液压源压力油作用下输出机械功。比较机构将操纵指令和输出的反馈量进行比较,经液压放大器,控制执行元件,使执行元件的位移量满足操纵指令要求。

图 5.4-3 表示一种典型机械液压伺服助力器。它的基本组成部分为双重输入摇臂、控制阀(具有双重滑阀芯)、旁通阀和作动筒等。作动筒的活塞杆与飞机结构固定,外筒可产生输出,驱动舵面运动。

驾驶员发出的飞行操纵指令输送到双重摇臂的输入端(输入端具有机械挡块,防止出现过猛操作)。主输入摇臂和次输入摇臂通过扭力弹簧相连,正常操作时,两个摇臂可同步运动,驱动控制阀的主滑阀芯和次滑阀芯(相当于套在主滑阀芯外部的衬套)同步运动;当控制阀出现卡滞时,次输入摇臂将不能转动,主输入摇臂将克服扭力弹簧的力驱动主滑阀芯运

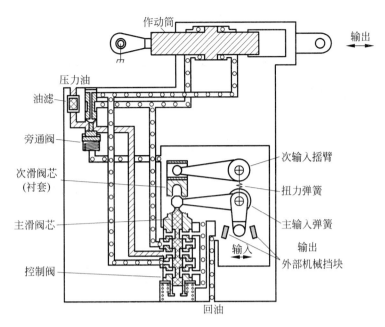

图 5.4-3 典型机械液压伺服助力器

动,继续操纵助力器工作。

2）助力器的工作过程

当供向助力器的液压油压力较低时,助力器内的旁通阀将助力器作动筒活塞两腔联通,助力器处于随动状态。当供向助力器的液压油压力足够高时,油液压力压缩旁通阀弹簧,使旁通阀的阀芯下移,压力油液供向控制阀,并且将作动筒两腔隔离,助力器进入工作准备状态。当输入摇臂没有输入指令时,控制阀的阀芯处于中立位置,阀芯凸缘堵住了通向作动筒传动活塞两腔的油路,传动活塞不能左右移动。

如果操纵驾驶杆,使输入摇臂的输入端向右运动,输入摇臂逆时针转动,带动控制阀的阀芯向下移动,打开控制阀阀口,高压油经过控制阀流向作动筒的右腔,同时将作动筒左腔接通回油,推动作动筒的外筒向右运动。驾驶员的操作指令经过高压油的放大作用,推动舵面运动。随着外筒的右移,反馈作用推动控制阀的阀芯上移。当舵面达到预定位置时,控制阀的阀芯回到中立位,将油路重新关闭,操纵过程结束。驾驶员操纵指令向左运动时的工作过程类似。

3）助力器工作应急操纵

当液压系统压力过低时,旁通阀在弹簧作用下向上移动,使作动筒左右两腔油路联通,助力器两腔的油液可自由流通,防止应急操纵时出现液锁现象。应急操纵时,驾驶员输入指令使输入摇臂转动直至其接触到机械挡块,然后增加输入力,通过机械挡块直接推动作动筒外筒运动,从而实现人工应急操纵。

从以上液压助力器的基本工作原理中可以看出,液压助力器工作时,传动活塞运动的方向、距离和速度都是随控制阀芯的运动而变化的,控制阀芯停止运动,传动活塞也随即停止运动。因此,液压助力器是一种液压伺服随动装置。操纵系统中设置液压助力器以后,驾驶员只要用很小的力,通过驾驶杆带动控制阀芯控制油路,即可利用液压克服很大的舵面载荷,操纵舵面偏转。舵面偏转的方向、角度和角速度,都随驾驶杆的运动而改变。

3. 载荷感觉器

在无回力的助力操纵系统中,为了使驾驶员操纵飞机时能从驾驶杆上感受到力,都装有载荷感觉器。在有回力的助力操纵系统中,为了在舵面铰链力矩较小时使驾驶杆不致过"轻",往往也装有载荷感觉器。

1) 载荷感觉器的基本工作原理

载荷感觉器的类型有气压、液压和弹簧等载荷机构,前两种是按动压来调节载荷机构的载荷梯度。下面介绍弹簧载荷机构。载荷感觉器的外筒固定在机体上,活动杆连接在操纵系统的摇臂上。当驾驶杆前后运动时,一方面通过助力器去操纵舵面;另一方面带动载荷感觉器的活动杆向一边移动,使载荷感觉器的一个弹簧受到压缩。弹簧受压缩时,其张力反过来传到驾驶杆上,就使驾驶员有力的感觉。驾驶杆偏离中立位置的行程越大,弹簧压缩得就越多,杆力也就越大。当驾驶员松杆飞行时,载荷感觉器还可以使驾驶杆保持在中立位置。

2) 载荷感觉器的构造和工作特性

若弹簧载荷机构用一个弹簧制成,是不能满足杆力、杆位移要求的。因为一个弹簧只有一个刚度,在压缩过程中是不能改变的。驾驶杆由中立位置开始移动时,载荷感觉器的弹簧压缩量很小,如果采用刚度较小的弹簧,就可能出现操纵感觉不灵,乃至操纵动作过猛的现象;若采用刚度较大的弹簧,虽然可以避免上述缺点,但是当驾驶杆偏离中立位置的行程较大时,杆力又可能过大,驾驶员在操纵时容易感到疲劳。为了解决这个矛盾,载荷感觉器通常都采用几个刚度不同的弹簧协同工作。它们能在驾驶杆行程较小时,刚度较大,在驾驶杆行程较大时,刚度较小,则杆力增长得较慢。

图 5.4-4 所示为变刚度弹簧载荷感觉器,在外筒中装了刚度不同的一个大弹簧和两个小弹簧。中间的大弹簧刚度较小,但预压力较大;左右两个小弹簧的刚度较大,但预压力较小。它们的具体数值为:

大弹簧:刚度 $K_{da} = 45\text{N/mm}$,预压力 $F_{0da} = 345.6\text{N}$

小弹簧:刚度 $K_{xi} = 64\text{N/mm}$,预压力 $F_{0xi} = 281.6\text{N}$

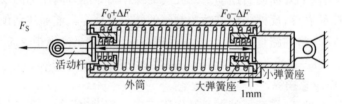

图 5.4-4 弹簧式载荷感觉器的构造

当活动杆的行程为零时,大弹簧的张力作用在外筒上,两个小弹簧的张力在活动杆上互相平衡。当活动杆向左移动时,由于大弹簧的预压力大,暂不受压,而右边的小弹簧受压,左边的小弹簧放松。

当右边的小弹簧被压缩的位移达到 1mm 时,右边的小弹簧座与右边的大弹簧座接触,并且压力正好等于大弹簧的预压力。在 0～1mm 行程中,相当于两个小弹簧并联,载荷感觉器刚度为 128N/mm。当活动杆继续向左移动时,大弹簧开始被压缩,左边的小弹簧继续放松,直至小弹簧完全放松,这时活动杆的位移为 4.4mm。在 1～4.4mm 行程中,相当于大弹簧与小弹簧并联,载荷感觉器刚度为 109N/mm。

若活动杆继续向左移动,这时只有大弹簧被压缩,直至活动杆的行程达到最大工作行程 22.8mm。在 4.4～22.8mm 行程中,只有大弹簧工作,载荷感觉器刚度为 45N/mm。

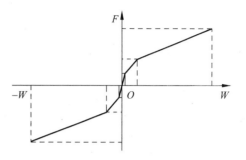

因此,载荷感觉器的刚度是小杆行程时,刚度大;大杆行程时,刚度小,如图 5.4-5 中曲线所示。

现代民航飞机采用的弹簧载荷感觉器可采用凸轮机构和单根弹簧配合实现变刚度曲线,具体可见图 5.5-6(a)。

图 5.4-5 弹簧载荷感觉器刚度曲线

4. 配平机构

飞机操纵面上的配平调整片是用来消除杆力的,以减轻长途飞行时的驾驶员疲劳。采用无回力的助力操纵系统后,驾驶杆力不是来自操纵面,而是来自载荷感觉器。载荷感觉器的弹簧组被压缩时才有杆力,若它处于中立位置,则杆力为零。配平装置的作用就是在驾驶杆位移不变的情况下能使杆力为零。由于它和配平调整片有同样的效应,故称为调整片效应机构,一般简称为"配平机构"。

配平机构实质上是一个可以双向转动的电动机,它的外壳固定在机体上,活动杆通过摇臂与载荷感觉器的外筒相连(图 5.4-6)。

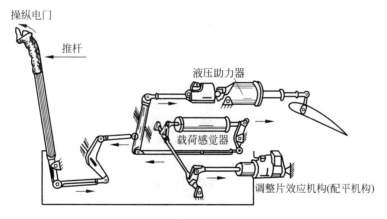

图 5.4-6 配平装置的工作原理

配平机构由装在驾驶杆上的双向电门操纵。为了符合操纵习惯,电门的操纵方向与驾驶杆的操纵方向是一致的。即为了消除拉杆力,操纵电门向后扳;而消除推杆力,操纵电门向前推;电门在中立位置时,电机不工作。

例如:驾驶员长时间把杆飞行时,为了要卸除载荷感觉器所引起的杆力,就向后扳动电门。于是,配平装置通电,将活动杆缩回,并通过摇臂带动载荷感觉器的外筒向前移动,使载荷感觉器中受压缩的弹簧逐渐放松,杆力逐渐减小。当杆力完全卸除后,松开电门,配平装置的活动杆即停在某一位置上。这时,驾驶员无须用力,就可以使驾驶杆和舵面保持在一定角度上。推杆时,配平装置卸除杆力的动作与上述相反。实际上,除了短时间的机动飞行外,驾驶员在操纵驾驶杆改变飞行状态时,往往是同时带动驾驶杆上的滑动电门的。这样就可以使配平装置的活动杆与驾驶杆一起动作,从而在整个操纵过程中都能卸除杆力。

配平机构在中立位置时,会接通驾驶舱里的中立位置信号灯的电路。飞行前,配平装置应当在中立位置,其中立位置信号灯应亮,有些飞机则有配平位置指示器。

配平机构不仅可以消除杆力,而且可以操纵平尾。例如,松杆时,当驾驶员前推操纵电门时,配平装置活动杆缩进,通过载荷感觉器、液压助力器使平尾前缘向上转动。此时,载荷感觉器只起传动杆的作用,作用在驾驶杆上的力为零,但驾驶杆跟平尾一起运动。

5.4.2　电静液驱动

空客 A380 飞机的飞控系统采用电静液作动器(EHA)和电静液备份作动器(EBHA),大大简化了飞控液压源系统。电静液作动器原理如图 5.4-7 所示。与普通的液压驱动作动器相比,电静液作动器是一种高效的作动形式,只在作动器有操纵指令时才从飞机电网获取较大能源,在其余飞行时间,作动器为静止状态。

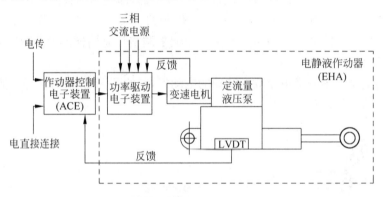

图 5.4-7　电静液作动器的工作原理

电静液作动器由功率驱动电子装置、双向变速电机驱动的定量液压泵和液压伺服作动筒构成。功率驱动电子装置接收来自作动器控制电子装置(ACE)的控制信号和来自三相交流电网的电功率。变速电机受功率驱动电子装置控制并提供反馈,控制定流量液压泵工作,输出液压功率驱动伺服作动筒。伺服作动筒输出功率推动舵面运动,并通过线位移传感器(LVDT)向作动器控制电子装置(ACE)发出反馈信号,实现电传操纵信号对舵面的伺服控制。

在实际使用中,如果 EHA 长时间工作会造成电机发热,周边的复合材料机体结构件处在高温下会出现不同程度的性能下降,因此 EHA 目前只适合作为一种备用作动器。

5.4.3　电力驱动

1. 传统飞机电力驱动应用

飞机舵面采用电力驱动操纵的原理与液压助力操纵相类似,只是用电助力器代替液压助力器,但其控制方式由各种手柄改为各种电门。电力驱动常用于各种辅助操纵系统,在上文介绍的配平装置就是其中一种。不过电力驱动系统的工作速度低于液压驱动系统的工作速度,输出力也有一定限制,所以一般应用于辅助操纵的备用形式或运动速度较缓的系统(如水平安定面的配平操纵)。

简单的电力驱动控制一般是驾驶员和操纵机构一起,组成的闭环控制系统(如图5.4-8所示)。

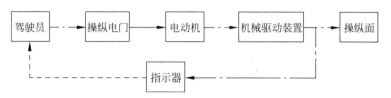

图5.4-8　电力驱动操纵原理的方块图

图5.4-9为采用电力驱动的水平安定面配平系统示意图。驾驶员根据飞机实际飞行状态操纵配平电门,通过控制电路,使配平作动器(电动机)工作。电动机带动齿轮箱转动,驱动丝杠转动。丝杠上的球形螺母驱动水平安定面托架带动水平安定面偏转。水平安定面位置传感器将安定面的位置信号反馈给位置指示器,驾驶员根据指示器判断水平安定面的实际位置,进行调整。当操纵面运动到规定位置时,驾驶员停止操纵。

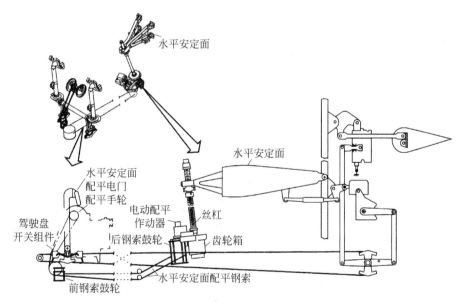

图5.4-9　水平安定面的电力驱动配平操纵

需要注意的是,配平电门一般采用弹簧加载的定中电门。松开电门,电门会自动回到关断位,电动机停止工作。同时在电动操纵系统中,往往带有一些极限位置电门,当操纵面运动到极限位时,位置电门将使控制电路断开,防止操纵面运动超过极限位置而引发安全问题。

2. 多电飞机的电力驱动应用

随着多电飞机的发展,电力驱动技术在多个方面取得了重大进展,主要体现在270V直流电机中稀土材料的应用、大功率固态开关器件和轻型电机控制的微处理器等方面。这些技术应用使得机电作动器(EMA)与普通液压伺服作动器、电静液作动器(EHA)共同跻身于飞行操纵控制应用场合。正如电静液作动器(EHA)是直线作动器的多电替代装置一样，机电作动器(EMA)是螺旋作动器的多电型式，其原理如图 5.4-10 所示。

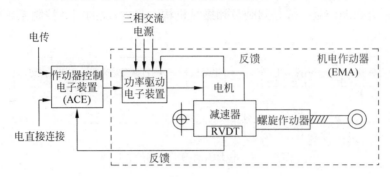

图 5.4-10　机电作动器的工作原理

EMA 的原理与螺旋作动器相同，所不同的是它应用功率驱动电子装置来驱动直流无刷电机。无刷电机接收功率驱动电子装置的控制信号并提供反馈，可进行双向转动拖动减速齿轮箱而产生旋转运动。减速齿轮箱驱动螺旋作动筒伸出或缩入并通过角位移传感器(RVDT)将输出反馈到作动器控制电子装置(ACE)，实现对操纵指令的快速响应。

在现代民航飞机上，EMA 用于水平安定面、襟翼、缝翼和扰流板的驱动。例如波音 B787 飞机在其机翼中部两块扰流板上使用了机电作动器(如图 5.4-11 所示)。与相同设计标准下的电液伺服作动器相比，EMA 在重量和体积上都较大，同时考虑其可靠性较低(如作动器的卡死问题)，因此在实际应用方面仍有很大的改进空间。

图 5.4-11　波音 B787 飞机上的机电作动器

5.5　典型飞机操纵系统

5.5.1　主飞行操纵与辅助操纵系统的区别

在人工飞行操纵系统中，通常分为主操纵系统和辅助操纵系统。主操纵系统是指驱动副翼、升降舵、方向舵，使飞机产生围绕纵轴、横轴、立轴转动的系统。图 5.5-1 所示为主操纵系统的简单原理图。其他如扰流板、前缘装置、后缘襟翼和水平安定面配平的操纵系统均称为辅助操纵系统，如图 5.5-2 所示。

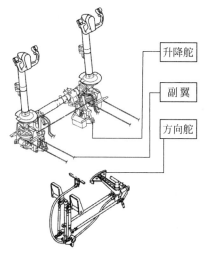

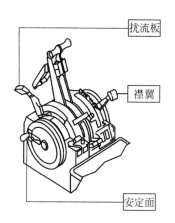

图 5.5-1　主操纵系统简图　　　　　图 5.5-2　辅助操纵系统简图

飞机辅助操纵系统与主操纵系统不同,后者必须给驾驶员有操纵力和位移的感觉,而前者则没有。但驾驶员必须知道辅助操纵面的位置,故需要位置指示器或指示灯。由于驱动装置本身的特点,辅助操纵系统在工作时,当操纵面被操纵到需要的位置后,不会在空气动力作用下返回原来位置。

5.5.2　主操纵系统

1. 副翼操纵系统

飞机的副翼铰接在机翼外侧的后缘。副翼系统的作用是操纵飞机绕纵轴实现滚转运动(如图 5.5-3 所示)。在滚转操纵期间,一侧机翼的副翼向上运动,另一侧机翼的副翼向下运动,在两个机翼上产生升力差,形成飞机滚转力矩,使飞机滚转(典型副翼操纵原理如图 5.5-4 所示)。

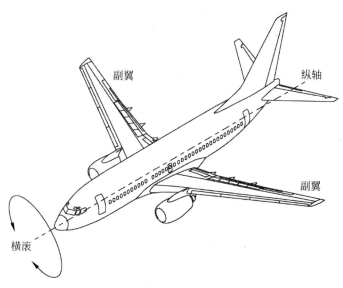

图 5.5-3　副翼操纵飞机绕纵轴滚转

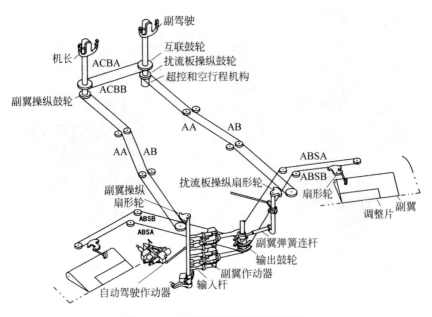

图 5.5-4　典型副翼操纵系统的原理

1）输入机构

现代民航飞机采用的并列式操纵机构中的两个驾驶盘不是固定连接的，这种操纵机构可以在一个驾驶盘卡阻后，另一个驾驶盘仍能操纵，以保证飞机的横向应急操纵。

如图 5.5-5 所示为一种典型的并列式柔性互联驾驶盘操纵机构，其左副翼互联鼓轮和副翼操纵鼓轮都与左驾驶盘扭力轴固定连接；而右副翼互联鼓轮空套在右驾驶盘扭力轴上，右驾驶盘通过扭力弹簧与右副翼互联鼓轮连接。

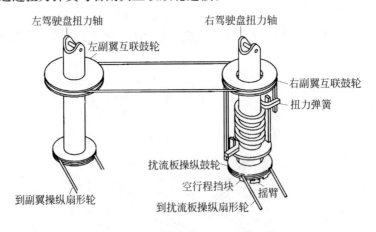

图 5.5-5　驾驶盘并列柔性互联操纵机构

正常工作情况下，当转动左驾驶盘时，通过互联鼓轮和扭力弹簧，使右驾驶盘跟着转动；当转动右驾驶盘时，右驾驶盘扭力轴通过扭力弹簧、互联鼓轮，使左驾驶盘同时转动。在此种情况下，左、右驾驶盘相当于刚性连接。

如果右驾驶盘发生卡阻不能转动，机长可克服扭力弹簧力和感觉定中凸轮弹簧机构的力，操纵左驾驶盘转动，此时只能通过左钢索系统操纵副翼；如果左驾驶盘发生卡阻不能转动,副驾驶可克服扭力弹簧力,操纵右驾驶盘转动。只有当副驾驶盘转过一定角度时,安装于副驾驶盘扭力管上的摇臂才会接触到空行程挡块,驱动扰流板控制鼓轮转动从而可操纵飞行扰流板,进行应急横侧操纵。

2)副翼感觉和定中机构与副翼配平

助力操纵系统中,驾驶员操纵飞机的感觉力来自于副翼感觉和定中机构。典型的副翼感觉和定中机构如图 5.5-6(a)所示,由支架、弹簧、定中凸轮和一个滚轮臂构成。凸轮用螺栓连接在扭力轴上。滚轮臂连接在支架上,在弹簧作用下将滚轮压紧在凸轮的近心点上。当驾驶员操纵副翼时,感觉和定中机构给驾驶员提供感觉力。若没有输入,它将驾驶盘回位到中立位置。副翼配平作动器改变副翼和驾驶盘的中立位置,以实现配平。

当驾驶盘转动时,凸轮随扭力轴转动,推动滚轮离开凸轮近心点,这使弹簧拉伸,为驾驶员提供模拟感觉力。当驾驶员松开驾驶盘时,弹簧力使滚轮回到凸轮的近心点,系统回到中立配平位。

在配平操纵期间,副翼配平作动器使支架移动,弹簧保持滚轮在凸轮的近心点,带动凸轮一起转动。这就给副翼助力器一个输入信号,从而移动副翼,产生滚转力矩,维持飞机的气动力平衡;同时带动驾驶盘偏转到新的中立位,此时操纵力为零,驾驶员能够松杆飞行。在驾驶盘顶部设有副翼配平指示器,指示副翼配平状态,如图 5.5-6(b)所示。

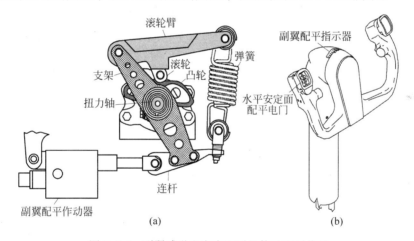

图 5.5-6 副翼感觉和定中配平机构及配平指示

3)副翼和扰流板联动

为了增加副翼的操纵效能,在正常操纵副翼时,扰流板会配合副翼偏转:当转动驾驶盘超过一定角度时,副翼上偏一侧的飞行扰流板打开,以协助副翼进行横侧操纵。

2. 升降舵操纵系统

飞机的升降舵铰接于水平安定面的后缘,驾驶员靠驾驶杆的前后移动操纵升降舵,使飞机产生绕横轴的俯仰操纵(如图 5.5-7 所示)。当自动驾驶仪接通时,可自动操纵升降舵:在自动驾驶仪工作期间,从自动驾驶作动器的输入通过升降舵操纵系统回传到驾驶杆。同时在水平安定面配平时和马赫配平时,升降舵也要相应偏转。

1)升降舵输出扭力管

升降舵扭力管将升降舵助力器的动力输出到升降舵摇臂,现代飞机升降舵操纵系统一

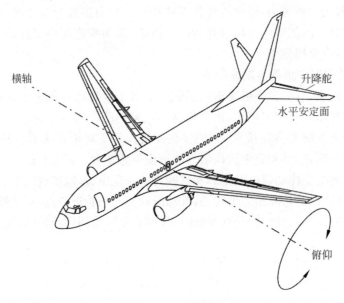

图 5.5-7　升降舵操纵系统

般采用两套独立的液压系统来驱动。因此,升降舵扭力管通过输入摇臂连接两个助力器,再经输出摇臂把助力器的扭矩输送到左右升降舵。扭力管的构造如图 5.5-8 所示,它采用双层套管构造:外套管为一根长管,内套管为两根短管,内外套管在外管的中间部位用铆钉连接;输入摇臂连接在外套管上,输出摇臂连接在内套管上。

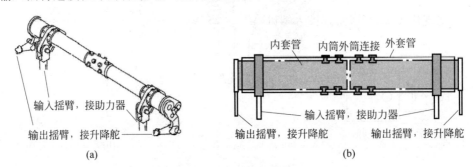

(a)　　　　　　　　　　　　　　　　　(b)

图 5.5-8　升降舵扭力管
(a) 扭力管外观;(b) 扭力管原理

　　此种构造可提高升降舵操纵的可靠性和单助力器输入时的操纵平衡性。助力器将操纵扭矩传递给外套管,经外套管与内套管的固定连接点将扭矩传递给左、右侧内套管。

　　无论哪个助力器向扭力管输入操纵力矩,内套管均从扭力管中央获得扭矩输出,使得左右内套管的外端相对内端的扭曲角度相同,保证左右升降舵偏转角度一致。

　　2) 升降舵感觉和定中机构

　　同是采用助力操纵,升降舵的感觉定中机构要比副翼的感觉定中机构复杂:副翼的感觉定中机构一般采用的是弹簧式模拟感觉装置,它只能提供随驾驶盘偏转角度的增加而增加的感觉力;而升降舵控制飞机的俯仰运动,一旦感觉力不准,就会导致操纵过猛,严重威胁飞行安全。

升降舵一般采用动压载荷感觉装置,该装置除了具有弹簧式感觉定中机构的特性外,还可以将空速的信号引进到感觉定中机构中,即随着飞行速度的增加,驾驶员的感觉力也会增加,这样就更加真实地模拟舵面的铰链力矩,使驾驶员在不同空速的情况下,准确控制飞机。典型的升降舵感觉定中机构如图 5.5-9 所示。

升降舵感觉和定中机构给驾驶员提供变化的感觉力。定中弹簧将滚轴保持在凸轮中央。当驾驶杆移动时,凸轮与轴转动,带动滚轴到凸轮上部,这使弹簧拉伸并给驾驶员提供感觉力。当驾驶员松开驾驶杆时,弹簧力使滚轴移动到凸轮卡槽,系统回到中立位置。

升降舵动压感觉机构提供和空速成正比的计量压力到感觉作动筒。在高速时,当定中凸轮转动时,定中连杆使用两个计量压力较高的压力,这给感觉和定中弹簧增加了可调的附加感觉力,使驾驶员感觉力增加。在接近失速期间,感觉变换机构也可使驾驶员感觉力增加。另外,当水平安定面移动,或马赫配平机构工作时,可改变感觉定中机构的壳体位置,这使升降舵和驾驶杆移动到一个新的中立位置。

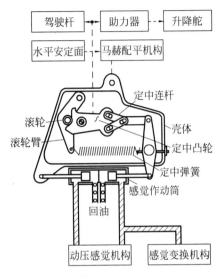

图 5.5-9 典型升降舵感觉定中机构

3) 马赫配平

某些现代飞机,当飞行速度大到机翼上出现局部超声速区与局部激波时,由于超声速区大部分在机翼后段,机翼后段的升力增大,总升力作用点(压力中心)势必后移,飞机的低头力矩增大。

如果此时驾驶盘不随马赫数的增大而减小推杆力,飞机将自动减小迎角,升力也随之减小,飞机便会自动进入下俯状态,这就是飞机的自动下俯现象。马赫数配平装置是一套自动控制装置,当飞行马赫数达到产生自动下俯现象的数值时,马赫配平机构操纵水平安定面(水平安定面前缘向下)或升降舵(升降舵后缘向上)偏转一定角度,平衡机头下俯力矩,避免飞机自动下俯。

3. 方向舵操纵系统

方向舵安装在垂直安定面后缘,方向舵操纵系统的功用是为飞机提供偏航操纵。驾驶员蹬踏方向舵脚蹬,操纵飞机绕立轴作偏航运动,如图 5.5-10 所示。

1) 飞机协调转弯

当操纵飞机转弯时,不能只操纵方向舵,需要靠副翼、升降舵协调转弯操纵。为了平衡飞机转弯时产生的离心侧滑力,应使飞机横向倾侧一定角度,利用机翼升力在水平方向的分量提供向心力,以平衡转弯离心力(参见图 1.1-3)。而由于飞机侧倾,升力在垂直方向上的分量会减小,造成飞机高度下降。为了抵消飞机下降趋势,在转弯时应向后轻拉驾驶盘,使飞机迎角增加。这就是飞机的协调转弯,即飞机转弯平稳且高度不变。

2) 偏航阻尼器

飞机方向舵操纵系统还装有偏航阻尼器,其作用是及时根据飞机姿态的变化操纵方

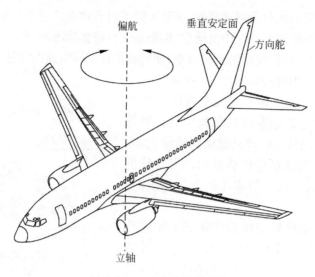

图 5.5-10 方向舵操纵系统

向舵,防止产生荷兰滚。偏航阻尼器驱动方向舵的偏转角小于脚蹬操纵的方向舵偏转角。

5.5.3 辅助操纵系统

1. 增升装置

民航飞机的增升装置包括前缘装置(襟翼、缝翼)和后缘装置(一般为后退式开缝襟翼)。在工作中,前缘装置和后缘装置相配合,由襟翼手柄控制,根据飞机状态收起、伸出,而伸出位又分为起飞位置和着陆位置,如图 5.5-11 所示。

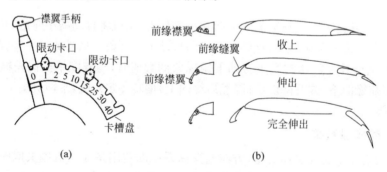

图 5.5-11 飞机增升装置
(a) 襟翼手柄;(b) 不同阶段增升装置的位置

1) 襟翼操纵

根据增升原理,当后缘襟翼在放出时,虽然起到增加升力的作用,但也导致飞机的实际迎角增大,使飞机易发生失速。为避免出现失速,前缘装置往往作为后缘襟翼的随动装置,也就是前缘装置随后缘装置工作而作动。

图 5.5-12 为飞机襟翼操纵系统原理图。当正常操纵时,襟翼控制手柄向后扳动,通过传动钢索、扇形轮和传动杆等机构,操纵襟翼控制活门偏离中立位置,将系统液压引到液压

马达。液压马达转动,通过扭力管向襟翼传递扭矩。转换机构将沿翼展方向的转动信号转换为沿飞机纵轴方向的转动信号,通过丝杠螺帽,再将转动信号转换为沿纵轴向后的运动,从而推动后缘襟翼放出(襟翼驱动装置如图 5.5-13 所示)。

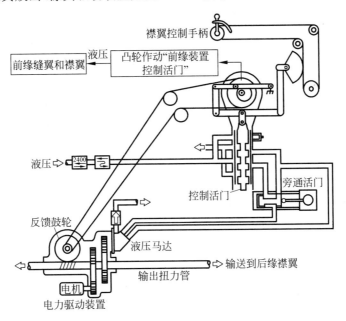

图 5.5-12　飞机襟翼操纵系统原理图

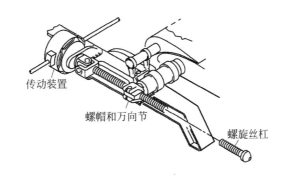

图 5.5-13　后缘襟翼驱动装置

在输出扭力管转动的同时,反馈鼓轮将扭力管的输出信号反馈到输入端的凸轮。其中一个凸轮通过传动杆,作动襟翼控制活门向中立方向运动。当后缘襟翼到达预定位置后,襟翼控制活门返回中立位置,供往液压马达的油液被切断,液压马达停止转动,操纵过程结束。此时,后缘襟翼停在预定位置。

反馈鼓轮的反馈信号通过反馈钢索,同时带动另一个凸轮,该凸轮可作动前缘装置的控制活门。前缘装置控制活门可将液压引到前缘装置作动筒,从而使前缘襟翼和缝翼放出。由以上控制可看出,前缘装置的位置是由后缘襟翼位置所决定的。当采用备用方式工作时,应通过备用襟翼电门操纵襟翼收放。首先,应将旁通活门接在旁通位,防止在传动过程中液压马达产生液压锁紧,该操作通过将备有襟翼电门操纵到“ARM”位实现;然后,操纵备用机翼电门到“DOWN”位,电机转动,驱动输出扭力管转动,从而驱动襟翼放下。

2）襟翼保护

（1）左右襟翼不对称保护

由于后缘襟翼放出角度大,如果放出时左、右两侧襟翼放出角度差异超过一定值时,出现不对称,则襟翼操纵系统会自动切断襟翼的工作,防止不襟翼不对称进一步扩大。

（2）襟翼不同步偏斜保护

飞机襟翼通常由内外两个驱动装置进行驱动。当放下襟翼时,若两个襟翼驱动机构出现不同步,襟翼将会偏斜。当偏斜角度过大时,会造成襟翼卡阻,严重时将导致襟翼结构损坏,影响飞机安全。襟翼不同步偏斜保护可在襟翼偏斜超过一定范围时,自动切断襟翼驱动机构,防止偏斜量增大。

（3）过载保护

在襟翼驱动机构中设置了襟翼载荷限制器,用于保护襟翼结构,防止过大的气动载荷损伤襟翼。当后缘襟翼处于完全放出位置时,如果某时刻的空速突然超过预定值,后缘襟翼会自动收进一个稍小的角度,防止襟翼结构承受过大的气动载荷。

3）襟翼位置指示

图 5.5-14 所示为后缘襟翼位置指示器,其信号来自位于襟翼扭力管上的位置传感器。传感器将具体的襟翼位置连续地供到驾驶舱内的指示器上。指示器上有襟翼的位置刻度,中间是襟翼的指针。指针采用双指针形式,通常只能看见左指针,但襟翼发生不对称的故障时,两个指针分开,可看到右指针。

前缘装置指示器为指示器面板的襟翼和缝翼位置灯。因为前缘襟翼有两个位置,位置灯为过渡灯(表示襟翼处于运动状态)和伸出灯,而缝翼有三个位置灯：过渡灯、伸出灯和完全伸出灯(如图 5.5-15 所示)。

图 5.5-14　后缘襟翼指示器

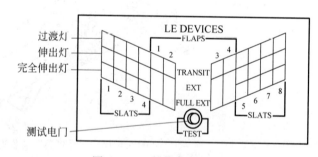

图 5.5-15　前缘装置指示灯

当前缘襟翼、缝翼在收上位置时,所有灯熄灭;当前缘装置移动时,过渡灯亮;当前缘装置移动到伸出位置时,伸出灯亮;当前缘缝翼在完全伸出位置时,完全伸出灯亮。在前缘装置指示器面板上有一个测试电门,当按压该电门时,所有灯亮指示。

2. 扰流板

民航飞机在每侧机翼上表面装有多块扰流板。当扰流板打开时,机翼上表面的气流受到扰动,气流发生分离,破坏机翼流场,使机翼升力减小,阻力增加。根据扰流板的作用不同,可分为地面扰流板和飞行扰流板(如图 5.5-16 所示)。

1）地面扰流板

地面扰流板只能在地面使用,有"打开"和"放下"两个工作位置,由减速板手柄控制,其

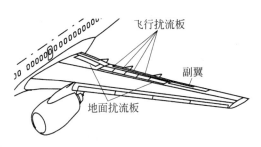

图 5.5-16　飞机扰流板

作动装置为普通双向单杆液压作动筒。

当飞机在空中时,空地电门将地面扰流板内部锁活门置于"空中"位(如图 5.5-17 所示),切断供向地面扰流板作动筒的油液压力,将地面扰流板锁定在"放下"位,防止其误动作。

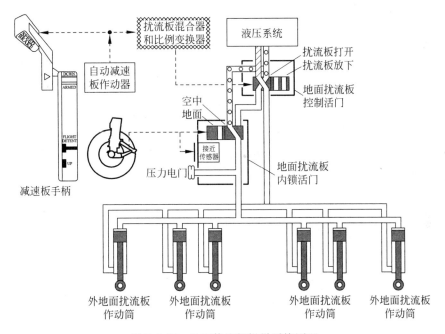

图 5.5-17　地面扰流板操纵系统原理

当飞机准备着陆时(或起飞前),可将减速板手柄置于"ARMD"位。当飞机着陆接地后(或飞机需要中断起飞时),驾驶员收回油门杆并拉反推,自动减速板作动器将减速减速板手柄作动到"打开"位,空地电门将扰流板内部锁活门切换到地面位。液压油经地面扰流板控制活门、地面扰流板内锁活门供向地面扰流板作动筒,作动筒将地面扰流板完全打开,破坏机翼上表面气流,气动阻力增大,使飞机减速;同时卸掉大翼的升力,使飞机重量转移到机轮,增加机轮与地面的摩擦力,为实施刹车做好准备。

2) 飞行扰流板

飞行扰流板与地面扰流板不同,不但可在地面使用,也可在空中使用。当飞机在地面时,飞行扰流板受减速板手柄控制,其作用与地面扰流板的作用相同,即实现飞机地面增阻减速和机翼卸升。

　　与地面扰流板不同的是,当飞行扰流板在空中使用时,可以根据驾驶员的操纵指令在多个位置工作,因此其作动装置为伺服作动器。图 5.5-18 所示为某型飞机飞行扰流板作动器及原理图。扰流板操纵信号通过输入摇臂驱动控制阀开度,将压力油引入作动器,推动活塞杆运动,控制扰流板升起或放下。

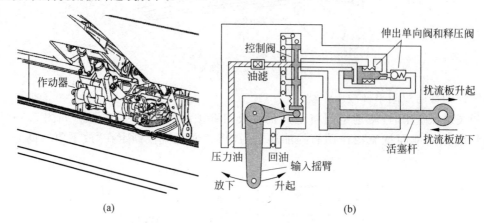

(a)　　　　　　　　　　　　　　　(b)

图 5.5-18　飞行扰流板作动器

(a)飞行扰流板作动器安装位置;(b)飞行扰流板作动器原理图

　　当飞机在空中时,飞行扰流板受驾驶盘和减速板手柄控制,具体功能如下:

　　(1) 协助副翼进行滚转操纵。

　　图 5.5-19 所示为某型飞机飞行扰流板操纵系统的结构原理。副驾驶可通过右侧驾驶盘驱动飞行扰流板钢索对飞行扰流板进行操纵。在副翼操作过程中,若驾驶盘偏转角度较小,飞行扰流板不打开;若驾驶盘偏转超过一定角度,则副翼上偏一侧的飞行扰流板打开,从而配合副翼操纵飞机绕纵轴滚转,提高飞机滚转操纵能力。

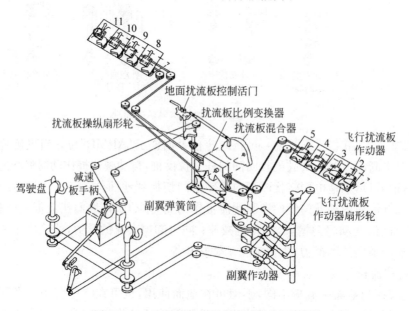

图 5.5-19　飞行扰流板操纵系统结构原理图

以飞机向左滚转操纵为例：当驾驶盘向左转动时，左机翼的副翼向上偏转，右机翼的副翼向下偏转；当驾驶盘偏转超过一定角度，左机翼的飞行扰流板开始打开，使左大翼的升力进一步减小，飞机绕纵轴向左侧滚转。

（2）副翼卡阻时实现应急滚转操纵。

飞行扰流板系统可在副翼操纵系统发生卡阻时实现对飞机的应急滚转操纵。当副翼钢索卡阻时，左侧驾驶盘将不能转动，此时副驾操纵驾驶盘，克服扭力弹簧力，操纵右驾驶盘转动。当副驾盘转过一定角度时，安装于副驾盘扭力管上的摇臂才会接触到空行程挡块，驱动扰流板控制鼓轮转动从而驱动飞行扰流板，进行应急横侧操纵。

（3）飞机空中减速。

飞机减速是通过操纵减速手柄实现的，减速手柄位于中央操纵台左侧。在空中操纵减速手柄，左、右侧飞行扰流板同时打开。空中减速时，减速板手柄的机械信号会输送到混合器，由混合器通过钢索再传送到飞行扰流板，左、右侧的飞行扰流板同时打开，进行空中减速。

当空中减速时，扰流板也可以辅助副翼进行横侧操纵：空中减速时，提起减速手柄向后扳动，左、右侧的飞行扰流板同时打开，如果此时驾驶盘转动角度超过预定值，飞行扰流板仍可以配合副翼进行横侧操纵。此时减速手柄的信号和配合副翼横侧操纵的信号都输送到混合器，混合器将两种信号叠加，然后输送到飞行扰流板作动器。

（4）起飞或着陆时进行机翼整流。

当飞机巡航飞行时，扰流板收起并紧贴在机翼上，构成机翼平滑的气动外形。当飞机处在起飞、着陆构型时，后缘襟翼后退并向下偏转，导致扰流板后缘与后退的襟翼之间形成扰流区，造成机翼升力下降和阻力增加。波音B787飞机的扰流板控制系统根据襟翼手柄位置将扰流板自动下偏一定角度（见表5.5-1），减小扰流板后缘与襟翼之间的间隙，使机翼上表面有更加合理的气动外形，从而增加升力并在一定程度上减小阻力。

表 5.5-1　起飞着陆构型时，波音 787 飞机扰流板自动下偏角度

襟翼手柄位置	1	5	15	20	25	30
扰流板下偏角度/(°)	0	4.7	6.2	8.9	8.9	9.4

3. 水平安定面配平

现代大中型民航飞机由于纵向尺寸大，飞行中重心纵向位移量大，如果重心偏前或偏后量过大，单靠升降舵是不能完全实现纵向操纵的，因此大多数飞机的水平安定面的安装角是可调节的（如图5.5-20所示）。水平安定面采用螺杆丝杠作为驱动机构，当丝杠转动时，驱动水平安定面托架上的球螺母上下运动，改变水平安定面的安装角度，进行配平调整。飞机在起飞之前应根据飞机的载重和平衡的情况进行水平安定面的配平，即必须把水平安定面调节到"起飞"（绿区）位置，以保证飞机起飞滑跑过程中的纵向控制。

水平安定面配平操纵系统有三种输入形式。

1）手动配平（安定面配平手轮）

驾驶员使用安定面配平手轮进行人工俯仰配平操纵，手轮在操纵台两侧（如图5.5-21所示）。安定面配平手轮的操纵带动驱动前钢索鼓轮的链条，前钢索鼓轮带动与后钢索鼓轮

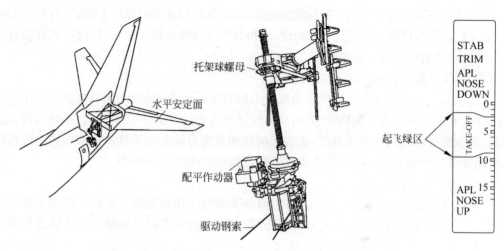

图 5.5-20　飞机水平安定面配平机构及指示

相连的钢索；当后钢索鼓轮运动时，驱动齿轮箱、丝杠，调整安定面角度。

2）电动配平（安定面配平电门）

驾驶员使用安定面配平控制电门进行俯仰配平操纵。配平电门安装在驾驶盘的外侧（如图 5.5-22 所示），给安定面配平作动器马达提供电力输入，马达工作并驱动齿轮箱和安定面丝杠。在电动配平操纵期间，如果驾驶员输入一个相反方向的升降舵操纵，则驾驶杆电门组件使安定面电动配平停止。

图 5.5-21　水平安定面配平手轮

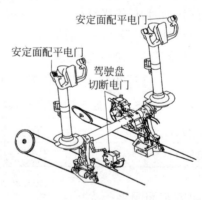

图 5.5-22　水平安定面配平电门

3）自动配平

自动驾驶仪给安定面配平马达提供电动输入。安定面位置传感器给自动驾驶仪提供安定面位置信号。

以上三种输入的优先权不同：手动配平的优先权最高，而自动驾驶仪的优先权最低。

5.6　飞行操纵警告系统

现代民航飞机上，飞行操纵警告系统的作用就是在潜在危险发生前，提前警告驾驶员或自动工作，使飞机摆脱危险状态，从而避免事故发生。飞机飞行操纵警告系统分为起飞警告系统和失速警告系统。

5.6.1　起飞警告系统

安装起飞警告系统的目的是当飞机起飞时,若某些飞行操纵组件不在正确位置时,给驾驶员提供一个音响警告信号。起飞警告触发逻辑如图5.6-1所示。

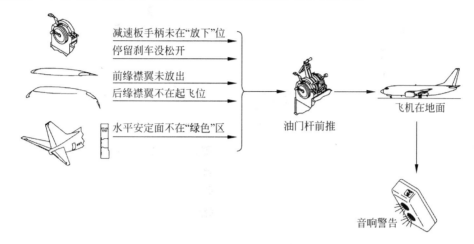

图5.6-1　起飞警告逻辑图

当飞机在地面时,任一油门杆前推,发生下列任一情况都会触发起飞警告:

(1) 减速板手柄未在"放下"位;

(2) 停留刹车没松开;

(3) 前缘襟翼未放出;

(4) 后缘襟翼不在起飞位(后缘襟翼伸出位不对);

(5) 水平安定面指针不在"起飞"(绿区)范围内(如图5.6-2所示)。

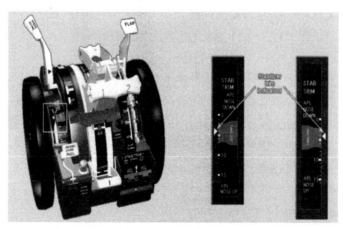

图5.6-2　某型飞机起飞警告相关控制元件

起飞警告为间歇性警告喇叭,系统不能设置切断电门以切断喇叭声。只有在飞行控制组件置于适当位置或油门杆均收回后,才能使喇叭声停息。

5.6.2　失速警告系统

失速警告就是飞机临近或达到最大可用升力(即飞机接近失速状态)时的警告。作为警告刺激来说驾驶员只能通过人的感官来感受,可供选择的是视觉、听觉和触觉。一般飞机上多装有音响警告和驾驶杆抖动器。

抖杆式失速警告系统

失速警告系统由信号输入、信号处理和输出警告三部分组成,如图5.6-3所示。

1)输入信号

迎角探测器用来探测安装部位处(装在机身外侧)的气流方向,并将该处气流角度的变化情况以成比例的电信号传输给失速管理计算机。迎角探测器的型式有探头式和叶片式两种,目前民航飞机多采用叶片式迎角探测器(如图5.6-4所示)。

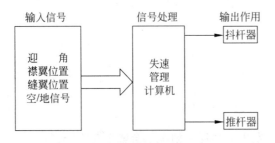

图5.6-3　失速警告系统组成

图5.6-4　叶片式迎角探测器

飞机在飞行中因为失速迎角与飞机姿态、气动外形的变化有关,所以除了迎角信号以外,还需把缝翼、襟翼位置信号及空/地转换信号也输入到失速管理计算机中。

2)信号处理

失速管理计算机接收输入的信号后,作综合比较,输出电信号,经过控制放大器和解调器,再经过驱动放大器驱动抖杆器和推杆器。

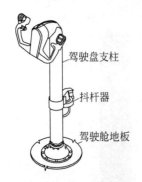

图5.6-5　驾驶杆抖杆器安装
位置示意图

3)输出作用

(1)抖杆器

抖杆器接收来自失速管理计算机的信号,它是一个电动机带动的不平衡重块(固定在驾驶杆上,如图5.6-5所示)。当有信号时电机起动使驾驶杆抖动。其频率和振幅应配合,如频率过低,即使振幅相当大也提供不了足够刺激;如频率过高,结果会引起"嗡鸣",振幅不明显。最适当频率在每秒10~30次,并要有足够的振幅,能使杆抖动。

(2)推杆器

图5.6-6为某型飞机的升降舵载荷感觉系统示意图,推杆器便安装在升降舵载荷感觉机构内。推杆器用于自动恢复操作,在飞机接近失速时自动推杆,使飞机机头自动下俯,防止失速。

推杆器向前推杆的力量,典型数值大约为80lb。在推杆器工作时,这样大的力量足以抑制驾驶员的有意拉杆,在推杆器失控的条件下,该力量也不至于大得使驾驶员不能稳住驾

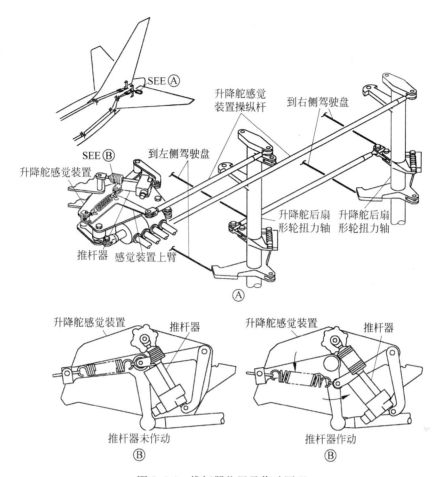

图 5.6-6　推杆器位置及作动原理

驶杆。当失速管理计算机探测出飞机接近失速状态,而且前缘襟翼和前缘缝翼处于完全收上位时,推杆器的驱动杆伸出,通过配平感觉定中机构改变舵面位置,产生一个使飞机低头的力矩,减小飞机迎角。操纵力通过一个弹簧装置作动,因此当驾驶员有意识握杆时,可以超控该装置。当飞机迎角低于一定值或前缘装置工作时,推杆器将复位。

（3）自动缝翼系统

另外,有些飞机失速警告系统采用自动缝翼系统防止飞机进入失速状态。在飞机接近失速状态时,如果此时前缘缝翼位于部分伸出位置,自动缝翼控制系统会自动驱动前缘缝翼由部分伸出位置到完全伸出位置,提高飞机升力,防止发生失速。

5.7　飞行操纵系统的维护

操纵系统的工作是否符合要求,与维护工作的质量紧密相关。本节根据操纵系统的工作特点,介绍防止系统摩擦力过大、防止系统间隙过大、保持钢索张力正常和操纵系统的调整等四个问题。

5.7.1　防止系统摩擦力过大

操纵系统的摩擦力应尽可能小,并且在操纵过程中摩擦力要均匀,也就是没有忽大忽小的现象。因为摩擦力过大或不均匀,会使驾驶员在操纵时得不到真实的感觉,并影响操纵动作的柔和与准确。

操纵系统摩擦力过大的原因,大致有以下几点。

(1) 活动连接接头表面不清洁或润滑不良而造成锈蚀。

活动连接接头(主要是轴承)润滑后,不仅能直接减少磨损,而且在零件表面形成了一层油膜,还能起防锈作用。如果润滑不良、连接接头不清洁或者有水分,就会使活动接头生锈,以及活动接头的摩擦力增大。在湿度较大的沿海地区和阴雨季节,以至风沙大的高原地区,应特别加强操纵系统的清洁和润滑工作。在大城市和工作区附近,也特别注意这一点;因为这些地区煤烟较多,煤烟中的二氧化硫、二氧化碳等,遇到水分会产生酸性物质,也容易引起零件锈蚀。此外,连接接头润滑不良,传动中会产生干摩擦,也会使操纵系统的摩擦力过大。

(2) 活动连接接头固定过紧。

操纵系统中活动连接接头的螺帽拧得过紧导致接头的摩擦力过大。因此,安装这些接头时,螺帽拧紧的程度,应以螺杆没有轴向间隙,而连接接头又可以灵活转动为宜。

(3) 传动机构(传动杆、钢索等)和飞机其他部分发生摩擦。

传动杆、钢索等和飞机其他部分发生摩擦时,不仅影响操纵,而且摩擦部位还会磨损。传动机构与飞机其他部分发生摩擦的原因,主要是两者的间隙过小。例如,曾经发现某型飞机副翼操纵系统的传动杆与座舱内加温导管之间的间隙太小,在地面检查时,两者并未接触,但在飞行中由于加温导管受热变形,传动杆便与加温导管发生摩擦。所以,维护工作中必须保持传动机构与飞机其他部分之间有一定的间隙。这个间隙应能保证:在操纵系统的最大活动范围内,传动机构各构件与飞机其他部分不发生摩擦;而飞机其他部分在任何工作情况下(如机体受力变形、附件在工作中膨胀或振动等),也不影响操纵系统的工作。

(4) 传动机构本身摩擦力过大。

例如,传动杆与导向滑轮之间的摩擦力过大,钢索与滑轮之间有相对滑动,都会使系统的摩擦力过大。此外,传动杆、钢索穿过气密装置时的摩擦力,对系统的摩擦力也有显著的影响。

每一种飞机的操纵系统允许的最大摩擦力都有具体规定。摩擦力的大小,可以通过舵面开始偏转时所需的杆力来测量。如果发现系统的摩擦力过大,应及时检查和排除。

5.7.2　防止系统间隙过大

为了保证操纵灵活,操纵系统各活动接头都有一些间隙,因而整个操纵系统也就有一定的间隙。但是,如果间隙过大,驾驶员操纵驾驶杆和脚蹬时,在开始的一段行程内,舵面不会随着偏转,即驾驶杆和脚蹬会有一段空移行程;同时,由于驾驶杆和脚蹬的最大活动角度是一定的,间隙过大还会使舵面达不到规定的最大偏转角;此外,系统间隙过大,舵面就有较大的自由活动范围,这样还容易引起舵面振动。因此,维护工作中必须经常注意检查并保持操纵系统的间隙正常,这对机动性能要求很高的高速飞机来说尤其重要。

活动连接接头上的轴承与螺杆磨损,以致螺杆与轴承之间的径向间隙增大,是造成操纵系统间隙过大的一个主要原因。因此,定期清洗轴承,保持其良好的润滑,也是防止系统间隙过大的一项重要工作。此外,如果传动杆上固定接头用的铆钉松动,也会引起操纵系统间隙过大,所以对传动杆的接头也应注意检查。

系统间隙的大小,可以这样测量:将驾驶杆和脚蹬固定住,在舵面上规定的部位加一定的力量,测量舵面后缘相对于不动部分移动的距离。如果测量出的距离不符合规定数据,应及时找出间隙过大的部位,并加以排除。

5.7.3　保持钢索张力正常

操纵系统中的钢索都有一定的预加张力。如果钢索的预加张力不足,不仅会使弹性间隙过大,而且钢索松弛时,它与滑轮之间会产生相对滑动,还容易磨损。但是,钢索的预加张力也不能太大,因为预加张力太大了,钢索就要经常承受过大的载荷,容易断丝;而且张力过大,钢索对滑轮的径向压力很大,因而滑轮转动时的摩擦力也很大,驾驶员操纵起来比较费力。

气温变化时,钢索的预加张力会随着变化。因为机体大多是铝合金结构,它的线膨胀系数比钢索大,当温度变化时,它们的伸缩程度不同,钢索的预加张力也就随之变化。例如,当飞机飞到高空时,大气温度显著降低,由于机体比钢索收缩得多,钢索就会变松,预加张力就要减小。为了保证钢索的预加张力在使用中可能遇到的最低气温条件下不致降低到不允许的程度,必须知道各种飞机在不同的气温条件下钢索应有的预加张力,也就是钢索应有的预加张力随气温变化的规律。

调整好了的钢索使用一段时间后,由于经常承受拉力,产生永久变形,其预加张力会逐渐变小。所以维护工作中,必须按照规定定期地检查和调整。

可以用张力计测定一根钢索的张力值,在正确维护和使用情况下,张力计的精度可达到98%。钢索的张力是通过测量使钢索位移所需要力的大小来测定的:被测钢索放在两个铁砧之间,用一个顶块或柱塞顶压钢索以产生位移。

图 5.7-1 所示是一种典型的张力计。测量时,将扳机扳下,把被测钢索放在两铁砧下,然后关上扳机(向上抬)。扳动扳机驱动顶块,顶块垂直推动钢索到铁砧下的两个加载点处,推动钢索的力由千分表的指针显示。不同直径的钢索对应使用不同号码的顶块,每个顶块都标有号码,可容易地放入张力计中。

当记录数据时,很难看到刻度盘,因此张力计上有一个指针锁,可锁住指针,然后在取下张力计后读取数据,读数后打开锁,指针回零。

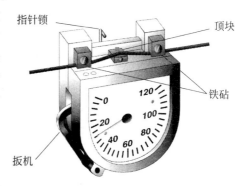

图 5.7-1　钢索张力计

每个张力计有一个张力换算表(如表 5.7-1 所示),用来把刻度数换算成磅数。刻度盘的读数换算过程如下:用 2 号顶块测量直径 5/32in 的钢索张力,读数是"30",得到钢索的实际张力是 70lb。注意 1 号顶块用来测量 1/16、3/32 和 1/8in 的钢索。因为此张力计不是用来测量 7/32 和 1/4in 钢索的,故表中 3 号顶块一栏中无数据。

表 5.7-1　钢索张力换算表

No. 1			顶块	No. 2		No. 3	
直径			张力/lb	5/32	3/16	7/32	1/4
1/16	3/32	1/8					
12	16	21	30	12	20		
19	23	29	40	17	26		
25	30	36	50	22	32		
31	36	43	60	26	37		
36	42	50	70	30	42		
41	48	57	80	34	47		
46	54	63	90	38	52		
51	60	69	100	42	56		
			110	46	60		
			120	50	64		

钢索张力校装图(如图 5.7-2 所示)用于调整温度变化对钢索张力的影响,它可以用来确定飞行操纵系统、起落架系统或其他钢索传动系统中的钢索张力。使用这个图时,首先要选择被校装的钢索直径和周围环境温度。假设是直径 1/8in,7×19 的钢索,且周围的环境温度是 85℉。在 85℉ 下,沿 85℉ 线向上直到与 1/8in 的钢索曲线相交于一点,从相交点作一水平线直到与图的右边相交,该点数值可确定钢索的张力(单位磅)。此例钢索的张力值为 70lb。

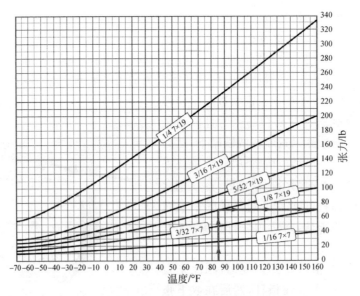

图 5.7-2　典型的钢索张力校装图表

5.7.4　操纵系统的调整

驾驶杆、脚蹬和各舵面的活动范围是否合乎规定,直接影响到飞机的操纵性,同时也影响到飞机的平衡。对安装、调整好了的操纵系统来说,使用时上述活动范围一般是不容易改变的。但在更换操纵机构和传动机构或拆装机翼、尾翼等大部件以后，就可能因限动钉位置或传动机构长度发生变化，而引起驾驶杆、脚蹬和各舵面的活动范围变大或变小。这时就必须进行检查和调整。

调整操纵系统的要求是：驾驶杆、脚蹬在中立位置时，舵面也应在中立位置；驾驶杆、脚蹬到达最大行程时，舵面也应到达规定的最大偏转角。

如果驾驶杆、脚蹬的中立位置与舵面的中立位置不相适应，则它们的最大行程和最大偏转角也可能不一致。因此调整时，应先调好中立位置，然后再调最大活动范围。舵面前的固定翼变形或安装角改变，会影响舵面中立位置和最大偏转角的测量，在这种情况下，应先进行飞机的水平测量。

当系统调整结束后，将进行同步运动的检查。当对舵面的移动范围进行测试时，所有的控制必须在驾驶舱中完成，不能直接扳动舵面。在对舵面进行检查过程中，要确保当输入控制装置碰到止动装置时，传动链条、钢索等传动装置还未到达它们的极限位置；当系统采用双重控制时，确保两输入操作时系统必须同步动作，且性能令人满意。

5.7.5　测量舵面位移的工具

测量舵面位移的工具主要包括量角器、校装夹具、外形模板和直尺，这些工具用来在校装飞行操纵系统时保证舵面的正确行程。

1. 量角器

量角器是以度数为单位测量角度的工具，有许多种类型的量角器被用来测量飞机的操纵面的移动行程。万能螺旋桨量角器是一种用于测量副翼、升降舵或襟翼的行程的量角器，如图5.7-3所示。该型量角器由机座、圆盘、圆环和两个气泡水准仪组成。圆盘和圆环可以在机座上相互独立地转动，机座上的气泡水准仪可在测量螺旋桨桨叶角度时，将机座放置在垂直位置上，中心气泡水准仪用来在测量舵面移动量时给圆盘定位。圆盘对圆环的锁定器可在当圆环游标刻度显示为零度并且圆盘刻度对准零度时将圆盘和圆环固定在一起。圆环对机座的锁定器是防止圆环在圆盘转动时跟着发生转动。注意，它们在同一点开始，但向相反的方向转动，圆环上标有双重的10等分游标刻度尺。

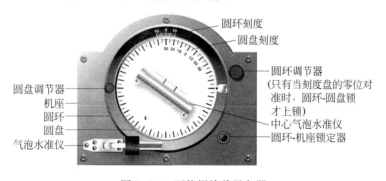

图5.7-3　万能螺旋桨量角器

利用量角器测量操纵面位移的程序：

(1) 调节圆盘调节器，利用在深槽中的圆环-圆盘锁将圆盘与圆环锁紧；

(2) 把操纵面移动到中立位置，将量角器放到操纵面上，并转动圆环调节器，使中心气

泡水准仪中的气泡处于中心位置(圆环必须与机座松开);

  (3) 用圆环-机座锁将圆环锁定在机座上;

  (4) 把操纵面转到运动极限处;

  (5) 松开圆环-圆盘锁;

  (6) 转动圆盘调节器,使中心气泡水准仪的气泡处于中心位置;

  (7) 在圆盘上读出操纵面移动的读数,在游标刻度尺读出小数部分。

2. 校装夹具和外形模板

  校装夹具和外形模板是飞机制造厂为测量操纵面的位移而设计的专用工具,在夹具或模板上的刻度标明操纵面所需的行程。

3. 直尺

  在许多情况下,飞机制造厂以度或英寸(或厘米)为单位给出特定操纵面的行程。如果行程以英寸的形式给出,可以用直尺测出行程的英寸数(或厘米数)。

第6章

空调系统

6.1 空调系统概述

飞机座舱空调系统的基本任务是在各种不同的飞行状态和外界条件下,使飞机的驾驶舱、旅客舱、设备舱及货舱具有良好的环境参数,以保证飞行人员和乘客的正常工作条件和生活环境、设备的正常工作及货物的安全。飞机座舱环境参数主要是指座舱空气的温度、压力和压力变化率,还包括空气的流速、湿度、清洁度和噪声等。为保证座舱内部条件良好,使这些参数维持在规定范围之内,必须采取相应的技术措施,包括各种机械和自动控制装置,以及安全保护指示设备。

随着航空技术的发展和民用飞机的现代化、大型化,飞机座舱空调系统的作用和地位日趋重要,其设备日益完善,性能更为先进。良好的座舱环境不但关系到机上人员的工作条件和生命安全,还可以提高旅客的舒适度,从而提高航班的上座率。

6.1.1 大气物理特性及高空环境对人体生理的影响

1. 大气物理特性

地球被大气层包围,大气层的成分主要有氮气(占 78.1%)、氧气(占 20.9%)、氩气(占 0.93%),还有少量的二氧化碳、稀有气体(氦气、氖气、氪气、氙气、氡气)和水蒸气。在地球引力和太阳辐射共同作用下,整个大气层被分为若干层,分别为:对流层、平流层、中间层、热层(亦称“电离层”)和散逸层。民航飞机主要在对流层和平流层底部飞行,因此主要关注对流层和平流层的大气物理特性。

所谓大气物理特性,是指大气的压力、温度和湿度等主要参数随高度而变化的规律。这些参数对航空人员生理机能的正常发挥和机上设备的正常工作都有很大影响,是进行座舱环境控制的基本依据。民航客机(包括涡轮螺旋桨和涡轮喷气飞机)的巡航高度为 6000～12000m(20000～40000ft),因此应重点研究高空环境对人体的影响。

1) 大气压力随高度变化规律

空气有质量,在地球引力作用下产生压力。空气在单位面积上所形成的压力称为大气压力。空气受地球引力作用,因此地球周围的空气密度分布很不均匀,越接近地球表面空气密度越大;越到高空,空气密度越小。不同高度层内的大气压力由该高度层以上的空气质量决定,因此大气压力随高度上升而逐渐下降。由于大气密度随着高度增加而逐渐减小,因此大气压力降低是非均匀线性的,基本接近于指数函数变化,即越到高空,大气压力下降速度越快,如图 6.1-1 所示。

2) 大气温度随高度变化规律

大气温度随高度变化的规律相对复杂。大气温度主要受太阳辐射和地表反射热量等因素影响。大气层各层温度变化的大致规律如图 6.1-2 所示。对流层紧靠地球表面,由于太阳辐射使地表面温度升高。地表受热后,通过传导和红外热辐射向邻近空气传递热量。大部分的红外热辐射被大气底层内的二氧化碳和水蒸气所吸收,形成温室效应,空气升温迅速。接近地表的空气被加热后,体积膨胀,密度下降而上升,导致空气发生强烈的水平垂直运动,相邻地区的空气流过来补充,形成空气的水平流动(也就是风)。上升的空气中的水蒸气在高空中凝结,形成云、雾、雨、雪等多种气象现象,这是对流层的主要气象特征。

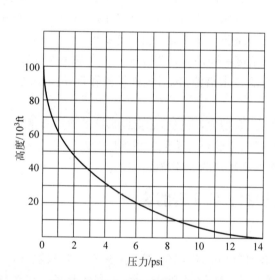

图 6.1-1　大气压力随高度变化规律

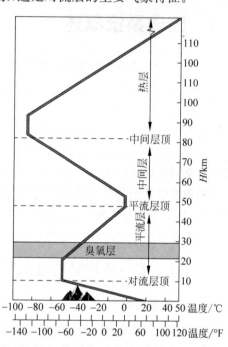

图 6.1-2　大气分层及温度随高度变化规律

在对流层中,底层气团受热上升,由高压向低压膨胀降温,所以从地面开始,大气温度随高度的升高而逐渐降低。高度每增加 1000 m,气温平均下降 6.5℃,即气温随高度的平均递减率(温度梯度)为 -6.5℃/km。当高度达到 12km 后,大气温度达到 -56.5℃,达到对流层顶部,进入平流层。

平流层内 12～20km 范围内的大气温度基本不变,一直稳定在 -56.5℃ 左右,因此又称为同温层。平流层内自 20～50km 范围,大气温度随高度增加而略微升高。平流层的空气比较稳定,大气是在水平方向内平稳流动的,故称为平流层。在平流层内水蒸气和尘埃很少,大气能见度好。因此,民航客机的飞行活动主要在对流层内和平流层底层。

3) 标准大气

标准大气:国际航空界根据对北纬 40°～50° 区域的地球大气多年观测的结果加以模型化,给出的一种假想的大气模型。国际性组织颁布的称为国际标准大气,国家颁布的称为国家标准大气。标准大气可作为校准飞机航行仪表和比较飞机性能的依据。

我国于 1980 年由国家标准总局颁布了《中华人民共和国国家标准大气(30km 以下部分)》(GB 1920—1980)。该模型规定大气高度的起点 $H=0$ 处为海平面,其对应的标准大气参数为:

空气温度 $t_0 = 15℃(288.15K)$

空气压力 $P_0 = 101325N/m^2$

空气密度 $\rho_0 = 1.2250kg/m^3$

音　　速 $a_0 = 340.294m/s$

描述这种标准大气模型的表格称为标准大气表,表 6.1-1 所示为国家标准大气简表。

表 6.1-1　国家标准大气简表

高度	温　　度		压　　　力			密　　度	
H/m	T/K	$t/℃$	P/kPa	$P/mmHg$	P/P_0	$\rho/(kg/m^3)$	ρ/ρ_0
-1000	294.65	21.50	113.93	854.55	1.1244	1.3470	1.0996
-500	291.40	18.25	107.47	806.15	1.0607	1.2849	1.0489
0	288.15	15.00	101.325	760.00	1.0000	1.2250	1.0000
1000	281.65	8.50	89.876	674.12	0.8870	1.1117	0.9075
2000	275.15	2.00	79.501	596.30	0.7846	1.0066	0.8217
3000	268.66	-4.49	70.121	525.95	0.6920	0.9093	0.7423
4000	262.17	-10.98	61.660	462.49	0.6085	0.8194	0.6689
5000	255.28	-17.47	54.048	405.39	0.5334	0.7364	0.6012
6000	249.19	-23.96	47.217	354.16	0.4660	0.6601	0.5389
7000	242.70	-30.45	41.105	308.31	0.4057	0.5900	0.4817
8000	236.22	-36.93	35.651	267.40	0.3519	0.5258	0.4292
9000	229.73	-43.42	30.800	231.02	0.3040	0.4671	0.3813
10000	223.25	-49.90	26.499	198.76	0.2615	0.4135	0.3376
11000	216.77	-56.38	22.699	170.26	0.2240	0.3648	0.2978
12000	216.65	-56.50	19.399	145.50	0.1915	0.3119	0.2546
13000	216.65	-56.50	16.579	124.35	0.1636	0.2666	0.2176
14000	216.65	-56.50	14.170	106.28	0.1400	0.2279	0.1860
15000	216.65	-56.50	12.111	90.85	0.1195	0.1948	0.1590

2. 高空环境对人体的影响

1) 大气压力对人体生理的影响

大气压力随高度增加而降低,它给飞行带来的主要困难是缺氧和低压。此外,压力变化率太大也会给人的生理造成严重危害。

(1) 缺氧

氧气是维持人体生命不可缺少的成分。人体吸入的氧气量与空气中氧气分压的大小有关。随着飞行高度的增加,大气压力下降,在大气中氧分压和肺泡空气中的氧分压也会相应降低,血液中的氧气饱和度就减少,机体组织细胞得不到正常的氧气供应,这样在一定条件下会导致人体缺氧。这种由于吸入空气中氧分压降低而引起的缺氧称为高空缺氧(症)。

人体在不同高度上对缺氧的反应比较复杂,取决于诸多因素,包括人体差异及锻炼程度等,但大多数人的缺氧反应状况与动脉血氧饱和程度有关。根据人体生理试验,可得不同高度下的人体血氧饱和度变化与具体缺氧症状,具体数据如表6.1-2所示。

表 6.1-2　人体缺氧症状对应高度划分

高度范围/km	0～3	3～5	5～7	>7
血氧饱和度	90%以上	90%～80%	80%～60%	60%以下
症状	无明显反应	头疼,疲劳	昏昏欲睡,头疼,视物模糊,指甲发紫,脉搏呼吸加快	意识丧失
影响程度	无症状区	代偿区	障碍区	危险区

　　大约从3km高度开始,动脉血氧饱和度维持在90%以下,属于不显性缺氧范围;代偿区出现在3～5km这一高度上,人体对氧分压的变化是通过加强呼吸和血液循环来补偿氧气不足的,因而称为完全代偿区;障碍高度是在5km以上,有少数人会发生代偿障碍,6km以上高度属于严重缺氧高度,血氧饱和度只能维持在77%以下,会发生生理代偿功能的严重障碍;危险高度从7km开始,人体的代偿性活动已不能保证大脑皮层对氧的最低需求,动脉血氧饱和度降到60%左右,大脑会迅速出现意识丧失,产生突然虚脱的现象。

　　(2) 高空减压症

　　除了高空缺氧以外,低气压本身对人体也有危害。随着大气压力的降低,人体会出现高空减压症。高空减压症发生的高度,个别人可能在5.5km的高度上发生,多数人是在8km左右的高度发生。高空减压症分为高空胃肠气胀、高空栓塞和皮肤组织气肿。

　　① 高空胃肠气胀

　　人体胃肠是含有气体的空腔器官。当高度缓慢上升时,外界压力降低,胃肠内气体膨胀并可通过各自通道逸出,从而保持内外压力平衡。但是胃肠管道很长而且有多处"关口",当飞机出现缓慢减压故障时,人体膨胀气体来不及排出,引起膨胀感或疼痛、呼吸困难,这种现象称为高空胃肠气胀。气胀的发生高度因人而异,与饮食和上升速度有关,8000m(26000ft)以上开始明显。

　　② 高空栓塞

　　人体在8000m以上高度停留10～20min将会出现此症状。因为随着压力的降低,原来溶解在血液内的氮气游离出来形成气泡,在血管内造成栓塞,阻碍血液流通并压迫神经,导致关节痛、头痛、咳嗽和呼吸困难等症状。

　　③ 皮肤组织气肿

　　当高度继续增大到19.2km时,大气压力为47mmHg,水的沸点为37℃,这正好等于人的体温。按理论而言,如果人体突然暴露在该条件下,体内液体将会沸腾汽化,产生大量的气体而引起皮肤组织气肿,严重时会使人体的血液循环停止而导致死亡。

　　(3) 压力变化率

　　正常情况下,人体内外压力相等而处于平衡状态。当外界压力快速降低时,内外压力来不及平衡而在瞬间产生很大的压力差,严重时可能造成肺部破裂出血等损伤。当飞机迅速上升或下降时,若对应的压力减小或增大速率超出一定范围时,常引起的病症是航空性中耳炎和牙痛,其中中耳炎发病率最高。当外界压力变化速率过大,尤其是飞机下降使压力增加过快时,会出现剧烈的耳痛、耳鸣、晕眩和恶心,严重时可导致耳鼓膜破裂。

压力变化过速最为严重的情况是爆炸减压。所谓爆炸减压是飞机的增压座舱在高空突然失去气密的一种事故。爆炸减压后,座舱敞开,高空缺氧、低压和低温会同时袭来,严重危及人员和飞机的安全。爆炸减压危害的程度与座舱内外压差和飞机破损面积有关,当座舱内外压差越大、气密舱破口越大时,则减压速度越大,造成的危害也就越严重。

对于旅客机,发生爆炸减压事故后应考虑的安全措施,一是迅速将飞机下降到安全高度;二是尽快使用氧气设备。

2) 大气温度对人体生理的影响

人的体温取决于发热和散热的平衡。人体自身具有温度调节的功能,但人体自身的温度调节有一定的局限性,如果外界温度过高或过低,超过了人体自身的调节范围,人就会出现一系列不适反应。

(1) 高温对人体的影响

高温负荷可引起一系列生理变化:使汗腺活动增加并使体温上升;引起心脏输出血量增加及皮肤血管扩张使心率加快;由于心脏、呼吸肌和汗腺加强及体温升高引起的细胞代谢增强而使机体耗氧量增加;消化功能及中枢神经系统功能失调。若环境温度升高超过人体的调节能力时,人体会处于难以忍受的状态。若超过人体生理极限值时,体温调节机制将失去作用,如果不采取措施,体温会迅速上升,人会中暑、昏迷,直至死亡。

(2) 低温对人体的影响

人体遇到寒冷时,即出现一系列代偿性生理功能变化,如外围血管收缩、代谢产热增加等。低温对人体产生不利影响的基本原因在于:散热量超过产热量,体热不能保持平衡。皮肤血管收缩可使体表温度降至接近周围冷空气的水平,以缩小人体表面与环境间的温度梯度,使辐射、传导和对流散热作用降到最低程度。人体在低温环境中会感到不舒适,工作效率降低,严重时会发生冻伤。人们通常认为温度在 15~26℃ 之间是适宜的。

3) 大气湿度对人体生理的影响

空气湿度,是指空气中的潮湿程度,它表示当时大气中水汽含量距离大气饱和的程度,一般用相对湿度来表示大气湿度的大小。空气湿度对人体健康有直接的影响,人体对湿度的感觉取决于相对湿度,人类的舒适感觉要求相对湿度在 40%~70% 之间。

高湿度对人体生理的影响:在高温时主要表现为妨碍汗液的蒸发,从而引起"闷热感";在低温时使身体与周围空气的传热量加大,会产生"湿冷感"。

低湿度对人体生理的影响不十分明显,航空医学的研究试验已经证明低湿度对人的工作效能的任何影响不是立即就能显示出来,有关症状的发生随时间的增加而增加。如果长时间飞行,低湿度可能会导致喉干和"沙"眼。

4) 其他环境参数对人体生理的影响

(1) 臭氧对人体的影响

臭氧是强氧化剂,具有强烈的臭味,化学性质活泼,对飞机上的橡胶件具有较强的腐蚀作用。臭氧在高温作用下可被分解,目前防护臭氧的措施除通过座舱增压系统压气机的加温作用将其破坏以外,还可以在空调的热交换器中使用涂镍肋片,使大部分臭氧分解。有些飞机(如波音 B777、B787)空调系统中设置臭氧转换器将臭氧分解。

（2）噪声对人体的影响

实验指出，频率4000Hz以上的声音具有强烈的刺激。飞机的噪声源主要为发动机噪声和空气动力噪声（机体噪声）。座舱内噪声太高使人容易疲劳、容易产生烦躁不安的感觉。所以，座舱噪声量规定应在80～100dB以下。

（3）空气清洁度对人体的影响

座舱空气是否清洁新鲜，主要取决于座舱空气的来源以及座舱的通风换气量，这些在现代民用飞机上都能够较好地得到满足。座舱内危险气体主要包括一氧化碳、危险蒸汽、烟雾和二氧化碳。目前民航机中，一氧化碳主要来自燃油系统和动力装置的故障泄漏；危险蒸汽和烟雾来自液体的泄漏和电气火灾；二氧化碳来自机上人员呼吸。

6.1.2　空调系统的提出

1. 克服高空环境的措施

由于高空存在缺氧、低压和低温等不利情况，为保证高空人员的安全和舒适，须采取一定的技术措施。

1）供氧装置

一般在4km左右的高度开始供氧，通过提高氧气浓度的方法补偿氧分压的下降。此种措施一般适用于低空低速的螺旋桨飞机。另外，供氧可作为喷气式飞机气密座舱的一种补充方式，如给机组人员或病员补充供氧，或者当座舱失去气密时用氧气系统作为应急供氧。

2）气密舱（又称增压座舱）

1938年波音B307和DC4E客机第一次使用了气密舱（空调增压座舱）。所谓气密舱，就是在飞机内营造一个封闭的空间，然后给它供气增压，使舱内压力大于外界大气压力，并通过各种手段控制这个空间内空气的环境，使座舱内空气的压力、温度等参数能满足人体的基本需求，创造舒适的座舱环境，从而满足高空飞行的需求。

气密舱可以使座舱气压增高，保证足够的氧气供应，使机上人员不会因气压过低引起高空减压症。还可以通过调节座舱温度控制系统使座舱保持最合适的温度。这样就可以同时解决增压、通风和温度调节等几个方面的问题，特别是当座舱高度保持在8000ft或8000ft以下时，就不需要用氧气设备了，能较好地满足机上乘员的需要。

当座舱增压后，机身结构承受拉应力。由于高空飞行的需要，气密舱逐渐普及。当前大型客机的飞行高度一般在30000ft左右，座舱内环境控制系统成为民用飞机必不可少的组成部分。

2. 气密舱环境参数

1）座舱温度

根据航空医学要求，最舒适的座舱温度为20～22℃，正常保持在15～26℃的舒适区范围内。另外，座舱内温度场应均匀，各方向上座舱温度差值一般不得超过±3℃。座舱地板和内壁温度应保持与座舱内温度一致，内壁温度应高于露点，使其不致蒙上水汽。

2）座舱高度

座舱压力也可以用座舱高度表示。座舱高度是指座舱内空气的绝对压力值所对应的标准气压高度。一般要求飞机在最大设计巡航高度上，必须能保持大约8000ft(2438m)的座舱高度。这样,在气密舱内可以不必使用氧气设备飞行。现代一些大中型飞机上,当座舱高度达到10000ft(相当于3050m)时,通常设有座舱高度警告信号,向机组成员发出警告,它表示座舱压力不能再低,此时必须采取措施降低座舱高度;当座舱高度继续上升,达到14000ft(相当于4270m)时,氧气面罩会自动落下,开始为旅客紧急供氧。

3)座舱余压

座舱内部空气的绝对压力与外部大气压力之差就是座舱空气的剩余压力,简称余压。正常情况下,余压值为正(即座舱内压力高于外部环境压力),但在某些特殊情况下,也可能会出现负余压。飞机机体所能承受的最大余压值取决于座舱的结构强度,而飞行中飞机所承受的余压值与飞行高度有关。

随着客机使用升限的提高和对舒适性要求的提高,客机的余压值有增大的趋势。如波音B747-400飞机座舱的最大余压值达9.1psi。飞机座舱余压大,航空公司在运营该飞机时有两种策略:①在较高的飞行高度巡航,同时保证座舱高度不超过8000ft,提高飞行速度、飞行平稳性并降低发动机油耗;②巡航高度与其他飞机相同,可保持更低的座舱高度,提高客舱舒适度。

4)座舱高度变化率

单位时间内座舱高度的变化速率称为飞机的座舱高度变化率,它反映的是座舱压力的变化速度。飞机在爬升或下降过程中,由于飞行高度的变化,可能导致座舱高度产生突变。飞机升降速度较大,即外界压力变化速率较大时,座舱内压力变化的幅度应当较小,并具有比较缓和的变化率。现代大中型民航客机通常限制座舱高度爬升率不超过500ft/min,座舱高度下降率不超过350ft/min。

5)座舱通风要求

座舱通风系统可保证飞机座舱内空气清洁。根据CCAR-25部第25.831条规定:飞机的通风系统能在正常情况下为每位乘员(机组和乘客)提供每分钟0.25kg(0.55lb)的新鲜空气,确保机组能够完成其职责而不致过度不适或疲劳,提高乘客合理的舒适性。故障情况下,供给每位乘员的新鲜空气量不得低于0.4lb/min。目前飞机客舱通风换气量达到每小时25~30次(约两分钟即完成一次全座舱换气)。

3. 现代民航飞机空调系统的组成

现代民航飞机空调系统基本由四大分系统组成,即气源控制系统、温度控制系统、压力控制系统和座舱空气分配系统,如图6.1-3所示。

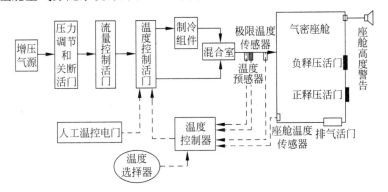

图6.1-3 空调系统组成原理图

　　空调系统的供气来自增压气源(发动机的压气机或专门的引气增压器),引气经压力调节和关断活门、流量控制活门(组件活门)进入空调系统后,由两套(或三套)完全相同的制冷组件进行冷却,在这里对空气进行基本的温度和湿度调节,然后冷空气与热空气混合,以保证空调舱的确定温度。另外空调系统还对仪表板、电瓶和设备架进行冷却。最后,调节好的空气分配到座舱各个区域。由排气活门对驾驶舱和客舱按飞行高度进行增压控制。系统具有10000ft座舱高度警告、正释压活门、负释压活门等安全措施。

6.2　空调气源系统

6.2.1　气源系统概述

　　气源系统由增压供气源和供气参数控制两部分组成。增压供气源向座舱供入清洁度符合要求的空气,而供气参数控制则对所供空气的压力、温度和流量等参数进行调节。

　　现代喷气式客机增压空气的主要来源是发动机压气机引气,它是飞机正常飞行时的主要气源;在地面和空中一定条件下可使用辅助动力装置(APU)引气;在地面还可以使用地面气源。图6.2-1是现代大多数民用飞机气源系统布局的典型代表。

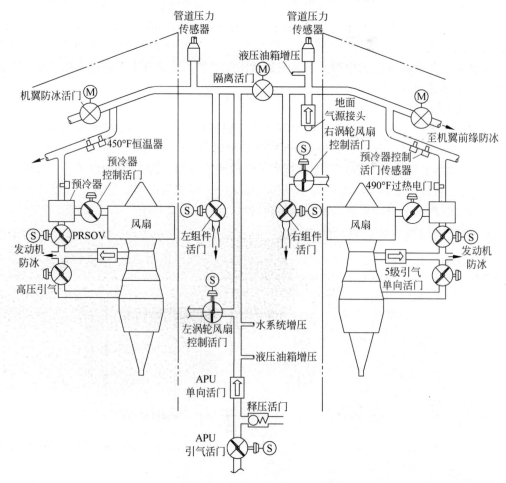

图 6.2-1　典型双发民航飞机气源系统布局

增压空气主要用于座舱的空调与增压；发动机进气道前缘及大翼前缘热气防冰；发动机起动用气源；饮用水水箱、液压油箱等的增压。另外，某些飞机还利用气源系统为冲压空气散热风扇（见图 6.2-1）、气动驱动液压泵（ADP）、前缘襟翼气动马达提供能源。

1. 发动机压气机引气

双转子涡轮风扇发动机的压气机分为低压压气机和高压压气机，空调系统所用引气来自压力较高的高压压气机。发动机压气机引气系统的组成如图 6.2-2 所示。

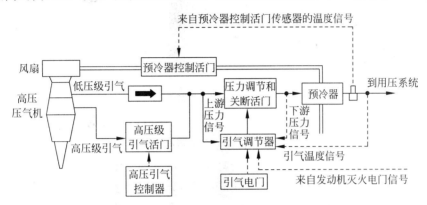

图 6.2-2　发动机引气系统的组成

1）引气部位

为了降低由于压气机引气对发动机造成的功率损耗，并使燃油消耗最小，许多现代客机都采用两级引气，即从高压压气机的低压级和高压级分别引气：正常情况下（较高发动机功率时），空气从低压级引气口引出，此时高压级引气关闭；当发动机在低功率下工作时，低压引气压力不足，则高压级引气活门自动打开，由高压级引气口供气。为防止在高压级引气时气体向低压级引气出口倒流，在低压级引气出口装有单向活门。

发动机工作过程中，气源系统首先从高压压气机的高压级引气口引气，低压引气管路上的单向活门防止引气倒流；随着发动机转速的增加，低压引气口压力达到调定值，高压引气控制器将高压级引气活门关闭，气源系统从低压级引气。

2）引气控制

发动机压气机引气由"压力调节和关断活门"（简称 PRSOV）控制。当人工控制引气电门向引气调节器发出控制信号时，PRSOV 活门打开，低压级引气经单向活门流向 PRSOV，经下游的风扇预冷器初步冷却，然后供向下游用压系统。当低压级引气压力不足时，高压级引气活门自动打开，从高压级引气。

PRSOV 活门的引气调节器感受 PRSOV 下游的压力信号和风扇预冷器出口的气流温度信号，通过调节 PRSOV 活门的开度，达到限制活门下游压力和温度的目的。

3）引气关断

PRSOV 活门接收引气调节器的关断信号，在下列情况会自动关断引气。

（1）引气异常

当引气出现超压、超温等异常情况时，引气调节器将向 PRSOV 活门发出关断信号，关断引气。当 PRSOV 活门出口压力高于其进口压力（即引气出现反压）时，引气调节器也会向 PRSOV 活门发出关断信号。

（2）发动机火警

引气调节器还受发动机灭火电门控制。当发动机出现火警时，提起灭火手柄，灭火电门向引气调节器发送关断信号，将引气关断。

（3）人工关断

PRSOV 还可以人工关断，当发动机引气电门扳到"OFF"位时，即可切断这台发动机的引气。

2. APU 引气

辅助动力装置的引气通过 APU 引气活门引出，为避免发动机供气时增压空气倒流到 APU 内，在 APU 供气管路上装有单向活门。

APU 引气可以用于地面空调、起动发动机，另外在飞机起飞或复飞时，为了减少发动机功率的损耗，常常用 APU 引气代替发动机引气。

除用 APU 供气起动发动机外，在 APU 引气活门打开时是不允许再打开发动机引气活门的，所以在某些飞机上设有双引气警告灯或其他形式的警告电路。当双引气警告灯亮时，应将 APU 引气活门关闭，以防止发动机引气损坏辅助动力装置。当用 APU 供气起动发动机时，APU 引气经过引气管路流向发动机起动机，发动机引气活门打开，此时双引气警告灯亮，但发动机尚未起动，这是正常情况。发动机起动成功后，应将 APU 引气电门关断。

3. 地面气源

飞机在地面进行维护工作时，可通过地面气源接头，利用地面气源车为空调系统提供气源。

4. 电动离心增压器供气

波音公司 B787 飞机取消了传统的气源系统，采用专用的电动离心增压器——座舱空气增压器(CAC)作为空调系统的增压气源。波音 B787 空调气源系统组成及工作原理如图 6.2-3 所示。

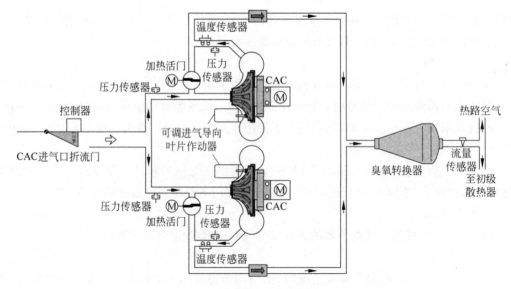

图 6.2-3　波音 B787 飞机的增压气源系统

座舱空气压缩机由驱动电机、压缩机、可调进气导向叶片作动器、加热活门等主要组件组成,最大转速可达 43929r/min。每个空调组件由两台并联的座舱空气压缩机供气。座舱空气压缩机从冲压空气进气道抽吸空气到压缩机进气口,经压缩机压缩后,提高空气温度和压力。组件控制元件(PCU)根据压缩机输出温度、压力和流量控制压缩机转速、加热活门和可调进气导向叶片作动器。当增压温度不足时,加热活门打开,增压空气回流到进气口再次压缩,保持出口温度恒定。当出口空气温度超过设定值时,加热活门关闭。若出口空气超温,对应的座舱空气压缩机将关断。

外界空气经过座舱空气压缩机增压后,输送到臭氧转换器将空气中的臭氧分解转换,然后分成两路,一路送往混合室(即热路),另一路送往制冷组件(即冷路)。

6.2.2 气源系统调节与控制

由于发动机压气机的出口参数随飞行高度、飞行速度和发动机工况等有较大的变化,为了减少气源系统供气参数的波动,在发动机压气机的引气管路上设置了相应的控制和调节装置,从而使得在飞机飞行的各阶段和地面工作时,气源系统的供气压力、温度及流量在规定的范围之内。另外,系统中还设置空气清洁器,控制引气的清洁度,因为空气清洁器会将一部分引气排出,因此应将空气清洁器设置在流量调节元件的上游。

1. 引气压力调节和温度限制

引气系统的压力调节由压力调节和关断活门实施,压力调节和关断活门为由压力调节器控制的气控气动活门,下面以波音 B737NG 飞机的压力调节和关断活门为例(如图 6.2-4 所示),说明压力调节和关断活门的工作原理。

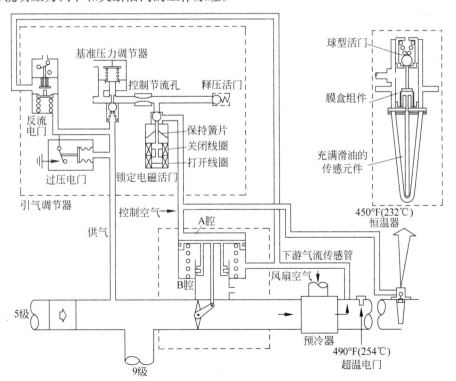

图 6.2-4 典型压力调节和关断活门(PRSOV)原理图

从图中可以看出,该活门由蝶形关断活门、气动作动器、引气调节器等几部分组成。关断活门是一个蝶形活门,由气动式作动器驱动,作动筒由筒体、活塞、返回弹簧和传动杆等部件组成,通过活塞上腔(A腔)压力、下腔(B腔)压力与弹簧作用力相比较,控制活塞的移动,当活塞下移时通过传动杆可将活门打开;反之,则使活门关闭。

引气调节器内有基准压力调节器、锁定电磁活门(包括球阀钢珠、打开线圈、关闭线圈和保持簧片),以及反流电门、过压电门、释压活门。

1) 引气压力调节

引气调节器通过控制活门作动器控制腔(A腔)内的压力来控制活门的开度。当引气电门处于"OFF"位时,锁定电磁活门的关闭线圈通电,球阀钢珠上移并由保持簧片保持在上位,控制器A腔接外界空气,蝶形关断活门在返回弹簧的作用下处于关闭状态。

当引气电门处于"ON"位时,锁定电磁活门的打开线圈通电,球阀钢珠下移并被保持簧片保持在下位,将关断活门上游的增压空气经基准压力调节器、锁定电磁活门引入活门作动器的A腔。基准压力调节器将上游来的增压空气调压(24psi)后,作用在作动器活塞的上部,克服弹簧力而使活塞向下移动,将活门打开,增压空气经活门向下游流去。

随着气流的流动,活门下游压力增大,使得作动器活塞下腔(B腔)的压力随之增大,活塞在上、下腔压力与弹簧力作用下平衡于某一位置,从而使调节活门处于某一开度,将活门下游压力保持在一定值(一般为45psi)。

2) 关断保护

(1) 起动发动机和灭火抑制

引气调节器的控制信号来自发动机引气电门、发动机灭火电门以及空调附件装置(ACAU)。ACAU接收的信号来自发动机灭火电门、发动机引气电门、发动机起动电门以及引气调节器过压电门和超温电门。

正常工作时,发动机引气电门设置在"ON"位,控制信号经ACAU控制引气调节器电磁活门打开;当发动机引气电门设置在"OFF"位时,引气调节器电磁活门关闭。当灭火电门在正常位时,与发动机引气电门接通;当灭火电门在灭火位时,控制信号关闭引气调节器的电磁活门,不管引气电门位置在何处,最终关闭PRSOV。

为了防止发动机起动时引气总管中的气流发生反流,在发动机起动时,起动活门将信号传递给ACAU,不管引气电门位置在何处,ACAU向引气调节器的电磁活门发出关闭指令。

(2) 过压关断保护

过压电门起超压保护作用,当关断活门上游压力超过极限值(一般为180psi)时,过压电门触点换位,使锁定电磁活门的关闭线圈通电,球阀钢珠由下向上移动,关断控制气路,使作动器的A腔通大气,关断活门在返回弹簧的作用下自动关闭,此过程称为引气超压自动关断。

(3) 反流关断保护

反流电门则起反流保护作用,当关断活门下游管道压力比上游管道压力高时(一般为0.18psi),反流电门触点转换,使锁定电磁活门的关闭线圈通电,球阀钢珠由下向上移动,关断控制气路,使作动器的A腔通大气,关断活门在返回弹簧的作用下自动关闭,此过程称为引气反流关断。

3) 温度限制

引气气流从压力调节和关断活门送入下游的风扇预冷器,风扇预冷器的冷源为发动机风扇引气。来自发动机压气机的高温空气通过预冷器后,可将其温度控制或限制在一定范围之内。压力调节和关断活门接受下游引气管道恒温器和超温电门的控制,完成对引气的温度限制。

（1）恒温控制

恒温器对关断活门下游的引气起限温作用。当预冷器出口的温度超出调定值时,恒温器内充填的滑油受热膨胀,操纵恒温器内的一个钢珠活门打开,使活门作动器的 A 腔放气,减小活门开度,减小引气流量,限制预冷器下游引气温度不超过调定值（450℉）。

（2）超温关断

当风扇预冷器出口的气流温度达到最高设定值（490℉）时,超温电门闭合,使锁定电磁活门的关闭线圈通电,钢珠由下向上移动,关断控制气路,使作动器的 A 腔通大气,关断活门在返回弹簧的作用下自动关闭,此过程称为引气超温自动关闭。

2. 引气系统清洁度控制

某些飞机为了控制气源的清洁度,将空气清洁器作为气源系统的选装件,用于清除引气中的灰尘杂质,防止下游的热交换器堵塞。空气清洁器的构造如图 6.2-5 所示,在进气道周边布满百叶窗式的叶片。空气清洁器由脏空气管路上的控制活门控制。

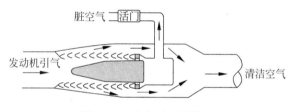

图 6.2-5　空气清洁器简图

空气清洁器的工作原理：空气流过清洁器时,气流中的空气分子可在百叶窗处改变流动方向,而气流中的较重的粒子（灰尘杂质）由于惯性作用不能随之改变运动方向而流向灰尘收集腔,并通过控制活门排出；而清洁空气则可沿收集腔的外围穿过百叶窗进入下游管道,送往空调系统。

控制活门可由飞机的襟翼位置电门控制,当襟翼放下一定角度（即飞机在低空）时,控制活门打开,空气清洁器清除引气中的灰尘；当襟翼收上（飞机在高空）时,控制活门关闭,空气清洁器随之关闭。当飞机在地面工作时,如果采用主发供气,控制活门打开；而采用APU 或地面气源供气时,控制活门关闭。

3. 引气系统流量调节

现代客机空调系统利用流量调节和关断活门（FRSOV）控制流入空调系统的引气流量,由于流量调节和关断活门位于空调组件的上游,因此又被称为空调组件活门。组件活门利用文氏管作为一种气体流量的测量（或敏感）元件。

1）流量控制原理

下面简要地分析空气流过文氏管的流动状态,从而揭示文氏管作为流量测量元件的基本原理。当空气流过如图 6.2-6 所示的文氏管时,由于气流的收缩,喉部流

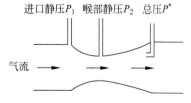

图 6.2-6　文氏管原理

速增大,压力会下降,因此文氏管进口静压(P_1)会高于喉部静压(P_2),若在出口处设置总压管,可得流过文氏管气流的总压(P^*)。

(1) 喉部静压与进口静压比值法

根据研究和计算,流经文氏管的空气流量与进口静压和喉部静压之间存在如下关系:当喉部静压与进口静压相等(即 $P_2/P_1=1$)时,流过文氏管的空气流量为零;当喉部静压小于进口静压(即 $P_2/P_1<1$)时,流过文氏管的流量大于零,并且流量随着 P_2/P_1 的减小而增大;当 $P_2/P_1=0.528$ 时,喉部气体流速达到当地音速,气体流量达到最大,此后气体流量不随 P_2/P_1 的减小而变化。流过文氏管的气体流量与 P_2/P_1 之间的关系如图 6.2-7 中的曲线所示。

从曲线可得出如下结论:当 $P_2/P_1 \geqslant 0.528$ 时,通过测量文氏管的流量主要取决于文氏管入口气流参数及喉部静压与进口静压的比值。而当入口气流参数不变时,经过文氏管的空气流量主要取决于喉部静压与进口静压的比值,并且流量随静压比的减小而增大,这就是利用文氏管作为测量(敏感)元件的基本工作原理。

采用文氏管作为引气流量控制元件的原理如图 6.2-8 所示:文氏管安装在节流活门的下游,流量调节器以其进口和喉部静压为输入信号,经变换放大后,驱动活门作动器,控制节流活门的开度,从而调节流经节流活门的空气流量。

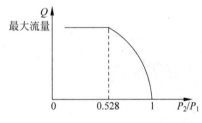

图 6.2-7　文氏管流量特性曲线

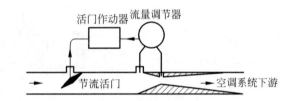

图 6.2-8　引气流量调节原理——节流法

(2) 喉部静压与总压比较法

另外,也可以利用文氏管喉部静压(P_2)和文氏管总压(P^*)作为控制信号源。根据伯努利方程:

$$P^* = P_2 + \frac{1}{2}\rho V^2 \tag{6.2-1}$$

可得

$$P^* - P_2 = \frac{1}{2}\rho V^2 \tag{6.2-2}$$

式中,P^*——总压;

$\quad P_2$——喉部静压;

$\quad \rho$——空气密度;

$\quad V$——喉部气流速度。

因为流量与流速成正比,所以测出总压与喉部静压差(P^*-P_2),就可以作为控制信号控制通过文氏管的气体流量,现在民航飞机空调系统的组件活门多采用此原理。

2) 空调组件活门的工作原理

空调组件活门控制流量的工作原理基于文氏管喉部静压与总压比较法。组件活门的构造如图 6.2-9 所示。

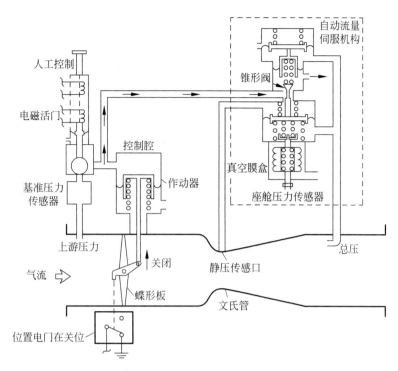

图 6.2-9　流量控制和关断活门(组件活门)的构造

当电磁活门打开时,活门上游压力可以经过基准压力调节器、电磁活门腔到活门作动器的控制腔,气动力可克服弹簧力打开流量活门。流量活门下游的文氏管喉部设有静压管,出口设有总压管,流量控制器感受文氏管喉部静压和总压,将这两个压力信号送到锥形阀作动薄膜的上下两腔,锥形阀控制流量活门作动器控制腔与外界的沟通。

当流量活门关闭时,活门下游没有流动,因而文氏管的总压和静压相同,即压差为零,锥形阀在弹簧力作用下关闭,控制腔和外界隔离。当电磁活门打开时,上游压力直接作用在空气腔内,较大的压力使流量活门迅速打开,空气流过流量活门。此时文氏管喉部压力迅速下降,总压上升,而且两者压差随着空气流量的增大而增加,增大的压差作用于锥形阀作动薄膜的上下两腔。

当空气流量达到预调值时,作动薄膜上下腔的压差克服弹簧力,打开锥形阀,使作动器控制腔的压力降低,流量活门开度不再增大,保持流量不变;如果空气流量超过预调值,锥形阀开度加大,作动器控制腔压力降低,流量活门开度减小,使流量减小,直到流量重新达到预定值。通过流量活门开度的调节,使活门出口流量保持在预定值。

当电磁活门关闭时,流量活门作动器控制腔经电磁活门腔通外界大气,活门在作动器弹簧力作用下关闭。流量活门关闭后,切断了通往空调组件的空气,起到组件关断的作用。

6.3　温度控制系统

座舱温度控制就是使座舱内的空气温度保持在要求的预定温度范围内。现代飞机的座舱温度控制系统采用微型计算机控制,为机上人员在各种飞行条件下提供适宜的座舱环境温度。

6.3.1　座舱温控原理

1. 温控原理

座舱温度控制系统原理如图6.3-1所示。从流量控制活门来的一定流量的空气,通过温度控制活门分成两路。一路到制冷组件使其降温,称为"冷路",另一路不经制冷,称为"热路"。

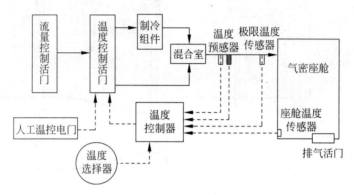

图 6.3-1　座舱温度控制原理图

温度控制器接受预定的温度和座舱反馈的实际温度,进行比较后,输出与温度偏差成正比的电流,控制温度控制活门,调节冷热路流量,从而进行温度控制。为减小温度调节过程中的超调量,在控制系统中加入温度变化速率反馈,由管路上的温度预感器提供输入信号。温度控制系统是个闭环的电子式温度伺服系统。当供气管道温度过高时,供气极限温度传感器向温度控制器发出信号,驱动温度控制活门向冷路全开方向转动。

当温度控制器出现故障时,可进行人工温度控制,即驾驶员直接通过人工温控电门向温度控制活门发送控制信号,控制座舱温度的变化。在进行人工控制时,驾驶员应不断监控座舱温度、供气管道温度(座舱温度和供气管道温度可采用一个温度表,由选择开关切换)以及温度控制活门的位置,以减小座舱温度的波动。

2. 温控主要组件

1) 温度传感器

温度传感器的作用是感受所控制对象(座舱或管道内的空气)的温度,并将温度信号转换为电气(电阻、电势)、位移、变形等信号,输入控制器,它是信号感受和转换元件。现代飞机座舱温度控制系统中常用的温度传感器为电传感器,一般使用热敏电阻温度传感器。热敏电阻是一种负温度系数的电阻,即随着温度的升高,电阻值减小。在室温情况下,其灵敏度为$(3.6\sim14.4)\%/℃$,工作温度范围在$-73\sim+482℃$之间。

温度控制系统的温度传感器主要有座舱温度传感器、供气管道预感温度传感器和供气管道极限温度传感器。

(1) 座舱温度传感器

座舱温度传感器主要用于感受座舱(包括驾驶舱和客舱)的温度,并将温度信号传送给座舱温度控制器。座舱温度传感器应安装在控制精度要求较高的地方,理想情况下客机的座舱温度传感器应装于客舱的中部。在客舱中,由于空气流速一般较低,通常用小风扇或引射装置来增大通过传感器的空气速度。

（2）供气管道预感温度传感器

供气管道预感温度传感器用于感受座舱供气管道温度变化速率，它可以预感到不久即将发生的供气温度和环境温度的变化所引起的温度波动。

（3）供气管道极限温度传感器

供气管道极限温度传感器用于感受座舱供气管道的极限温度，防止由于温差过大而引起的供气管道温度过高或过低的现象。

2）温度控制器

座舱温度控制器是座舱温度控制的指挥中心。它接收来自座舱温度传感器、供气管道温度传感器、供气管道极限温度传感器及温度选择器过来的信号，经过合成放大后向温度控制活门发出指令，控制活门的开度。

电子式座舱温度控制器的基本工作原理是电桥原理。控制器内设有三个电桥，即温度电桥（如图 6.3-2 所示）、预感电桥（如图 6.3-3 所示）和极限温度控制电桥。

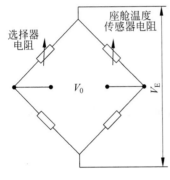 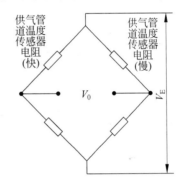

图 6.3-2　温度电桥　　　　　图 6.3-3　预感电桥

（1）温度电桥

温度电桥利用座舱温度传感器电阻作为电桥的一个桥臂，温度选择器电阻作为另一个桥臂。座舱温度选择器用于选择座舱的温度。电桥的另外两个电阻为固定电阻。电源电压为 V_0，输出电压为 V_E。当座舱实际温度与选定温度相等时，电桥平衡，电桥输出信号 $V_E = 0$；当座舱温度变化时，座舱温度传感器电阻值变化，电桥失去平衡，有输出信号，所输出的信号与温度的偏差成正比，将此温差信号经过放大和处理后，用于控制温度控制活门的开度，改变冷、热路空气的混合比例，使座舱温度保持在选定值。

（2）预感电桥

预感电桥的作用是进行超前校正，改善温度过渡过程的快速性能并减少温度波动。预感电桥的两个桥臂分别是供气管道温度传感器的快、慢件。快件传感器只是电阻本身，而慢件则是把与快件完全相同的电阻绕在铜质的金属芯上（或将电阻放于热阻套内）。由于金属芯的热惯性，使其电阻值的变化落后于快件。电桥的另外两个桥臂为固定电阻。

当座舱温度稳定，供气管道的温度也稳定时，管道温度传感器快、慢件电阻相等，电桥平衡，没有信号输出；当座舱温度变化及管道温度变化时，快、慢件电阻值不相等，电桥便有信号输出。将这些信号用于温度控制，可感受座舱供气管道空气温度变化率，并将信号传送到温度控制器，对座舱温度的变化提前作出反应，减小超调量。

（3）极限温度控制电桥

极限温度控制电桥通过传感器感受座舱供气管道空气温度,并将其与预定最高极限温度比较。当达到预定极限温度时,电桥输出信号使温度控制活门向全冷方向转动,以确保座舱安全。

3）温度控制活门

温度控制活门用于控制空调系统冷、热路空气的混合比例。常用的温度控制活门有双活门和单活门两种类型。

（1）双活门式温度控制活门

双活门式温度控制活门又称为混合活门,其控制原理如图 6.3-4 所示。伺服电机通过驱动连杆机构同时驱动两个蝶形活门,改变冷路和热路的空气流量分配。

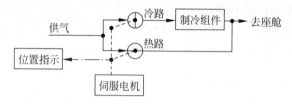

图 6.3-4　双活门式温控活门的工作原理

两个活门的运动关系是:当冷路活门开大时,热路活门关小,反之亦然。这种控制方式有利于提高温度调节的速度。活门位于极限位置时,一个活门全开,另一个活门全关。活门上设置了活门位置传感器,将活门的位置显示在驾驶舱内的温度控制面板上。

（2）单活门式温度控制活门

单活门式温度控制活门只是用来控制某一个管路上的空气流量。安装在冷路上的温控活门称为流量控制与关断活门,安装在热路上的活门称为配平空气活门,活门之间的运动是独立的,如图 6.3-5 所示。

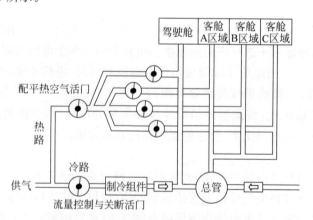

图 6.3-5　单活门式温控活门的工作原理

安装在冷路上的温度控制活门通过改变活门开度控制供往空调制冷组件的空气流量,制冷空气送到下游的分配总管,经分支管路与配平热空气混合后,送到驾驶舱和客舱的不同区域。从图 6.3-5 可以看出,在每条热路分支上均装有配平热空气分活门,可以调节供往每个区域的配平空气量,从而实现温度的区域控制。

4）制冷组件

制冷组件的作用是降低冷路中空气的温度，为温度控制系统提供冷空气。现代飞机空调系统的制冷组件按工作原理分为蒸发循环制冷组件和空气循环制冷组件两种。

6.3.2 蒸发循环制冷

航空蒸发循环制冷系统与地面制冷设备中的蒸发压缩式制冷循环工作原理一致：是利用制冷剂的相态变化来带走空气中的热量，它可使系统中的空气温度在进入座舱或设备舱之前就显著地降低。

早期蒸发循环制冷系统采用氟利昂（R12，即二氟二氯甲烷）作为制冷剂。氟利昂无色、无味、几乎无毒性、不燃烧、不爆炸，是很安全的制冷剂。后来人们发现氟利昂对环境破坏较大，排放到大气中的氟利昂进入平流层后，在一定的气象条件下，会在强烈的紫外线作用下被分解，分解释放出来的氯原子与臭氧发生连锁反应，不断破坏臭氧分子。据估计，一个氯原子可以破坏数万个臭氧分子。

现在采用对臭氧没有破坏作用的四氟乙烷（R134a）作为氟利昂的替代品。R134a 的毒性非常低，在空气中不可燃，化学稳定性很好，是很安全的制冷剂。相比氟利昂，R134a 的溶水性较高，所以对制冷系统不利，即使有少量水分存在，在润滑油等的作用下，也将会产生酸、二氧化碳或一氧化碳，对金属产生腐蚀作用，或产生"镀铜"作用，所以 R134a 对系统的干燥和清洁要求更高。

1. 蒸发循环制冷原理

蒸发循环制冷系统的主要部件包括压缩机、冷凝器、制冷剂容器、热膨胀阀和蒸发器等，系统构成如图 6.3-6 所示。

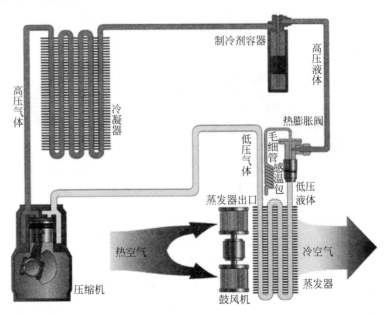

图 6.3-6 蒸发循环制冷系统的原理

1）制冷原理

压缩机是蒸发循环制冷系统的核心元件，其作用是将来自蒸发器的低压气态制冷剂增压，变为高压气态；高压制冷剂经管道流入冷凝器，通过冷凝器向外散热液化成高压液体，制冷剂的液化潜热由冷凝器散发给周围介质；高压液体制冷剂流向容器进口，然后通过内部管路流出容器，确保流向下游的制冷剂中不含气泡；高压液态制冷剂流向热膨胀阀，经膨胀后，变为低压液态制冷剂，流入蒸发器；在蒸发器内，低压液态制冷剂蒸发吸热，变为低压气体，将流经散热器的热空气降温为冷空气，供向座舱。制冷剂从散热器流出后，应完全变为低压蒸气，再经过管道进入压缩机。

这样，制冷剂在蒸发循环系统内往复循环，利用其相态的变化，不断从蒸发器吸收热量，然后将热量输送到冷凝器散发出去，因此，蒸发循环制冷原理又被称为"热泵"原理。

2）制冷效果控制

蒸发循环制冷系统的制冷效果取决于蒸发器的工作状态。蒸发器的最佳工作状态是：制冷剂在到达蒸发器出口时刚好实现完全蒸发，这需要精确控制喷入蒸发器内制冷剂的流量。若制冷剂流量过小，制冷剂还未到达蒸发器出口即完全汽化，导致后半段蒸发器管路内没有液态制冷剂蒸发吸热，制冷效果低。若喷入制冷剂流量过大，制冷剂在到达蒸发器出口时，有一部分将仍为液态。液态制冷剂进入压缩机后，压缩机将出现溢流故障（类似汽车发动机进水），导致整个系统失效。

蒸发器的工作状态由热膨胀阀控制。热膨胀阀通过探测蒸发器出口制冷剂的状态，控制喷入蒸发器内制冷剂的流量，从而控制蒸发器的制冷效果。根据热膨胀阀探测蒸发器出口的参数不同，热膨胀阀分为外平衡式和内平衡式两种，其结构如图 6.3-7 所示。

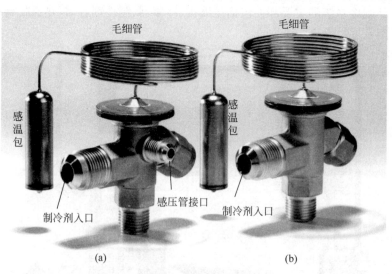

图 6.3-7　蒸发循环制冷系统中的热膨胀阀
（a）外平衡式；（b）内平衡式

两种热膨胀阀的内部构造基本相同（如图 6.3-8 所示），阀本体由预调弹簧（热力弹簧）、顶杆、阀针和膜片构成。阀体膜片的上腔内充满液态制冷剂，通过毛细管与感温包相连。内平衡式热膨胀阀由一根毛细管连接感温包，感温包和毛细管内充满制冷剂。外平衡式热膨胀阀在内平衡式热膨胀阀的基础上增加了外部感压管，感压管开口于蒸发器管路出口，如

图 6.3-8 中虚线所示。

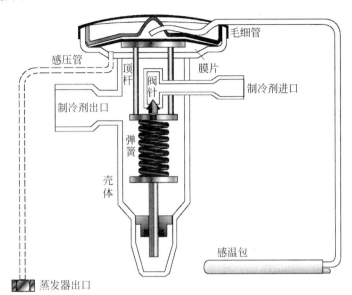

注：感压管仅适用于外平衡式热膨胀阀

图 6.3-8　热膨胀阀原理

感温包紧贴在蒸发器出口管路处,当感温包感受到蒸发器出口处温度变化时,感温包内制冷剂热胀冷缩,压力也随之变化,并通过膜片作用在节流阀的阀芯上部,与阀芯下部的预调弹簧力进行比较,改变节流阀开度,从而控制流入蒸发器的制冷剂流量。

外平衡式热膨胀阀的感压管开口在蒸发器出口管路,感受蒸发器出口管路压力,并将压力信号送到膜片下腔,与膜片上腔压力和弹簧力共同调节阀口开度,实现对制冷剂流量的精确控制。

3）蒸发循环制冷系统的应用

飞机蒸发循环制冷系统的制冷系数较高,经济性好;受外界环境变化的影响不大,基本上与飞行速度和高度无关;制冷温度控制精确,可把制冷效果准确地调定在所需要的点上;解决了地面停机和低空除湿问题。

蒸发循环制冷系统在早期民航机上获得普遍应用,但由于整套系统质量较大且可维护性相对差,目前在民航飞机上已经很少作为空调系统的单独制冷系统使用。由于现代飞机需要的冷量不断增加(尤其是电子设备冷却需求),蒸发循环制冷技术的进步和新型制冷剂方面的研究,使得蒸发循环制冷系统在某些大型旅客机上的应用范围逐步扩大,比如波音B787 的电子设备冷却系统和电源冷却系统就引入了蒸发循环制冷设备。

2. 蒸发循环制冷系统的维护

对于蒸发循环制冷系统,在使用、维护时应注意以下事项。

(1) 注意维护人员自身安全。

制冷剂(无论是以前的氟利昂 R-12 还是现在的 R-143a)均无色无味、比空气重,散发到空气中人没有感觉,但浓度过大时同样有窒息风险,因此进行设备维护时要注意通风;并且制冷剂蒸发温度低,液态制冷剂滴溅到皮肤或眼睛上会造成严重伤害(冻伤),因此维护时应戴上护目镜、手套,并穿上防护服等。

（2）及时充灌制冷剂。

当系统的制冷剂液体指示器(装在冷凝器出口处)中出现气泡时,表明需要灌充制冷剂。制冷剂充灌工具有三根管子,一根为系统勤务管,接制冷剂瓶体,另两根分别接系统低压管路和高压管路(如图 6.3-9 所示)。当制冷剂充灌工具连接到系统管路上时,可通过低压压力表和高压压力表测量系统内压力,其中低压压力表可以测量系统内真空度。

图 6.3-9　蒸发循环制冷系统勤务工具

根据勤务需要,可向系统低压侧或高压侧充灌制冷剂。充灌时,旋转勤务工具的手动旋钮,制冷剂从储液罐出来,经系统勤务管进入系统(如图 6.3-10 所示),直至系统充灌完毕。向系统灌注蒸气时,储液罐垂直放置,出口向上;若向系统加注液态制冷剂,则储液罐垂直放置,出口向下;加注完成后,应给压缩机补充滑油。

图 6.3-10　蒸发循环制冷系统低压侧充灌

在充灌过程中,要防止制冷剂外漏。当需要对整个制冷系统进行维护时(如排故、部件更换等),应将系统中的制冷剂抽出至专用的回收容器内以便重复使用。制冷系统维护完成后,应在加注制冷剂前将系统抽真空,使水分和杂质等排出。制冷剂中混入水分,不但会导致制冷剂性能下降,更有可能因结冰而造成系统堵塞。充灌结束后,若低压侧压力表(测量蒸发器出口的压力表)仍指示真空,则表明系统内部有堵塞,应重新维护系统。

(3) 保证蒸发器空气流量。

蒸发循环制冷系统工作时,必须保证通过蒸发器的空气流量充足,否则会在蒸发器上结霜,从而影响制冷效果。因此要定期检查蒸发器外部空气通路是否堵塞,并确保蒸发器散热空气鼓风机工作状态良好。

6.3.3 空气循环制冷

1. 空气循环制冷原理

空气循环制冷系统主要是采用由发动机带动的座舱增压器或者直接由发动机引出的高温高压空气经过热交换器初步冷却后再经过涡轮进行膨胀,对外做功,空气本身的温度和压力大大降低,由此获得满足温度和压力要求的冷空气;涡轮带动同轴的压气机、风扇或其他装置,这样,高压空气中的热能就转变为机械功,从而达到降温制冷的目的。

空气循环制冷系统的主要优点是:设备的重量轻、成本低、调节和控制方便、可靠性较高、检查和维护的工作量小、附件在飞机上的安排没有特殊要求,特别是其制冷介质(空气)可以输入座舱用于增压,使座舱通风、增压和冷却可由同一系统来完成。不足之处是其性能系数、温度调节精度以及地面停机时系统工作的可靠性等方面不如蒸发循环制冷系统。同时又由于其冷空气引入的是外界冲压空气,如无其他附加措施时,使用的高度和速度受一定的限制。

2. 空气循环制冷的核心元件

空气循环制冷系统中,起到制冷作用的元件包括热交换器和空气循环机。

1) 热交换器

热交换器是把热量从一种载热介质传递给另一种载热介质的设备,若以加热流体为主要目的,则称为加热器;若以冷却热流体为主要目的,则称为散热器或冷却器。

(1) 热交换器的类型

按照热交换器中流体的流动方向不同,可将其分为顺流式、逆流式、叉流式和复合式四种。所谓顺流式是指热流体和冷流体的流动方向相同,即两者朝同一方向平行地流动,并通过传热面进行热交换;而逆流式则是冷热流体平行地朝相反的方向流动,并通过传热面进行热交换;叉流式的热交换器中冷热流体按相互垂直的方向交叉流动。

从冷却效果来看,逆流式热交换器的冷却效果最好,顺流式热交换器最差,而叉流式则介于两者之间。

(2) 热交换器的构造

飞机空气循环制冷系统中常采用间壁式热交换器,其主要特点是两种载热介质被一金属换热面隔开,其传热面大多为平板鳍片式,如图 6.3-11 所示。

在传热过程中,冷热介质隔着间壁分别流动互不接触,热量由热流体通过间壁传给冷流体。这类热交换器的密封性良好,冷热流体可以完全隔开而不会混合,并且能在冷热流体具有不同压力的条件下工作。其缺点是容易堵塞,清洗和检修都比较困难。

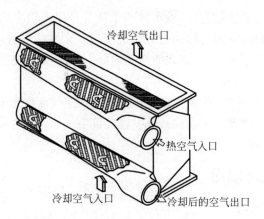

图 6.3-11　飞机空调系统热交换器的构造

(3) 热交换器的清洗

清洗热交换器可去除冲压空气通道内的积尘和污物,恢复其散热效果。常采用的清洗方法有清洗液清洗法、蒸汽清洗法、超声波清洗法等。在清洗热交换器之前,要先用一定压力的干燥并清洁的压缩空气吹洗热交换器,以除去其表面松动的灰尘、污物等。

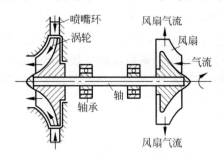

图 6.3-12　以风扇为负载的涡轮冷却器原理

2) 空气循环机(涡轮冷却器)

空气循环机(air cycle machine,ACM)是飞机空气循环制冷系统的核心部件,由于其制冷原理是气体通过涡轮膨胀做功降温,因此又被称做涡轮冷却器。涡轮冷却器由涡轮、负载和壳体构成。根据涡轮和负载类型不同,涡轮冷却器有多种形式。最简单的涡轮冷却器采用风扇作为涡轮的负载,如图 6.3-12 所示。

高温气流进入涡轮进口的蜗壳,被引导至涡轮喷嘴环,气体的一部分压力能转换为动能(即流经喷嘴环的气体压力降低,速度增加)。自喷嘴环喷出来的高速气流径向冲击涡轮叶片,使涡轮高速旋转,将气体内能转换为机械能,同时气体剧烈膨胀降温,起到制冷的作用(涡轮出口温度可降到 0℃,甚至低于 0℃)。

当涡轮转动时,负载消耗涡轮功率,防止涡轮空载超速。负载的大小在一定程度上决定了涡轮的制冷功率和效率。民航飞机涡轮冷却器可采用风扇、压气机(或它们的组合)作为涡轮的负载,图 6.3-13 所示为典型涡轮冷却器的构造。

(1) 涡轮喷嘴环

涡轮喷嘴环安装在涡轮的蜗壳内部,具体构造如图 6.3-14(a)所示。喷嘴环内开有收敛型的喷嘴,喷嘴出口方向如图 6.3-14(b)所示,可对进入蜗壳的高压气体进行导向、加速,提高冲击涡轮的气体动能,使涡轮高速旋转。

(2) 涡轮叶轮

涡轮冷却器的涡轮有轴流式涡轮和径流式涡轮两种类型。轴流式涡轮中气流的流程短、转变平缓、流动损失小,所以效率较高,但其叶型的制造工艺较复杂,目前很少采用。径

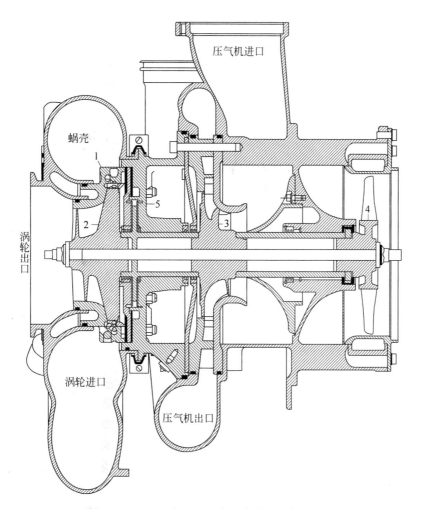

图 6.3-13　以压气机和风扇为负载的空气循环机

1—喷嘴环；2—涡轮叶轮；3—压气机叶轮；4—风扇叶轮；5—轴承环

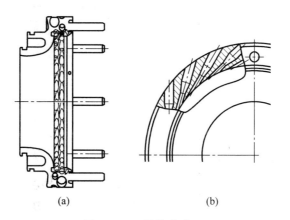

(a)　　　　　　　　　　(b)

图 6.3-14　涡轮喷嘴环

（a）喷嘴环构造；（b）喷嘴特写

流式涡轮根据气体的流动方向又分为向心式和离心式：气体沿叶轮外径径向流入的为向心式涡轮；气体从轴心向外流动的为离心式涡轮。离心式涡轮做功能力小、效率低，所以很少使用；向心式涡轮单级膨胀比高、工艺性好、结构简单、紧凑、重量轻并且效率高，所以目前得到广泛使用，其具体结构如图6.3-15所示。

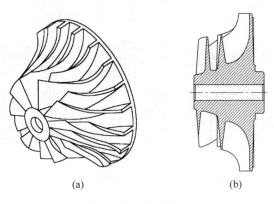

(a)　　　　　　　　　　　　(b)

图 6.3-15　涡轮叶轮

(a) 向心涡轮叶轮；(b) 涡轮叶轮横截面

(3) 涡轮冷却器负载

风扇和压气机均可作为涡轮的负载。风扇作为涡轮的负载，可布置在热交换器散热空气管道内(通常为轴流式风扇，如图6.3-16(a)所示)，增加散热空气流量，提高整个系统的制冷效果。压气机不仅作为涡轮的负载，还可对引气进行增压，在高压下能有效地除去空气中所含的水分。此外，增压空气可增加涡轮的膨胀比，获得更低的涡轮出口温度。民航飞机涡轮冷却器的压气机通常采用离心式压气机，如图6.3-16(b)所示。

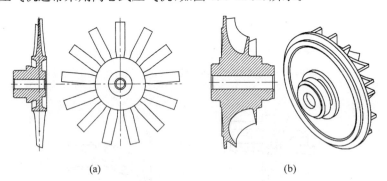

(a)　　　　　　　　　　　　(b)

图 6.3-16　涡轮冷却器负载

(a) 轴流式风扇；(b) 离心式压气机

离心式压气机一般由进气管、离心叶轮、扩压器和蜗壳组成。它增压的基本原理是使进入其中的空气产生动能。当压气机的叶轮旋转时，吸入的空气被加速，并且在离心力的作用下受到不断压缩，在扩压管中，动能转化为压力能。所以扩压器的截面积做成沿空气输出方向均匀变大的形式。离心式压气机转速高，尺寸和重量小，结构简单，工作可靠，运行平稳。

(4) 涡轮冷却器轴承

在空气循环制冷系统中，可靠性最薄弱的环节是涡轮冷却器。由于涡轮冷却器通常是在极高转速下工作,因此轴承寿命往往成为整个涡轮冷却器使用寿命的关键。

传统的涡轮冷却器都是采用油润滑的滚动轴承(如图 6.3-12 所示),这除了要求轴承本身具有极高的制造精度及良好的材料外,在涡轮冷却器的日常使用中还要注意进行定期维护,适当地进行润滑与冷却,要注意检查油面并按需加油,若润滑或冷却不当会出现前面所述的各种损坏情况,甚至轴承出现过热而烧坏;而且轴承易受污染物(如供气中的水和沙尘)的影响。

为解决这些难题,许多现代高性能飞机的空调系统中的涡轮冷却器都采用了空气轴承,这不但减少了日常维护中的工作量,而且也大大提高了涡轮冷却器的寿命和转速。气动轴承将薄的箔片嵌入轴承环(如图 6.3-17 所示)。在工作时,气动轴承无须外部供压,依靠气体自身的黏性,旋转的轴将气体带入轴和箔片之间形成的气体收敛楔,可将气体的动压变成静压,从而形成有托起压力的气膜,支撑轴高速旋转。

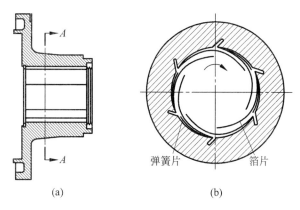

图 6.3-17 箔片式空气轴承

(a) 空气轴承环剖面;(b) A—A 截面(放大)

空气轴承的特点是寿命长,工作可靠,即使发生故障,对转子也不会产生破坏性的影响,而且不需要润滑,其负载能力随转速增大而提高。相对于滚珠轴承,空气轴承还有以下优点。

① 高转速性能好,高低温工作范围大。

空气轴承中用空气取代了普通轴承中的液体润滑油,由于空气黏度只有普通滑油的千分之一,所以它的摩擦力很小,极宜作高速转动;普通润滑油在高温下易分解、变质甚至被烧掉,在低温下又会凝固,而空气轴承的工作温度范围则远远大于普通轴承。

② 结构简单,维护方便。

空气轴承去掉了原结构中的润滑、冷却、储油等部分,使零件数量大大减少;不再需要定期加油,彻底解决了漏油的油污问题。

3. 空气循环制冷系统的类型

由于飞机空气循环制冷系统的综合优势,目前涡轮发动机飞机均采用了空气循环制冷系统。根据系统中采用的涡轮冷却器的类型,空气循环制冷系统可分单涡轮和双涡轮两大类型。单涡轮冷却器又包括涡轮风扇式(简单式)、涡轮压气机式(两轮升压式)和涡轮压气机风扇式(三轮升压式)三种类型;双涡轮冷却器包括涡轮-压气机-涡轮-风扇式(四轮升压式)和涡轮-压气机-涡轮式(三轮升压式)制冷系统。

1) 单涡轮制冷系统

(1) 涡轮风扇制冷系统

涡轮风扇式空气循环制冷系统又称为简单式制冷系统,其原理如图 6.3-18 所示。由发动机压气机或座舱增压器引出的高温高压空气,先经过散热器冷却,然后在涡轮中膨胀降温,供向座舱和设备舱。系统中,涡轮和热交换器(初级和第二级)串联在一条主供气管道上,而初级热交换器和第二级热交换器又与风扇串联在一条冲压空气管道上,涡轮所驱动的风扇抽吸冷却空气经过热交换器。

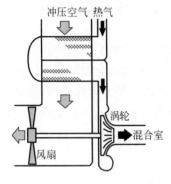

图 6.3-18 涡轮风扇式空气循环制冷系统的原理

这种利用发动机压气机引出的空气作为气源的涡轮风扇式冷却系统是目前最简单又是最轻便的一种冷却系统。该系统具有以下优点:涡轮输出功主要用来驱动风扇,使其抽吸热交换器冷边的冲压空气,因此显著地改善了热交换器的性能;在地面停机及低速飞行时,系统同样可以获得相应的制冷量。

当飞行高度增加时,风扇端负荷减小,使冷却涡轮转数增加,到达一定高度时会发生超转,影响制冷效果并降低涡轮的寿命,所以这种系统的使用高度受到一定限制。

(2) 涡轮压气机式制冷系统

涡轮压气机式空气循环制冷系统又称为升压式制冷系统,其原理如图 6.3-19 所示。

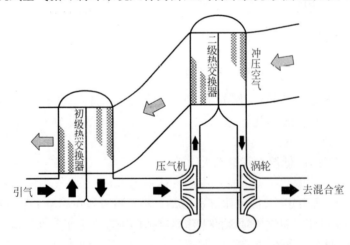

图 6.3-19 升压式空气循环制冷系统的原理

系统由两级热交换器、涡轮压气机式涡轮冷却器构成。高温高压引气经过调节后,通向初级热交换器冷却,流出初级热交换器的空气又进入到压气机,经过压气机,空气的压力和温度都提高。然后空气又流向二级热交换器进一步冷却。流出二级热交换器的空气又通向冷却涡轮,在涡轮内膨胀,空气的温度和压力都进一步降低。升压式制冷系统早期在英美飞机上,尤其在旅客机上获得较广的应用。

在高速飞行条件下,由于其涡轮膨胀比可比涡轮风扇制冷系统大,故其制冷能力亦大;在相同制冷能力下,升压式制冷系统的供气压力或引气量可以较小,使发动机耗油少,经济性好；升压式制冷系统的涡轮运转平稳，不像涡轮风扇式制冷系统的涡轮转速变化大，涡轮寿命长。

升压式制冷系统的缺点：飞机在地面停机状态下或起飞滑跑时，由于热交换器缺乏冲压空气，而使系统制冷能力很小。解决方法：采用专用的通风风扇（由电机驱动或空气涡轮驱动），当飞机在地面停机状态或起飞滑跑时，抽吸冷却空气通过热交换器。

（3）涡轮压气机风扇式（三轮式）制冷系统

三轮式制冷系统是升压式制冷系统和涡轮风扇式制冷系统的自然发展，它既吸收了升压式制冷系统供气小、节省功率的优点，又吸收了涡轮风扇式制冷系统地面有冷却能力的优点。三轮式空气循环制冷系统的工作原理如图6.3-20所示。

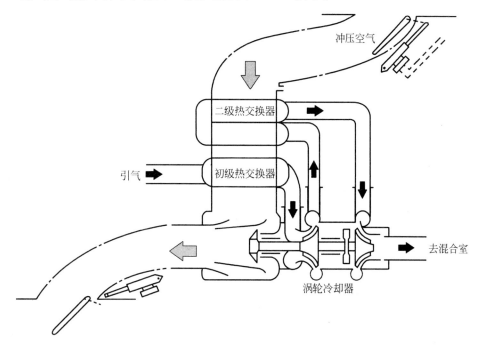

图6.3-20 三轮式空气循环制冷系统的原理

从发动机压气机来的高温引气经过供气调节装置供向制冷系统。热空气先经过组合式热交换器的初级热交换器，获得初步冷却，而后经过三轮式冷却装置的升压式压气机，温度、压力均提高了，再经过组合式热交换器的次级热交换器冷却，最后通过涡轮膨胀降温而供向座舱；其中三轮冷却装置的风扇抽吸冷却空气经过热交换器，从而使整个系统获得优良的制冷性能。

由于升压式压气机吸收了涡轮功率的主要部分（85%左右），故也可防止冷却装置的超转。三轮式制冷系统在民航客机上获得了广泛的应用。

2）双涡轮制冷系统

（1）四轮升压式制冷系统

双涡轮四轮升压式制冷系统是在三轮式制冷系统的基础上发展起来的，空客A380、波音B777飞机上均采用的是这种类型的制冷系统，其工作原理如图6.3-21所示。

引气经过初级热交换器冷却后，进入压气机增压，然后进入二级热交换器进一步冷却，

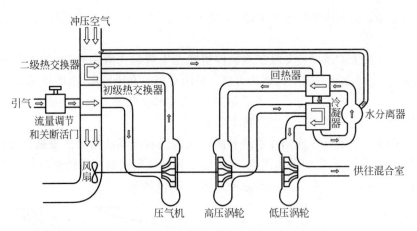

图 6.3-21　四轮式空气循环制冷系统的原理

之后高压空气进入回热器热通道,由高压水分离器出口空气冷却,再进入冷凝器热通道,由高压涡轮出口的空气冷却,空气经冷凝后温度降到露点温度以下,析出冷凝水;然后进入高压水分离器,将析出的水分从空气中分离,经喷管喷到散热器冷边,可以充分利用水的蒸发潜热;空气从水分离器出来之后,经过回热器冷通道,将剩余的水滴汽化,进入高压涡轮进行膨胀做功、温度下降;在作为冷凝器的冷通道散热之后,经过低压涡轮膨胀降温,最终将冷空气送往座舱(空气混合室)。初级换热器和次级换热器冷边空气由涡轮驱动的风扇以及飞机飞行时的冲压空气提供,涡轮输出的功 85% 驱动压气机,15% 驱动风扇。

与三轮升压式制冷系统相比,制冷系统中的涡轮增加为两个,将一级膨胀变为两级膨胀,这样可以降低气流通过涡轮时的能量损失。冷凝器放在第一级涡轮出口,此处温度较高,降低了冷凝器发生冻堵的可能性。

(2) 双涡轮三轮制冷系统

双涡轮三轮制冷系统是双涡轮四轮制冷系统的简化。波音 B787 飞机空调组件采用了双涡轮三轮制冷系统(如图 6.3-22 所示)。相对四轮式制冷系统,双涡轮三轮制冷系统取消了空气循环机中的同轴散热风扇,涡轮冷却器的体积可以更加紧凑。

双涡轮三轮空气循环制冷系统的空气流动路线与四轮式大致相同。散热空气由电动马达风扇驱动经过散热器通道,为确保散热效果,散热风扇在地面工作为高速模式,在空中工作为低速模式。冷凝器进口温度传感器感受冷凝器进口温度,当温度过低时,打开低限活门,将热空气引入冷凝器,防止冷凝器结冰;当飞机飞行高度较高时,空气已经很干燥,此时可打开经济冷却活门,将冷凝器和一级涡轮旁通,使空气直接流向二级涡轮。

另外,由于散热风扇不是利用涡轮驱动,因此当涡轮冷却器出现故障时,该系统可工作在散热器模式,即系统中的旁通活门、低限活门和经济冷却活门完全打开,热空气流经初级热交换器和二级热交换器,确保驾驶舱和座舱通气,提高了空调系统的安全性。

4. 空气循环制冷系统除水

飞机在高空飞行时,外界大气湿度较低,空气中的水分对空调系统的影响不大。但在地面或低空飞行时,外界大气湿度过高,空调引气中会含有一定的水分。随着空气温度的不断降低,空气中多余的水蒸气就会凝结下来。由于组件内的温度可能降得很低,这样管路内的水分就会结冰,影响系统的工作;另一方面,座舱的供气中如果含有水分,则可能导致座舱

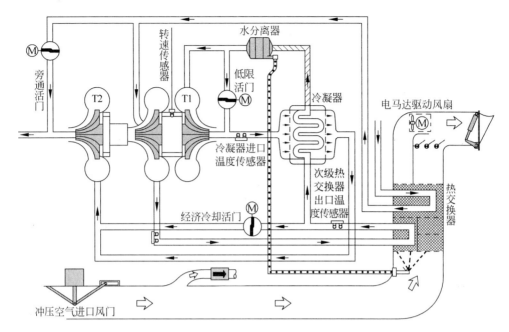

图 6.3-22　双涡轮三轮式空气循环制冷系统的原理

内形成雾气或露水,这不但会引起乘客的不适,给电子设备舱带来不利的影响,同时也会引起座舱和分配管路内的腐蚀。

为保证机上人员的舒适和避免座舱内出现过大的水汽,在空调系统中应设置水分离器。当增压空气通过水分离器时,一般可将大部分水除去。在实际的空调系统中,对这部分冷凝出来的水作以下处理:①不加任何处理,直接将冷凝水随空气一同送入座舱,此时的座舱内会产生凝水或结雾现象。但若座舱温度较高,这部分水会再次吸热蒸发,补回原来减少的制冷量。②在涡轮上装一水分离器,将凝结水直接排除。③将水分离器中凝结出来的水用引射器喷射到热交换器的冲压空气中去(冷边),提高换热器的效率。

水可以在涡轮前的高压区被除去,也可在涡轮后的低压区除去,将水分离器安装在涡轮上游的高压段称为高压除水,装在涡轮下游低压段称为低压除水。

1) 低压除水系统

水分离器位于冷却涡轮下游的水分离系统称为低压除水系统(如图 6.3-23 所示)。

在涡轮前空气虽然经历了较大的压力和温度的变化,但只要空气温度不低于露点,空气始终在干工况下工作,经过涡轮后,若空气的温度降至低于其露点,则空气进入了过饱和的雾化区,这时空气中多余的水蒸气会立即凝结,从空气中分离出来,形成细小的水滴。低压水分离器利用凝聚套(俗称"水布袋")将涡轮出口空气中悬浮的细小水滴凝结成大水滴,并通过凝聚套支架开口对气流的旋转作用将水与空气分离。

图 6.3-24 所示为某型飞机所采用的低压水分离器构造,包括进口和出口壳体组件,进口壳体组件又包括一个在圆锥体金属凝聚套支架上的纤维织物凝聚套、旁通活门组件和一个凝聚套状态指示器;出口壳体组件由集水腔和排水口组成。

凝聚套状态指示器由一个指示器活塞、一个置于密闭壳体内的指示器盘和一个观察窗组成。当凝聚套脏了或堵塞时,通过凝聚套的气流受阻并引起凝聚套上游压力上升和凝聚

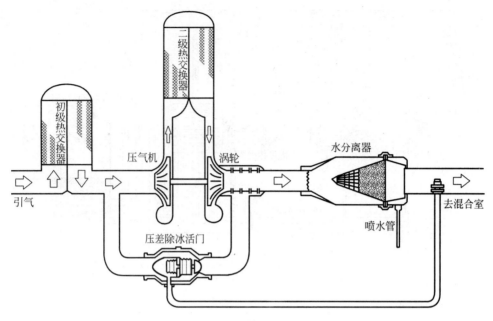

图 6.3-23　低压除水系统

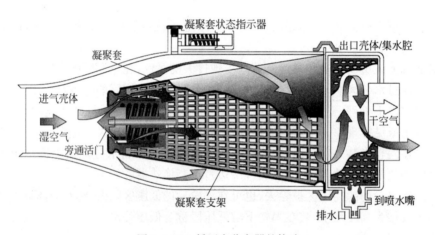

图 6.3-24　低压水分离器的构造

套状态指示器活塞的压力上升,从而迫使活塞轴上的圆盘向指示器盖的红色窗口运动。当圆盘处于红色区域内时,表明需要更换凝聚套。当压力超过旁通活门弹簧的预紧力时,活门打开,空气流过旁通活门而不流过凝聚套,旁通了水分离器。

在维护中,当混合活门处于全冷位置时,观察凝聚套状态指示器,如果凝聚套状态指示器圆盘进入红色范围,则需更换凝聚套。

水分离器工作时,若涡轮出口温度低于零度,凝聚套会因结冰而堵塞。凝聚套堵塞后,旁通活门打开,未经除水的空气会直接进入下游管道,因此低压水分离器必须设置防冰措施。目前,常用的防冰措施有两种:压差型除冰法和温度控制型防冰法。

(1) 压差型除冰法

图 6.3-23 所示的低压除水系统采用了压差型除冰法防止水分离器结冰,其原理如

图 6.3-25 所示。水分离器除冰活门跨接在压气机进口和涡轮出口间的管路上,活门内的控制弹簧感受水分离器的进口和出口的压力差。

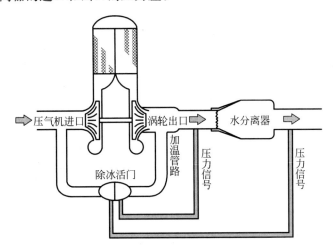

图 6.3-25　低压水分离器的防冰措施——压差型除冰原理

当水分离器的凝聚套结冰时,其上下游压差达到预定值,克服弹簧预紧力打开除冰活门,旁通涡轮冷却器,将压气机进口的高温空气引到水分离器,将冰溶化。冰溶化后,水分离器压差减小,弹簧使除冰活门自动关闭。

(2) 温度控制型防冰法

温度控制型防冰法原理如图 6.3-26 所示,主要器件包括温度传感器、防冰控制器和防冰活门。温度传感器安装在水分离器内,防冰控制器接受传感器的温度信号,控制器的非工作温度一般为 $34 \sim 36\,^{\circ}\mathrm{F}$。防冰活门安装在连接压气机进口和涡轮出口的防冰管路上,接受防冰控制器的控制信号。

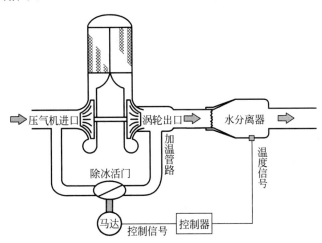

图 6.3-26　低压水分离器的防冰措施——温控型防冰原理

当水分离器的温度处于控制器的非工作温度范围内时,控制器不向防冰活门发送控制信号;当水分离器的温度低于此温度范围时,控制器向防冰活门发出打开信号,将压气机进口的热空气引到涡轮出口,使水分离器温度上升;当水分离器的温度高于此温度范围时,防冰控制器向防冰活门发送关闭信号,将热空气切断。温度控制型防冰法可始终保持水分离器的温度高于冰点,防止其结冰。

2) 高压除水

图 6.3-27 所示的除水系统的水分离器安装在涡轮的进口管路上,由于此处空气压力高,因此被称为高压除水系统。高压除水系统的核心原件是高压水分离器、回热器和冷凝器。

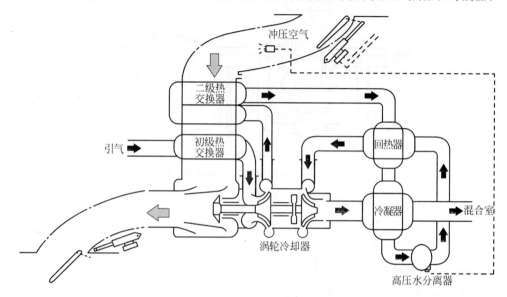

图 6.3-27 高压除水系统

从发动机压气机引出的热空气经过初级热交换器散热(温度下降,压力略有降低),进入升压式压气机压缩(温度和压力均大幅提高),再进入二级热交换器降温(温度大幅下降,压力略有降低),经过回热器热通路(温度降低,此时可有少量的水分凝结出来)后进入冷凝器。冷凝器的冷却空气来自膨胀涡轮出口,使其壁面温度低于空气的露点温度,空气流过冷凝器在壁面上凝结成水膜或大水滴(空气温度下降,压力降低)。含水空气从冷凝器出来后,进入高压水分离器把绝大部分的水分分离掉。空气从水分离器出来后,进入回热器冷通路,部分没有分离的水分在回热器内受热蒸发(空气温度上升,压力略有降低),较干燥的空气进入涡轮膨胀冷却(压力大幅降低)而获得很低的温度。空气从涡轮出口流向冷凝器冷通路,它一方面作为冷源,另一方面同时也可把涡轮出口凝结出的少量水分或冰加温融化并蒸发,使冷凝器出口可提供干燥而且温度较低的空气。

空气流经高压除水系统各元件时的温度和压力的典型变化规律如图 6.3-28 所示。

图 6.3-29 所示为高压水分离器的构造,它由静止的旋流器、带有许多小孔的内壳体和外壳体组成。所谓旋流器,是指一个径向有一定安装角的许多倾斜叶片组成的固定导套,分水作用主要在这里产生。这种高压水分离器最常使用。

含有水珠的气流通过高压水分离器的旋流器后将在内壳体内旋转,由于水珠的离心作用大,被甩向带有小孔的内壳体壁面,并在其结构内部(内壳体与外壳体之间的槽内)把水分收集起来,而后通过排水器排向空气热交换器冷边的空气流中去。高压水分离器安装在涡轮冷却器进口之前,并在冷凝器之后,也就是说,湿空气通过冷凝器之后,由于冷凝器传热表面的温度低于空气的露点温度,所以空气中的水蒸气被凝结出水分来,通过高压水分离器

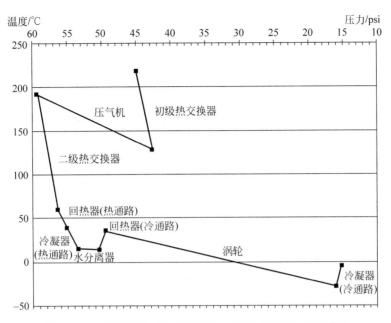

图 6.3-28　典型飞机三轮式高压除水制冷系统压力-温度曲线

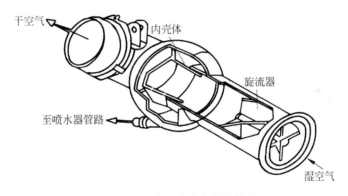

图 6.3-29　高压水分离器的构造

后,绝大部分析出的水分被分离出来。

与低压水分离器相比,高压水分离器不需滤网或凝聚器,这主要由于低压和高压形成水滴的机理不一样。低压除水是空气通过冷却涡轮,由于涡轮出口温度低于空气的露点温度,所以在涡轮出口气流中形成了极细小的水珠,为了把细小水珠变为较大水珠而便于除去,需要有滤网或凝聚器;而高压除水是空气在冷凝器中,在壁面温度低于空气露点温度条件下,凝结而形成水膜或大水珠,所以不需要滤网或凝聚器,这就使得高压水分离器的维修工作量大大减少,同时流阻也大为减少。

另外,在同样的温度条件下,压力越高的湿空气所含的水蒸气量就少。压力越高,凝结出的水分越多,分离出的水分也就越多,所以高压除水效率比低压除水效率高。

大部分现代的民航飞机采用的是高压除水系统,如 A320、A380、B787 等。

5. 空气调节系统的自动关断措施(安全措施)

为保持空调系统安全正常工作,在某些情况下会自动关断。空调系统关断是指通往空调组件的空气被切断,即流量控制活门关断。

引起空调系统自动关断的故障有以下几种。

1)超温关断

(1)压气机出口超温

压气机出口超温关断由涡轮冷却器的压气机出口温度电门控制。压气机出口超温可能由于初级热交换器的冷却空气流量不足,或初级热交换器堵塞导致,应检查冷却空气进气道,并按需清洗初级热交换器。

(2)涡轮进口超温

涡轮进口超温关断由涡轮进口温度电门控制。超温可能是由于二级热交换器冲压空气通道堵塞引起,应清洗二级热交换器。

(3)供向座舱的空气总管超温

当供向座舱的空气总管发生超温时,空调系统引气会关断,由供气管路过热电门控制。发生该故障的可能原因是温度控制器失效、温度控制活门卡在"全热"位或涡轮冷却器故障。

2)飞机在地面无冷却空气

当飞机在地面用空调,而没有冷却空气时,空调系统自动关断,由冲压进气道内的压力电门控制,出现该故障的可能原因是地面散热风扇故障或冲压空气进气道堵塞。

3)双发飞机爬升过程中未达到安全高度前单发停车

对于B737飞机,在起飞和爬升过程中,若未达到安全高度前发生单发停车,此时应将飞机的左右空调系统全部关断,停止发动机引气,减轻工作发动机的负担,确保飞机能够爬升到安全高度。当飞机爬升到安全高度后,自动恢复空调供气。

有些飞机(如A320)在起飞时采用APU为空调系统供气,使得发动机功率全部用于地面加速和爬升,改善了起飞性能;飞机降落后,仍由APU供应电力照明和空调,可使发动机提早关闭,从而节省燃油,降低机场噪声。

6.4　空气分配系统

在各种飞行条件下,为保证座舱内的合适空气参数条件,需要对座舱进行加热、冷却和通风换气,这是通过各种管路系统向座舱内不断地供入经过制冷或加温系统以及温度控制系统调节处理好的空气,并由座舱供气口供入,对座舱进行冷却或加温后,从座舱内不断地排走用过的或带有气味的空气来完成的。在此过程中,供气流和排气流及其相互作用,就形成了座舱内空气的循环和流动,并形成座舱内的速度场和温度场。

座舱空气分配的目的,就是使调节好的空调空气均匀地输入和分布于座舱内,使座舱内产生一个合适的温度、湿度和空气流动的综合条件,以保证座舱内的舒适环境。

座舱空气分配的好坏影响座舱内的空气循环和空气流动,并直接影响到飞行人员和乘客的热力舒适状态。

6.4.1　分配系统组成

客机的空调空气由座舱空气分配系统供入,以保持客舱内的均匀温度场和速度场,对客舱空气分配系统的要求主要是噪声小、客舱内没有穿堂风的感觉。客舱内气流组织(空气分配)的任务是要解决客舱内温度的均匀性、通风空气的合适气流分布和客舱内空气的合适循环运动,并使客舱内各部位都保持有新鲜空气的感觉。客舱的供气口和排气口的位置不同,座舱内的空气流动形式也就不同。座舱空气分配系统有舱顶高位供气和侧壁低位供气两种形式。

1. 舱顶高位供气系统

图 6.4-1 所示为典型的舱顶高位供气分配系统。空气分配系统由主分配总管、侧壁立管和舱顶分配管道、舱顶出气口、侧壁扩压出气口以及排气口构成。

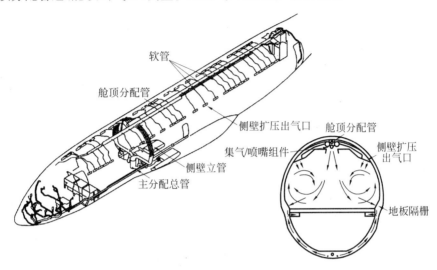

图 6.4-1 舱顶高位供气座舱空气分配系统

高位供气分配系统的空气来自空调系统冷热空气混合的总管,而后通过客舱空气分配管由供气口供入客舱内。为了使整个客舱沿长度方向温度均匀,空气分配系统沿客舱长度方向均匀地设置供气喷口或采用合适的空气分配管,以使供入空气均匀地分布于客舱内。

供气分配系统的供气口常用的有两个部位:天花板上和侧壁上。当天花板上有供气导管时,可采用天花板供气口,此处供气口由于离乘客较远,因此乘客会有缺乏新鲜空气的感觉,这对于坐在内侧(靠近壁面)的乘客更严重。侧壁供气口位于行李架下面的侧壁上,其供入的空气到坐着的乘客距离较短,可使乘客有良好的通风条件和适宜的空气运动。

客舱的排气口一般在地板附近。厨房和厕所的排气口设置在天花板上(如图 6.4-2 所示),其目的是及时将这些地方多余的热量和异味排走,并防止水分经排气口进入空调分配管路造成管路腐蚀。

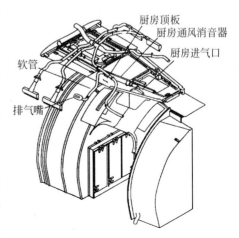

图 6.4-2 厨房空调进气口和排气口

2. 侧壁低位供气系统

图 6.4-3 所示为典型的侧壁低位供气分配系统。低位供气系统由位于地板下的供气总管、沿客舱地板两侧走向布置的水平供气管路、供气立管以及安装在供气立管上的空气出气口构成。高

位供气系统的侧壁立管与主分配总管相连,只有两根主管道,将空气输送到舱顶的供气管路,而低位供气系统的供气立管与水平供气管路相连,需要设置多个供气立管。每个供气立管设置两个空气出气口,一个为侧壁的低位出气口,一个为位于旅客头顶附近的高位出气口(相当于舱顶高位供气系统的侧壁扩压出气口)。

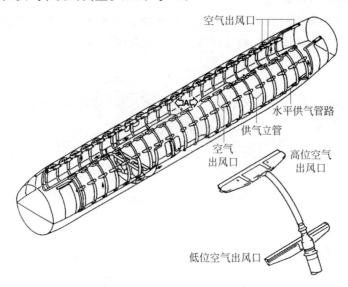

图 6.4-3　侧壁低位供气系统

对于大型客机,由于座舱容积大,为使座舱内空气均匀分布,通常还要将座舱分成若干区域(或称舱位),如驾驶舱、前客舱、后客舱等区域,这样可以分区进行温度调节。各区域之间温度调节的基本原理,是根据各区域所选定的温度,以这几个区域最低选择温度为基准去控制冷却组件出口温度,使之符合最低温度区域调定值的要求,然后再分别调节其他相应区域的热空气混合活门,使各个区域的温度符合各自的调定值(分区调温原理可参见图6.3-5)。

6.4.2　再循环设备

　　再循环系统的主要作用是将座舱空气再循环利用。因为空调系统对座舱通风量要求较大,而经过座舱的空气还相当新鲜,具有重新利用的价值。采用再循环系统可以减少供气和客舱空气的温度差,同时也可以减少由发动机的引气量,减小对发动机功率的影响。现代客机的再循环空气量已达总供气量的 50%,其余来自外界的新鲜空气。

　　再循环系统主要由气滤、再循环风扇、单向活门等元件构成。座舱空气通过格栅通气孔流到集气管内,经过气滤、再循环风扇、单向活门到达主分配总管,然后再通过分配系统供往座舱,如图 6.4-4 所示。

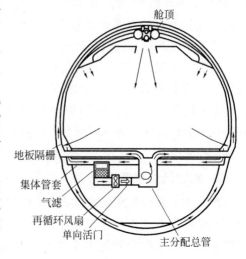

图 6.4-4　座舱空气再循环系统

6.4.3 座舱局部加温

热空气在座舱内的分布是不均匀的,座舱内某些部位的温度会低于要求的温度,因此需要对温度较低且热空气无法到达的部位(如舱门区域、应急舱口和部分客舱地板等)进行加温。目前常采用电加温器作为辅助加温设备,电加温器有空气管道加温器和电热毯式加温器两种形式。

空气管道加温器是在管道内安装一系列的电阻元件,通电时,该元件发热对通过管道的空气加温(如图 6.4-5 所示),空气经加温后经管道送到加温区域(如图 6.4-6 所示)。

电热毯(或称电热壁板)式加温器由两层铝合金板中间夹蜂窝材料构成,电阻丝呈螺旋形绕在靠近内壁的绝缘芯轴上,使其在壁板变形时不会折断,蜂窝夹层板的两面覆有绝热层。当电阻丝通电时,电阻丝及板表面发热,对舱门进行加热(如图 6.4-7 所示)。

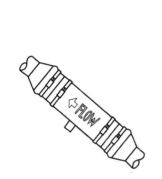
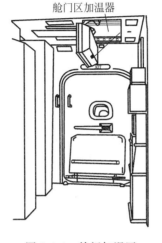
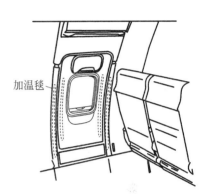

图 6.4-5　空气管道式加温器　　　图 6.4-6　舱门加温区　　　图 6.4-7　应急出口的电热加温

6.5　座舱压力控制系统

6.5.1　座舱增压原理及座舱压力制度

座舱压力控制系统的基本任务就是保证在给定的飞行高度范围内,座舱的压力及其压力变化速率满足人体生理要求,并保证飞机结构的安全。

1. 座舱增压原理

在典型的增压系统中,客舱和驾驶舱是一个气密的整体舱,它能使舱内压力高于外界的大气压力。增压空气由座舱空气分配系统供入座舱,为座舱增压和调温后,通过排气活门排出机外。由于在最大设计高度以下的所有高度上,空调引气系统经座舱空气分配系统将恒定流量的气体送入气密座舱,因此座舱的增压可通过控制座舱的排气实现:希望座舱内压力下降时,排气量应增大;需要座舱内压力升高时,排气量应减小。而根据气体节流原理,排气活门的排气量取决于活门的开度和座舱内外的压差。因此,为控制座舱压力,应根据座舱内外压差的大小,相应控制排气活门的开度。整个飞行过程中,座舱内绝对压力大小取决于排气活门的开启程度,座舱压力变化率取决于活门的开启(或关闭)速率。

根据适航法规的要求,飞机在最大设计巡航高度上,座舱高度不能大于 8000ft,而巡航时飞行高度一般在 30000～40000ft 之间,飞机结构承受较大的余压,排气活门同时承受较大的压差。因此,巡航过程中,排气活门开度最小。飞机在地面时,座舱内外压差较小,排气活门开度较大。

飞机在爬升或下降过程中,由于其飞行高度的变化,可能导致座舱高度产生突变。为了限制座舱内压力变化速率,可控制排气活门开关的速率:飞机爬升过程中,如果座舱高度上升过快,即座舱内压力下降率过大,可将排气活门关闭速度加快,减少排气量,抑制压力下降速率;在飞机下降过程中,如果座舱高度下降过快,即座舱压力上升率过大,应加快排气活门开启的速率,将座舱内压力降低,抑制压力上升的速率。现代大中型民航客机通常限制座舱高度爬升率不超过 500ft/min,座舱高度下降率不超过 350ft/min。

2. 座舱压力制度

座舱压力制度是指飞机座舱内压力(即座舱高度)随飞机飞行高度的变化关系,又称为座舱调压规律。座舱压力制度是指座舱压力控制系统处于平衡状态时的静态调节特性。目前民航飞机常用的压力制度有两种:适用于低速飞机的三段式压力制度和现代客机采用的直线式(或近似直线式)压力制度。

1) 三段式座舱压力制度

三段式座舱压力制度如图 6.5-1 所示,飞机从 a 点(地面)爬升到巡航高度 b 点时,座舱压力随飞机飞行高度成三段变化:$a—c$ 段为不增压段,称为自由通风段,座舱内外压力相同,c 点对应飞行高度一般为 500m;$c—d$ 段,座舱压力不随飞行高度变化,保持恒定,称为等压控制段(恒压段),d 点对应飞行高度一般为 3500m;$d—e$ 段为等余压控制段,它保持座舱内外压差为使用的限制值,直到飞机进入巡航高度(一般为 6000m),e 点对应的座舱高度为 2400m(8000ft)。

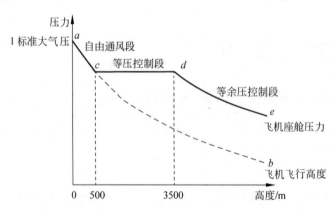

图 6.5-1　三段式座舱压力制度

三段式座舱压力制度实现简单,但在等余压控制爬升段(即 $d—e$ 段),飞机座舱压力仅受座舱余压控制,因此飞机座舱高度变化率与飞机爬升率(飞行高度变化率)相等,为了保证座舱高度变化率不超过人体承受的限制值(500ft/min),飞机本身的爬升率不能过高,即每分钟爬升高度不大于 500ft。所以三段式座舱压力制度只适合爬升率低的小型飞机采用,飞机从地面爬升到6000m(20000ft)左右的巡航高度耗时约40min。实现三段式座舱压力制度可采用气动式压力控制器。

2）直线式座舱压力制度

直线式座舱压力制度如图6.5-2所示，飞机从 a 点（地面）爬升到 b 点（巡航高度）时，座舱压力随飞机飞行高度的增加成直线（a—c 线）关系均匀变化：飞机在未达到巡航高度前，座舱余压缓慢增加，当飞机进入巡航高度时，座舱余压达到座舱余压限制值。

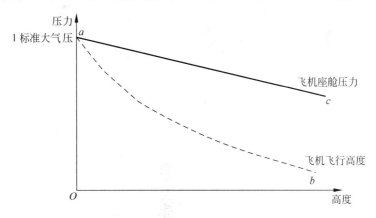

图 6.5-2 直线式座舱压力制度

直线式座舱压力制度可以使座舱增压系统在飞机整个爬升过程中控制座舱压力变化率，对于巡航时座舱高度不超过 8000ft 的飞机，其理论爬升时间为 16min。所以，爬升率较大的现代民航飞机多采用直线式座舱压力制度。为实现直线式座舱压力制度，应采用电子式压力控制器。

6.5.2 座舱压力控制系统

座舱压力控制系统一般包括压力控制器和排气活门，其中座舱压力控制器是座舱压力控制系统的关键元件，是实现座舱压力制度的核心控制机构：实现三段式座舱压力制度需采用气动式压力控制器，而直线式座舱压力制度需要电子式压力控制器。排气活门是座舱压力控制系统的执行机构，气动式压力控制系统采用气动排气活门，电子式压力控制系统采用电动马达驱动的排气活门。

1. 气动式压力控制系统

1）系统组成

典型的气动式压力控制系统如图6.5-3所示，系统包括气动式压力控制器和气动排气活门。气动式压力控制器的构造如图6.5-3(a)所示。控制器内有三个膜盒：膜盒 A 为真空膜盒，作为座舱绝对压力的控制器；膜盒 B 为开口膜盒，与飞机的静压管相连，控制座舱的余压；膜盒 C 为带有节流孔的膜盒，可在飞行中控制座舱压力变化率。三个膜盒分别由三个调节旋钮设定控制参数：初始增压控制旋钮设定等压段初始压力，余压调节旋钮设定座舱的余压，而压力变化率旋钮可以控制膜盒 C 对座舱压力变化的灵敏度。

膜盒 A 和膜盒 C 控制绝对压力控制活门的开度，其中膜盒 A 起主要控制作用，膜盒 C 在座舱压力变化率较大时发出辅助控制信号，起到限制压力变化率的作用。膜盒 B 控制余压控制活门的开度,当座舱内外余压达到预调值时,余压控制活门打开。

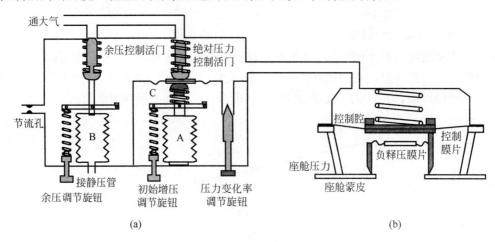

图 6.5-3　气动式座舱压力控制系统原理图
(a) 气动压力控制器；(b) 气动排气活门

座舱空气经过压力控制器的节流孔进入座舱压力控制器,如果绝对压力控制活门或余压控制活门中的任一活门打开,则气体经过该活门排到座舱外,由于节流孔的降压作用,控制器内压力降低,使得排气活门(如图 6.5-3(b)所示)控制腔内的压力下降,排气活门控制膜片的上下表面的压差将克服活门弹簧力和活门自身重力,活门向上打开,座舱空气经排气活门排出机外。

排气活门还起负压释压作用,当外界大气压力超过座舱压力一定值时,活门底部的负释压膜片向上运动,压在控制膜片下部,排气活门在大气压力作用下打开,外界大气空气反向流入座舱。

2) 系统工作

下面以飞机起飞并爬升到巡航高度过程为例分析气动式座舱压力控制系统的工作原理。

(1) 起飞前调节

飞机起飞前,利用三个调节旋钮输入三段式压力制度的预定值:初始增压高度旋钮输入起始增压高度；余压旋钮输入巡航高度时余压限制值；压力变化率旋钮输入座舱压力变化率限制值。这三个限制参数就具体确定了本次飞行的压力制度。此时,余压控制口关闭,绝对压力控制口有一定的开度。空调系统未供气时,排气活门处于"关闭"状态。

(2) 自由通风段控制

空调供气后,在飞机未达到起始增压高度之前,真空膜盒在调节弹簧和控制腔压力作用下,使绝对压力控制活门打开,控制器内部与大气相通。座舱增压空气经定径孔从绝对压力控制活门口流出,控制腔内压力低于座舱压力,排气活门打开。座舱处于自由通风状态。在这种情况下,由于存在空气流动的阻力,实际的座舱压力比外界大气压力略高。

在自由通风段,带节流孔的开口膜盒 C 由于节流孔的作用,使内部压力变化滞后于外部压力变化,其差值取决于外部(控制腔)压力变化速度。爬升时,若飞机爬升率过高,座舱内压力下降过快,而膜盒 C 内部压力由于滞后作用而高于膜盒 C 外部压力,膜盒 C 将膨胀,将绝对压力控制活门开度减小,控制腔内压力上升,将放气活门开度关小,限制座舱压力的降低,从而起到限制座舱压力变化率的作用。

(3) 等压段控制

随着飞行高度的增加,当飞机上升到起始增压高度后,绝对压力调节机构的真空膜盒由于压力调节盒内压力的逐渐降低而慢慢膨胀,使绝对压力控制活门临近关闭,这时控制腔内压力与起始增压高度上的压力一样。实际上,因为空调组件仍在不断地向座舱供气,所以绝对压力控制活门在一定时间内会保持一个小的开度以起节流作用,不过此开度也随飞行高度增加而逐渐减小,节流作用逐渐加大,保持座舱压力不变,这便是等压力调节区的工作情况。在等压调节控制段,座舱内压力保持恒定,压力变化率很小。

(4) 等余压段控制

当飞行高度继续升高时,座舱的余压逐步增大。当座舱余压达到预定值的高度之后,余压控制活门打开,控制腔内压力下降,此后,绝对压力控制活门完全关死。在以后的爬升过程中,余压控制活门控制排气活门打开,使座舱余压保持恒定,直到飞机爬升到巡航高度。

在等余压控制段中,膜盒C虽然能够在座舱压力变化率过大时膨胀,但由于此时绝对压力控制膜盒已经完全关闭,不能向排气活门施加控制信号,因此,在等余压控制段,不能进行座舱压力变化率的调节,这是气动式压力控制器本身的固有缺陷。为了确保飞机爬升时座舱压力变化率不超过人体承受的限制值(500ft/min),飞机本身的爬升率不能过高。

当飞机下降时,气动控制器控制放气活门的开度,经历等余压下降段、等压段和自由通风段。由于同样原因,飞机下降速率不能过大,尤其是在不能进行压力变化率调节的等余压段。

2. 电子式压力控制系统

1) 系统组成和功能

现代民航客机座舱增压系统具有正常压力控制和应急压力控制两大功能,其中正常压力控制系统为电子式压力控制系统。

2) 正常压力控制

正常压力控制系统(如图6.5-4所示)采用电子式压力控制器作为控制部件,它由增压程序发生器、压力变化率限制器和最大余压限制器组成。压力控制器能根据起飞前输入的本次飞行巡航高度、着陆机场的高度以及座舱内压力及外界环境压力等参数,在飞行电门、起落架空地电门的控制下,为系统提供自动和非自动增压程序;系统的执行部分是由电动马达驱动的排气活门,它接收压力控制器的控制指令,以实现座舱压力制度。

现代飞机一般有1～2个排气活门,对于双排气活门飞机,包括前、后排气活门。前后排气活门构造相同,均由两个马达驱动:一个是交流马达,另一个是直流马达。系统工作在自动模式与人工交流模式时,交流马达驱动排气活门,而在备用模式及人工直流模式时,直流马达驱动排气活门。当任一马达工作时,另一马达的离合器与排气活门脱开。

在工作过程中,后排气活门接收来自压力控制器的控制信号,经常处于调节状态,用以调节座舱内的空气压力。气体经后排气活门高速向后喷出,可以产生一部分推力,因此后排气活门又被称为推力回收活门。当飞机巡航时,活门开度很小,这样可以满足发动机经济性的要求。

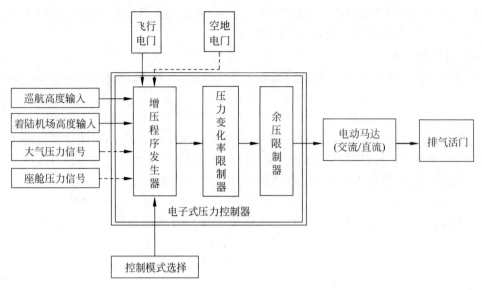

图 6.5-4　电子式座舱压力控制系统的组成

前排气活门辅助后排气活门工作,它接收后排气活门的控制信号:当后排气活门距全关位 0.5°时,前排气活门关闭;当后排气活门从关位打开到大于 4°～5°时,前排气活门打开。

(1) 增压工作模式

正常压力控制具有两种工作模式:自动模式和人工模式。为了提高控制可靠性,自动模式包括多个通道或多个控制模式,比如:左通道模式、右通道模式;自动模式、备用模式;自动模式 1、自动模式 2 等。当系统出现故障时,系统可在不同的通道或控制模式间进行转换。当全部自动通道或控制模式均出现问题时,驾驶员可以切换到人工模式,直接对排气活门的开度进行控制。

(2) 自动模式座舱高度剖面

图 6.5-2 给出直线式座舱压力制度的静态曲线,在增压系统工作时,座舱压力控制包括地面增压环节、起飞增压环节、巡航控制环节、下降控制环节和着陆增压环节。飞机座舱高度在整个飞行过程中随飞行高度变化而变化的关系如图 6.5-5 所示,图中的实线 $ABCDEF$ 为飞机飞行高度曲线,称为飞行剖面;虚线 $abcdef$ 为飞机座舱高度曲线,称为座舱高度剖面。

仔细研究座舱高度剖面曲线,可知现代飞机座舱增压系统具有如下特点。

① 飞机座舱在地面需要预增压。

在飞机起飞滑跑段,座舱高度低于跑道高度(一般为 189ft,压差为 0.1psi),这种在起飞前(还包括着陆后)使座舱压力比机场场压还高的增压方式叫做座舱预增压。主要目的是为了防止飞机姿态突然改变时引起座舱压力波动。因为飞机姿态改变时,如飞机起飞由滑跑拉起时,排气活门出口反压也会突然变化,如果排气活门的开度很大,会导致座舱压力波动;当预增压后,排气活门开度减小,在起飞抬起前轮时刻,冲压气流不会对座舱压力产生影响。

② 在进入巡航高度时,存在提前转换。

飞机爬升到巡航高度前,当外界大气压力比预定巡航高度对应的大气压力高 0.25psi

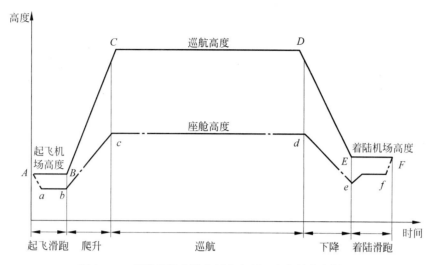

图 6.5-5　现代民航客机飞行高度剖面和座舱高度剖面

(即座舱余压值比正常余压值低 0.25psi)时,座舱增压系统提前进入等压控制段,之后飞机继续爬升到预定巡航高度。设置 0.25psi 转换压力的目的,是防止当飞机在巡航中因颠簸而掉高度时引起座舱增压控制系统的频繁切换,进而引起座舱内压力的波动。在高空,0.25psi 的压差,对应高度差约为 450m,这意味着飞机巡航时只要瞬时下降高度不超过 450m,座舱内压力均保持稳定。当座舱的余压值再次出现比预定值低 0.25psi 时,飞机增压控制才转入下降程序。

③ 巡航中,需限制座舱的最大余压。

在飞机巡航飞行中,座舱余压保持为正常余压;飞机跃升高度时,座舱余压会相应增大,当余压达到最大余压时,座舱高度随着飞行高度的增加而上升。

④ 爬升和下降时,座舱高度变化率需严格控制。

飞机爬升时,座舱高度变化率受座舱高度变化率限制器控制,使座舱高度变化率不超过 500ft/min。飞机下降时,座舱高度变化率受座舱高度变化率限制器控制,使座舱高度变化率不超过 350ft/min。同时将着陆接地点的座舱高度目标值设置为比着陆机场高度低 300ft,防止着陆瞬间的冲击以及起落架减震支柱压缩、伸张行程引起的座舱压力波动。

以上是理想状态下飞机座舱高度剖面曲线,实际上飞机座舱高度剖面曲线比较复杂,图 6.5-6 所示为波音 B737 飞机实际飞行过程中的座舱高度剖面。

(3) 自动模式工作程序

自动模式下,增压控制系统利用起落架“空/地”感应电门和增压控制面板的“飞行电门”(有“飞行”和“地”两个状态)配合电子式压力控制器工作。电子式压力控制器的增压程序发生器预设了 5 种增压程序:地面不增压程序、地面预增压程序、爬升程序、巡航程序和下降程序。

① 地面不增压程序

这是飞机在地面不增压条件下使用的程序。此时,起落架“空/地”感应电门在“地”位,驾驶员操纵的“飞行电门”在“地”位,压力控制器将输出要使座舱高度超过停机高度大约 1000ft 偏压信号,从而使座舱排气活门能处于全开位,飞机处于自由通风阶段,座舱高度等

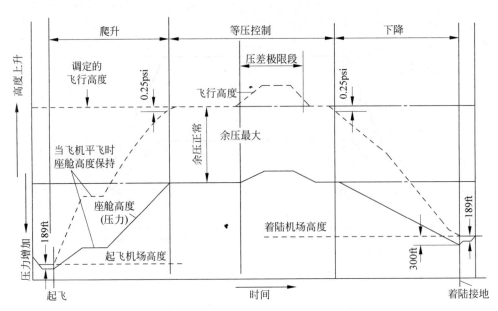

图 6.5-6　典型飞机实际飞行过程中的座舱高度剖面

于机场跑道高度。

② 地面预增压程序

这个程序用于飞机起飞前或着陆接地前进行预增压。这时,"飞行电门"放在"飞行"位,但起落架"空/地"感应电门仍在"地"位,控制器输出要使座舱高度低于机场高度 189ft 的偏压信号,迫使排气活门部分关闭,座舱建立 0.1psi 的余压。

③ 爬升程序

爬升程序用于控制飞机从起飞到巡航高度这一阶段的座舱压力。飞机起飞离地后,起落架"空/地"感应电门切换到"空"位,控制器将根据选定的飞行高度编制出爬升程序,它使爬升过程中的每一个外界环境压力都有一个要求的座舱压力与之相对应。当环境压力变化时,这个要求的座舱压力信号通过最大余压限制器和速率限制器后送出,并与实际的座舱压力信号比较,然后不断地输出误差信号,用以调节排气活门开度,从而实现要求的座舱压力。

④ 巡航程序

在爬升的最后时刻,当飞机所在高度的大气压力与选定飞行高度标准大气压之差等于或小于 0.25psi 时,开始巡航程序。排气活门开度保持最小状态,以保持余压为预定值,并且不超过最大余压限制值。

⑤ 下降程序

当飞机所处高度的气压比选定巡航高度标准气压大 0.25psi 时,控制器感受此飞机下降信息,由巡航程序转入下降程序。此程序按压力制度预定的座舱高度与飞机高度的线性关系进行调节,排气活门逐渐开大,对下降速率和余压进行监控。当飞机接地时,保持座舱高度比预定着陆场高度低 300ft。

飞机接地后,起落架"空/地"感应电门给出飞机在地面信号,自动转为地面预增压程序控制排气活门,保持座舱高度低于着陆场地标高 189ft。

当停机时,将"飞行电门"扳到"地"位,系统自动转换为地面不增压程序,使排气活门"全开"，飞机再次处于自由通风状态，此时可打开舱门。

另外，有些飞机利用发动机油门杆位置信号取代了"飞行电门"的控制信号：当油门杆前推时，控制器进入增压控制状态；油门杆收回时，控制器发出地面不增压控制信号。

3）座舱应急增压控制

在正常增压控制失效的情况下，有可能导致座舱高度过高或座舱内外的压差过大。在飞机急速下降时，有可能会使座舱内的压力跟不上外界空气压力的变化，导致座舱外的压力高于座舱内的压力，产生负压。

座舱压力出现异常时，会对飞行安全造成严重影响：座舱高度过高时，会导致飞机上的乘员出现高空反应，甚至危及生命；座舱内外压差过大，会影响飞机结构的安全；当出现较大的负压时，可导致飞机结构受损，因为飞机座舱结构属于薄壁结构，它只能承受拉应力而几乎不能承受压应力。为避免飞机结构和机上人员受到以上危害，飞机座舱增压系统中应设置座舱应急增压控制装置，包括正释压活门、负释压活门、压力均衡活门等安全装置（如图6.5-7所示），另外还加装座舱高度警告系统，当飞机座舱高度过高时，向飞行机组发出音响警告。

（1）正释压活门

正释压活门又称为安全活门，在飞机座舱内外压力差超过一定值时打开，以释放多余的座舱压力，防止座舱内外压力差过大而影响飞机结构安全。

波音B737飞机座舱的正常余压为7.8psi，当余压达到8.65psi时，正释压活门打开释压；波音B777飞机在余压达到8.95psi时，正释压活门打开。

（2）负释压活门

负释压活门的主要作用是防止座舱外的压力高于座舱内的压力，即防止飞机座舱高度高于飞机飞行高度。当座舱内外压力均衡或舱内压力高于舱外压力时，活门弹簧将负释压活门保持在关闭位（如图6.5-8所示）。当飞机座舱负压超过设定值后，负释压活门克服弹簧力打开，外界气体经活门流入舱内，防止负压增大。

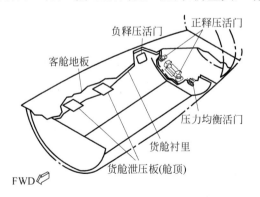

图6.5-7 某型飞机座舱增压控制装置

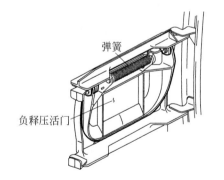

图6.5-8 某型飞机座舱负释压活门

由于飞机机身是薄壁结构，负压承受能力比正压承受能力低，因此负释压活门开启压力远低于正释压活门开启压力。例如，波音B737飞机当负压达到−1.0psi时，负释压活门打开；波音B777飞机当负压达到−0.2psi时，负释压活门开始打开，负压达到−0.5psi时完全打开。

（3）压力均衡活门

压力均衡活门安装在货舱隔板上,允许空气快速流进或流出货舱,以使货舱压力与客舱压力保持一致。压力均衡活门为两个并列安装的单向活门,其中一个活门在飞机座舱增压过程中允许空气流进货舱,另一个活门在飞机座舱减压过程中允许空气流出货舱(如图6.5-9所示)。

受压力均衡活门的空气流量所限,当座舱出现快速释压时,客舱和货舱之间仍会出现过大压差。当客舱区域出现释压破坏时(客舱结构破损或客舱门在飞行中打开),货舱内压力要高于客舱;当货舱区域出现释压破坏时(货舱结构破损或货舱门在飞行中打开),客舱内压力要高于货舱。客舱和货舱间巨大的压差,会导致客舱地板受损。

活门盖板

FWD

图6.5-9　货舱压力均衡活门

在货舱壁板上设置面积较大的货舱泄压板(如图6.5-7所示),当客舱或货舱快速释压时,泄压板被两舱间的压差吹掉,两舱间的空气可以迅速流通,从而避免客舱地板变形损坏。

（4）座舱高度警告

座舱高度警告是指当飞机座舱高度高于一定值(一般为10000ft)时,发出音响警告,提醒驾驶员进行相应处理(切换为备用模式或转为人工控制)。

6.5.3　座舱增压系统维护

1. 增压系统维护

增压系统的日常维护包括对系统中各元件、管路和接头的目视检查,确认元件、管路和接头是否存在腐蚀、锈蚀和机械损伤;检查管道接头、电气插头、传动装置等的安全性,检查系统是否存在泄漏。

定期对系统中各元件的活动部位(如活门、轴承等)进行清洁和润滑,确保元件运动的平顺性。另外,应按维护手册规定的期限对控制器、排气活门和活门指示器进行功能测试。

当座舱增压系统出现故障时,可利用故障隔离手册中给出的故障查找逻辑图快速排故:首先,从图中所列故障现象中找出与本次故障最接近、最类似的故障;然后按图中所列的查找程序逐项完成,直到发现故障为止;最后按图中所列排除方法进行排故。

2. 气密座舱检查

飞机座舱气密性检查通过测定座舱的泄漏率确定。必须定期检查飞机座舱的气密性,另外,在更换、调整了系统中影响增压的元件后,也应测试座舱的泄漏情况。在某些飞机上,座舱泄漏速率测试应与系统功能测试结合起来;有些飞机则应分别测试。

座舱泄漏试验又称为动压试验,目的是判断座舱气密性是否达到维护手册中规定的要求,试验方法如下:用地面空气增压试验台,给座舱增压到试验压力后停止增压;记录压力下降到特定压力所需的时间,并与手册中规定的时间比较,如果实际时间间隔小于手册规定时间,说明座舱泄漏速率过大。如果泄漏速度太大,应采用静压试验检查座舱的完整性,查找渗漏源。

静压试验方法如下:用地面试验台给座舱增压到规定值(表压力约5psi),并使压力保持在规定值,观察飞机蒙皮外部有无裂纹、变形、凸起,铆钉是否有变形松动等情况。若发现增压舱外表面蒙皮上铆钉周围有明显的沾污,则表明此处有少量漏气。大的泄漏可听到泄漏声音,小的泄漏可采用涂试漏溶液的方法,观察气泡并确定漏气位置。

　　试验结束后,关断增压空气,以安全的压力变化率使座舱安全减压,然后根据维护手册给定的程序对严重漏气的部位进行相应的修理。

6.6　货舱加温及设备冷却

6.6.1　货舱加温

　　货舱加温的目的是保持机身下的货舱温度高于结冰温度,防止冻坏货物。一般来说,现代客机的货舱都是采用座舱排气进行加温的。下面简要介绍现代客机的货舱加温概况。

　　飞机一般是由客舱排气流经货舱壁来实现对货舱的加温(如图 6.6-1 所示)。客舱内的空气在客舱内吸收热量之后,通过客舱侧壁的脚部格栅排出,这些空气流过货舱侧壁,防止货舱由于受外界空气温度的影响而导致其温度过低,然后这些空气由座舱增压系统的排气活门抽吸,经后货舱壁板处排出机外。

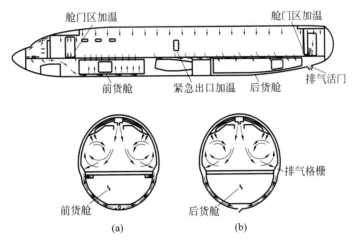

图 6.6-1　货舱加温系统

(a) 前货舱加温；(b) 后货舱加温

　　前货舱加温分配：驾驶舱空气由仪表板后的导管排出,用于设备舱冷却。当飞机在地面工作时,或飞机没有增压时,空气经由导管通过排气口排出机外。飞行中,增压系统正常工作时,所有流过设备的空气都从货舱地板下排出。这些被设备散热量加温了的空气从地板下沿侧壁上升,对货舱进行加温。然后,经收集器,通过前排气活门排出机外,或由再循环风扇抽吸,在飞机内再循环(再循环风扇工作时,前排气活门关闭)。

　　根据货舱装载货物的要求不同,对不同货舱一般采取不同的控制方法。如原麦道公司MD-82飞机的前货舱由设备冷却空气排气加热,并有恒温控制,当温度低于要求值时,可接通主设备冷却系统管道内加热器;中货舱利用客舱排气加温,客舱空气排到左风道,加热风扇将排气吸入,通过扩散器排到货舱地板夹层,然后从右风道排到后货舱,再从排气活门排到机外;后货舱利用客舱排气和前、中货舱排气加热。由于前货舱采用了恒温控制,可以用来运输生物。空客 A320 飞机的货舱可以由温度选择器选定其控制温度(5~26℃),加温控制器控制对货舱的加温,它接收管路温度及货舱温度传感器的信号,控制混合活门,调节供入货舱的空气温度。

6.6.2　电子设备舱的冷却

随着现代飞机的不断发展,其电子设备逐渐增多,电子设备的散热量也越来越大,因此为保证电子设备的正常工作,对电子设备的冷却问题也显得更加重要。

一般来说,电子设备能在高于人体所能承受的环境温度下可靠地工作(电子设备舱的排气温度为 38~71℃时,电子设备的工作不会出现异常情况)。因此,为减少发动机的引气量、减小制冷系统的工作负荷,现代大型客机普遍采用座舱排气对电子设备进行冷却。

1. 电子设备冷却系统的组成

飞机的设备冷却系统是指对电子设备舱的设备架上的电子设备的冷却,另外还包括对驾驶舱的 CB 面板及主仪表板的冷却。设备冷却的介质为客舱排气。电子设备冷却系统包括冷却供气管路和冷却排气管路(如图 6.6-2 所示),供气管路上的主要功能元件为供气风扇、空气低流量传感器,排气管路上的功能元件为排气风扇、空气低流量传感器和气动排气活门。

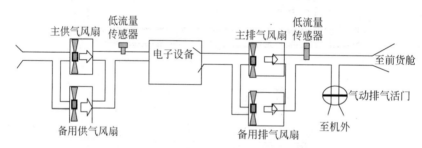

图 6.6-2　电子设备冷却原理图

1) 风扇

供气管路风扇和排气管路风扇结构完全相同,均为单级轴流式风扇,并装有一体的单向活门,防止风扇停止工作时空气反流。在工作中,一台风扇作为主风扇,另一台为备用风扇。两个风扇的工作由驾驶舱内的控制面板控制。

2) 空气低流量传感器

空气低流量传感器为一个有自加热功能的热敏电阻,当流过探头的空气流量达到要求时,热敏电阻的电阻值保持在一定范围内。当流过的气流流量不足时,热敏电阻温度升高,电阻值减小,加热电流增大,通过检测电路检测此电流变化,点亮驾驶舱内的设备冷却排气关断警告灯。此时驾驶员人工打开备用风扇,恢复流过低流量传感器的空气流量,警告灯熄灭。

3) 气动排气活门

气动排气活门又称为自动流量控制活门,位于电子设备舱后部地板下的排气管路上,如图 6.6-3 所示。该活门由流经活门的空气作动,控制排出机外的空气流量。当经过排气活门的空气流量增大时,空气动压增大,活门在膜盒与弹簧的共同作用下开始向关的方向运动,限制经过活门的空气流量;当座舱与环境的压差达一定值(该值与流量控制活门的型号有关)时,控制活门完全关死,空气排向前货舱内。

2. 系统的工作情况

图 6.6-3　气动排气活门

在飞机接通电源后,电子设备冷却系统即自动地开始工作。若主风扇故障,则可通过选择开关使备用风扇开始工作。当飞机内外压差在一定范围内时(根据流量控制活门的型号不同,其值可为 2.0～2.8psi 或 0.7～1.1psi),选定的风扇连续工作,并且气动排气活门处于全开位。

当飞机在地面或在低空飞行时,座舱内外压差低,风扇工作,其产生压差以使空气流动,对设备进行冷却,冷却空气经由气动排气活门及排气口排出机外。在飞行过程中,座舱压差增大,流经风扇管路的空气流量增大,气动排气活门开始开闭,当座舱内外压差达一定值时(随流量控制活门的型号不同而不同)活门关闭。设备冷却空气主要排向前货舱地板下,对货舱进行加温,然后通过前排气活门排出机外。

当通过探头的空气流量正常时,探头的加热电流值稳定,该电流值由传感器的电路感应到。当冷却空气流量不足时,探头的加热电流改变,触发警告。

第7章

设备/设施与水系统

7.1　机舱设备/设施

机舱设备和设施用于为机组和乘客提供舒适和方便,并且用于装卸和存放货物,以及在紧急情况下保证乘员和机组的安全。

机舱设备和设施分为正常和应急两种。正常设备和设施位于驾驶舱、客舱和货舱内,应急设备和设施分布在整架飞机上,包括陆上和海上救生设备。

7.1.1　正常设备/设施

1. 驾驶舱设备

驾驶舱内的正常设备/设施包括驾驶员座椅、观察员座椅和其他杂项设备,为驾驶员和观察员正常操纵飞机、执行任务提供方便。

1) 飞行员座椅和观察员座椅

驾驶员座椅设计先进,舒适方便。座椅由两部分基本结构组成:底座结构,包括导轨锁定机构,可调整座椅位置;上部组件,包括各种调节机构,包括扶手高度调节、座椅靠背调节等。飞行员安全带是高强度五点式安全带,其作用是让系着安全带的人能承受得住在飞行、迫降着陆或水上迫降过程中产生的过载作用。当需要时,可很快打开安全带。驾驶员座椅如图7.1-1所示。

观察员座椅是折叠式的,通常位于驾驶舱门前过道侧边,其主要组成部件是椅盘、椅背和安全带,椅垫安装在椅盘上,如图7.1-2所示。

2) 杂项设备

每个机组人员位置上均有全套空勤设备,包括氧气调节器及面罩、阅读灯、无线电耳机等。另外驾驶舱内还有消防斧、防火手套和防烟面罩等杂项设备,如图7.1-3所示。消防斧又称为迫降斧子,其作用是当飞机迫降时因舱门变形而不易打开的情况下,供驾驶员"破门而出",该斧一般用弹簧夹子或带子固定在舱内。

2. 客舱设备

客舱位于驾驶舱后部与飞机后部的密封隔框之间。客舱内主要设备设施包括旅客座椅、厨房和洗手间等。

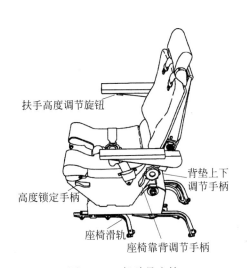

图 7.1-1 驾驶员座椅

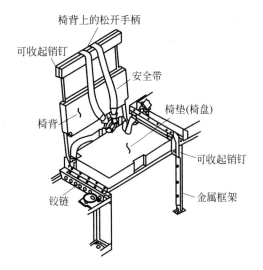

图 7.1-2 观察员座椅

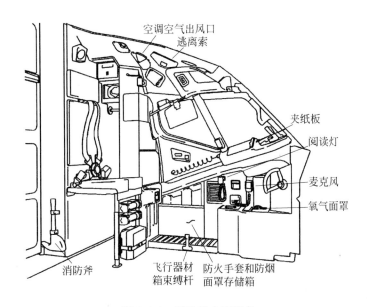

图 7.1-3 驾驶舱杂项设备

1) 旅客座椅

旅客座椅连接到地板上的旅客座椅滑轨上(如图 7.1-4 所示)。座椅为两个或三个旅客座椅组装在一起,座椅布置可允许四、五或六个并排配置。维护人员可为不同的客舱布局前后移动座椅。当为客舱布局调整座椅时,同时必须移动 PSU(旅客服务组件)与座椅位置相一致。

民航客机座椅的设计符合"人体工程学"要求,既要舒适、美观,还要坐姿能变化、人体或躺或坐、腿部能屈能伸。座椅应具有一定的耐坠毁性。当飞机出现机腹着陆、"拿大顶"以及"倒扣"等坠落状态时,为避免乘客伤亡,座椅与飞机的连接应加强。每个座椅有一腿带,座椅的椅背可向后靠。要使椅背向后靠,应按压扶手上的按钮并在椅背上施力。大多数座椅有可折叠的托盘。特殊位置附近座椅在它们的扶手内有托盘。椅垫可作为漂浮设备使用,可在座椅下面的空间存储救生背心。

2）厨房

飞机上的厨房用于准备食品和饮料,其数量和安装位置因飞机的选型而不同,内有饮食柜、冰箱、烤箱、饮料箱、电炉、热杯和电插座等。

厨房都拴接到飞机结构上:一个具有快卸接头的连杆将厨房顶部连接到飞机结构上,地板接头将厨房底部连接到飞机结构上,如图7.1-5所示。

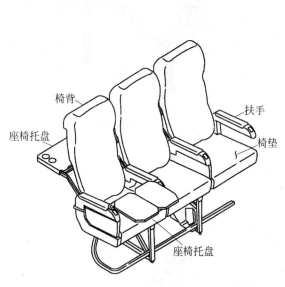

图 7.1-4 旅客座椅

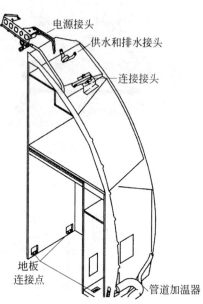

图 7.1-5 厨房的安装

在厨房安装区域内的地板覆盖物含有乙烯树脂地垫。在乙烯树脂地垫下有一层液体隔层以防止地板结构损坏。

3）洗手间

厕所是机上卫生设备,多位于客舱前、后端,大型飞机中间也设有。厕所组件连接在地板支架上并通过可调连接杆连接到机顶结构上。当安装厕所时,调整连接杆的长度来达到无预载荷连接。

厕所内有洗手盆、抽水马桶、镜子和所有必要的梳妆用品和污物处置设备以及通风设备(如图7.1-6所示)。抽水马桶可采用重复环流冲水法,也可采用真空抽水法,目前大多数飞机马桶采用真空抽水马桶,洗手盆和真空抽水马桶的水来自飞机水系统。服务组件提供厕所通风,空气经厕所内的头顶排气孔排出,以消除厕所内的异味。

厕所地板采用防水玻璃纤维结构来防止腐蚀。防滑聚乙烯树脂地垫与地板融合为一体。

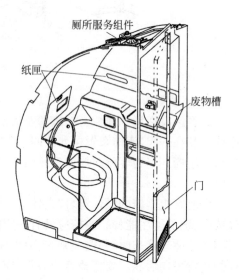

图 7.1-6 飞机厕所

3. 货舱设备

1) 货舱

货舱(图7.1-7)一般位于客舱地板之下。大多数飞机都有前货舱、后货舱和散货舱。货舱用来装运行李、货物。货舱为窒息式增压舱，一旦起火，将因氧耗尽而自行熄灭。货网位于每个货舱舱门附近，用于防止货物挡住货舱门。大型飞机为了装卸方便，货舱内设有导轨等装载移动设备，如图7.1-8所示。

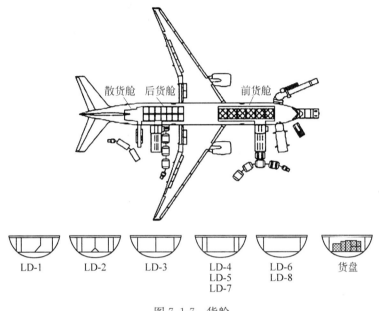

图 7.1-7　货舱

图 7.1-8　大型飞机货舱装载移动设备

2) 集装箱

集装箱(图7.1-7)有多种型号，如LD-1、LD-2、LD-3、LD-4、LD-5、LD-6、LD-7、LD-8等。有些集装箱如LD-4、LD-5等是长方形集装箱，它们可以获得最大化的货运堆放效益。大多数集装箱有特殊的外形尺寸，它们与机身轮廓相符合，因此可以获得最大的有效货运容积。对于现代民用宽体飞机，大多数下部装载式集装箱可以通用。这样便于将一种机型上所装的货物转换到另一种机型上去。

3) 货盘

当货舱内装有集装托板(即货盘)(图 7.1-7)的系留设备时,货舱内可装载货盘。这些设备是为了使货物在导轨上快速安装和拆卸之用,它们能装载货盘和集装箱或两者混合装载。

4. 登机梯

有些飞机装备有前登机梯(图 7.1-9)。登机梯的用途是可以不用地面设备让乘客上下飞机。登机梯门位于前登机门下面机身蒙皮内,登机梯收上时藏在电子设备舱的上部。它通过登机梯门的开口放出,从前登机门到地面形成一个梯子。登机梯可从机内、机外使用机上蓄电池电源或 115V 交流电源收放。

1) 登机梯系统的组成

(1) 登机梯门:由登机梯门、门的锁销系统和门的电动机构组成。

(2) 登机梯:由一套导轨装置组成。导轨上跨有梯架和带有扶手的梯子组合件,梯架和梯子组合件是由电动机构所驱动的。

(3) 控制电路:由各种终点电门和继电器组成。它们控制登机梯门电动机构和登机梯电动机构的驱动程序。操纵选择有"正常"或"备用"任何一种方式。

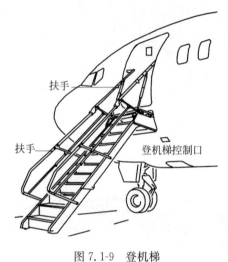

图 7.1-9　登机梯

扶手

扶手

登机梯控制口

2) 操纵方式

(1) "正常"操作方式

① 这是操作的正常(或常用)方式。

② 放(或收)所需时间大约 30s,包括登机梯门的开或关。

③ 开登机梯门用两个直流电机,关用一个直流电机。

④ 用一个交流电机和一个直流电机放登机梯,直到它开始展开伸直,然后直流电机反转,对登机梯起刹车作用。收登机梯只用交流电机。

(2) "备用"操作方式

① 这是"正常"方式的备份。

② 放(或收)所需时间大约 60s,包括登机梯门的操作。

③ 登机梯门的开或关用一个直流电机。

④ 登机梯的放或收用一个直流电机。

⑤ 蓄电池电源可用于"备用"方式操作登机梯。

(3) 人工方式

① 只有当"正常"和"备用"方式都失效而登机梯又必须收或放时才用。还有,为某些地面服务工作而用。

② 登机梯门用手摇曲柄开或关。

③ 登机梯的收放是在脱开驱动机构以后靠人力推进或拉出来实现。

7.1.2　应急设备/设施

应急设备和设施用于飞机在发生紧急情况时供乘务员救助乘客以及乘客自救,包括陆上应急救生设备和海上应急救生设备。

1. 陆上应急救生设备

飞机的陆上应急救生设备包括逃离滑梯、救生绳、急救药箱、手提氧气瓶和扩音喇叭等。

1) 逃离滑梯

民用旅客运输机都要设置逃离滑梯。逃离滑梯装在一个滑梯包内并存储在飞机登机门和勤务门内侧的存储箱内,有些飞机的翼上紧急出口也配有应急滑梯。在应急着陆情况下,逃离滑梯充气并放下,使乘客迅速脱离飞机。根据适航规章的紧急撤离要求,所有乘客应在90s内从飞机上撤离,在应急撤离演示中,只能使用一侧的滑梯(如图7.1-10所示),以模拟飞机实际运行中可能出现的另一侧滑梯不能使用的紧急情况。

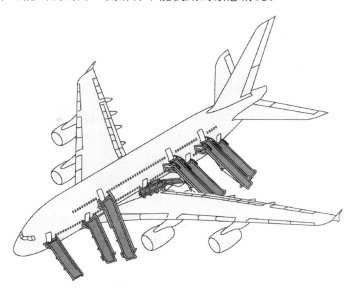

图 7.1-10　陆上使用逃离滑梯示例

逃离滑梯由充气组件(滑梯体)、滑梯气瓶和充气系统组成。逃离滑梯为双气室构造,本体由涂有氯丁烯橡胶的卡布龙纤维制成,另外由一层铝涂层提供热辐射防护(见图7.1-11)。

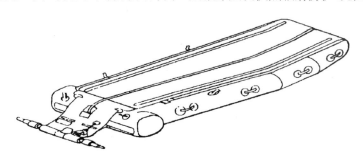

图 7.1-11　展开的逃离滑梯

滑梯的表层材料为高强度尼龙纤维,在外表面涂有氨基甲酸乙酯涂层。滑梯气瓶充气压力为3000psi,所充气体为二氧化碳和氮气的混合物。充气阀门和压力调节器安装在气瓶上,引射器装在滑梯上,通过气瓶高速气流的引射作用将外界空气大量吸入滑梯,迅速为滑梯充气。在逃离滑梯末端有一串白炽灯泡,为夜间撤离时提供照明。照明系统由电瓶供电,在滑梯充气过程中自动激活点亮。

飞机起飞前,乘务员将系留杆(又称为束缚杆)从舱门上的存储挂钩中取出,并安装到地板挂钩上(如图 7.1-12 所示)。

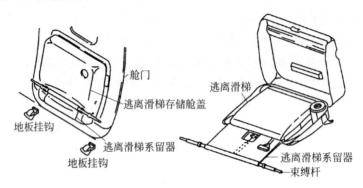

图 7.1-12　逃离滑梯的使用

当飞机紧急着陆时,可像平常一样打开舱门,并在完全打开前不要停顿。当打开舱门时,系留索组件使滑梯包从滑梯护盖中跌落。随着滑梯包的落下,它将启动滑梯充气。逃离滑梯会在大约 6s 内完全充气(不同飞机所用滑梯型号不同,因此充气时间会存在差异)。如果逃离滑梯不能自动充气,快速拉动充气手柄来人工给其充气。逃离滑梯有可快速松开拆下的束缚杆和具有易断连接处的系留索,要从飞机上拆下逃离滑梯,抬起护盖挡板并拉动系留索松开手柄。逃离滑梯将通过系留索与飞机保持连接直到系留索被松开、剪断或易连接处在外力下断开,这样可使逃离滑梯很容易与飞机分离,因此在海上水上迫降时,逃离滑梯可作为漂浮设备。

应定期检查逃离滑梯的充气压力,并且充气试验还应检查活门工作情况及有无切口撕裂、刺破等现象。

2) 救生绳

驾驶舱 2 号窗户一般是能沿侧壁向后滑动的(其他窗户是固定的),它是空勤组的应急窗口。空勤人员可利用固定在窗口顶部机身结构上的救生绳从窗口滑下,应急撤离飞机。

3) 急救箱、急救药箱和便携氧气瓶

急救药箱和便携氧气瓶在正常飞行时供抢救急诊病人及在紧急情况下抢救乘客。民航运营的每一架飞机上都配备了数量不等的急救药箱和急救箱,一般储藏在飞机的前排或后排的行李架和驾驶舱中。

(1) 急救箱:包括绷带、纱布、三角巾、胶布、止血带、外用烧烫伤药膏、手臂和腿部夹板、剪刀、医用橡胶手套、皮肤消毒剂和消毒棉、单向活瓣嘴对嘴复苏面罩、物品清单及使用说明书、飞行中医疗事故处理单。

(2) 急救药箱:包括血压计、听诊器、口咽通气道、止血带、脐带夹、医用口罩、医用橡胶手套、皮肤消毒剂、消毒棉签(球)、体温计、注射器、0.9%氯化钠、1∶1000 肾上腺素、盐酸苯海拉明注射液、硝酸甘油片、阿司匹林口服片、物品清单及使用说明书、飞行中医疗事故处理单。

（3）便携氧气瓶：见本书下册"氧气系统"。

4）扩音喇叭

扩音喇叭用于在紧急情况时指挥旅客撤离危险区。

2. 海上应急救生设备

海上救生设备包括海上救生船组件、救生衣组件和应急救生电台（又称为紧急定位器发射机）等，还有可作个人漂浮用的机内各座椅的椅垫等。

1）救生船

根据适航法规要求，民用运输机在水上飞行时要携带救生船。救生船是人员在海上生存待救的主要漂浮设备。救生船储存于舱顶救生船箱内，可人工展开并自动充气。

现代民用旅客运输机在每个乘客登机门上设置了紧急离机滑梯/救生船。如果飞机在水上迫降，断开与飞机相连的紧急离机滑梯即可将滑梯作为救生船使用，称为滑梯/救生船。

（1）救生船的构造

救生船包括可充气的船体、充气组件、救生包、涂有聚氨酯涂层的尼龙储存包四个分系统，充气展开的救生船如图7.1-13所示。

船体由两个互相独立的充气囊构成，夹在上下两个气囊间的是非充气的织物船甲板。为了使目标明显、便于寻找，船体采用两层橙黄色涂胶绢绸制成。救生船的充气系统由气瓶、充气活门、充气软管和引射泵构成。在船体上有充气/排气阀，可用于补气或将救生船放气收起；船上备有补气筒用于气囊内气体不足时补气；水袋装于船底；把手用于上船和遇风浪时把扶；海锚用于减小风浪对船的影响；水勺用于舀出船内积水；划桨用于划水；螺旋胶塞用于应急堵塞船体破洞。为了防止淋雨或阻隔飞溅的浪花，还可以在船体上装上篷顶（见图7.1-14）。

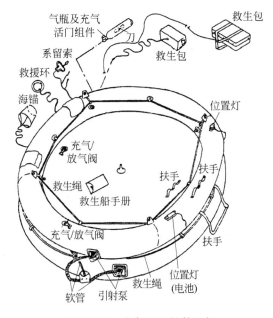

图7.1-13　充气展开的救生船

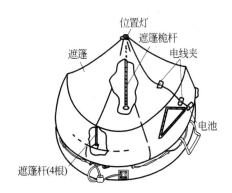

图7.1-14　带遮篷的救生船

（2）对救生船的要求

为便于在紧急情况下使用救生船，对其在飞机上的布置有如下要求：安放位置应在最靠近应急出口的地方，并且一旦打开应急出口，就能使其下水；打开的口盖等在救生船下水或旅客撤离过程中不应引起阻塞；系留索机构布置在救生船下水最邻近的飞机结构上，每个连接点应考虑可连接两个放置在该出口的救生船，连接机构的强度不小于1334N；应考虑能把包装好的救生船移到另一个下水位置。

救生船必须足以容纳机上全体人员，并应配有下列设备：

① 保持浮力的装置；

② 海锚；

③ 救生绳索和把一个救生船连到另一个救生船的设备；

④ 桨或其他推进设备；

⑤ 能让乘客避风雨的设备；

⑥ 防水手电筒；

⑦ 海上遇险呼救信号发射装置；

⑧ 救生船设计成每4个人（或按4人比例）携带100克葡萄糖糖块；

⑨ 救生包。

救生包内的物品包括人工充气泵（用于给救生船充气）、救生船使用手册、修补钳（修理救生船上的漏洞）、饮用水、淡水净化药片、急救用品（夹板、绷带、碘酒、药膏等）、小刀、手电筒、舀水桶、吸水棉、信号反光镜、哨子、信号弹、海水染色剂等。

（3）救生船检查

救生船应作定期检查。检查项目如下：检查气瓶/活门组件，检查气瓶压力，检查管子有无切口、撕裂等损坏，检查接头一般情况，检查辅助设备，检查救生包，对船进行打压试验，检查有无泄漏。

2）救生衣

救生衣一般放置在座椅垫下面的专门存放袋内，可自动充气，在气瓶充气失灵的情况下，还有供口吹的单向活门吹气管。在救生衣上固定有灯光装置，以确保当使用救生衣时，该灯组件将处于醒目的位置。用有塑料套管的导线把灯泡和电池连接起来，该电池位于水线以下，并且通常由水使其有电。当水进入电池中电池才能工作。

救生衣应定期检查，检查项目有：

（1）必须检查印在救生衣或用标签贴在救生衣上的全部使用说明是否清晰。

（2）必须检查救生衣的外包装有无裂缝、撕开、有孔、接缝开胶和一般质变情况。

（3）必须检查带子、松紧带和绳索是否褪色、老化，检查连接的可靠性。

（4）必须检查金属和塑料零部件的清洁度，有无损伤或变质，检查它们的安全性和可靠性。

（5）必须检查电池有无损坏或变质的征兆，有无发生化学反应的迹象，这个迹象通过电池外壳鼓起或存在白色粉末状附着物来指示。

（6）必须仔细检查二氧化碳气瓶有无刻痕、划伤或腐蚀之类的损伤迹象，这些损伤将会使气瓶强度降低并导致气瓶不能用且可能有危险。还必须检查气瓶的螺纹有无损坏的可见征兆。

（7）通过称重检查二氧化碳气瓶是否正确充气，所有二氧化碳气瓶都是在使用期内的，并且当它们的寿命已到期时必须送回制造厂进行检查和试验。在气瓶的底座上贴一个说明出厂日期或气瓶生产有效期的标牌，每次检查时，必须检查这个标牌。

3）紧急定位器发射机

紧急定位器发射机可帮助营救人员查找降落在机场以外的飞机的位置。发射机向卫星、其他飞机和交通管制设施发送无线电信号，救援人员使用来自这些来源的信息寻找飞机。

紧急定位器发射机是一个小型、可漂浮的自动组件。紧急定位器发射机有下列部件：发射机、电池、天线和绳索，如图 7.1-15 所示。

发射机电池是一个氯化银/镁原电池：在未激活状态下，电解质干燥，且电池是惰性的；当电解质被水浸湿时，电池被激活。为便于存储，发射机天线转动并沿发射机长度方向折叠，一条水溶性固定带将天线保持在收起位。紧急定位器发射机有一个绳索组件和一个束缚钢索。绳索组件是 60ft 长的编织尼龙绳并连接到一条弹性不锈钢束缚钢索上。

当入水后，紧急定位器发射机由绳索拖在救生船后（如图 7.1-16 所示）。海水进入电池后将电池激活，发射机自动开始工作，在民用和军用国际 VHF 航空遇难频率（121.5 MHz 和 243.0 MHz）同时发射求救信号，为民用和军用搜索飞机提供引导信号。

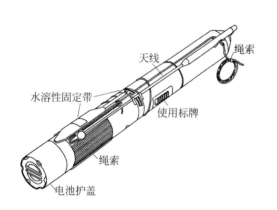

图 7.1-15　紧急定位器发射机

图 7.1-16　紧急定位器发射机在水中工作

3. 应急设备典型配备清单

表 7.1-1 给出了波音 B757 飞机上客舱和驾驶舱装备的应急设备清单。

表 7.1-1　波音 B757 飞机应急设备清单

部位	设 备	数 量
客舱	舱门	8
	充气滑梯	6
	充气滑梯（双滑道）	2
	灭火瓶	8
	耐火手套	8
	手提式氧气设备	14

续表

部位	设　　备	数　量
客舱	防烟面具	8
	乘客救生衣	228
	机组救生衣	8
	儿童座椅(带安全带)	23
	应急手电筒	8
	急救箱	3
	扩音喇叭	3
	婴幼儿漂浮床	4
	救生船(双发延程飞行构型)	4
	紧急定位信标(双发延程飞行构型)	2
	滑梯救生船	4
	救生包	4
驾驶舱	灭火瓶	2
	防烟护目镜	4
	机组氧气设备	1
	消防斧	1
	逃离绳索(窗用)	2
	机组救生衣	4
	应急手电筒	4
	耐火手套	1

7.2　水/污水系统

民用运输机水系统包括饮用水系统和污水系统。饮用水系统储存一定量的饮用水,并通过分配管路输送到所有的厨房和厕所,供乘务员和旅客使用。污水系统包括废水系统和马桶污水系统。

7.2.1　饮用水系统

1. 饮用水系统的组成

飞机饮用水系统包括水箱、水量指示系统、水箱增压系统、水勤务面板和分配管路及排放系统组成,典型饮用水系统如图 7.2-1 所示。

1) 水箱和水量指示系统

水箱位于客舱地板的下面,存储飞行中所需的饮用水。水箱由玻璃纤维复合材料制成并有隔热层保护,防止结冰。水箱上部有加水管、溢水管和增压空气管,水箱下部设有供水管。

当加水时,打开加水溢流活门,并将加水软管接在饮用水加水接头上,水从加水管进入水箱,当水箱内水位达到溢水管高度时,水从溢水管溢出,因此水箱的最大储水量由溢水管(竖管)的高度决定。增压空气管为水箱提供的增压压力是水通过供水管道输送到厨房和厕所等用水点的动力。

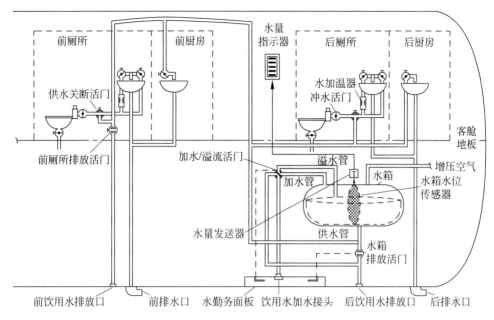

图 7.2-1　典型飞机饮用水系统组成

水箱内有电容式水位传感器，一般为焊接在水箱内衬里和水箱本体结构之间的铜网，将水位的变化转换成电信号，并由水箱外的水量发送器送到位于客舱服务员面板上的水量指示器上。

2）水箱增压系统

水箱增压系统（如图 7.2-2 所示）为水箱提供增压气体。飞机在飞行时，增压系统的压力来自飞机的气源系统（即发动机压气机引气或 APU 引气）。引气经过气滤、压力调节器和单向活门供向水箱，管路上的释压活门限制系统最高压力。

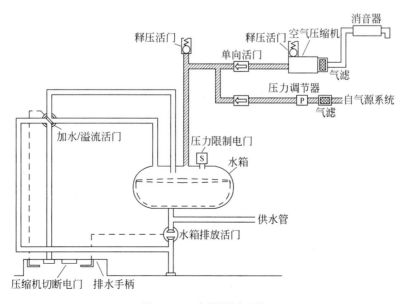

图 7.2-2　水箱增压系统

当飞机气源系统未起动(飞机在地面)或气源系统压力较低时,水箱上的压力限制电门控制空气压缩机起动,通过消音器吸气,为水箱提供增压压力。压缩机上的释压活门限制压缩机工作的最高压力。当飞机在地面打开水勤务面板时,空气压缩机切断电门打开,压缩机将停止工作。

3）水分配系统

水分配系统为厨房供应冷水,为厕所洗手盆供应冷、热水。如图7.2-1所示,饮用水从水箱经供水管引入厕所的供水关断活门,经该活门分成两路输送到洗手盆:一路是冷水管路,直接引到水龙头;另一路经过水加温器后的热水管路。当按压水龙头上的控制按钮时,打开阀门,调和的温水从水龙头流出。每次按压可维持一段时间(4~10s)的流动。

洗手盆有一条排水管和一条溢水管,两条管路在洗手盆下面汇合,将使用后的废水经废水排放竖管(Drain Mast)排出机外。为防止废水排放口结冰,排放管内设有电加温元件。当维护厕所时,应将供水关断活门关闭,防止维护过程中漏水。

2. 水系统维护

为防止水箱内孳生细菌,饮用水系统必须定期排干并加入新鲜的饮用水。饮用水的排放间隔最长不超过3天,具体间隔参见飞机维护手册或航空公司的规定。排水操纵从水勤务面板(如图7.2-3所示)进行,打开水箱排放活门和前厕所排放活门,将水箱和马桶、管路中的水彻底排净。另外,当飞机在寒冷的气候中停放时,也必须将饮用水系统完全排空。

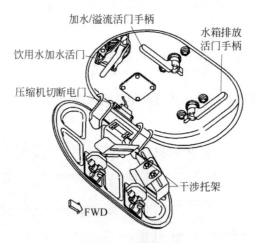

图7.2-3　水勤务面板

7.2.2　污水系统

污水系统包括废水系统和马桶污水系统:废水系统收集厨房和厕所洗手盆用过的废水和舱门门槛处的雨水,并通过排放口排到机外;马桶污水系统抽吸冲刷马桶后的污水,将其暂时存储在污水箱内,飞机勤务时由污水车抽走。

1. 废水排放系统

在厕所和厨房分别设置了废水排放口,在机身下部装有废水排放竖管。前厕所和前厨房的废水通过机身中部的排放竖管排到机外,后厕所和后厨房的废水通过机身后部的排放竖管排到机外。排放口内部装有电热防冰元件。

另外,废水排放系统还包括舱门雨水排放功能。在登机门和厨房勤务门的门槛内侧,地板上设有雨水收集沟,收集沟两端有排水孔连接到废水排放管道。排水管道经过一个储水囊,并连接到机外的排水口。在储水囊内有一个弹簧加载的挡板活门,该活门在飞机不处于增压状态时打开,当飞机处于增压状态时关闭。

因此,当飞机在空中飞行时,收集的雨水储存在储水囊内;当飞机着陆后,挡板活门打开,雨水经排放口排出机外。

2. 马桶污水系统

每个厕所有一套马桶污水系统,用来存储冲刷马桶的污水。在地面勤务时,可用污水车将污水抽走,并冲洗污水箱。马桶污水系统有两种类型,一种是循环污水系统,另一种是真空污水系统。

1) 循环污水系统

循环污水系统是利用存储在污水箱内的污水冲洗马桶:每次使用马桶后,按压水电门,冲水定时器接通马桶冲洗泵一定时间,冲洗泵将污水箱内的液体经过滤增压后喷射到马桶内进行冲洗工作。冲洗后,所有污物进入污水箱储存起来。

飞机到地面后,打开污水排放活门,使用污水车抽走污水箱内的污物。通过冲洗接口向污水箱内喷射冲洗水流,对箱壁和冲洗泵滤网进行冲洗,冲洗水流经排放活门抽出机外。冲洗后,应向污水箱内加入添加除臭液、染色剂和消毒剂的混合液。

2) 真空污水系统

现代许多飞机厕所采用更加卫生、省水的真空污水系统。冲洗马桶的水不再是来自污水箱内的污水,而是来自饮用水系统的洁净水,大大改善了马桶冲洗的卫生条件。图 7.2-4 为真空污水系统原理图。

清洗活门为马桶冲水提供水源。清洗活门是一个带有内部过滤器的电磁控制提动活门。当饮用水系统未增压时,清洗活门打开并自动排空。防虹吸活门防止抽水马桶内的水倒流入饮用水系统。冲水活门保持抽水马桶和污水管路之间的通路关闭。该活门打开,可使污物从抽水马桶进入污水管道并进入污水箱。冲水活门是一个电动可逆转动蝶形活门。

当使用完马桶后,按压冲水电门,向冲水控制器(FCU)发送信号,FCU 在逻辑控制器(LCM)控制下,起动冲水循环:如果飞机高度低于 16000ft,且污水排放球形活门关闭,则真空抽气机会工作。冲水循环起动一定时间后(一般为 1s),FCU 打开清洗活门:清洗活门打开较短,在这段时间内,少量水(一般为 8 盎司)进入抽水马桶,之后 FCU 关闭清洗活门。接下来,FCU 打开冲水活门。马桶内污物在座舱压力及真空抽气机形成的真空作用下被吸入污水箱,然后 FCU 关闭冲水活门。真空抽气机在持续工作一段时间后,停止工作。FCU 准备下一冲水循环。

如果冲水活门在接到打开或关闭命令一段时间内没有打开或关闭,则认定冲水活门已经卡滞。卡滞发生后,正常的冲水循环后将是一个干冲水循环。在干冲水循环中,只有冲水活门打开或关闭,即干冲水循环中不使用清洗水。如果卡滞消除,则冲水循环返回正常状态。

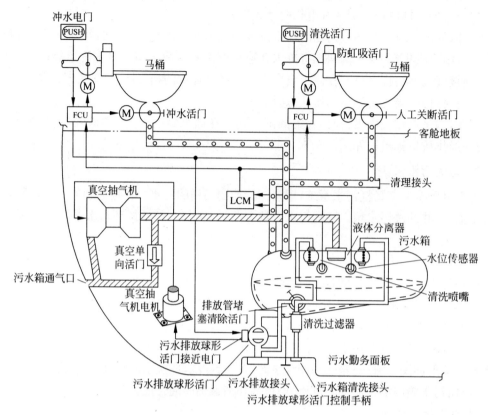

图 7.2-4　真空污水系统原理

当飞机在地面时,可通过污水勤务面板排放污水箱内的污物,并通过清洗接头对污水箱进行清洗。

附录 缩略语列表

序号	缩略语	英 文 全 称	中 文 全 称
1	ABCU	Alternate Braking Control Unit	备用刹车控制组件
2	ACAU	Air Conditioning Accessory Unit	空调附件装置
3	ACE	Actuator Control Electronics	作动器控制电子装置
4	ACM	Air Cycle Machine	空气循环机
5	ACMP	Alternating Current Motor Pump	交流马达泵
6	ACN	Aircraft Classification Number	飞机等级序号
7	ACT	Auxiliary Center Tank	辅助中央油箱
8	ADP	Air Driven Pump	空气驱动泵
9	AMM	Aircraft Maintenance Manual	飞机维护手册
10	APU	Auxiliary Power Unit	辅助动力装置
11	ARINC	Aeronautical Radio Incorporated	航空无线电公司
12	ATA	Air Transport Association of America	美国航空运输协会
13	BBL	Body Buttock Line	机身纵剖线
14	BL	Buttock Line	纵剖线
15	BS	Body Station	机身站位
16	BSCU	Braking/Steering Control Unit	刹车/转弯控制组件
17	BVID	Barely Visible Impact Damage	目视勉强可见冲击损伤
18	CAC	Cabin Air Compressor	座舱空气增压器
19	CB	Circuit Breaker	跳开关
20	CCAR	China Civil Aviation Regulations	中国民航规章
21	DOP	Design Operating Pressure	设计工作压力
22	EBHA	Electro-Backup-Hydraulic Actuator	电备份液压作动器
23	ECAM	Electronic Centralized Aircraft Monitoring	飞机中央电子监控
24	EDP	Engine Driven Pump	发动机驱动泵
25	EHA	Electro-Hydrostatic Actuator	电静液作动器
26	EICAS	Engine Indication and Crew Alerting System	发动机指示和机组警告系统
27	ELAC	Elevator Aileron Computer	升降舵/副翼计算机
28	EMA	Electro-Mechanical Actuator	机电作动器
29	EMDP	Electric Motor Driven Pump	电动马达驱动泵
30	EMP	Electric Motor Pump	电机驱动泵
31	FAA	Federal Aviation Administration	美国联邦航空管理局
32	FAC	Flight Augmentation Computer	飞行增稳计算机

续表

序号	缩略语	英 文 全 称	中 文 全 称
33	FBL	Fly By Light	光传操纵
34	FBW	Fly By Wire	电传操纵
35	FCU	Flush Control Unit	冲水控制器
36	FRSOV	Flow Regulating Shut Off Valve	流量调节和关断活门
37	LCM	Logic Control Module	逻辑控制器
38	LGCIU	Landing Gear Control and Interface Unit	起落架控制和接口组件
39	LRU	Line Replaceable Units	航线可更换件
40	LVDT	Linear Variable Differential Transformer	线性可变差动变压器(线位移传感器)
41	MGSCU	Main Gear Steering Control Unit	主轮转弯控制组件
42	MLW	Maximum Landing Weight	最大着陆重量
43	MTOW	Maximum Take-Off Weight	最大起飞重量
44	NEA	Nitrogen-Enriched Air	富氮空气
45	NZG	Near Zero Growth	近零膨胀
46	PCN	Pavement Classification Number	道面等级序号
47	PCU	Pack Control Unit	组件控制元件
48	PFC	Primary Flight Computer	主飞控计算机
49	PRSOV	Pressure Regulating Shut Off Valve	压力调节和关断活门
50	psi	Pounds Per Square Inch	磅/每平方英寸
51	PTU	Power Transfer Unit	动力转换组件
52	RAT	Ram Air Turbine	冲压空气涡轮
53	RTO	Rejected Take-Off	中断起飞
54	RVDT	Rotary Variable Differential Transformer	旋转可变差动变压器(角位移传感器)
55	SEC	Spoiler Elevator Computer	扰流板/升降舵计算机
56	SFCC	Slat Flat Control Computer	襟翼/缝翼计算机
57	SRM	Structure Repair Manual	结构修理手册
58	SSI	Structural Significant Item	重要结构项目
59	SSU	Saybolt Seconds Universal	赛氏通用秒
60	THS	Trimmable Horizontal Stabilizer	可配平水平安定面
61	VID	Visible Impact Damage	目视可见冲击损伤
62	WBL	Wing Buttock Line	机翼纵剖线
63	WL	Water Line	水线
64	WS	Wing Station	机翼站位

参 考 文 献

[1] 杜洪增.飞机结构维修指南[M].北京：北京航空航天大学出版社,1993.
[2] 李幼兰.飞机结构与强度[M].天津：中国民用航空学院,1996.
[3] 田秀云.飞机结构修理与技术[M].香港：香港文慧国际出版有限公司,1999.
[4] 牛春匀.实用飞机结构工程设计[M].程小权,译.北京：航空工业出版社,2008.
[5] 罗伊兰顿,等.飞机燃油系统[M].颜万亿,译.上海：上海交通大学出版社,2010.
[6] 莫伊尔,等.飞机系统：机械、电气和航空电子分系统综合[M].凌和生,译.北京：航空工业出版社,2011.
[7] 宋静波.飞机构造基础[M].2版.北京：航空工业出版社,2011.
[8] 张铁纯.航空机械附件修理[M].北京：中国科学文化出版社,2003.
[9] 寿荣中,何慧珊.飞行器环境控制[M].北京：北京航空航天大学出版社,2003.
[10] 《航空制造工程手册》总编委会.航空制造工程手册[M].北京：航空工业出版社,1993.
[11] 《飞机设计手册》编委会.飞机设计手册[M].北京：航空工业出版社,2003.
[12] 中国民用航空局.运输类飞机适航标准(CCAR-25-R4).北京：中国交通运输部,2011.
[13] 侯学东.飞机环境控制系统的仿真研究[D].南京：南京航空航天大学,2010.
[14] 蔡文举.飞机全电防滑刹车控制器设计[D].西安：西北工业大学,2007.
[15] 杨超,杨美萍.飞机液压系统的温度控制研究[J].通讯世界,2015,19：253-254.
[16] FAA Flight Standards Service. Aviation Maintenance Technician Handbook-Airframe(Volume 1). U. S. Department of Transportation,2012.
[17] FAA Flight Standards Service. Aviation Maintenance Technician Handbook-Airframe(Volume 2). U. S. Department of Transportation,2012.
[18] B737CL Aircraft Maintenance Manual. Boeing Company,2001.
[19] B737NG Aircraft Maintenance Manual. Boeing Company,2014.
[20] B747-400 Aircraft Maintenance Manual. Boeing Company,2002.
[21] B747-8 Aircraft Maintenance Manual. Boeing Company,2014.
[22] B757 Aircraft Maintenance Manual. Boeing Company,2006.
[23] B767 Aircraft Maintenance Manual. Boeing Company,2001.
[24] B777 Aircraft Maintenance Manual. Boeing Company,2009.
[25] B787 Aircraft Maintenance Manual. Boeing Company,2014.
[26] A320 Aircraft Maintenance Manual. Airbus Company,2003.
[27] A380 Aircraft Maintenance Manual. Airbus Company,2011.
[28] Michelin aircraft Tire care and Service Manual(MAT-CSM 32-45-01). Michelin Company,2011.